TABLEAU DE LA NATURE

OUVRAGE ILLUSTRÉ A L'USAGE DE LA JEUNESSE

———

LA VIE

ET LES MŒURS

DES ANIMAUX

9950. — IMPRIMERIE GÉNÉRALE DE CH. LAHURE
Rue de Fleurus, 9, à Paris

Une tribu pillarde. (Page 562.)

LES
MAMMIFÈRES

PAR

LOUIS FIGUIER

OUVRAGE ILLUSTRÉ DE 276 VIGNETTES

DESSINÉES POUR LA PLUPART D'APRÈS L'ANIMAL VIVANT

PAR

BOCOURT, LALAISSE, MESNÉL, DE PENNE
DE NEUVILLE ET BAYARD

PARIS
LIBRAIRIE DE L. HACHETTE ET Cie
BOULEVARD SAINT-GERMAIN, N° 77
—
1869

MAMMIFÈRES.

Les Mammifères sont la dernière et la plus importante classe des Vertébrés. Ils nous intéressent entre tous, parce qu'ils nous fournissent les animaux, auxiliaires les plus utiles pour notre nourriture, pour nos travaux et les besoins de notre industrie.

On reconnaît au premier coup d'œil un animal de cette classe, car ses signes extérieurs et caractéristiques sont nombreux.

Seuls, parmi les Vertébrés, ces animaux portent, comme leur nom l'indique, des mamelles, qui sont situées soit à la poitrine, soit au ventre, et au moyen desquelles ils allaitent leurs petits. Le nombre des mamelles est, en général, en rapport avec le nombre des petits dont se compose chaque portée.

La plupart des Mammifères sont couverts de poils. Cependant quelques-uns ont la peau lisse : tels sont la baleine ou le marsouin.

La taille des Mammifères est extrêmement variée. L'échelle de grandeur va de l'éléphant jusqu'à la souris.

Quoique moins brillant que les plumes des oiseaux et les écailles des poissons, le pelage des Mammifères offre des teintes très-agréables. Mais rien ne varie davantage que la nature particulière de ce pelage. Il suffit de rappeler, comme type de ces différences, le poil des bêtes fauves, les soies du cochon ou du sanglier, les piquants des hérissons et la laine du mouton.

La couleur de ce même pelage varie beaucoup moins. Ce sont presque toujours des modifications du blanc au noir, du brun roux au jaunâtre.

En général, les poils des Mammifères tombent vers le printemps ou l'automne, et sont alors remplacés par de nouveaux : c'est ce que l'on appelle la *mue*. Les écailles, les ongles, les cornes, que portent certains Mammifères, ne sont produits que par le rapprochement extrême du bulbe des poils, dont les filaments cornés se soudent entre eux, et composent des lames solides.

La forme générale du corps des Mammifères est déterminée par leur squelette osseux. Plus l'animal s'élève dans l'échelle organique et plus le crâne devient saillant, plus les mâchoires et les fosses nasales s'amoindrissent.

La forme osseuse de la tête varie beaucoup chez les Mammifères.

Quelques-uns, tels que les rhinocéros, portent sur la tête, ou sur le nez, certains appendices. Ces appendices ne résultent quelquefois que de la soudure des bulbes des poils, et sont des dépendances de la peau; tel est le cas de la corne du nez du rhinocéros. D'autres fois, les cornes sont placées sur le corps et appartiennent à l'os frontal. Tous les animaux pourvus de ces cornes à chevilles osseuses sont compris dans l'ordre naturel des *Ruminants*.

Quand ces appendices tombent tous les ans et se renouvellent, on les appelle *bois*, comme chez le cerf. Quand ils sont creux et ne se renouvellent jamais, on les nomme *cornes* : on les trouve chez le bœuf, le mouton, la chèvre, etc. La forme des cornes varie beaucoup : citons en exemple la corne cylindrique du bœuf et la corne en éventail du renne.

D'autres animaux présentent dans le développement du nez une anomalie singulière. On voit chez l'éléphant cet organe s'allonger considérablement, et former une *trompe* qui sert à la préhension. D'autres fois, cet organe est moins allongé, moins rétractile, comme chez le tapir et plusieurs animaux insectivores, qui sont obligés de creuser la terre, pour y chercher leur nourriture.

Les membres des Mammifères varient dans leur forme, suivant l'usage que doit en faire l'animal. Presque tous les Mammifères ont quatre membres. Les Cétacés manquent de membres abdominaux, et leurs membres antérieurs sont disposés en forme de rame pour la natation.

Les organes des sens sont plus développés dans cette classe d'animaux que dans toutes celles que nous avons étudiées jusqu'ici. Le sens du toucher, qui est presque nul chez quelques-uns, comme le cheval et le bœuf, parce que leurs extrémités sont recouvertes par l'ongle, est très-développé chez les singes. Chez ces animaux, le membre supérieur se termine par un organe de préhension qui peut se mouler en quelque sorte sur les objets et donner à la sensation du tact une délicatesse extrême.

L'appareil de la vision est, en général, plus développé chez les Mammifères à existence nocturne que chez ceux qui cherchent leur nourriture en plein jour. Quelques-uns, qui, comme la taupe, habitent les lieux souterrains, ont des yeux excessivement petits.

Très-developpé chez les carnassiers, le sens de l'odorat est presque nul dans les autres classes de Mammifères.

L'ouïe est d'autant plus fine que l'animal est plus craintif et plus faible. Ce sens subit d'ailleurs de grandes variations chez les Mammifères. Chez les Mammifères aquatiques, il est presque totalement aboli.

Le goût diffère également selon que les Mammifères sont herbivores, insectivores ou carnassiers.

Le système musculaire dépend de la forme et du mode de locomotion et de la longueur de l'animal.

Le système nerveux ne diffère, entre les animaux de cette classe, que par le plus ou moins de développement de certains de ses éléments anatomiques. En général, le cerveau est assez volumineux et augmente de proportions à mesure que l'animal s'élève dans l'échelle organique.

Les fonctions de nutrition s'exécutent de la même manière chez presque tous les Mammifères; aussi les organes de la digestion varient-ils fort peu dans cette grande classe.

L'orifice supérieur du tube digestif, ou la *bouche*, est garni de dents, dont la forme dépend de la nourriture de l'animal. On distingue les dents en *incisives*, *canines* et *molaires*. Les dernières sont les plus utiles. Chez les carnassiers, elles sont tranchantes et disposées de manière à agir comme les lames d'une paire de ciseaux. Chez les herbivores, elles sont plates, avec quelques aspérités. Chez les insectivores, elles sont hérissées de petites pointes, qui s'emboîtent les unes dans les autres. Les canines, indispensables aux carnassiers pour déchirer leur proie, prennent quelquefois un développement considérable, et forment ce que l'on appelle les *défenses*, chez le sanglier et d'autres animaux. Les défenses de l'éléphant ne sont autre chose que les prolongements des dents canines, qui font saillie hors de la bouche. Chez la baleine, les dents sont remplacées par des lames flexibles, garnies de poils, et soudées à la mâchoire : on les nomme alors *fanons*.

L'os maxillaire supérieur, qui forme la mâchoire, est immobile chez les Mammifères.

Pendant que les aliments sont soumis à la mastication, ils s'imbibent d'un liquide que l'on nomme *salive*. L'appareil qui fournit ce liquide se compose des trois glandes parotides sublinguales et sous-maxillaires, et varie de développement suivant le genre d'alimentation. Il est très-développé chez les Mammifères aquatiques.

La déglutition s'opère par le pharynx et l'œsophage, qui servent de conduit pour amener l'aliment dans l'estomac.

Cet organe est unique chez tous les Mammifères, à l'exception des Ruminants. Ces derniers animaux sont munis de quatre estomacs. Le premier et le plus vaste se nomme la *panse*; il occupe une grande partie de l'abdomen. Les aliments y séjournent peu, ils passent dans le *bonnet*. Ce second estomac des Ruminants est une petite cavité qui se trouve en avant de la panse, et qui reçoit de ce réservoir la matière alimentaire. Après l'avoir imbibée de sucs macérateurs, il la renvoie à l'œsophage, et de là à la bouche, pour y subir une seconde mastication. Les aliments descendent ensuite dans le troisième estomac, qui a reçu le nom de *feuillet*, à cause des larges replis longitudinaux, qui en garnissent l'intérieur. La quatrième cavité, qui est le véritable estomac, a reçu le nom de *caillette*, parce qu'il a la propriété, en raison du suc gastrique qui imbibe sa surface, de coaguler ou de *cailler* le lait. Les trois premiers estomacs, la *panse*, le *bonnet* et le *feuillet*, communiquent avec l'œsophage, afin de permettre facilement le retour des aliments dans la bouche.

De la *caillette*, les aliments franchissent une ouverture nommée *pylore*, et s'engagent dans les intestins. Là le bol alimentaire cède tous ses éléments nutritifs, et est enfin évacué au dehors.

La longueur de l'intestin varie chez les Mammifères selon leur genre de nourriture. Ainsi, chez les carnivores, sa longueur n'atteint que trois ou quatre fois la longueur du corps de l'animal; tandis que chez les herbivores l'intestin présente de douze à vingt-huit fois cette longueur.

L'appareil de la circulation du sang a pour organe central le cœur, muscle creux, composé de quatre cavités : deux *oreillettes* et deux *ventricules*.

Chez tous les Mammifères la circulation du sang est double; il existe une *grande* et une *petite circulation*. Le sang veineux qui arrive de toutes les parties du corps dans l'oreillette droite du cœur, apporté par les veines caves, passe d'abord dans le ventricule droit, qui l'envoie, par l'artère pulmonaire, aux poumons. Là, il se transforme en sang artériel, c'est-à-dire qu'il absorbe l'oxygène de l'air ; puis il revient à l'oreillette gauche, par les veines pulmonaires. Il passe de là dans le ventricule gauche du cœur, et est lancé dans l'artère aorte, et de là dans les autres artères, qui le distribuent dans tout le corps. De toutes les parties du corps de l'animal le sang revient ensuite à l'oreillette droite du cœur, par les veines, grâce à la communication qu'établit entre les veines et les artères, dans l'intimité des tissus, le réseau capillaire général.

L'appareil respiratoire occupe, chez les Mammifères, la partie supérieure de la cage osseuse formée par les côtes et le sternum. Cet appareil se compose des poumons, organes doubles suspendus des deux côtés de la poitrine et de la trachée-artère, qui met les poumons en communication avec l'air extérieur. La trachée-artère est un tuyau membraneux cylindrique, d'abord simple, qui se divise ensuite en deux parties, nommées *bronches*, lesquelles viennent se perdre en une infinité de petites ramifications au milieu de la substance du poumon. Les ramifications des bronches peuvent se comparer, par leur forme, aux racines d'un arbre. Les parois des ramifications des bronches sont formées d'une membrane de texture lâche et perméable à l'air, qui permet le libre passage de l'air dans toutes les cellules du tissu pulmonaire. C'est dans ce tissu que viennent aboutir les vaisseaux capillaires qui doivent se rendre aux veines pulmonaires ; et c'est ainsi que le sang veineux se trouve exposé à l'action de l'oxygène, qui modifie sa nature et le transforme en sang artériel.

Le mécanisme de la respiration s'exécute au moyen de l'élévation des côtes et la contraction du diaphragme.

Le diaphragme est un muscle plat, qui sépare la cavité de l'abdomen de celle de la poitrine. Il est fixé, d'une part, à la colonne vertébrale, et de l'autre, au bas de la charpente osseuse formée par le sternum et les côtes. Lorsqu'il se contracte, il diminue le diamètre transversal de la poitrine, en augmentant son diamètre antéro-postérieur ; alors, et par l'effet de la pression atmosphérique, l'air se précipite dans les poumons, par la bouche ou les fosses nasales, et, en suivant le conduit des bronches, va pénétrer dans toutes les cellules pulmonaires. Tel est le phénomène de l'*inspiration*. Ensuite, le diaphragme se relâchant, les côtes et les cellules pulmonaires, par leur élasticité, reviennent sur elles-mêmes et chassent les gaz qui les occupaient. Ce phénomène s'appelle l'*expiration*. Pendant le séjour de l'air dans les ramifications du poumon, l'oxygène de l'air inspiré se combine avec les éléments du sang; de sorte que la composition du gaz qui sort des poumons, est bien différente de celle de l'air inspiré. Le gaz chassé du poumon pendant l'expiration renferme moins d'oxygène et est chargé d'une quantité notable de gaz acide carbonique.

Les mouvements respiratoires varient beaucoup de fréquence suivant le milieu dans lequel vit le Mammifère, selon sa taille et sa vigueur.

De tous les animaux, les Mammifères sont ceux qui manifestent le plus d'intelligence; mais cette intelligence varie beaucoup suivant les animaux. Elle est surtout appliquée à la nécessité de la conservation, la recherche de la nourriture et la reproduction de l'espèce. Cette faculté se manifeste également en beaucoup d'autres cas, que nous aurons à signaler avec détails dans la suite de ce volume.

La nature a pourvu avec un soin admirable et une prévoyance infinie à tous les besoins de la vie des Mammifères. A l'animal d'un caractère doux et paisible, auquel est interdit le combat et la lutte contre des adversaires trop redoutables, elle a donné les moyens d'éviter et de fuir son ennemi. Certains sont merveilleusement organisés pour la course, comme le lièvre et la gazelle. D'autres se cachent dans des retraites souterraines, qui leur servent en même temps d'entrepôt, pour y conserver des provisions, destinées aux jours d'hiver : tels sont le rat, la marmotte, etc. D'autres, comme le tatou, présentent à leurs adversaires une cuirasse inattaquable. Quelques-uns, redressant leur peau hérissée, présentent à l'ennemi une forêt de piques. Il n'est pas un animal, quelque débile qu'il soit, qui n'ait ses ruses et ses moyens de défense contre les plus terribles ennemis. Sans cela, toutes ces faibles créatures auraient été bien vite anéanties.

L'homme a réduit à l'état de domesticité, et a plié à son obéissance, pour en faire d'excellents auxiliaires de ses travaux, plusieurs races de Mammifères. Dans l'état de domesticité, l'animal se transforme physiquement, et ses descendants se modifient davantage encore. Nous aurons à insister particulièrement, dans ce volume, sur les habitudes et les mœurs des animaux domestiques.

La classification des Mammifères qui sera suivie dans cet ouvrage, est celle de Cuvier, modifiée par les découvertes et les observations modernes. Fidèle à notre plan d'exposition, qui consiste à remonter l'échelle du perfectionnement des êtres, nous distribuerons les Mammifères d'après le degré de perfectionnement de leur organisme.

Nous commencerons par ces êtres singuliers qui tiennent le milieu entre les Oiseaux, les Poissons et les Mammifères, qui portent le nom d'*Ornithorhynques*, et dont de Blainville a fait, avec raison, un ordre à part, sous le nom de *Monotrèmes*. Nous étudierons ensuite les *Marsupiaux*, qui présentent une anomalie d'organisation toute particulière. Les petits, au lieu de naître à l'état parfait, comme dans le reste des Mammifères, naissent inachevés, et sont conservés par la mère dans une poche spéciale, jusqu'à l'époque de leur développement complet.

Après cet ordre de Mammifères anormaux, viendra un ordre qui n'est pas sans présenter également quelque anomalie d'organisation : nous voulons parler des Mammifères marins ou Cétacés. Différents, en cela, de la plupart des Mammifères, les Cétacés sont presque tous aquatiques, et chez la Baleine, le Cachalot, etc , les membres supérieurs et inférieurs sont modifiés de manière à ne rappeler en rien la disposition des membres chez les autres Mammifères. Toutes ces singularités de structure justifient la place que nous leur donnons dans l'ordre de notre distribution, fondée sur le perfectionnement croissant de l'organisation.

Après les Mammifères marins, nous plaçons les *Amphibies*, qui présentent cette particularité, d'être constitués en vue de la double existence terrestre et aquatique.

Après cette série d'ordres de Mammifères, pour ainsi dire anormaux, nous passons à des Mammifères d'une organisation plus régulière; mais qui sont loin de réaliser encore toutes les dispositions de structure des Mammifères supérieurs : nous voulons parler des *Pachydermes* et des *Ruminants*, auxquels manque le sens du tact, puisque l'organe principal de ce sens, c'est-à-dire l'extrémité des membres, est souvent enfermé en partie dans une enveloppe cornée, nommée *sabot*.

Avec les *Pachydermes* et les *Ruminants*, nous entrons dans un plan de structure organique déjà perfectionné, et ce caractère se prononce davantage encore à mesure que nous avançons dans l'étude du reste des Mammifères. Les *Édentés* sont ces êtres singuliers, désignés sous les noms de *Paresseux* et de *Tatous*, caractérisés par l'absence de dents incisives, et qui ont quelquefois le corps recouvert de plaques écailleuses. Mais les *Carnivores*, les *Rongeurs*, les *Insectivores*, les *Cheiroptères* ne présentent plus aucune anomalie d'organisation, et répondent exactement au type, pour ainsi dire normal, qui représente cette classe d'animaux.

Le dernier ordre des Mammifères, les *Quadrumanes*, renferme des êtres supérieurs, par leur organisation, au reste des animaux que nous venons de passer en revue. Ils sont pourvus, en effet, pour la plupart, d'un organe de préhension et de tact, qui manque aux autres animaux; ils ont une main, et ce caractère implique un degré d'intelligence plus élevé que dans toutes les autres classes d'animaux.

Les *Quadrumanes* sont le dernier échelon de la race animale. Avec eux s'arrêtent les animaux, et après eux dans l'ordre de la création perfectionnée se place seulement l'Homme, être supérieur qu'il faut bien se garder de comparer, de rapprocher, d'assimiler, sous aucun rapport, à l'animal.

Le tableau suivant résume la classification des Mammifères qui sera suivie dans cet ouvrage :

1er Ordre, Monotrèmes;
2e Ordre, Marsupiaux;
3e Ordre, Cétacés;
4e Ordre, Amphibies;
5e Ordre, Pachydermes;
6e Ordre, Ruminants;
7e Ordre, Édentés;
8e Ordre, Carnivores;
9e Ordre, Rongeurs;
10e Ordre, Insectivores;
11e Ordre, Cheiroptères;
12e Ordre, Quadrumanes.

ORDRE DES MONOTRÈMES.

Natura non facit saltus, a dit Linné, ce qui signifie, en français, qu'il existe entre tous les êtres vivants des gradations, des transitions, des passages, qui rendent très-difficile et quelquefois impossible une classification rigoureuse. Nous disions dans le volume précédent de cet ouvrage : *La nature fait des transitions, les naturalistes font des divisions.* C'est qu'en effet il n'existe pas chez les êtres organisés ces divisions nettement tranchées que les naturalistes ont inventées pour faciliter les études. Tout se tient, tout s'enchaîne dans la création. Les êtres passent insensiblement, sans secousses, sans soubresauts, de l'organisation la plus simple jusqu'à la plus complète, de la plus grossière jusqu'à la plus compliquée. La nature ménage les transitions avec un art infini; elle adoucit, par des nuances intermédiaires, ce que pourrait avoir de trop cru l'opposition de tons très-différents. Toutes les parties du grand œuvre se fondent ainsi dans une harmonie sublime, qui remplit d'une juste admiration l'âme de l'observateur.

Nous allons trouver dans le premier ordre des Mammifères une éclatante confirmation de ces idées. Les Monotrèmes tiennent tout à la fois des Mammifères, des Oiseaux et des Reptiles. Chez les Monotrèmes, comme chez les Oiseaux, l'urine, les excréments et les produits de la génération, s'évacuent par un orifice commun nommé *cloaque*. Le nom de Monotrèmes, que leur a appliqué E. Geoffroy Saint-Hilaire, exprime très-bien cette particularité capitale de leur organisation : il signifie *un seul trou* (μόνος, seul, τρῆμα, trou). Toutefois ce caractère ne saurait, à lui seul, faire reconnaître les animaux dont nous nous occupons; car il se rencontre également chez certains Édentés. Aussi de Blainville a-t-il cru devoir substituer à la dénomination précédente celle d'*Ornithodelphes*, voulant indiquer par là que les organes reproducteurs de ces Mammifères et la manière dont ils accomplissent leur fonction génératrice, rappellent, par différents traits, ce qui se passe chez les Oiseaux. Cependant cette expression n'a pas prévalu, et nous conserverons la première dénomination pour nous conformer à l'usage.

Les Monotrèmes se rapprochent encore des Oiseaux par leur bouche, qui est dépourvue de dents, et qui se termine par une espèce de bec corné, de forme assez singulière.

Ils se rattachent aux Reptiles par la forme de leur épaule, qui présente, comme chez les Sauriens, une double clavicule.

Par tous les autres côtés, ce sont de véritables Mammifères. Ils ont des mamelles, très-rudimentaires à la vérité, mais qui sécrètent une liqueur lactée, destinée à nourrir leurs petits. Ces glandes sont privées de tetines et par conséquent peu apparentes, ce qui explique comment on a pu longtemps en nier l'existence. Les Monotrèmes sont munis de quatre membres onguiculés; leur corps est couvert de poils, et ils possèdent des os marsupiaux, comme les animaux qui composent le second ordre des Mammifères, quoique ces os ne supportent pas, chez eux, la poche qui distingue ces derniers.

On a beaucoup discuté sur la question de savoir si les Monotrèmes sont ovipares ou vivipares. Il est bien démontré aujourd'hui qu'ils donnent naissance à des petits vivants; mais on ne peut douter que leur mode de gestation diffère sensiblement de celui des véritables vivipares. Tous les naturalistes s'accordent à dire qu'ils ressemblent beaucoup, sous ce rapport, aux vertébrés ovovivipares, c'est-à-dire chez lesquels l'éclosion de l'œuf se fait dans le sein même de la mère, par incubation intérieure et directe : tels sont la vipère parmi les Reptiles, et parmi les Poissons, les raies et les squales.

On ne connaît jusqu'à présent que deux familles de Monotrèmes : les *Ornithorhynques* et les *Échidnés*. La découverte de ces étranges animaux ne remonte qu'à l'année 1792.

Les *Ornithorhynques* et les *Échidnés* habitent exclusivement la Tasmanie, ou Terre de Van Diémen, et l'Australie, cette contrée si remarquable par la singularité de sa faune, et dans laquelle semblent s'être conservés les types botaniques et zoologiques des créations appartenant aux époques les plus anciennes de notre globe.

FAMILLE DES ORNITHORHYNQUES. — Les Ornithorhynques (*bec d'oiseau*, des deux mots grecs ὄρνις, oiseau, et ῥύγχος, bec) sont des animaux organisés pour la vie aquatique. Leurs pieds comportent cinq doigts, terminés par des ongles robustes. Les pieds de devant sont complétement palmés, et la membrane interdigitale y est même très-développée, car elle s'étend au delà des ongles. La queue est large, de moyenne longueur, et aplatie en dessous, pour faciliter la natation. Le bec est aplati et peut être comparé, sans trop d'invraisemblance, à celui du cygne ou du canard. Deux

Fig. 1. Ornithorhynque.

grosses excroissances cornées, placées à chaque mâchoire, tiennent la place des molaires. Le pelage est assez bien fourni et d'un brun plus ou moins roussâtre.

Chez les mâles, le talon des membres postérieurs est armé d'un ergot, percé d'un trou à son extrémité. Cet ergot laisse échapper, à la volonté de l'animal, une liqueur, sécrétée par une glande qui est située le long de la cuisse, et avec laquelle l'ergot communique par un large conduit sous-cutané. On a fait diverses conjectures sur le rôle de cet éperon et de la liqueur qu'il fournit. On a pensé longtemps qu'il constituait une arme offensive et défensive, et que la sécrétion en était venimeuse, comme celle des crochets de certains serpents. Ce qui avait donné lieu à cette interprétation, c'était le récit d'un accident survenu à un chasseur, à la suite d'une piqûre d'Ornithorhynque, récit qui fut transmis en 1817 à la *Société linnéenne de Londres* par Sir John Jameson, résidant alors en Australie. On racontait que le bras du chasseur s'était enflé immédiatement après la blessure, et que tous les symptômes d'un empoisonnement par un venin analogue à celui des serpents s'étaient déclarés. Le mal avait cédé à l'application extérieure de l'huile et à l'usage intérieur de l'ammoniaque ; mais l'homme avait mis plus d'un mois à récouvrer une entière liberté de mouvements.

Beaucoup de voyageurs modernes nient que l'ergot de l'Ornithorynque soit une arme dangereuse ; quelques-uns même affirment que l'animal n'en fait jamais usage pour se défendre. La vérité réside, sans doute, dans la relation de M. J. Verreaux. Selon ce naturaliste, le liquide sécrété par la glande communiquant avec l'ergot n'a rien de venimeux. L'organe en question, très-développé chez les mâles, est tout à fait rudimentaire chez les femelles, où il disparaît même complètement avec l'âge.

En résumé, rien de plus singulier que l'organisation de cet animal, qui tient de l'Oiseau, du Poisson, du Reptile, du Mammifère, et qui semble créé pour faire le désespoir des classificateurs.

Les Ornithorhynques habitent les bords des lacs et des rivières de la Nouvelle-Hollande et de la Terre de Van Diémen. Ils se creusent des terriers et n'en sortent guère pendant le jour. Cependant ils ne sont pas absolument nocturnes. Lorsqu'ils ont une famille à élever, l'énergie de leurs besoins s'accroissant, ils affrontent très-bien la lumière du soleil. Ils nagent à rendre jaloux les poissons eux-mêmes, et courent sur terre avec une non moins grande facilité. Seulement, ils sont obligés de venir fréquemment à la surface de l'eau, pour respirer. Ils se nourrissent de larves aquatiques, de vers et de mollusques. La vase même peut servir à les sustenter, à défaut d'autres aliments. Lorsqu'on veut les prendre, ils cherchent à mordre ; mais leur bec est trop faible pour être nuisible. C'est au fond de leur terrier, dans une sorte de nid formé de racines entrelacées, que les femelles déposent leurs petits. M. J. Verreaux a, le premier, signalé leur mode d'allaitement. Il paraît que la mère se fait suivre dans l'eau par les jeunes, et qu'elle répand son lait autour d'elle ; la liqueur surnage et est promptement humée par les petits. Cette manière de procéder, qui n'a d'analogue dans aucun autre ordre de Mammifères, suffirait à elle seule pour faire de l'Ornithorhynque une des plus étonnantes bizarreries de la nature.

Cet animal paraît s'accommoder fort peu de l'esclavage. M. Bennett a possédé deux petits qu'il avait pris lui-même dans un terrier; et bien qu'il ne les eût pas enlevés à leur pays natal, bien qu'il leur prodiguât les soins les plus assidus, il ne put les conserver : ils moururent au bout de cinq semaines de captivité. Ils étaient, dit M. Bennett, d'humeur très-folâtre et jouaient comme de jeunes chats; ils aimaient à barboter dans un plat rempli d'eau et orné d'une touffe d'herbe; ils dormaient beaucoup, surtout pendant le jour. Leur nourriture consistait en pain trempé dans l'eau, en œufs durs et en viande hachée très-mince.

On ne connaît jusqu'à présent qu'une seule espèce d'Ornithorhynque : l'*Ornithorhynque paradoxal*, animal de la grosseur d'une petite loutre, désigné par les colons australiens sous le nom de *Taupe de rivière*. Aucun exemplaire vivant n'en a encore été amené en Europe.

FAMILLE DES ÉCHIDNÉS. — Les Échidnés ont le corps ramassé et bas sur pattes, la queue très-courte, le bec et la langue étroits et allongés, les doigts armés d'ongles fouisseurs, le dos couvert de piquants, plus durs que ceux du hérisson et entremêlés de poils soyeux. Les mâles portent l'éperon, comme les Ornithorhynques. Ils habitent les terrains sablonneux, s'y creusent des terriers et se nourrissent de fourmis, qu'ils capturent en projetant leur langue, enduite d'une humeur visqueuse, dans les demeures de ces insectes. De là le nom de *Myrmécophages* (mangeurs de fourmis) qui leur avait été donné, mais qu'on leur a retiré pour qu'on ne soit pas tenté de les confondre avec les fourmiliers.

On ne possède pas d'autres renseignements sur les Échidnés. Quelques-uns de ces animaux ont vécu quelques semaines, en captivité à bord de différents vaisseaux, entre autres de *la Favorite* et de *l'Astrolabe*. Ils restaient, la plupart du temps, plongés dans une espèce d'engourdissement, enroulés sur eux-mêmes, à la manière des hérissons. Mais ils n'étaient pas farouches; et semblaient prendre plaisir à recevoir des caresses. MM. Quoy et Gaimard, qui rapportaient sur leur navire, *l'Astrolabe*, un de ces animaux, le nourrissaient avec des liquides sucrés. M. Eydoux, qui en conserva un pendant quelque temps, sur *la Favorite*, pense qu'on pourrait facilement amener des Échidnés vivants en Europe, parce qu'ils s'engourdissent au moindre froid.

Fig. 2. Échidné.

L'*Échidné épineux*, la seule espèce de cette famille, est deux ou trois fois gros comme le hérisson; on le rencontre dans les mêmes îles que l'Ornithorhynque.

ORDRE DES MARSUPIAUX.

Les *Marsupiaux*, appelés aussi *Didelphes*, dans la classification de
de Blainville, sont caractérisés par l'existence, à la partie antérieure
du bassin, de deux os, longs, étroits, articulés et mobiles, qui
servent à soutenir chez les femelles, au moins dans la plupart
des espèces, une poche située au-dessous de l'abdomen, et nommée
bourse marsupiale (de *marsupium*, bourse). Ces os, qui ont pris le
nom d'*os marsupiaux*, ne sont pas le lot exclusif des femelles ; ils
appartiennent aussi aux mâles. Les animaux qui en sont pourvus
constituent donc une très-forte anomalie parmi les Mammifères,
d'autant plus que cette modification du squelette se lie à un mode
tout spécial de génération.

Chez les Marsupiaux, en effet, les petits ne sortent pas complétement formés du sein de la mère, comme cela a lieu chez les
autres Mammifères ; ils en sont expulsés avant terme, et achèvent
de se développer dans la poche abdominale. De là deux phases
dans la gestation : la gestation utérine et la gestation marsupiale ;
la première relativement courte, la seconde beaucoup plus longue.
Il faut donc distinguer chez ces animaux deux naissances, pour
ainsi dire : l'une coïncidant avec l'arrivée du petit dans la bourse ;
l'autre avec sa sortie de ce berceau naturel et son contact avec
le monde extérieur. La durée de la gestation, considérée dans ses
deux éléments, varie suivant les espèces. Chez le Kanguroo, le
fœtus est amené dans la poche environ trente-huit jours après la
fécondation, et il y séjourne pendant huit mois.

Ce n'est pas, comme on pourrait le croire, par une force intérieure, par une action musculaire plus ou moins énergique, que
s'effectue le transport des jeunes dans la bourse marsupiale.
D'après les expériences d'un savant anatomiste anglais, M. Owen,
la mère elle-même les y attire, en les saisissant avec ses lèvres.
Voici comment elle procède en cette circonstance. Appliquant avec

force les deux pattes de devant sur les bords de la poche, elle tire ces bords en sens contraire, pour les distendre et agrandir l'ouverture, comme on le fait pour desserrer une bourse. Elle introduit ensuite son museau dans la poche, et se couchant à terre, pour se mettre dans la position la plus favorable, elle extrait le fœtus, qui a parcouru la première phase de son existence. Puis, sans jamais se servir de ses membres, elle le transporte sur l'une de ses mamelles, qu'il serait impuissant à atteindre lui-même, et l'y maintient jusqu'à ce qu'il ait saisi la tetine. Arrivé à ce point, le petit n'a plus besoin du secours maternel ; il adhère fortement à la mamelle et n'en peut être séparé que par une violence extérieure. Toutefois, il n'est pas encore capable de se sustenter par ses seules forces, c'est-à-dire d'aspirer le lait par lequel doit s'accomplir sa nutrition. Pour obvier à cette cause de dépérissement, la femelle est pourvue d'un muscle dont les contractions sur la mamelle déterminent l'injection du lait dans la bouche du jeune.

Par ce qui précède, on voit que la différence essentielle des Marsupiaux aux autres Mammifères consiste en ce que leurs petits exigent une nutrition mammaire à une époque beaucoup moins avancée de leur développement. Les os marsupiaux et la bourse que supportent ces os, ne sont que des conséquences de cette nécessité.

Pendant la seconde période de la gestation, l'organisation se complète ; le nouvel individu se rapproche de plus en plus de sa forme et de sa constitution définitives. Chez le Kanguroo, les poils paraissent au sixième mois. Dès le commencement du huitième mois, le jeune Kanguroo met fréquemment le nez à la portière, c'est-à-dire sort la tête de la bourse marsupiale, et prélude à sa prochaine et véritable existence, en broutant çà et là l'herbe tendre. Enfin il fait son entrée dans le monde, et hasarde quelques sauts timides, à la suite de sa mère. Il commence à vivre sous sa propre responsabilité ; mais pendant quelque temps encore il retournera à son premier asile, soit pour y trouver un refuge en cas de danger, soit pour suppléer, par le lait maternel, à l'insuffisante nourriture que ses forces débiles lui ont permis de se procurer. On peut voir alors teter à la fois, et de grands enfants à peu près émancipés, et de faibles créatures provenant de portées plus récentes et fixées à leurs mamelles respectives. C'est en raison de cette circonstance que les femelles des Marsupiaux possèdent toujours un nombre de mamelles supérieur à celui des petits de chaque portée.

Presque tous les Marsupiaux appartiennent en propre à l'Australie, où l'on ne trouve pas d'ailleurs beaucoup d'autres Mammifères. Quelques espèces sont répandues dans les îles voisines ; enfin une seule famille, celle des Sarigues, habite l'Amérique.

Ce qu'il y a de prodigieux, c'est qu'on retrouve dans cet ordre une série de groupes analogues à ceux des Mammifères ordinaires : Insectivores, Rongeurs, Carnassiers, Ruminants, Quadrumanes. Cuvier ne se trompait donc pas lorsqu'il écrivait, en 1829, dans son *Règne animal :* « On dirait que les Marsupiaux forment une classe à part, parallèle à celle des Quadrupèdes ordinaires, et divisible en ordres semblables. »

Cette opinion a été encore confirmée par la découverte de débris fossiles appartenant à des espèces de grande taille, qui devaient correspondre à nos Pachydermes. M. Owen a signalé deux espèces fossiles de ce genre, qui avaient à peu près la grandeur du cheval.

On a aussi recueilli des restes de Marsupiaux dans les plâtres des environs de Paris, en Auvergne et en Angleterre. Aux temps géologiques, l'Europe a donc possédé des animaux à bourse, et peut-être dans ce temps reculé les Marsupiaux composaient-ils une classe tout entière, parallèle à celle des Mammifères, comme l'a dit Cuvier.

L'ordre des Marsupiaux se partage en quatre familles, savoir : les *Phascolomes,* les *Syndactyles,* les *Dasyures* et les *Sarigues.*

FAMILLE DES PHASCOLOMES. — Les *Phascolomes,* ou *Wombats,* sont les représentants des Rongeurs parmi les Marsupiaux. Comme ceux-ci, ils sont caractérisés par l'absence de canines et l'existence d'un espace vide entre les incisives et les molaires. Leurs doigts, au nombre de cinq à chaque extrémité, sont armés d'ongles, propres à fouir.

On ne compte qu'un genre dans cette famille, et ce genre ne renferme lui-même qu'une espèce : c'est le *Wombat* (fig. 3).

Le Wombat est un animal trapu, sans queue, à tête large, à pelage épais, à démarche plantigrade. Il a les oreilles courtes et les yeux médiocres. Il se creuse des terriers et se nourrit de substances végétales, surtout de racines. D'un caractère doux, mais stupide, il pourrait être facilement élevé en domesticité, et serait suscep-

tible de fournir de bons profits, car sa chair est bonne, et sa fourrure, quoique grossière, trouverait son emploi. Il y aurait donc

Fig. 3. Wombat.

lieu de faire des tentatives pour l'acclimater en Europe. Il habite
la Nouvelle-Hollande et la Tasmanie. Sa taille est celle d'un chien
ordinaire.

FAMILLE DES SYNDACTYLES. — Les *Syndactyles* (doigts réunis, de
σὺν, ensemble et δάκτυλος doigt) sont ainsi nommés parce qu'ils ont
les deuxième et troisième doigts des membres postérieurs réunis
jusqu'à l'ongle sous une peau commune. Le nombre des doigts
varie d'ailleurs suivant les genres. Les Syndactyles vivent à terre
ou sur les arbres ; la plupart sont herbivores ou frugivores ; quelques-uns se nourrissent d'insectes. Ils comprennent quatre genres :
les *Kangurous*, les *Phalangers*, les *Tarsipèdes* et les *Péramèles*.

Kangurous. — Le caractère le plus saillant des *Kangurous* réside
dans la disproportion relative de leurs membres antérieurs et
postérieurs. Tandis que les premiers sont courts et faibles, ceux-ci
sont singulièrement longs, épais et robustes. De là le nom de

Macropodes (grands pieds) que donnent aux Kangurous certains auteurs.

La queue est longue et puissante. Elle constitue en quelque sorte

Fig. 4. Kangurou géant.

un cinquième membre, destiné à faciliter aux Kangurous le mode de progression qui leur est particulier.

La figure 5 met bien en évidence la structure de la charpente organique du Kangurou, la disproportion entre ses membres antérieurs et postérieurs. On y voit aussi les deux os dits *mar-supiaux*.

Selon les circonstances, ces animaux marchent ou sautent, et leur queue joue un grand rôle dans les deux cas. Pour marcher, ils posent d'abord les quatre pattes sur le sol; puis, s'appuyant sur celles de devant, et sur leur queue, tendue comme une barre rigide, ils soulèvent leur arrière-train, ramènent à la fois leurs deux jambes postérieures près des antérieures, et portent celles-ci en avant, pour recommencer la même manœuvre, et ainsi de suite. On conçoit qu'ils ne puissent pas se mouvoir très-vite de cette façon; aussi ont-ils recours à une autre allure, lorsqu'ils sont poursuivis, où lorsqu'ils veulent franchir quelque obstacle. Les pattes de devant restent alors sans emploi; elles pendent inertes le long du corps. Accroupi sur ses pattes de derrière, la queue roidie et appuyée sur la terre, comme elle l'est pendant la marche, l'animal bondit, comme poussé par un ressort, et va tomber un peu plus loin, où le même exercice se répète, et ainsi indéfiniment jusqu'à ce qu'il lui plaise de s'arrêter. Les grandes espèces de kangurous franchissent jusqu'à dix mètres d'un bond, et s'élèvent à deux ou trois mètres de hauteur. Rien n'est plus curieux que de les voir traverser l'espace avec la rapidité de la flèche, et, semblables au géant de la mythologie, reprendre une nouvelle vigueur chaque fois qu'ils touchent la terre.

Pour compléter le portrait du Kangurou, nous dirons qu'il a le museau effilé, les oreilles grandes et droites, le corps mince en avant, très-massif, au contraire, en arrière; — qu'il ne possède que quatre doigts aux extrémités postérieures, et que l'un de ces doigts est pourvu d'un ongle très-meurtrier; — que sa robe se compose de poils soyeux sur la tête, les membres et la queue, et de poils laineux sur le reste du corps; — enfin que son régime est essentiellement herbivore.

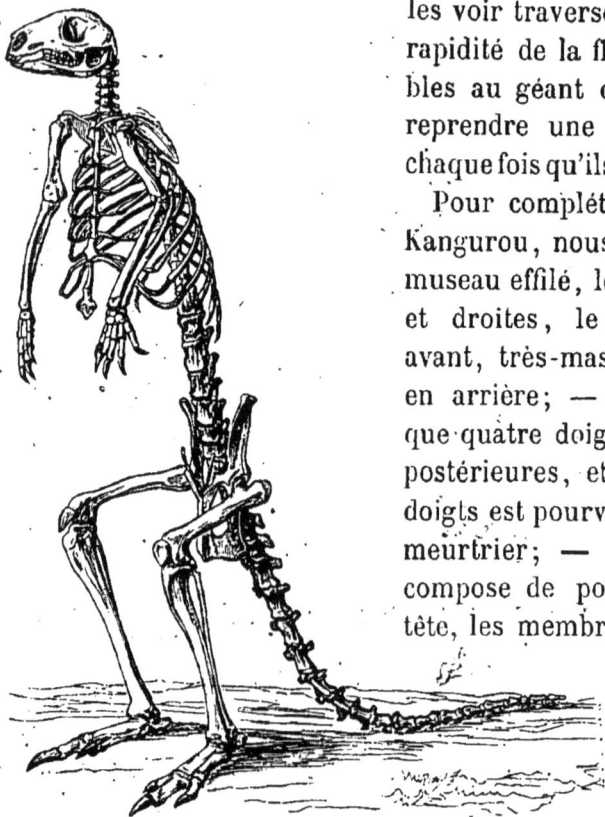

Fig. 5. Squelette du Kangurou fuligineux.

Les Kangurous habitent l'Australie et la Terre de Van Diémen; quelques espèces seulement se trouvent à la Nouvelle-Guinée. Ils vivent par petites troupes, placées, dit-on, sous la conduite des vieux mâles, et se tiennent de préférence dans les lieux boisés. Les femelles font un ou deux petits au plus par portée. Leur chair est excellente; aussi leur fait-on une chasse active, pour laquelle on dresse tout spécialement des chiens.

La queue de ces animaux n'est pas seulement un appareil de

propulsion, elle leur sert aussi d'arme défensive. On a vu maintes fois des Kangurous, poursuivis par des chiens, leur appliquer de grands coups de queue. Mais ce qui les protége plus efficacement que cet organe contre les entreprises de leurs ennemis, c'est l'ongle puissant qui termine leur doigt annulaire postérieur. E. Geoffroy Saint-Hilaire dit que, pour en faire usage, ils se dressent le long d'un arbre, contre lequel ils s'appuient avec leurs pattes de devant, tandis que d'autre part ils se soutiennent sur leur queue. Cet

Fig. 6. Kangurou Rat.

arbre, ou tout autre obstacle assez élevé, leur est absolument né-cessaire, puisque mouvant toujours chaque paire de membres à la fois, ils ne peuvent s'appuyer sur l'un et employer l'autre à combattre.

Lorsqu'une lutte éclate entre deux Kangurous, les choses se pas-sent d'une manière plus simple. Les adversaires se tiennent debout l'un contre l'autre, face à face, et, soutenus uniquement sur leur queue, ils s'entredéchirent le ventre, comme pourraient le faire deux bons Japonais. Les mâles seuls se battent ainsi entre eux.

Les Kangurous se plient facilement à la captivité ; ils supportent parfaitement le climat de l'Europe et se reproduisent même dans nos ménageries. Il serait donc très-désirable qu'on en propageât, par tous les moyens possibles, la multiplication dans notre pays, comme on a commencé à le faire en Angleterre ; d'autant plus, a dit avec raison M. Florent-Prévost, qu'ils se font remarquer par le grand développement des parties dont la chair est la plus estimée, telles que les lombes, les fesses et les cuisses. Certaines espèces ont d'ailleurs une fourrure excellente et très-recherchée. On pourrait tout à la fois les élever en domesticité et les laisser

Fig. 7. Koala (ours d'Australie.)

vivre librement à l'état sauvage, à côté des lièvres, lapins et autre gibier.

On connaît aujourd'hui à peu près cinquante espèces de Kangurous, qui sont extrêmement variables pour la taille. Quelques-unes dépassent un mètre de long : tels sont le *Kangurou géant* (fig. 4), le *Kangurou laineux*, etc. D'autres, et c'est le plus grand nombre, ne dépassent guère un mètre. Enfin, il en est dont la taille est si réduite, qu'on leur a imposé la dénomination de *Kangurous rats* (fig. 6); on les appelle aussi *Potorous*.

Phalangers. — Par quelques-uns de leurs caractères, par leurs formes générales et par leur genre de vie, les individus appartenant au genre *Phalanger* se rapprochent des singes, dont ils semblent être les représentants en Australie. Ils ont le pouce des membres postérieurs opposable aux autres doigts et dépourvu d'ongle; la plupart ont la queue prenante, comme les singes d'Amérique. Ils habitent les forêts, grimpent avec agilité sur les arbres et se nourrissent de fruits auxquels ils ajoutent parfois

Fig. 8. Phalanger fuligineux.

des œufs d'oiseaux et des insectes. On leur donne la chasse et on les mange, quoiqu'ils répandent une odeur désagréable. Leur taille est moyenne ou petite.

On les partage en trois groupes : *Phascolarctes*, *Phalangers proprement dits* et *Pétauristes*.

Les *Phascolarctes* sont caractérisés par l'absence totale de queue. On n'en connaît qu'une seule espèce, nommée *Koala* (fig. 7).

Les *vrais Phalangers* ont la queue prenante; l'espèce principale est le *Couscous*, qui habite les îles de l'archipel Indien. La figure 8 représente le *Phalanger fuligineux*. Enfin, les *Pétauristes* ou *Phalangers volants* sont pourvus d'une membrane aliforme entre les flancs et se soutiennent en l'air à la manière des écureuils volants.

Tarsipèdes et Péramèles. — Il y a peu de chose à dire des *Tarsipèdes* et des *Péramèles.* Ce sont de petits Marsupiaux qui ont, surtout les premiers, beaucoup d'analogie avec les Phalangers.

Le *Tarsipède rostré* est un joli animal, à peine gros comme une souris, dont le museau est allongé en forme de bec, et qui se

Fig. 9. Thylacine cynocéphale.

nourrit, non-seulement d'insectes, mais aussi du nectar des fleurs.

Les *Péramèles* ne vivent pas sur les arbres; ils ont des ongles robustes, et se creusent des galeries, dans lesquelles ils se retirent. Les insectes et les racines forment le fonds de leur alimentation. Ils n'ont pas le pouce de derrière opposable.

FAMILLE DES DASYURES. — Les *Dasyures*, véritables carnivores de l'ordre des Marsupiaux, ne vivent que de meurtres et de pillage. Ils ont des dents de trois sortes, un pouce nul ou rudimentaire

aux extrémités postérieures, des ongles aigus, la queue longue
et bien fournie, mais jamais prenante. Leurs habitudes sont plus
ou moins nocturnes. Quelques-uns atteignent une assez grande
taille, et sont très-redoutés des colons australiens, qui les désignent de la même façon que certaines espèces de vrais carnassiers. Cette famille comprend les genres *Thylacine*, *Sarcophile*,
Dasyure proprement dit et *Phascogale*.

L'unique espèce du genre *Thylacine* est le *Thylacine Cynocéphale*
(fig. 9), le plus fort et le plus féroce de tous les Marsupiaux. Il

Fig. 10. Dasyure.

est commun en Tasmanie, où on le compare volontiers au loup,
dont il a d'ailleurs la taille et les appétits sanguinaires. Comme
le loup, il se jette fréquemment sur les troupeaux de moutons
qui lui offrent une proie facile. Très-répandu sur le littoral, il
se nourrit principalement, dit-on, des débris animaux que rejette
la mer sur les rivages; il mange aussi des crabes.

Quoique moins gros que les précédents, les *Sarcophiles* ont le
même esprit de destruction et le même goût de la chair : au reste,
leur nom ne signifie pas autre chose. Il n'en existe qu'une es-

pèce, le *Sarcophile oursin*, qui habite Van Diémen et que les colons anglais de ce pays appellent *Diable*. Cet animal est d'une sauvagerie et d'une stupidité sans pareilles; on tenterait en vain de l'apprivoiser. Il est trapu, vigoureux, de la taille du blaireau, et ravage les poulaillers; il s'attaque même aux petits quadrupèdes domestiques.

Par ses proportions et l'ensemble de ses habitudes, le *Dasyure proprement dit* (fig. 10) rappelle les martes, putois, genettes, etc. Il a le pelage doux, abondant et généralement moucheté. Il se nourrit de petits Mammifères et d'oiseaux qu'il va saisir dans leurs nids. Ainsi que les Sarcophiles, les Dasyures sont très-préjudiciables aux basses-cours.

Les Marsupiaux qui composent le genre *Phascogale*, sont tous de très-petite taille et plutôt insectivores que carnivores. Ils se tiennent à peu près exclusivement sur les arbres, et c'est là qu'ils cherchent leur subsistance. Ils varient, pour la grosseur, du loir au surmulot.

FAMILLE DES SARIGUES. — Les *Sarigues* sont les plus anciennement connues des espèces de Marsupiaux. Elles appartiennent exclusivement au nouveau monde, où elles sont répandues depuis les États-Unis jusqu'à la Patagonie. Ce sont des animaux grimpeurs, ayant l'apparence et le régime des Carnivores, et dont la taille ne dépasse pas celle de notre chat domestique. Elles ont le pouce opposable et inonguiculé aux quatre extrémités, et en général la queue nue et prenante. Leur bouche, largement fendue, est armée de cinquante dents, parfaitement organisées pour dépecer une proie vivante. Elles sont crépusculaires ou nocturnes; pendant le jour, elles restent cachées au milieu des buissons, dans les trous des arbres ou sur les branches. Elles se nourrissent de petits quadrupèdes, d'oiseaux, d'œufs, d'insectes, de mollusques et même de fruits ou de jeunes pousses végétales dont elles sucent la séve. Les femelles sont d'une fécondité remarquable; elles font de dix à quinze petits par portée et soignent leur progéniture avec cette tendre sollicitude que Florian a si bien dépeinte dans sa jolie fable de *la Sarigue et ses petits*.

L'espèce la plus grande et la plus commune est la *Sarigue de Virginie* (fig. 11), ou *Sarigue à oreilles bicolores*, appelée encore *Opossum* par les Américains. L'Opossum a un goût tout particulier pour les œufs du dindon sauvage, et il recherche ce mets avec avidité.

Il s'introduit quelquefois dans les basses-cours, et y fait un carnage effroyable. S'il est surpris par le fermier *flagrante delicto*, il se couche à terre, contrefait le mort et reçoit les coups de bâton sans sourciller; mais dès que l'homme, croyant l'avoir assommé, tourne les talons, le larron déguerpit prestement et regagne la forêt. L'Opossum est farouche et ne se laisse pas apprivoiser.

La *Sarigue Crabier* est une espèce de même taille à peu près que la précédente, et qui doit son nom à son régime alimentaire spé-

Fig. 11. Sarigue de Virginie femelle et ses petits.

cial. Habitant les bords de la mer, elle se nourrit principalement de crabes, qu'elle pêche fort adroitement. On la trouve au Brésil et à la Guyane.

Buffon a décrit, sous le nom de *petite Loutre de la Guyane*, une espèce de Sarigue, à peine grosse comme le surmulot, et qui doit aux palmatures de ses pattes de derrière la faculté de nager comme les loutres : c'est le *Chironecte Oyapock* des naturalistes modernes, qui l'ont élevé à la dignité de *genre*, en raison de cette particularité.

On a également établi le genre *Micouré*, pour un certain nombre d'espèces, chez lesquelles la poche abdominale est remplacée par un simple repli de la peau, insuffisant à protéger les petits pendant la gestation mammaire. Le mode de génération est cependant le même chez ces Marsupiaux que chez tous les autres ; seulement, lorsqu'ils commencent à marcher et que quelque danger les menace, les jeunes, au lieu d'aller se réfugier dans le sein de leur mère, comme le font les petits Kangurous, Opossums, etc., montent sur son dos et s'y maintiennent en équilibre en enroulant leur queue autour de la queue maternelle. Ce spectacle excite vivement la curiosité des voyageurs qui en sont témoins pour la première fois.

ORDRE DES CÉTACÉS.

Les Cétacés sont des animaux essentiellement aquatiques, qui ressemblent à des poissons, mais appartiennent bien réellement, par l'ensemble de leur structure, à la classe des Mammifères. Ce seraient, en effet, de singuliers poissons que ces êtres qui ont des mamelles pour allaiter leurs petits, qui ne respirent point par des branchies, mais par des poumons, qui ont un cœur muni de deux ventricules et de deux oreillettes.

Les Cétacés sont donc des Mammifères. Seulement, au lieu d'être organisés pour vivre sur la terre, ils sont admirablement adaptés aux conditions du milieu aquatique; ils acquièrent des dimensions souvent énormes et sont les géants du règne animal.

Leur corps, taillé plus ou moins en forme de fuseau, se termine en arrière par une queue, qui s'élargit de manière à constituer une nageoire; cette nageoire est transversale et non verticale, comme chez les Poissons. Cette queue est le principal moteur de ces masses vivantes.

Sur le dos des Cétacés on voit fréquemment une autre nageoire, qui n'est qu'une modification de la peau.

Les Cétacés n'ont pas de membres postérieurs. Leurs membres antérieurs sont transformés en rames natatoires, qui ont peu d'utilité pour la locomotion au sein de l'eau, et dont le rôle principal est sans doute d'équilibrer leurs mouvements. Ces membres antérieurs ainsi changés en rames présentent, au fond, la même structure que le membre correspondant chez d'autres Mammifères, la patte du chien, l'aile de la chauve-souris, etc.

Leurs narines s'ouvrent, en général, à la partie supérieure de la tête. Grâce à la disposition des narines qui sont plus superficielles que la bouche, ces animaux peuvent aspirer l'air sans trop sortir de l'eau. Ces mêmes organes remplissent encore un autre rôle sur lequel nous reviendrons bientôt.

La peau des Cétacés· est ordinairement dépourvue de poils, ce qui est rare chez les Mammifères. Leurs dents sont, en général, coniques, uniformes et nombreuses. Tous leurs tissus, mais surtout le tissu cellulaire sous-cutané, sont imprégnés de graisse. Leur sang est chaud. Leurs hémisphères cérébraux sont très-développés et repliés en circonvolutions nombreuses.

Tels sont les principaux traits caractéristiques des Mammifères qui composent l'ordre des Cétacés.

Les animaux les plus gros sont petits comparativement à beaucoup de Cétacés ; cependant ces créatures colossales nagent avec une extrême rapidité. Grâce à l'air renfermé dans leur poitrine, à la grande quantité de graisse dont leurs tissus sont farcis, et à la vigueur de leur rame caudale, ils se meuvent aisément au sein des flots, y cherchent avec voracité les poissons, les mollusques et les crustacés, dont ils font une consommation énorme.

La chasse des grands Cétacés donne lieu à des expéditions nautiques d'une grande importance, et fournit à l'industrie des huiles animales, des fibres élastiques et de l'ivoire.

On divise cet ordre en deux familles, qui se distinguent par leur régime, leurs dents et surtout par la position de leurs narines. Ce sont les *Cétacés ordinaires* ou *souffleurs* et les *Cétacés herbivores*. Ces deux familles comprennent environ quatre-vingts espèces, presque toutes marines.

Famille des Cétacés souffleurs. — Les *Cétacés souffleurs* ont les narines percées à la face supérieure de la tête, et leurs fosses nasales offrent une disposition particulière, qui permet à ces animaux de lancer une colonne d'eau au-dessus de leur tête. L'ouverture étroite des narines des *Cétacés souffleurs* a reçu un nom particulier : on l'appelle *évent*. Leurs mamelles sont placées près de la terminaison de leur corps. Leurs dents sont pointues, lorsqu'elles existent ; mais le plus souvent les dents sont remplacées par une armature toute spéciale de la machine dont nous aurons à nous occuper. Le régime de ces animaux est carnassier.

La famille des *Cétacés souffleurs*, ou *Cétacés ordinaires*, se divise en deux tribus, qu'il est facile de distinguer par la grandeur relative de la tête : la tribu des *Baléniens*, dans laquelle la tête constitue à elle seule le tiers ou la moitié de la longueur totale de l'individu, et celle des *Delphiniens*, dans laquelle la tête est en proportion ordinaire avec le corps.

Les Cétacés de la tribu des *Baléniens* doivent l'énorme développement de leur tête, non au cerveau ni au crâne, qui conservent
leurs proportions ordinaires, mais bien aux os de la face, qui acquièrent des dimensions énormes. Ils comprennent le genre *Baleine*
et le genre *Cachalot*.

Les Baleines se divisent en deux sections, les *Rorquals* et les *Baleines proprement dites.*

Les *Rorquals* ont la tête moins grosse que les Baleines, une nageoire plus ou moins grande sur le dos, et des rides à la partie
inférieure de leur corps. La figure 12 représente le Rorqual, dont
la peau, parfaitement conservée, occupe, sous une toiture et derrière un grillage, une vaste cour du Jardin des Plantes de Paris.

Fig. 12. Rorqual.

Les *Baleines proprement dites* ont la tête très-grosse, très-ar-
quée, le dos sans nageoire et le dessous du corps lisse.

Les Baleines proprement dites sont la *Baleine franche du Nord*
ou simplement la *Baleine franche*, et la *Baleine franche du Sud* ou
Baleine du Cap.

La *Baleine franche* est l'objet spécial des convoitises des pêcheurs,
qui la poursuivent dans les deux hémisphères. Elle résiste moins
que les autres aux attaques de l'homme, et depuis longtemps elle
lui donne de très-abondants produits. Ce que nous allons dire des
Baleines s'appliquera donc particulièrement à la *Baleine franche
du Nord*.

Les *Baleines franches* sont les plus grands animaux de la mer, et même les plus grands animaux de la création contemporaine. On en rencontre fréquemment qui ont vingt mètres de longueur, et qui dans ce cas pèsent soixante-dix tonnes (soixante-dix mille kilogrammes). On en a vu qui avaient trente-cinq mètres de long, et qui pesaient plus de cent tonnes (cent mille kilogrammes).

D'après Lacépède, on ne saurait douter qu'il y ait eu, à certaines époques, des Baleines longues de près de cent mètres. Si l'on eût dressé contre l'une des tours de Notre-Dame cette prodigieuse masse vivante, elle se serait élevée de beaucoup au-dessus du sommet de cette tour. Les dimensions des Baleines varient d'ailleurs selon le sexe, l'âge, les parages qu'elles habitent. L'hémisphère nord fournit à beaucoup près les plus volumineuses.

Les Baleines ne sont pour le vulgaire que des masses informes, comme si ces êtres, qui s'éloignent des autres par leur grandeur et par leur masse, s'en écartaient aussi par l'absence des proportions que nous considérons comme liées à la beauté. Approchons-nous cependant de cette masse, informe en apparence, et voyons si elle ne présente pas au contraire un tout bien ordonné.

Le corps de la Baleine franche (fig. 13) a la forme d'une espèce de cylindre immense et irrégulier, dont le diamètre égalerait à peu près le tiers de sa longueur. La partie antérieure de ce cylindre démesuré est la tête, dont le volume égale le quart et quelquefois le tiers de celui de l'animal. Convexe par-dessus, cette tête représente à peu près une portion de sphère. Vers le milieu de cette voûte, et un peu sur le derrière, s'élève une éminence, dans laquelle sont percés les orifices des deux évents.

La bouche est énorme; elle se prolonge jusqu'au-dessous des orifices supérieurs des évents, et s'étend même vers la base de la nageoire pectorale. L'intérieur de cette gueule est si vaste que dans un individu qui n'était encore parvenu qu'à vingt-quatre mètres de longueur, deux hommes pouvaient se tenir debout.

Cette gueule, qui peut atteindre intérieurement trois mètres de largeur et quatre de hauteur, est dépourvue de dents. Elle porte à la mâchoire supérieure des lames étroites et longues, que l'on désigne sous le nom de *fanons*.

Chaque *fanon* est aplati, et assez semblable, par sa courbure, à la lame d'une faux. En effet, il s'infléchit un peu dans le sens de sa longueur, diminue graduellement de hauteur et d'épaisseur, et se termine en pointe. Son bord concave est taillé en un tranchant garni de crins, qui forme une sorte de frange longue et touffue.

Le fanon est ordinairement noir et marbré de nuances plus claires. Il n'est pas rare de trouver des fanons de baleine longs de cinq mètres, et la gueule de la Baleine en renferme ordinairement sept cents. Ce que l'on nomme dans le langage ordinaire de l'industrie, *baleine*, n'est autre chose qu'un de ces fanons. La valeur des fanons fournis par un seul individu n'est pas moindre de quatre à cinq mille francs.

Cette gueule, dépourvue de dents, mais richement garnie des organes qui les remplacent, renferme une langue énorme, qui atteint quelquefois jusqu'à huit mètres de longueur et quatre mètres de largeur. C'est comme une sorte de matelas épais, mou, rembourré de graisse, et qui fournit cinq à six tonneaux d'huile.

L'œil de l'animal est placé, chose assez singulière, immédiatement au-dessus de la commissure des lèvres, et par conséquent très-près de l'épaule. Il règne un grand écartement entre les deux yeux, de sorte que chacun de ces organes ne peut voir que les objets placés sur l'un des côtés de l'animal. L'œil est toutefois enchâssé sur une espèce de petite convexité, qui, s'élevant au-dessous de la surface des lèvres, permet à l'animal de voir de ses deux yeux un objet un peu éloigné.

Mais ce qui est étrange, c'est la petitesse de cet œil, qu'on a souvent peine à découvrir. Il est garni de paupières, comme l'œil des autres Mammifères; mais ces paupières, dépourvues de cils, sont tellement gonflées par la graisse huileuse qui en occupe l'intérieur, qu'elles sont presque dépourvues de mobilité.

De la structure de cet œil, Lacépède a conclu qu'il est parfaitement adapté aux milieux aquatiques. D'après ce naturaliste, les Baleines auraient une vue excellente.

Il faut ajouter que ce grand cétacé a l'odorat et l'ouïe très-sensibles, qu'il est averti de loin de la présence des corps odorants, et qu'il entend à de grandes distances des sons ou de faibles bruits.

La Baleine a deux nageoires pectorales, longues de trois mètres, et larges de deux mètres environ. Le tronc se distingue de la tête par une légère dépression. Au corps proprement dit s'applique la base de la queue, qui est conique, composée de muscles vigoureux, et se terminant par une grande nageoire horizontale. Cette nageoire, de forme à peu près triangulaire, n'a pas moins de six à sept mètres de largeur.

La queue et la nageoire de la Baleine constituent son plus puissant instrument de natation; mais il faut tenir compte aussi de ses bras, ou nageoires pectorales, qui, par leur forme et leurs dimensions, peuvent ainsi jouer le rôle de rames.

La peau de la Baleine est forte, épaisse de plus de deux décimètres, percée de grands pores; mais elle n'est pas garnie de poils comme celle de la plupart des Mammifères. L'épiderme qui la recouvre est lisse, luisant, huileux, et tellement brillant que l'animal, exposé aux rayons du soleil, resplendit comme une lame d'acier.

La couleur ordinaire de la Baleine est le noir. On en voit cependant d'un noir nuancé de gris. Souvent le dessous de la tête et le ventre sont blancs.

Après ce coup d'œil sur la charpente extérieure de ce grand cétacé, voyons quelles sont ses allures, son mode d'existence. Nous parlerons d'abord de ses mouvements, en prenant pour guide l'intéressant ouvrage publié par le docteur Thiercelin sous ce titre : *Journal d'un baleinier* [1].

La Baleine passe une partie du temps à la surface de l'eau et l'autre partie au sein de la mer, à une profondeur de deux ou trois cents brasses. Lorsqu'elle s'apprête à sortir de ces abîmes, un large remou qui se dessine à la surface de l'eau, annonce son arrivée. On voit d'abord émerger un point noir : c'est le bout de son museau. Bientôt apparaissent les évents, puis une surface plus ou moins longue de son dos, jusqu'à ce que la queue apparaisse à son tour.

Au moment où les évents arrivent à la surface de l'eau, une double colonne de vapeur blanche, plus ou moins épaisse, s'élève en forme de V, et monte à plusieurs mètres de hauteur dans l'air.

Après ce *souffle* les évents sont de nouveau immergés, et pendant trente ou quarante secondes, l'animal glisse à fleur d'eau, de telle manière que le spectateur peut apercevoir à travers l'eau qui le recouvre, la teinte bleuâtre de son corps. Une minute après, le point noir reparaît, puis les évents, puis le *souffle*.

Ce jeu alternatif de respiration et de progression à la surface de l'eau dure huit à dix minutes. Pendant ce temps il y a eu sept ou

1. *Journal d'un Baleinier. Voyages en Océanie*, 2 vol. in-18. Paris, 1866.

huit jets de liquide. Le premier est plus épais que les suivants ; le dernier, aussi épais et aussi prolongé que le premier, annonce que la Baleine va s'enfoncer. En effet, elle sort de l'eau un peu plus qu'à ses souffles précédents, et arrive à n'avoir plus que la queue en l'air ; elle la balance plusieurs fois d'avant en arrière et descend dans la mer : c'est ce qu'on appelle les *sondes* de la Baleine. Elle y reste trente ou quarante minutes, et quelquefois plus, puis revient à fleur d'eau et reproduit ses souffles irréguliers et périodiques.

C'est ainsi, dit M. Thiercelin, que les Baleines passent leur vie ; tantôt sur l'eau, tantôt au-dessous, le jour et la nuit, par le beau ou le mauvais temps, en toute saison. Aussi a-t-on prétendu qu'elle ne dort jamais. Si la Baleine dort, ce qui est certain, ces mouvements alternatifs se feraient pendant son sommeil nécessité par les besoins de la respiration, et seraient dès lors automatiques, comme les mouvements respiratoires.

Quand la Baleine respire, le bruit de sa respiration s'entend à quelques centaines de mètres seulement, si elle est en état de calme. Mais lorsqu'elle est agitée par la crainte ou par la colère, le bruit de sa respiration s'entend jusqu'à plusieurs kilomètres. M. Thiercelin le compare au bruit d'une forte colonne d'air poussée par un très-gros soufflet de forge, dans un large tube de cuivre ou d'airain : c'est une note très-grave et très-forte, soutenue pendant huit ou dix secondes.

Suivant le même observateur, le *souffle* ne serait pas formé d'eau liquide : il se composerait tout à la fois de l'air chaud sortant de la poitrine, d'une certaine quantité de vapeur d'eau, mêlée à cet air, et de particules graisseuses. Aussi, par une température un peu élevée, par une mer calme, et surtout quand le soleil est près du zénith, ce *souffle* est-il invisible. Lorsque la vapeur de ce souffle est disséminée dans l'air, elle se dissout, tout disparaît ; il ne retombe que quelques gouttelettes de matière grasse. Ces gouttelettes étalées sur l'eau, et jointes aux exhalaisons de la peau, laissent sur la surface de la mer de longues traînées de taches huileuses, qui indiquent le passage du cétacé. Dans tous les cas, il y a toujours une certaine quantité d'eau, qui a pénétré dans le canal aérien terminé par l'évent, et cette eau (un ou deux litres à peu près) se mêle, à l'état de poussière, à l'air aspiré, et se dissémine dans l'atmosphère, comme l'humidité pulmonaire.

En parlant plus haut des allures de la Baleine, nous n'avons in-

diqué, avec le docteur Thiercelin, que son allure de promeneuse,
pour ainsi dire. Mais quelle est la rapidité de sa course lorsqu'elle
voyage? Lacépède prétend qu'elle parcourt 660 mètres par minute :
elle irait plus vite que les vents alizés. Deux fois plus prompte,
elle dépasserait les vents les plus impétueux; trente fois plus rapide, elle franchirait l'espace aussi vite que le son.

En partant de cette hypothèse, Lacépède se livre encore à un
curieux calcul. En supposant que douze heures de repos par jour
suffisent à la Baleine, il ne lui faudrait que quarante-sept jours
pour faire le tour du monde, en suivant l'équateur, et vingt-quatre
jours pour aller d'un pôle à l'autre le long d'un méridien. Ces
calculs de l'illustre naturaliste français ont pour base une vitesse
un peu exagérée de l'animal. D'autre part, certains auteurs, se tenant sans doute en deçà de la vérité, ont prétendu que la Baleine
ne faisait que trois lieues marines à l'heure. C'est ce qu'avance
le trop ingénieux Boitard[1].

Pour entretenir la vie dans l'ensemble immense de l'organisme
de la Baleine, pour suffire à son mouvement continuel, pour conserver le souffle qui anime ces êtres extraordinaires, quelle quantité d'aliments, quelle nourriture particulière sont-elles donc nécessaires?

Cette nourriture ne se compose que de très-petits êtres. Selon
Lacépède, la Baleine se nourrit particulièrement de mollusques
et de crabes. Le nombre de ces animaux engloutis par le cétacé
compense leur peu de substance.

Selon le docteur Thiercelin, dans les lieux de pêche, au printemps et surtout en été, la mer est, par places, colorée en brun;
coloration due à de petits crustacés qui ont la forme du homard,
mais dont le grand diamètre ne dépasse pas deux millimètres.
Ces crustacés constituent des bancs de matière animale, que les
baleiniers appellent *boëte*, et qui ont dix, quinze ou vingt lieues de
longueur, sur quelques lieues de largeur, et sur trois ou quatre
mètres d'épaisseur. Voilà une table dignement servie, sinon pour
le volume de la proie, au moins pour la masse qu'elle constitue!
La Baleine se prélasse dans ces bancs plantureux, et broute, pour
ainsi dire, dans cette prairie immense et fourmillante.

M. Thiercelin donne quelques détails sur la façon dont la Baleine
saisit ses aliments.

1. *Le Jardin des Plantes de Paris.*

Elle abaisse sa mâchoire inférieure, étale bien sa langue sur le plancher maxillaire inférieur, et s'avance lentement au milieu des infiniment petits qu'elle se propose d'engloutir. La bouche présente alors une ouverture antérieure, de forme irrégulièrement triangulaire, offrant six à sept mètres d'envergure (peut-on appeler une bouche ce gouffre immense ?). A mesure que la Baleine avance, l'eau qu'elle traverse et qui entre dans sa bouche, s'échappe latéralement par les intervalles qui séparent les fanons, tandis que la *boëte* s'attache aux poils des fanons, et se colle à son palais. Quand elle a parcouru ainsi un espace de quarante à cinquante mètres, elle ralentit sa course, relève sa mâchoire inférieure, applique ses lèvres sur ses fanons, et gonfle sa langue, de manière à lui faire occuper toute la capacité de sa bouche fermée. L'eau s'échappe par les interstices des fanons; la pointe de la langue ramasse, par un mouvement de rotation, tous les animalcules pris aux barbes intérieures, les réunit en un bol alimentaire et les porte à l'entrée du pharynx, où s'exécute le mouvement de déglutition qui fait descendre ce bol dans l'œsophage, et de là dans l'estomac. Cela fait, la Baleine abaisse de nouveau sa mâchoire et recommence sa facile pêche.

Il nous paraît difficile de croire que la Baleine ne se repaisse que de ces petits crustacés. Pourquoi rejetterait-elle les méduses, les mollusques, et même quelques poissons ?

Mais la Baleine ne se borne pas à se mouvoir, à se promener, à voyager, à se repaître pour entretenir son immense organisme. Elle éprouve aussi le besoin de perpétuer son espèce.

Au commencement du printemps, on trouve des mâles isolés, qui vont à la recherche des femelles. Bientôt on rencontre des groupes de six à huit Baleines, rarement plus. A mesure que l'intimité s'établit entre un mâle et une femelle, le couple s'isole de la petite bande, et les époux s'en vont, côte à côte, faire leur voyage de noce. Ils voyagent, ils jouent, ils pêchent de compagnie. Ils exécutent alors des sauts gigantesques; ils font plusieurs tours sur eux-mêmes, et l'eau de la mer s'élève, s'agite et bouillonne autour d'eux, à d'énormes distances.

Les mâles vont choisir d'avance les anses maritimes où les femelles donneront naissance à leurs petits. Après avoir inspecté les lieux, ils reviennent. Les femelles arrivent ensuite et s'installent dans une baie bien abritée, sur un haut fond de sable. Elles mettent bas dans le milieu de l'automne.

À peine né, le Baleineau tourne et nage autour de sa mère. Celle-ci se place sur le côté, pour lui donner à teter, de manière que son mamelon affleure l'eau. Après bien des tentatives inutiles, le jeune prend le mamelon entre son palais, qui n'est pas encore armé de vrais fanons, et de sa langue, déjà très-développée, il aspire le lait maternel. Quelle nourrice et quel nourrisson ! Combien de litres de lait absorbe-t-il à chaque tetée ?

Mais le Baleineau est bientôt sevré. Au bout de six semaines ou de deux mois, ses fanons ont grandi, et il peut prendre lui-même sa nourriture au sein de la grande nourrice, l'Océan ! La mère a pour lui un amour ardent, excessif. Elle le soigne, le guide, le défend ; elle sacrifie sa vie pour le sauver.

Quand un pêcheur s'approche d'une mère et d'un jeune, il commence par attaquer le Baleineau, qui est moins fort, moins agile et moins expérimenté. Mais la mère se place entre son nourrisson et l'agresseur. Elle pousse le petit avec ses nageoires et son corps pour précipiter sa fuite. Si, malgré ses encouragements, il ne peut nager assez vite pour éviter le péril, elle passe un de ses ailerons sous son ventre, elle le soulève, et le tenant ainsi collé contre son cou et son dos, elle se sauve avec lui. Spectacle admirable et touchant, qui nous montre au sein des abîmes des mers boréales, et au cœur des plus gigantesques créatures, le sentiment divin de la maternité !

Que le lecteur sensible se réjouisse ! La mère Baleine réussit quelquefois à emporter son petit sain et sauf. Mais sa surveillance, son activité sont souvent déjouées par les armes terribles de l'homme. Elle manifeste alors sa douleur par la vivacité, l'irrégularité de ses mouvements. Elle ne renonce pas à sauver son cher blessé. Oubliant son propre salut, elle s'efforce de le ressaisir au risque de se perdre avec lui, et elle reçoit le coup mortel pour ne pas abandonner celui qu'elle a inutilement défendu.

Telle est d'ailleurs la seule phase de sa vie pendant laquelle la Baleine montre du courage et résiste à ses ennemis. Lorsqu'elle n'est pas mère, elle est extrêmement timide.

Le mâle montre un grand dévouement pour sa femelle. Quand elle est attaquée, il fait mille efforts pour la dégager. Il passe et repasse autour d'elle, essaye de la débarrasser de l'arme qui l'a blessée, et s'il n'attaque pas ses agresseurs, il n'abandonne pas non plus sa compagne, et souvent finit par périr avec elle, victime de son dévouement.

Fig. 13. Baleine franche.

Ce géant des mers a d'autres ennemis que l'homme; le plus dangereux, le plus cruel, après lui, est le *Dauphin-gladiateur*. Suivant Lacépède, ces dauphins se réunissent en troupe, s'avancent en corps d'armée contre la Baleine, l'attaquent de toutes parts, la mordent, la harcèlent, la fatiguent, la contraignent à ouvrir la gueule, et lui dévorent la langue.

Lacépède dit encore que les narvals et les scies la percent avec leur longue défense, et que les requins enfoncent dans son ventre les cinq rangs de leurs dents, pointues et dentelées, lui enlevant, avec ces terribles tenailles, d'énormes morceaux de téguments et de muscles. Suivant le même auteur, la Baleine blessée, ayant perdu beaucoup de sang, excédée de fatigue, peut alors être attaquée par les ours blancs, animaux voraces, redoutables, et que la faim rend encore plus hardis.

Lorsqu'elle est morte, son immense cadavre flottant devient la proie facile des squales, des oiseaux de mer et des ours blancs.

Il faut citer encore, parmi les ennemis de la Baleine, quelques mollusques et crustacés, qui s'attachent à sa peau et y multiplient comme sur un rocher. Ainsi fixés sur le dos de la Baleine, ces petits animaux deviennent la proie des oiseaux de mer, qui viennent satisfaire leur goût ou leur faim sur le dos du gigantesque cétacé, ce qui a d'ailleurs pour lui l'avantage de le débarrasser de dangereux parasites.

Les Baleines ne fréquentent que les mers froides. On assure que jamais on n'en a rencontré dans la zone torride, et que l'équateur est pour elle une barrière infranchissable.

Les points principaux où on les rencontre dans le nord, sont le Groënland, le Spitzberg, le détroit de Davis, le détroit de Behring, la mer d'Okhotsk, le Japon, la côte nord-ouest de l'Amérique, etc. Dans l'hémisphère sud, on peut dire qu'on la trouve partout à partir du trente-quatrième ou trente-cinquième degré jusqu'au cercle polaire. Nous citerons comme points principaux les côtes ouest et sud de l'Afrique, les îles Tristan, le cap de Bonne-Espérance, les îles Maurice, Madagascar, *Saint-Paul* et *Amsterdam;* Van Diémen, l'Australie, la Nouvelle-Zélande, le Chili, le cap Horn, les îles Malouines, la côte du Brésil, etc.

On ne saurait, du reste, indiquer exactement les points principaux où, dans un temps donné, la Baleine doit nécessairement se trouver. Pour des raisons qui sont inconnues ou à peine soupçonnées, elle émigre tout à coup d'une des régions maritimes où elle se tenait jusque-là. On nomme *lieux de pêche* les parages dans lesquels, à certaines époques de l'année, la Baleine se rencontre en plus ou moins grand nombre. Ces époques se nomment *saisons de pêche*. Elles sont déterminées par la température et la présence de la nourriture, de cette *boëte* dont nous avons parlé plus haut.

Dans un parage donné, on distingue, selon les habitudes de la Baleine, la *saison du large*, c'est-à-dire l'époque où la Baleine se tient à vingt, trente ou quarante lieues de la terre, et la *saison des baies*, époque où la Baleine se rapproche de terre et se confine dans les bas-fonds, à l'abri du vent, dans une baie, une crique, près une côte. La *saison du large* se trouve au printemps et dans l'été, celle *des baies* dans l'automne et l'hiver. En dehors de ces deux saisons, le lieu de pêche est privé de cétacés.

Tout en obéissant aux saisons, ces animaux quittent cependant leurs demeures habituelles, ou cessent d'y revenir, quand ils y ont été chassés pendant plusieurs années, par de nombreux pêcheurs; ou bien, quand sous de mystérieuses influences, leur nourriture y devient moins abondante. On ne sait pas d'ailleurs où elles vont en s'écartant de ces parages.

Avant de décrire la pêche de la Baleine et de faire connaître les engins et les procédés employés de nos jours, nous jetterons un coup d'œil sur l'histoire de cette pêche.

Qui pourrait dire aujourd'hui où fut tuée la première Baleine? On ne peut faire que des conjectures à cet égard. La température du milieu dans lequel vit la Baleine, influe beaucoup sur la rapidité de ses mouvements, sur sa sensibilité. Dans les mers de l'extrême nord, ses mouvements sont lents; elle est peu sensible à la douleur, elle sait mal se défendre, et fuit avec lenteur. C'est donc sans doute dans ces régions que l'on conçut, pour la première fois, le courageux dessein d'attaquer ces colosses de la mer. Les habitants des contrées boréales étaient d'autant plus excités à cette entreprise, qu'ils voyaient dans ces êtres monstrueux un immense réservoir d'huile, matière dont ils avaient si grand besoin, une provision de viande, qui se conservait gelée pendant l'hiver, d'os propres à servir à la charpente de leurs demeures, et de divers autres produits utiles, fournis par les intestins et les tendons de ce gigantesque gibier.

On a fait sur cette pêche primitive des récits extravagants. On a dit que lorsque les sauvages de la Floride apercevaient une Baleine, l'un d'eux montait sur son dos, lui enfonçait un tampon dans l'un des évents, la suivait au fond de la mer, remontait avec elle, lui fermait l'autre évent avec un second tampon, et la faisait ainsi mourir par asphyxie. Cela est tout simplement impossible.

Les anciens Esquimaux employaient pour l'attaque de la Baleine un système très-ingénieux, qu'ils mettent encore en pratique aujourd'hui. La Baleine qu'il s'agit de prendre, est enveloppée par de nombreuses pirogues. Ceux qui les montent, lui lancent des flèches ou harpons, reliés à des espèces de ballons, de grandes dimensions, et qui sont faits de peaux de phoques, d'intestins de cétacés, etc. Quand l'animal veut plonger, il ne peut y parvenir, car les ballons le relèvent, et il est forcé de rester à fleur d'eau. Il avance d'ailleurs très-lentement dans cette position, de sorte qu'il ne peut échapper aux coups de ses ennemis, qui le tuent ainsi lentement et à coup sûr.

Nous arrivons au temps où la pêche a été pratiquée, non par les sauvages habitants du nord de l'Europe et de l'Amérique, mais par les peuples civilisés.

C'est dans un livre qui remonte à l'an 875, *Miracles de saint Waast*, qu'il est question, pour la première fois, de la pêche de la Baleine. Le peuple basque est celui que l'on voit à l'œuvre.

A peu près dans le même temps, Othère, navigateur allemand, visitait les côtes de la Norwège, le cap Nord, et poussait jusqu'à l'entrée de la mer Blanche. Il rencontra dans ces mers septentrionales de nombreux pêcheurs, et vit prendre en deux jours plus de deux cents Baleines.

Du onzième au douzième siècle, cette pêche s'implante dans les Flandres et en Normandie, et les principaux armements se font dans les ports de ces contrées. L'auteur d'une *Vie de saint Arnould*, *évêque de Soissons*, décrit la forme des harpons, leur emploi, et énumère les dîmes que les pêcheurs payaient aux ecclésiastiques de ce canton.

Au douzième siècle, les matelots norwégiens se livraient avec activité à la pêche de la Baleine.

Au quatorzième siècle, les marins basques commencent à entreprendre de véritables expéditions dans les mers du Nord. Les armements de leurs navires se faisaient dans différents ports de notre littoral océanien. Leurs expéditions étaient toujours couronnées de succès, car on les voyait revenir chaque année avec des chargements complets. C'est alors que fut établi et régularisé le procédé classique de pêche dont nous aurons à nous occuper bientôt.

Dès l'année 1372, les Basques arrivèrent au grand banc de Terre-Neuve, d'où ils poussèrent leurs excursions jusqu'au golfe de Saint-Laurent et aux côtes de Labrador. Au quatorzième siècle, des armateurs de Bordeaux équipèrent, pour la mer Glaciale, des navires pêcheurs, qui pénétrèrent jusqu'au Groënland, et même jusqu'au Spitzberg.

Les succès des Basques excitèrent la jalousie et la convoitise des autres nations. Comme ils n'étaient point protégés par le pavillon national, on les inquiéta, et l'on finit par les exclure des parages de pêche, soit par la force, soit par des contributions onéreuses. Aussi, dès le commencement du dix-septième siècle, commencèrent-ils à voir décliner leur industrie. Elle fut définitivement perdue pour eux et pour la France, lorsqu'en 1636 les Espagnols s'emparèrent de quatorze grands navires montés par des Basques et qui arrivaient des mers du Groënland, richement chargés de lard et de fanons.

Les pêcheurs basques se décidèrent alors à accepter un rôle secondaire. Ils se virent réduits à servir de guides à leurs puissants rivaux; ils enseignèrent l'art de la pêche baleinière aux Hollandais, et même aux Anglais.

La pêche des Hollandais prit rapidement une grande extension. Soutenue par de riches compagnies, l'industrie nouvelle devint une source de prospérité pour la Hollande, jusqu'au commencement du dix-huitième siècle. Mais à cette époque elle se trouva paralysée par la guerre maritime; et après la paix, elle ne put parvenir à se reconstituer.

Tandis que la pêche de la Baleine donnait aux Hollandais de si beaux résultats, elle ne prospérait pas entre les mains des armateurs et des marins anglais. Mais cette nation persévérante et active redoubla d'efforts pour en assurer le succès. En 1732, elle accorda des primes élevées à tous les bâtiments de pêche, et doubla même ces primes en 1749. Dès lors cette branche d'industrie maritime prit en Angleterre un rapide accroissement.

Poursuivies dans leurs parages naturels par une guerre sans merci, les Baleines s'éloignèrent peu à peu, et de plus en plus vers le nord. Jusque vers le quinzième siècle, la pêche se faisait sur les côtes françaises de l'Océan, c'est-à-dire dans le golfe de Gascogne. Elle était, comme nous l'avons dit, le privilège des Basques.

Mais à partir du seizième siècle les Baleines, devenues plus craintives, s'étaient réfugiées dans les mers du Groënland et du Spitzberg. Elles étaient alors très-nombreuses près des côtes et dans
les anses. Les pêcheurs y complétaient promptement leurs chargements en restant près de terre. Des troupes de Baleines na-
geaient avec confiance le long des côtes et des baies les plus voisines du Groënland et du Spitzberg. Elles ne fuyaient pas les
navires et se livraient sans défense à l'avidité des pêcheurs. Les
Hollandais avaient même bâti, dans l'île d'Amsterdam, le village
de *Smeerenbourg* (village de la graisse). Ils y avaient créé des entre-
pôts et des approvisionnements de marchandises diverses. A la
suite de leurs escadres pêcheuses, ils expédiaient des navires chargés de vin, d'eau-de-vie, de tabac et de comestibles. Dans ces
établissements on fondait la graisse des Baleines que l'on y ame-
nait mortes, et on transportait ensuite cette huile en Europe.

Mais bientôt les Baleines devinrent craintives et tout à fait farouches. Elles émigrèrent peu à peu et lentement, comme si elles
quittaient avec regret les côtes et les baies où elles étaient nées,
où elles avaient vécu et multiplié libres et heureuses.

Elles gagnèrent les régions des glaces mouvantes, où les pêcheurs
les suivirent. Elles allèrent alors s'enfoncer sous les glaces fixes, et
choisirent leur principal asile sous l'immense croûte de glace que
les Bataves avaient nommée *Westys* (la glace de l'ouest). Les pêcheurs
investirent ces glaces immobiles. Poussant leurs chaloupes jusqu'aux bords, ils épiaient le moment où les Baleines étaient
forcées de quitter cette voûte protectrice, pour venir respirer
au-dessus de l'eau.

C'est ainsi que les pêcheurs furent forcés d'abandonner les eaux
du Spitzberg, pour aller vers le grand banc de glace qui limite, vers
le nord-ouest, la mer du Groënland.

C'est principalement dans ces parages, c'est-à-dire vers le 78e ou
le 81e de latitude nord, ou dans le détroit de Davis, vers l'île Disco,
que la pêche de la Baleine a été poursuivie avec le plus d'activité
depuis le milieu du dix-septième siècle. Mais ces dernières mers
sont devenues désertes à leur tour, de sorte que les baleiniers anglais sont forcés aujourd'hui de s'avancer à travers les glaces,
dans la baie de Baffin, jusqu'au détroit de Lancaster, et même
jusqu'à la baie de Melville. S'il est vrai qu'il existe autour du pôle
Nord une mer libre de glace pendant la saison d'été, comme le
pensent les hardis pionniers qui se lancent, en ce moment même,

à la découverte de cette mer arctique, il est probable que l'on trouvera des bataillons de baleines réfugiées dans ces parages encore vierges de tout travail humain.

Ce n'est pas seulement vers les mers arctiques que les pêcheurs ont poussé leurs courageuses expéditions. Les régions antarctiques ont été et sont également explorées. Au commencement du dix-huitième siècle, des pêcheurs de Massachussets (Amérique) commencèrent à se diriger vers le pôle sud. Ils naviguèrent dans les eaux du cap Vert, sur les côtés du sud-ouest de l'Afrique, et le long de celles du Brésil et du Paraguay, jusqu'aux îles Falkland. Depuis lors les Anglais ont fait aussi une pêche du sud, et les navires de ces deux nations ont sillonné, non-seulement les parties australes de l'océan Atlantique, mais toute l'étendue du Grand Océan. Les Américains ont aujourd'hui plus de trois cents navires baleiniers, qui donnent tous de beaux bénéfices. Quelques navires français, mais en bien petit nombre, ont exploré les mêmes parages.

La côte ouest d'Afrique, la baie de Lagoa, l'embouchure de la Plata, les côtes de la Patagonie, la Nouvelle-Hollande, Van-Diémen, la Nouvelle-Zélande et les îles Sandwich, sont les principales régions fréquentées par les baleiniers des deux mondes. Quant aux anciens lieux de pêche, nous avons déjà indiqué leur dépeuplement. L'apparition d'une Baleine dans le golfe de Gascogne est maintenant un fait inouï. La côte du Groënland, qui était une excellente station, est aujourd'hui déserte. La baie de Baffin a été dépeuplée par les Anglais, et le détroit de Davis, qui était visité au commencement de notre siècle par plus de cent navires baleiniers, appartenant à diverses nations, n'en compte aujourd'hui que cinq ou six, dont le butin n'est même jamais assuré d'avance.

Nous ne devons pas omettre de consigner ici une remarque faite par M. Paul Gervais. Ce naturaliste est porté à croire que les Baleines que l'on chassait autrefois si près de nos côtes, étaient plutôt des Rorquals que des Baleines franches. Les chroniqueurs du moyen âge, qui n'apportaient pas dans leurs descriptions la précision désirable, avaient même pu confondre, sous le nom de Baleines, d'autres grands Cétacés qui en diffèrent plus encore que les Rorquals, et qui donnent également de grandes quantités d'huile. C'est probablement ainsi qu'il faut expliquer, selon M. Gervais, ces assertions empruntées à des chroniqueurs de cette époque, que l'on consommait de l'huile de Baleine dans les monastères du littoral océanien français ; — que les églises de Saint-Bertin et de Saint-Omer prélevaient un droit pour chaque Baleine ; — que l'abbaye de Caen exerçait la dîme sur les Baleines prises à Dives, et l'église de Coutances sur les barques de Baleines amenées à Merri.

Après cet exposé historique, nous décrirons la pêche de la Baleine, pêche si différente de toutes les autres, car il s'agit d'un gain immense et d'un immense péril. Nous commencerons par faire connaître le procédé le plus anciennement employé, et pour ainsi dire classique; nous indiquerons ensuite une méthode nouvelle qui paraît parfaitement répondre aux exigences de la situation présente.

Les navires de pêche, qu'ils appartiennent à la France, à l'Angleterre, aux États-Unis, etc., sont toujours accompagnés chacun de cinq à six chaloupes. Chaque chaloupe est ordinairement montée par quatre canotiers, un harponneur et un officier.

Quand on est arrivé dans les parages où l'on espère trouver des Baleines, un homme se poste en vigie sur un point élevé du bâti=

Fig. 14. Harponnage de la Baleine.

ment, d'où sa vue peut s'étendre au loin. Dès qu'il a aperçu une Baleine, il donne le signal convenu, et les embarcations sont mises à la mer. A l'avant de chacune d'elles se trouve le harponneur; à l'arrière est l'officier. L'un et l'autre, l'œil fixe et le cou tendu, guettent l'approche du gigantesque gibier. Elle est indiquée par un remou, un frémissement sous-marin et un ronflement analogue au bruit étouffé d'un tonnerre lointain. L'animal a enfin montré au-dessus de l'eau l'extrémité de son museau noir. Nous savons déjà, d'après le docteur Thiercelin, par quelles alternatives de *souffles* et de *sondes* l'animal fait ses évolutions dans l'élément liquide. Le pêcheur tient compte de la manière dont la Baleine a incliné sa queue pour deviner la direction qu'elle a prise, et de la présence de la *boëte* de la Baleine à la surface et au fond de la mer, pour savoir si les *sondes* seront plus ou moins longues, et modifier sa conduite selon les besoins du moment. C'est la connaissance exacte de ces détails qui fait le bon baleinier. Aussi les manœuvres de la chaloupe varient-elles à l'infini, selon les circonstances.

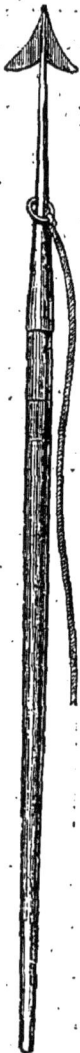

On s'approche aisément de la Baleine jusqu'à quinze et vingt brasses. Mais la difficulté est d'arriver à la distance voulue pour l'attaque, c'est-à-dire à deux ou trois brasses. On a à craindre les coups de queue et d'ailerons. Quand l'embarcation est assez près, le harponneur se dispose à lancer à la Baleine le coup de harpon. C'est ici le lieu de faire connaître cet instrument.

Il se compose de deux parties : le *fer* et le *manche*.

Le fer est une tige de métal creusée en entonnoir à un de ses bouts et terminée à l'autre par une sorte de V renversé. Les bords extérieurs de ce V sont tranchants, tandis que les bords intérieurs sont épais et droits, de manière qu'une fois entré dans la chair, le fer, retenu par les deux pointes, ne puisse s'arracher. Les bords peuvent aussi être barbelés. Ce dard a plus d'un mètre de longueur. Il est fixé dans un manche, qui est percé d'un trou dans lequel on fixe une corde de la longueur d'environ quatre cents mètres.

Le harponneur est debout, la cuisse engagée dans l'échancrure du gaillard d'arrière de la chaloupe, tenant son arme à deux mains. Lorsque l'officier juge le moment opportun, il crie : « Pique ! » Nous laisserons parler ici M. Thiercelin, historien et acteur de ces émouvants combats :

Fig. 15.
Harpon.

« L'arme vibre, dit-il, traverse l'espace, pénètre dans le lard, et va se fixer dans les parties charnues et tendineuses. Ici, je dois faire remarquer combien peu de harpons pénètrent à la profondeur voulue : sur cinq ou six baleines piquées, il arrive souvent qu'une seule se trouve bien amarrée. Quand par suite d'un faux jugement sur la distance, par maladresse ou par frayeur, le harponneur a mal piqué, la baleine se débarrasse prompte-

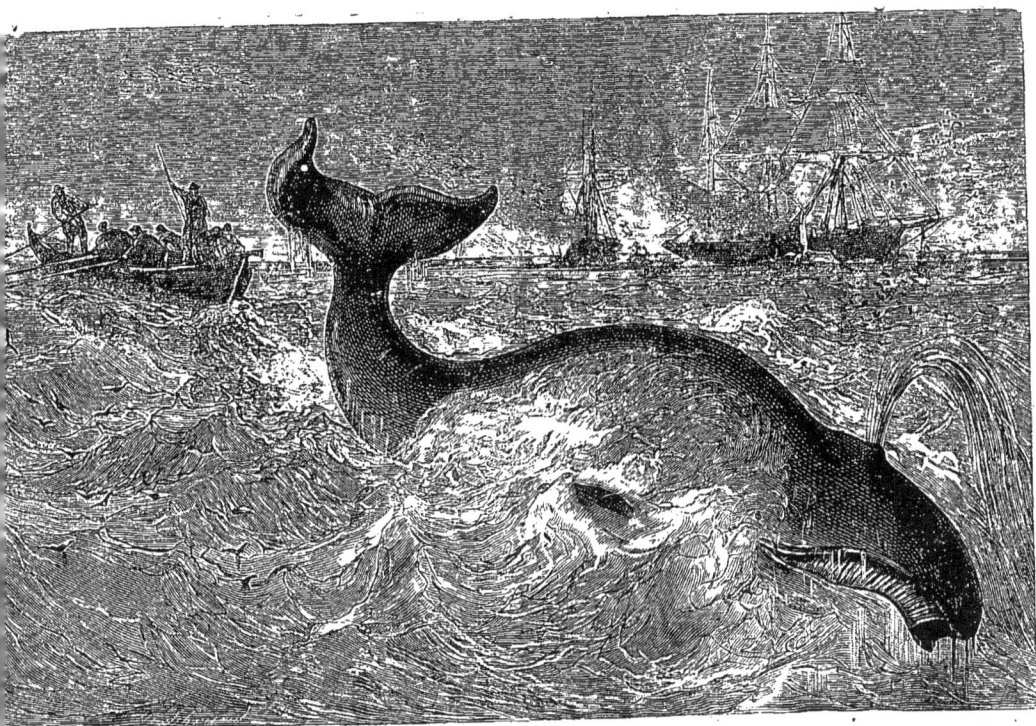

Fig. 46. Chasse à la Baleine avec la balle explosible empoisonnée.

ment de l'arme qui l'a blessée, par une vive contraction de ses peaussiers. Aussitôt libre, elle part dans le vent, et c'est en vain qu'on voudrait la poursuivre ; on la perd de vue après quinze ou vingt minutes, elle entraîne même le plus souvent ses compagnes, et devient désormais plus difficile à accoster que par le passé. Si au contraire elle est bien amarrée, elle frémit et paraît se rapetisser sous le coup ; excitée par la douleur, elle s'apprête à fuir ; empêchée par le trait qu'elle porte dans les chairs, elle hésite d'abord, si bien que le harponneur tant soit peu habile peut lui envoyer un second harpon ; en tous cas au bout de quelques minutes elle sonde. L'officier change alors de place et va prendre son poste d'action. Jusque-là il a commandé les manœuvres, maintenant il va agir lui-même ; à lui le droit et le devoir de tuer l'animal.

Déjà plus de deux cents brasses de la ligne sont à la mer, et l'animal sonde toujours. La force d'immersion est si grande que si une coque fait obstacle au mouvement, la chaloupe peut sombrer. On a vu aussi la ligne prendre en se déroulant un homme par un bras, par une jambe, par le corps même ; l'entraîner dans la mer et ne le laisser remonter qu'alors que la partie saisie avait été coupée par le frottement. On pourrait difficilement se faire une idée du sang-froid que réclament ces premières manœuvres : il faut en même temps une grande résolution, une grande promptitude et une grande prudence. Si la première occasion est manquée, toute chance peut disparaître, et le fruit d'un long travail est perdu. A voir l'air inquiet de certains officiers, on dirait qu'ils ont peur tant ils regardent partout, veillent à tout ; à la direction de la ligne, ils savent si la Baleine sonde à pic, court sous l'eau ou remonte à la surface et manœuvrent en conséquence. C'est ici surtout que l'équipage doit obéir aveuglément ; il ne peut être qu'une machine à nager et à scier, il y va du salut de tous ; dans ces moments solennels la peur s'empare de certains matelots ; sitôt la Baleine amarrée, ils deviennent d'une pâleur livide ; leur tête se perd ; ils ne voient rien, n'entendent rien, et ne sauraient désormais obéir à aucun commandement. Chose étonnante ! les vieux matelots sont plus exposés que les jeunes à cette folle terreur. Quand les hommes ne guérissent pas promptement de cette impressionnabilité maladive, on cesse de les embarquer dans les pirogues où leur présence ne serait que fâcheuse. On voit aussi des harponneurs, jusque-là intrépides, devenir tout à coup, et sans cause connue, incapables de lancer un harpon avec force et justesse. L'approche seule de la Baleine les glace d'effroi ; leurs bras paralysés laissent tomber l'arme à plat sur le cétacé, qui fuit averti par ce simple attouchement. Le vrai baleinier ne connaît pas la peur : il brave la mort, mais avec circonspection. Quand l'animal se relève de la première sonde, il embraque sur la ligne, se rapproche avec défiance, sans précipitation, et avec une apparente lenteur. Il sait qu'il doit éviter la queue et les pectorales ; il sait que la tête est invulnérable, qu'une plaie de l'abdomen n'est jamais immédiatement mortelle, et qu'il lui faut presque toujours se hâter en belle pour atteindre les parties vitales. Que de difficultés, et que de temps parfois pour envoyer le premier coup de lance ! Pourtant ce n'est pas un, mais dix, vingt et plus qu'il faudra pour déterminer la mort, et encore à la condition qu'ils porteront dans des lieux d'élection. Si une blessure mortelle n'est pas infligée dans le premier quart d'heure, la Baleine revient de son épouvante, reprend ses sens et fuit entraînant son ennemi après elle : alors alternent des sondes prolongées, et de rapides courses dans le vent. La pirogue, emportée comme une flèche, passe à travers les lames comme entre deux murailles de vapeur; en vain deux ou trois embarcations, jetant leurs bosses à celle qui est amarrée, viennent se faire remorquer et uagmenter le fardeau traîné : la course générale n'en est pas sensiblement ralentie.

Cette phase du combat commande une manœuvre nouvelle, plus difficile et plus dangereuse que celles qui l'ont précédée. Armé d'un louchet ou pelle tranchante, le baleinier attend que le cétacé élève sa queue de quelques mètres au-dessus de l'eau, et se halant jusque sous cet organe formidable, il lance son louchet au niveau des dernières vertèbres caudales. S'il divise l'artère et les tendons, le sang jaillit à flots, et la mobilité diminue dans une grande proportion. Grâce aussi à cette attaque par derrière, la Baleine change souvent de route; la pirogue se trouve par son travers, et le service de la lance peut recommencer. Il me serait impossible de peindre toutes les ruses, toutes les fausses attaques, toutes les fugues, et enfin toutes les charges à outrance de l'homme contre cette masse vivante, dont un seul coup d'aileron briserait toutes les pirogues d'un navire. Heureusement l'animal n'a pas le sentiment de sa force, et ce n'est qu'en cherchant à fuir qu'il cause des sinistres. Quand l'occasion le permet, une autre pirogue s'amarre en second afin d'enlever au cétacé plus de chance de fuite, et d'arriver plus vite au résultat final. A chaque coup, l'animal pousse des ronflements rauques et métalliques, qu'on peut entendre de plusieurs milles de distance; le souffle est blanc, épais, chargé de beaucoup d'eaux pulvérisées, et s'élève à une grande hauteur jusqu'à ce qu'après un coup heureux deux colonnes de sang s'échappent des évents, s'élèvent dans l'air, et dans leur chute, rougissent la mer sur une large surface; à partir de ce moment la Baleine est considérée comme morte. En effet, après quelques nouvelles blessures, les souffles s'élèvent moins haut, le sang est plus épais, les sondes se prolongent moins, les forces de l'animal s'épuisent et les pêcheurs cessent de la combattre. Quelquefois la mort vient aussitôt après l'apparition du sang dans le souffle, mais le plus souvent la vie se prolonge encore une ou plusieurs heures : cette circonstance est regardée comme favorable, en ce que la grande perte de sang prépare pour la suite un corps spécifiquement plus léger, et flottant mieux. Pourtant l'animal peut encore être perdu, si l'éloignement, la nuit, ou l'état de la mer ne permettent pas au navire de le suivre. A l'approche de sa mort, la pauvre Baleine rassemble ce qui lui reste de force, et dans une fuite désordonnée, sans but, sans conscience du danger, sans espoir de salut, elle nage, nage, renversant tout ce qu'elle rencontre sur son passage : elle ne voit rien, se jette à l'aventure sur les pirogues, sur un rocher ou sur la plage. Bientôt un frisson général s'empare de son corps, ses convulsions font blanchir et bouillir la mer; enfin elle soulève une dernière fois la tête, une dernière fois elle cherche le soleil, et meurt; devenue désormais corps inerte, elle se renverse et flotte le dos en bas, le ventre à fleur d'eau, la tête un peu plongeante par suite des poids divers de ses divers organes. La mort survient quelquefois pendant une sonde; le cadavre remonte alors et flotte sans qu'on ait pu suivre les phénomènes qui ont accompagné son agonie [1]. »

1. *Joural d'un baleinier*, tome I, pages 227-231.

· M. Thiercelin, témoin oculaire, vient de nous raconter les san-
glantes péripéties de cette lutte de l'homme contre la Baleine. On
aura sans doute lu avec intérêt ce curieux tableau ; et on aura
ressenti une vive admiration pour le courage de l'homme, un sentiment de pitié pour les terreurs, les douleurs de la gigantesque
victime. Échauffé par la lutte, l'équipage du navire baleinier est
bien loin toutefois d'être accessible à ces impressions de sensibilité.
Il se livre aux transports de joie causés par sa victoire.

Mais la joie du triomphe fait place quelquefois à une consterna-
tion profonde. La Baleine est morte, elle flotte sur l'eau, et appartient à l'équipage ; mais voilà que tout à coup elle s'enfonce lentement, la tête première, et disparaît. Que de peines, que de dangers
encourus inutilement. La Baleine a *coulé !*

Au moment où elle coule, de nombreuses bulles de gaz viennent
crever à fleur d'eau, et produisent une espèce d'ébullition, qui dure
environ une minute. Cet accident peut arriver dans une foule de
circonstances diverses ; cependant on a remarqué qu'il était plus
fréquent : 1° quand la Baleine est relativement maigre ; 2° quand
elle est morte sans souffler de sang, ou, comme on dit, *étouffée ;*
3° quand elle a eu l'abdomen criblé de coups de lance. Si, par une
circonstance quelconque, à la suite d'une blessure par exemple,
l'eau pénètre dans les bronches, elle en chasse l'air, rend tout
l'ensemble plus lourd, et l'animal coule de plus en plus vite à mesure que l'air est plus complétement chassé des bronches et rem-
placé par l'eau.

Nous venons de décrire le procédé que nous avons appelé classique, de la pêche de la Baleine. Ce procédé est insuffisant aujour-
d'hui, parce que les Baleines devenues craintives, et ayant le
sentiment du danger, fuient devant le pêcheur, au moment où
il se flatte de les atteindre.

Un arquebusier français, M. Devisme, a inventé pour la chasse
à la baleine un projectile explosif. La *balle foudroyante* ou *à percussion* de M. Devisme porte deux ailettes, qui, s'ouvrant au moment de l'explosion dans le corps de l'animal, forment une sorte
de harpon.

La balle foudroyante proposée par M. Devisme pour la chasse
de ces animaux dangereux qu'il faut tuer net du premier coup, tels
que les lions, les tigres ou les éléphants, et qu'il croit également
propre à l'attaque des grands cétacés souffleurs, n'est autre chose
qu'une sorte d'obus, réduit à des dimensions assez petites pour

pouvoir être lancé par une carabine rayée ordinaire. Cette balle renferme une certaine quantité de poudre qui peut s'enflammer par la percussion exercée sur une capsule fulminante contenue dans son intérieur.

Cette balle foudroyante (fig. 17) est cylindrique et longue de huit centimètres; elle est formée d'un tube en cuivre, recouvert, à sa base, d'une couche de plomb sur une longueur d'environ deux centimètres. Cette lame de plomb se force, au moment du tir, dans les rayures du canon de la carabine, dont le calibre est le même que celui des carabines de Vincennes. La partie supérieure

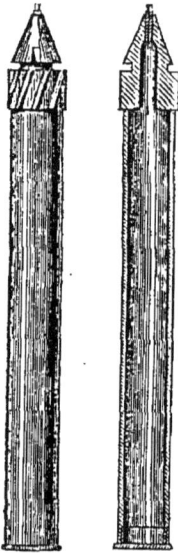

Fig. 17. Balle foudroyante de Devisme.

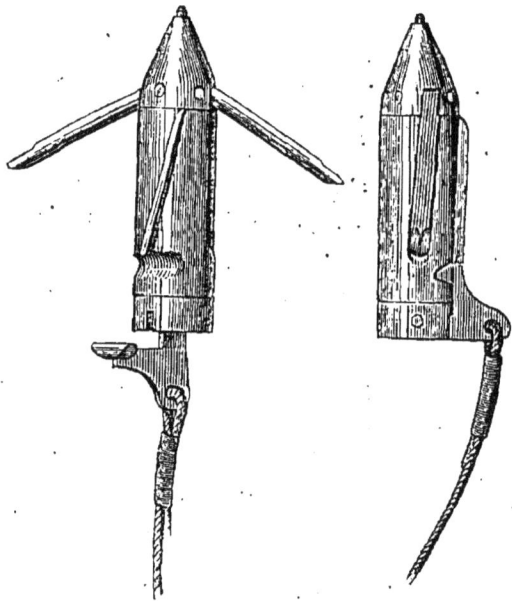

Fig. 18. Balle-harpon américaine.

de cette balle est un cône en cuivre se vissant sur le tube. Ce cône est armé d'un piston, à l'extrémité inférieure duquel se trouve placée une capsule ordinaire, laquelle vient s'appuyer sur une traverse en acier. Quand le projectile a frappé le but, cette traverse d'acier écrase la capsule fulminante, et les 6 grammes de poudre que contient la balle s'enflamment et font voler tout le projectile en éclats meurtriers.

De tous les moyens tentés jusqu'à ce jour pour frapper et tuer de loin la Baleine, le seul qui soit pourtant entré jusqu'ici dans la pratique, c'est le projectile américain, qui a reçu le nom de *bombe-lance*.

Cet engin (fig. 18) se compose d'un tube en fonte, de trente à quarante centimètres de long sur deux ou trois de diamètre. Ce tube est rempli d'environ cent grammes de poudre de chasse. Il se termine en haut par une pyramide triangulaire à faces évidées, avec angle et pointes très-aigus ; le bas se joint au moyen d'une vis à un tube plus étroit renfermant une mèche. Ce projectile peut être lancé par la charge d'un lourd fusil, qui, bien épaulé, porte juste à quinze, vingt et même trente brasses. Lorsqu'on a lâché le coup de fusil, la bombe qui forme le projectile, pénètre dans les parties charnues de l'animal, avec la mèche, qui a été allumée par l'explosion même du fusil. Quelques secondes après, un bruit sourd se fait entendre. C'est la bombe qui éclate au milieu des flancs de l'animal. La Baleine fait un violent soubresaut, et si l'explosion a eu lieu au milieu du poumon, elle peut mourir presque instantanément.

L'emploi de la bombe-lance se combine également avec celui du harpon. Quand une Baleine a été saisie et amarrée par le harpon envoyé à la main, on remplace la lance, pour tuer l'animal, par le projectile explosible.

M. Thiercelin a rendu plus meurtrière encore la bombe-lance américaine, en y adjoignant un poison d'une grande puissance, la strychnine, mélangée de curare.

Après de nombreuses expériences, M. Thiercelin s'est assuré qu'un mélange composé d'un sel très-soluble de strychnine et d'un vingtième de curare suffit pour mettre à mort les animaux, lorsqu'il est administré à la dose d'un demi-milligramme par kilogramme du poids de l'animal expérimenté. Il a donc confectionné des espèces de cartouches, du poids de trente grammes, contenant ce mélange toxique. Une seule de ces cartouches doit suffire pour tuer une Baleine du poids de 60 000 kilogrammes ; deux seraient plus que suffisantes pour les plus grosses Baleines du pôle nord, dont le poids ne dépasse guère 100 000 kilogrammes.

M. Thiercelin a ensuite enfermé chaque cartouche dans le projectile, dit *balle-harpon*, plus connu en Amérique sous le nom de *bombe-lancé*, et que nous venons de décrire. Ce projectile, lancé dans les flancs de l'animal, éclate et y projette le mélange vénéneux.

Dans son premier voyage à Terre-Neuve, M. Thiercelin a fait lancer ses bombes empoisonnées sur dix Baleines de diverses gros-

seurs. L'effet a répondu parfaitement à son attente. Les dix Baleines sont mortes dans un laps de temps qui a varié de quatre à
dix-huit minutes. Six ont fourni leur huile et leurs fanons. Les
chairs n'étaient d'ailleurs restées nullement imprégnées de la matière toxique, car leurs dépouilles ont été maniées par des hommes
ayant des échorchures et même des plaies récentes aux mains,
sans qu'un seul ait éprouvé le moindre accident.

Quatre de ces cétacés appartenant à des variétés que néglige la
grande pêche, ont été perdus, par suite de circonstances indépen-
dantes de la nouvelle méthode.

Les résultats de cette campagne mettent hors de doute l'avenir
réservé à l'idée de M. Thiercelin. Désormais l'on ne craindra plus,
lorsqu'on attaquera une Baleine, de la voir s'échapper, criblée de
coups. Tout cétacé atteint sera, pour ainsi dire, foudroyé. Sa prise
sera à peu près certaine. Il y a donc là le germe d'une révolution
dans la pêche de la Baleine.

Ce procédé d'attaque a l'avantage de paralyser en peu d'instants
les mouvements de l'animal. Six ou huit minutes après la blessure, le pêcheur peut s'approcher de la Baleine, et la frapper de
sa lance, pour la faire saigner, la rendre ainsi plus légère, et
l'empêcher de couler.

Nous ne doutons pas de la terrible efficacité du procédé de
M. Thiercelin. Nous avouerons même que nous redoutons aujour-
d'hui que, dans un avenir peu éloigné, la race si extraordinaire,
si innocente, de ces Mammifères marins, soit totalement détruite
par ce moyen d'attaque.

Espérons que M. Darwin n'expliquera point par sa théorie la
disparition de cette espèce animale : M. Thiercelin et sa bombe empoisonnée y seront bien pour quelque chose.

Pour compléter ce qui concerne la pêche de la Baleine, il nous
reste à parler du dépècement de l'animal et de la fonte du lard
pour en retirer l'huile.

Quand la Baleine est morte, on la fixe le long du navire, le ventre
en l'air, la queue en avant et le nez correspondant au panneau de
l'arrière. Ce n'est pas sans peine que l'on peut remorquer, pour
l'amener à terre, cette masse énorme, qui tout à l'heure traversait
la mer avec tant de rapidité.

Les anciens pêcheurs du nord de l'Europe dépeçaient la baleine
en descendant le long de son dos, munis de bottes à crampons de
fer. Ils enlevaient ainsi des bandes de lard, dans toute la longueur

de l'animal, de la tête à la queue. Mais ce mode de dépècement était long, difficile et même dangereux.

Les pêcheurs de l'Océan méridional suivent un procédé préférable, qui consiste à découper, le long du corps de l'animal, une large bande en forme d'hélice continue, commençant à la tête et ne finissant qu'à la queue, à peu près comme font les enfants lorsqu'ils enlèvent l'écorce d'une orange.

Le docteur Thiercelin raconte avec beaucoup de détails l'opération du dépècement, sur laquelle nous ne saurions nous arrêter davantage ici. Il nous suffira de dire qu'on sape, à l'aide de pelles tranchantes, un des côtés de la lèvre inférieure et qu'on enlève cette partie ; qu'on détache ensuite la langue, qui pèse plusieurs milliers de kilogrammes ; puis l'autre moitié de la lèvre, puis la mâchoire supérieure avec ses fanons, de plus en plus recherchés dans le commerce. Enfin, on commence à couper un ruban épais de graisse et de peau, qu'on continue à détacher à mesure qu'il est soulevé et attiré sur le pont. C'est ainsi que l'on dévide, pour ainsi dire, la Baleine, en faisant tourner le corps sur lui-même. Au second plan de la figure 16 (page 49) qui représente une pêche à la Baleine, on voit l'opération du dépècement de l'animal exécuté à bord d'un autre navire.

Dans les mers du Sud, la carcasse n'est pas plutôt jetée à la mer et détachée du navire qu'elle est littéralement couverte d'oiseaux, particulièrement de pétrels et d'albatros. Les requins viennent aussi prendre leur part du festin. Les os, roulés et amoncelés dans des criques, sont ensuite emportés par des navires ; ils constituent une véritable mine de noir animal.

Avant d'être emmagasinées dans la cale du navire, comme produits de retour, les parties enlevées au corps de la baleine doivent subir diverses préparations.

Chaque morceau de lard est divisé, à l'aide d'une machine, en tranches d'un centimètre d'épaisseur, puis on procède à la fonte, qui a pour objet de séparer l'huile de cette énorme couenne graisseuse.

L'opération de la fonte s'effectue sur le pont du navire, au moyen d'un fourneau que l'on entretient avec des *grattillons*, c'est-à-dire des fragments de tissu cellulaire, qui viennent flotter à la surface de l'huile quand elle est fondue. Une baleine ordinaire suffit à sa propre fonte, et même laisse encore assez de résidu pour commencer la fonte suivante. La base du fourneau ne repose pas directement sur le pont; elle en est séparée par un espace libre, dans lequel circule constamment de l'eau froide, qui ramène les parties voisines du pont du navire à une température inférieure à 100°. Sans cette précaution, l'incendie serait continuellement à craindre. La quantité d'huile fournie par une seule baleine peut s'élever jusqu'à vingt-cinq ou trente hectolitres.

Les opérations dont nous venons de tracer une esquisse rapide, font du navire baleinier un lieu peu ragoûtant. Pour en donner une idée, nous emprunterons quelques lignes à l'ouvrage du docteur Thiercelin :

« Je me souviens, dit l'auteur, d'une soirée de décembre 1838 ; j'étais à bord de la *Ville-de-Bordeaux*. Nous avions tué quatre Baleines dans la journée. Nous avions pu virer une de nos quatre victimes : la seconde était allongée à tribord, et les deux autres tanguaient sur des amarres. Le pont ruisselant d'huile était encombré de fûts vides, de fanons, de nageoires pectorales en partie dépouillées de leur lard. Le blubbers-room était comble et deux lampes fumeuses y laissaient voir deux ou trois novices tout graisseux occupés à découper les small-pieces. Quel charnier que ce parc [1] ! »

Cachalot. — Le *Cachalot macrocéphale* (*Physeter macrocephalus*) est d'une taille considérable. La Baleine seule l'emporte sur lui sous ce rapport. Il peut arriver à vingt-quatre ou à vingt-six mètres de long et une circonférence de dix-sept mètres. Sa tête fait à peu près le tiers de la longueur du corps; elle est de forme cylindrique, légèrement comprimée et tronquée en avant. Le Cachalot est donc une énorme masse cubique, de dix, douze à quinze mètres de longueur, sur une largeur de quatre ou cinq mètres. Quand l'animal mort flotte le long d'un navire, on a besoin de réflexion pour reconnaître sa tête : on serait tenté de prendre cette masse pour un petit bâtiment à demi submergé.

La gueule s'ouvre au niveau du plancher inférieur de ce monument de chair et de graisse. La mâchoire inférieure est pourvue de grosses dents coniques, similaires, dont le nombre peut s'élever jusqu'à cinquante-quatre. En regard de chaque dent se trouve, dans la mâchoire supérieure, une cavité propre à la recevoir lorsque la gueule se ferme. Derrière et au-dessus de la commissure des lèvres, est l'œil, placé de manière à voir obliquement de chaque côté, dans un angle de quarante à cinquante degrés par

1. *Journal d'un baleinier*, tome Ier.

Fig. 19. Cachalot macrocéphale.

rapport à l'axe du corps. Cet œil est petit et noir. Derrière l'œil vient l'orifice de l'oreille, qui est à peine visible, et plus loin la nageoire pectorale, très-réduite. A l'extrémité de la face supérieure, on remarque l'évent, ou l'orifice unique des fosses nasales. Il en sort de petits nuages grisâtres et intermittents.

L'énorme tête du Cachalot se joint, sans aucune apparence de cou, à un corps conique et massif, terminé par une large nageoire caudale, laquelle se divise en deux lobes, dont chacun est échancré en forme de faux. Le bout d'un de ces lobes est souvent éloigné de l'extrémité de l'autre de près de cinq mètres. Le dos de l'animal est noir ou noirâtre, quelquefois mêlé de reflets verdâtres ou de nuances grises. Le ventre est blanchâtre, la peau est lisse et a la douceur de la soie.

Quand on considère la résistance que doit opposer au mouvement la grande surface verticale du museau de cet animal, on ne s'explique pas d'abord la rapidité de ses évolutions et de sa marche. En effet, malgré sa masse énorme, le Cachalot fait environ deux lieues à l'heure, mais il peut doubler cette vitesse. On le voit alors élever et abaisser sa queue immense; le corps suit ce mouvement, il se découvre et se plonge alternativement dans la mer. A chaque impulsion, il s'élève ainsi, de huit à dix mètres au-dessus de l'eau, et quelquefois même il s'élance tout entier au-dessus de sa surface.

D'après le docteur Thiercelin, le Cachalot peut rester longtemps dans les profondeurs de l'Océan. On l'attend quelquefois quarante, cinquante minutes et même une heure, sans le voir reparaître.

Il se rapproche des côtes et surtout des bas-fonds avoisinant les îles, aux pleines et aux nouvelles lunes; il reprend le large au moment des marées de *morte eau*. Selon M. Thiercelin, il se nourrit presque toujours de sèches, et de diverses variétés de poulpes, qui flottant dans l'eau, presque sans mouvement volontaire, ne peuvent échapper à un aussi vorace ennemi. D'après Lacépède, au contraire, le Cachalot serait en même temps avide de poissons, et notamment de cycloptères; et il poursuivrait aussi les squales, les phoques et les dauphins.

Du reste, il ne voyage pas toujours seul. On a rencontré des bandes de deux ou trois cents Cachalots, hordes errantes, guidées par un chef, qui nageait en avant, prêt à donner, par un cri particulier, le signal de la fuite ou du combat.

Les mères sont très-attachées à leurs petits. Au moindre péril, elles les entraînent avec elles, et s'ils sont attaqués, elles les défendent jusqu'à la mort. Si l'un d'eux vient à échouer, la mère, tout entière aux efforts qu'elle fait pour le secourir, ne tarde pas à partager son sort.

Le Cachalot se trouve dans un grand nombre de mers. Citons les parages du Spitzberg, auprès du cap Nord et des côtes de Finmark ; — les mers du Groënland, — la plus grande partie de l'océan Atlantique septentrional ; — le golfe Britannique (en 1720 un de ces animaux, poussé par la tempête, vint échouer près de l'embouchure de l'Elbe); — le banc de Terre-Neuve ; — le golfe de Gascogne, etc. On entend dire, de loin en loin, que quelque individu de cette espèce a été vu sur nos rivages.

En 1784, trente-deux Cachalots vinrent échouer sur la côte d'Audierne (Bretagne). Ils avaient été précédés par une multitude de poissons et de marsouins, et leurs mugissements s'entendaient à plus de quatre kilomètres dans les terres. Ils vécurent sur le sable environ vingt-quatre heures. En 1767 un Cachalot fut pris dans la baie de la Somme, près Saint-Valery. Un autre échoua en 1741 à l'embouchure de l'Avons, sur la côte de Bayonne. En 1866 un couple de ces cétacés est venu se perdre sur les côtes d'Angleterre.

C'est dans les mers de l'Inde, du Japon, des Moluques, du Corail, que les Américains et les Anglais vont chasser le Cachalot, chasse dangereuse, à cause de l'agilité, de la brusquerie et de la puissance de l'animal. L'expédition dure de trois à quatre ans, et elle est remplie de hasards et de périls sans analogues dans les autres entreprises maritimes. Le Cachalot ne fuit pas devant l'ennemi, comme la Baleine ; il défend hardiment sa vie. Avec son énorme tête, sorte de bélier monstrueux, il frappe et brise les canots. D'un coup de sa queue puissante, il balaye et jette en l'air tout ce qui se trouve à sa portée.

La pêche du Cachalot est très-importante, au point de vue de l'industrie. Un de ces animaux peut fournir cent tonnes d'huile. Le prix de la tonne étant de deux cent cinquante francs, la valeur totale de l'huile fournie par un de ces êtres marins est de vingt-cinq mille francs.

L'industrie et les arts retirent encore d'autres produits du Cachalot, à savoir de l'ivoire, de l'ambre gris et de l'adipocire.

Les dents fournissent l'ivoire, mais cette substance est d'assez mauvaise qualité.

L'ambre gris n'est qu'une sorte de calcul intestinal, ou plutôt une partie des aliments des Cachalots incomplétement digérés. C'est l'effet d'une maladie, et puisqu'il faut appeler les choses par leur nom, c'est le résultat d'une forte constipation. Les excréments du Cachalot, altérés, modifiés, coagulés, consolidés, deviennent l'ambre gris. L'origine de cette substance, si estimée pour la suavité de son odeur, manque donc totalement de noblesse, et l'on peut s'étonner à bon droit de ses admirables propriétés odorantes.

Lacépède fait remarquer que les déjections de plusieurs Mammifères, tels que les bœufs et les porcs, répandent, quand elles sont gardées quelque temps, une odeur analogue à celle de l'ambre gris. Il rappelle que les mollusques dont se nourrit le Cachalot exhalent, pendant leur vie, et même après qu'ils ont été desséchés, une odeur peu différente de celle de l'ambre.

Où l'ambre va-t-il se nicher?

Cette matière se trouve dans le canal intestinal du Cachalot, sous la forme de quatre à cinq boules, ou morceaux irréguliers. Elle est ordinairement assez dure pour être cassante; elle adhère comme la cire à la lame du couteau avec lequel on la racle; elle se ramollit et devient onctueuse sous l'influence d'une douce chaleur. Son odeur s'accroît par le frottement ou la chaleur; sa densité est si faible, qu'elle flotte sur l'eau. C'est pour cela qu'on recueille assez souvent des masses d'ambre gris au bord des plages ou sur la mer. Celles que l'on retire des intestins d'un seul Cachalot pèsent 500 grammes. On en trouve cependant de 5 à 10 kilogrammes. La parfumerie emploie des quantités assez notables de cette matière à l'odeur suave et pénétrante.

L'adipocire (blanc de baleine) est une huile concrète, qui est fluide dans l'état de vie de l'animal. Elle se fige par le refroidissement. Elle est blanche, brillante, nacrée, douce au toucher, et s'écaillant facilement. On s'en sert pour fabriquer des bougies destinées à un éclairage de luxe et pour diverses préparations de la parfumerie et de la pharmacie. Un Cachalot de 19 mètres de long a fourni jusqu'à trois mille kilogrammes de blanc de baleine.

Ce produit naturel est contenu dans une sorte de canal allongé, que forment par leur réunion les os du crâne et ceux de la face.

Ce bassin n'a pas moins de deux mètres de profondeur en arrière. Il est d'ailleurs très-distinct de la cavité qui contient le cerveau, cavité qui est elle-même très petite.

La matière grasse, et par conséquent légère, qui couronne la tête du Cachalot, paraît une prévision de la nature. L'énorme tête que l'animal aurait eu, tant de peine à soulever, qui aurait tant augmenté le poids de son corps, et allourdi ses mouvements, devient, grâce à l'huile qui la remplit, une sorte d'appareil de flottaison, duquel cet être marin peut, par le moindre effort, projeter en l'air l'orifice souffleur placé au sommet de son museau.

Dans la seconde tribu de la famille des Cétacés souffleurs, nous signalerons les genres *Dauphin*, *Marsouin* et *Narval*.

Dauphin. — Le *Dauphin commun* a des formes plus agréables que celles de tous les autres cétacés. Son ensemble paraît composé de cônes allongés, presque égaux, appliqués par leur base. La tête forme l'extrémité du cône antérieur et se réunit insensiblement au corps. Elle se termine par un museau très-distinct du crâne, aplati de haut en bas, et arrondi dans son contour. On l'a comparé à un énorme bec de cygne; les matelots nomment souvent sa tête l'*Oie de mer*. La bouche a une longueur égale au huitième de la longueur totale de l'animal. Elle est, du reste, bien armée, car elle contient de chaque côté des deux mâchoires de 42 à 45 dents, fines, coniques et pointues, ce qui fait en tout 168 à 180.

Les évents se réunissent en une seule ouverture, située à peu près au-dessus des yeux; l'oreille est très-bien organisée; aussi le Dauphin entend-il de fort loin les gémissements sourds que poussent les individus de son espèce. Son dos est noirâtre, ses flancs grisâtres, son ventre blanc. Il porte une nageoire dorsale pointue et élevée, des nageoires pectorales en forme de faux, la caudale en croissant, échancrée dans son milieu, à cornes aiguës. Cette nageoire et la queue elle-même peuvent être mues avec d'autant plus de vigueur que les muscles puissants qui les font agir, s'attachent à de hautes apophyses des vertèbres lombaires.

On a toujours conçu une si grande idée de la force du Dauphin, que, du temps de Rondelet, on disait de ceux qui prétendent exécuter une chose impossible, qu'ils « *veulent lier un Dauphin par la queue*. »

Fig. 20. Dauphins poursuivant une embarcation.

C'est principalement par le secours de cette queue puissante que le Dauphin nage avec tant de rapidité, et qu'il a conquis le surnom de *flèche de la mer*. Lorsque ces cétacés, qui vont en troupes nombreuses et dans un certain ordre, rencontrent un vaisseau, ils le suivent, pour s'emparer des poissons qu'attirent en foule dans ses eaux les débris jetés du navire. Quelle que soit la vitesse imprimée par le vent ou la vapeur, ils luttent de rapidité avec ce navire, ne le quittent point pendant une longue traversée, et se jouent au milieu des flots, avec des bonds, des culbutes, des caprices et des efforts sans fatigue, qui sont pour l'équipage un continuel sujet d'amusement. Leurs sauts, leurs circonvolutions, leurs manœuvres légères, l'agrément de leur forme et de leur couleur, forment une récréation chère aux navigateurs fatigués de la monotonie et de l'immense solitude de la mer.

Plusieurs auteurs ont dit que le Dauphin s'élance quelquefois assez haut au-dessus de la surface de la mer, pour sauter par-dessus les petits bâtiments. On a dit que, dans ce cas, l'animal recourbe son corps avec force, bande sa queue comme un arc, et la détend ensuite, de manière à jaillir comme la flèche de cet arc.

En voyant ces animaux suivre leurs navires, les marins se sont imaginés qu'ils les accompagnaient par un instinct de sociabilité; on est même allé jusqu'à admettre une sorte d'affection de la part de ces animaux pour l'homme de mer. Toutes ces idées sont purement gratuites.

On peut lire dans le *Traité de la navigation* du P. Fournier une assez curieuse anecdote à propos du Dauphin. Le 1ᵉʳ septembre 1638, quinze galères françaises se disposaient à livrer combat à autant de vaisseaux hispano-siciliens, qui portaient, outre le personnel ordinaire de rameurs et de matelots, trois mille cinq cents hommes d'infanterie.

« Les ordres reçus, dit le P. Fournier, chacun prit son poste, et le capitaine des ennemis était déjà au milieu de ses quatorze galères, lorsque voilà tout à coup que quatre-vingts ou cent Dauphins parurent sur l'eau et se rangèrent autour de la capitane de France, bondissant sur l'eau, glissant de la proue à la poupe, s'élançant vers l'ennemi en faisant mille passades, qui firent incontinent esclater tout l'équipage en ces voix d'allégresse, *Vive le roi! nous aurons du Dauphin*, prenant cette si subite et si inopinée rencontre du roi des poissons, qui se rangeait de leur partie, non-seulement pour l'annonce d'une victoire prochaine; mais de plus pour le présage assuré que la reine accoucherait heureusement d'un Dauphin, et de fait, quatre jours après, naquit Mgr le Dauphin. »

Ce Monseigneur le Dauphin, dont la venue au monde était si étrangement annoncée, au dire des matelots, pendant les préludes d'une bataille navale, devait être Louis XIV.

Les anciens ont singulièrement chargé de fables l'histoire du Dauphin. C'était un animal doux, familier, sensible à la musique. Il avait aidé Neptune à retrouver son Amphitrite. — Philante, après avoir fait naufrage sur les côtes d'Italie, avait été sauvé par un Dauphin. — Arion menacé de la mort par les matelots du navire qui le portait, s'étant jeté à la mer, avait été accueilli par un Dauphin, attiré par les doux accords de sa lyre, et conduit au port sur le dos de l'animal. — Apollon avait pris la figure d'un Dauphin pour conduire sa colonie vers les rives de Delphes. — Neptune s'était changé en Dauphin pour enlever Mélanthe, etc.; etc. Aussi cet être merveilleux fut-il l'objet, chez les anciens, d'un culte religieux. Neptune était adoré à Sunium, sous la forme du poisson, cher à son amante; et l'*Apollon delphinien*, honoré à Delphes, avait des Dauphins pour symbole.

Comme les figures qui ornaient ce temple remontaient aux temps les plus reculés, elles étaient grossières et inexactes. Lorsque l'art eut fait des progrès, les artistes grecs chargés de reproduire ces mêmes images ne voulurent rien changer aux dessins consacrés par la tradition, et l'image des Dauphins de Delphes se perpétua dans les tableaux et les sculptures. C'est pour cela que les peintres et les sculpteurs modernes représentent encore le Dauphin comme le faisaient les artistes grecs du temps d'Homère, c'est-à-dire avec la queue relevée, la tête grosse, la gueule énorme, etc.

Ces fables, ces admirations, ces superstitions, héritage de l'antiquité, se sont conservées dans les différentes contrées que baignent les eaux de la Méditerranée. Chez beaucoup de peuples, le Dauphin est resté, nous dit Lacépède, le symbole de la mer.

« Entortillé autour d'un trident, ajoute ce naturaliste, il a représenté la liberté du commerce; placé autour d'un trépied, il a désigné le collège de quinze prêtres qui desservaient à Rome le temple d'Apollon; caressé par Neptune, il a été le signe de la tranquillité des flots et du salut des matelots; disposé autour d'une ancre, ou mis au-dessus d'un bœuf à face humaine, il a indiqué ce mélange de vitesse et de lenteur qui exprime la prudence. »

La figure du Dauphin se voit sur les médailles antiques de Tarente et sur celles de Pœstum; sur les médailles de Corinthe, qui donnent à sa tête ses véritables traits; sur celles d'Ægium en

Achaïe, d'Eubée, de Byzance, de Brindes, de Larinum, de Lipari, de Syracuse, de Thera, de Velia, comme sur celles des empereurs Néron, Vitellius, Vespasien, Titus, etc.

Comme le *Dauphin vulgaire* est très-commun encore aujourd'hui dans la Méditerranée et l'Océan, il est bien probable que c'est à cette espèce que se rapportent tous les dires des anciens. Nous ferons pourtant remarquer que certains naturalistes ayant constaté que les descriptions laissées par les Grecs ne se rapportent qu'imparfaitement au *Dauphin vulgaire*, que les images sont souvent dissemblables et généralement inexactes, ont cru devoir conclure que l'animal merveilleux dont les anciens ont tant parlé, est un être de fantaisie. Mais cette opinion ne saurait être admise, d'après l'explication donnée par Lacépède, et de laquelle il résulte que les défauts d'exactitude dans la représentation figurée du Dauphin n'ont tenu qu'au respect que les peintres et sculpteurs grecs ont témoigné à l'image traditionnelle des premiers artistes contemporains d'Homère.

Marsouin. — Les Marsouins diffèrent des Dauphins par leur mu-

Fig. 21. Marsouin.

seau court, uniformément bombé et n'ayant pas la forme d'un bec. Le *Marsouin commun* (fig. 21) est le plus petit des Cétacés; il n'a guère qu'un mètre vingt-cinq centimètres de longueur. Il vit en troupes nombreuses, et se fait remarquer par ses joyeux ébats au milieu des flots. Devant les troupes turbulentes des Marsouins fuient le maquereau, le hareng et le saumon. Ces troupes sont quelquefois si nombreuses qu'au moment où les individus qui les composent s'élèvent sur l'eau pour respirer, elles obscurcissent la surface de l'Océan. On voit alors leurs corps huileux et noirâtres miroiter de toutes parts.

Les Marsouins font une chasse acharnée aux poissons que nous venons de citer, et particulièrement aux saumons. Ceux-ci essayent en vain d'échapper à leur ennemi; leurs manœuvres sont le plus souvent déjouées avec une adresse merveilleuse. Les voyageurs qui ont assisté à la chasse du saumon par le Marsouin, disent que ce spectacle est très-curieux et très-amusant.

Le Marsouin abonde dans nos mers; il remonte même les fleuves, et on l'a vu quelquefois à Rouen et jusqu'à Paris. Au moyen âge, la pêche de cet animal était d'une certaine importance pour les peuples de l'Europe, car sa chair était alors recherchée par toutes les classes de la société. On le pêche encore aujourd'hui dans le Nord, soit pour manger sa chair, comme le font les Lapons et les Groënlandais, soit pour apporter sa graisse en Europe.

Si le *Marsouin commun* est le plus petit des animaux de ce genre, une seconde espèce de Marsouins, connue sous le nom d'*Épaulard*, ou *Dauphin gladiateur*, est, au contraire, le plus grand des animaux de ce groupe : il peut atteindre huit mètres de long.

L'*Épaulard* est commun dans les mers du Nord. C'est un animal très-fort et très-vorace. Joseph Banks a rapporté qu'un *Dauphin gladiateur*, atteint par des harpons, remorqua le bateau dans lequel étaient les quatre personnes qui l'avaient blessé, l'entraîna, malgré une forte marée qui parcourait huit milles en une heure, depuis Blackwall jusqu'à Greenwich, et ensuite jusqu'à Deptford.

Cet animal est célèbre par les combats qu'il livre au géant des mers, à la Baleine! Les *Dauphins gladiateurs* vont par troupes, et s'ils rencontrent une Baleine, ils se précipitent sur elle, la harcèlent; lorsque, épuisée, elle ouvre la gueule, ils lui dévorent la langue.

Narval. — Les Narvals diffèrent peu des Marsouins par la forme générale et la couleur de leur corps; mais on les distingue au premier coup d'œil, de tous les autres Cétacés, par la singulière défense dont la nature les a munis. Des deux dents incisives implantées dans la mâchoire supérieure du Narval, l'une avorte

presque complétement, tandis que l'autre, par une sorte de balan-
cement organique, s'allonge prodigieusement en ligne droite, et
finit par constituer un énorme stylet, arrondi, cannelé en spirale,
pointu à son extrémité et long comme le tiers ou la moitié de
l'animal. Cet étrange animal n'a donc qu'une dent, mais quelle
dent! C'est, à vrai dire, une épée d'ivoire.

Il y a eu chez les anciens et les modernes bien des histoires sur
la dent de ce Narval. On la regardait jadis comme la défense de
la licorne, qui la portait au milieu du front. Cet être fabuleux
ressemblait, disait-on, au cheval et au cerf. Aristote et Pline l'ont
décrite, et l'on retrouve son image sur plusieurs anciens monuments. Sa figure a été adoptée par la chevalerie du moyen âge, et
a souvent décoré les trophées des fêtes militaires.

Nos aïeux attribuaient à la dent du Narval, qu'ils appelaient *dent
de Licorne*, de merveilleuses vertus médicinales. On la croyait l'an-
tidote infaillible de toute substance toxique; on était persuadé
qu'elle anéantissait toutes les propriétés malfaisantes des substances vénéneuses. Charles IX, craignant d'être empoisonné, avait
grand soin de faire tremper dans sa coupe un morceau de dent de
licorne. Ambroise Paré osa le premier s'élever contre ces erreurs.

Bientôt la licorne cessa d'être un objet d'un prix exorbitant à
cause de sa rareté et de ses prétendues vertus. Elle passa de l'of-
ficine des apothicaires dans le cabinet des naturalistes, où elle fut
longtemps conservée sous le nom de *corne* ou de *défense de Licorne*.

Dans la fable *Les oreilles du lièvre*, la Fontaine fait allusion à ces
croyances superstitieuses. Un lion, blessé par un animal cornu,
décrète que tout animal porteur de cornes sera banni de son domaine. Un lièvre, apercevant l'ombre de ses oreilles, craint qu'on
ne tienne ses oreilles pour des cornes, et se dispose à s'expatrier :

> Adieu, voisin grillon, dit-il ; je pars d'ici !
> Mes oreilles enfin seraient cornes aussi ;
> Et quand je les aurais plus courtes qu'une autruche,
> Je craindrais même encor. Le grillon repartit :
> Cornes cela ! vous me prenez pour cruche !
> Ce sont oreilles que Dieu fit.
> On les fera passer pour cornes,
> Dit l'animal craintif, et *cornes de licornes* !

La véritable nature de cette défense fut démontrée, pour la première fois, par un naturaliste de la Renaissance, Wormius, qui
l'avait trouvée adhérente à un crâne semblable à celui d'une ba-

leiné. Mais ce ne fut qu'en 1671 que Frédéric Martens donna une assez bonne description du Narval.

Ces cétacés vivent dans les parages de l'Islande et dans les mers qui baignent les rivages du Groënland. Ils se rassemblent dans les anses des îles de glace, et voyagent par bandes. On ne les prendrait que très-difficilement s'ils n'avaient pas l'habitude de vivre en troupes; car, isolés, ils nagent avec tant de vitesse qu'ils échapperaient à toute poursuite. Mais, lorsqu'ils sont rapprochés, ils s'embarrassent les uns les autres et sont pris aisément. Quand les barques des pêcheurs se glissent avec précaution entre leurs longues files, les Narvals serrent leurs rangs, et se pressent tellement qu'ils paralysent leurs mouvements mutuels; ils s'empêtrent dans les défenses de leurs voisins, ou bien, levant la tête en l'air, posent ces défenses sur le dos de ceux qui les précèdent. Ils ne peuvent, dès lors, ni se retourner, ni avancer, ni combattre, et ils tombent sous les coups des pêcheurs placés dans les chaloupes (fig. 22).

Les Islandais fabriquent avec la défense des Narvals, des flèches pour leurs chasses et des pieux pour la construction de leurs cabanes; mais ils ne mangent pas sa chair, parce qu'ils croient qu'elle est vénéneuse[1]. Il n'en est pas de même des Groënlandais et autres habitants du Nord, qui la regardent comme excellente. Ils la font sécher en l'exposant à la fumée. L'huile fournie par le Narval est, dit-on, préférable à celle de la Baleine.

Les naturalistes ne s'accordent pas sur l'usage de l'arme redoutable du Narval. On a dit qu'il s'en sert pour attaquer la Baleine, et la tuer en la lui enfonçant dans le ventre. Lacépède rapporte que leurs défenses ont été trouvées plantées profondément dans le corps de Baleines; mais d'autres auteurs nient formellement les combats de ces deux terribles jouteurs.

Les Narvals s'élancent parfois, avec une vitesse et une force prodigieuses, contre des vaisseaux, qu'ils prennent sans doute pour quelque proie gigantesque. Si l'animal attaque latéralement le navire en marche, la dent implantée dans le bois se casse; mais s'il attaque l'arrière, le Narval resté cloué au navire; il est alors entraîné et remorqué jusqu'à sa mort.

---

1. Ce sont les Islandais qui ont donné à cet animal le nom qu'il porte et dont la signification est *Baleine se nourrissant de cadavres*, car le mot *nar* dans la langue de ce pays signifie *cadavre*, et le mot *whal*, *baleine*.

Fig. 22. Pêche des Narvals par les Islandais.

Certains naturalistes se fondant sur ce fait que la défense du Narval est lisse vers le bout, qui est quelquefois manifestement arrondi et comme usé, en ont conclu que l'animal se sert de sa corne pour percer la glace, lorsqu'il veut venir respirer, et s'épargner un trop long chemin pour regagner les eaux libres. D'autres ont pensé que ces traces d'usure proviennent du frottement de la dent dans le sable ou contre les rochers, lorsque l'animal y cherche sa nourriture, qui consiste en sèches, poissons plats, morues, raies, huîtres et autres mollusques. Il a été constaté enfin que le Narval se sert de sa lance naturelle pour attaquer sa proie, la tuer et peut-être même la déchirer avant de la dévorer. Ainsi la dent du Narval serait à la fois un instrument qui servirait à satisfaire aux besoins de la vie ordinaire de l'animal, à sa respiration, à sa nutrition, et en même temps une arme offensive et défensive.

Les Narvals ne sont pas toujours d'humeur brutale ou guerrière. Scoresby a vu des bandes très-joyeuses de ces animaux marins : ils élevaient leurs cornes et les croisaient, comme pour se livrer à l'escrime, ils suivaient le navire avec une sorte de curiosité tranquille.

L'ivoire de la défense du Narval est un objet de grand luxe, car il est plus compacte, plus dur et susceptible d'un plus beau poli que celui de l'éléphant. C'est à ce titre que l'on montre aux visiteurs, à la bibliothèque de Versailles, une canne en ivoire de Narval incrustée de nacre. Tel est encore le trône des rois de Danemark qu'on voyait, et qu'on voit peut-être encore, dans le château de Rosenberg.

FAMILLE DES CÉTACÉS HERBIVORES. — Le régime de ces Cétacés a nécessité l'existence de dents molaires à couronne plate, et la faculté de ramper sur la terre, pour venir paître sur le rivage de la mer. Leurs membres antérieurs sont plus flexibles que ne le sont ceux des autres Cétacés, et ils ne vont pas dans la haute mer.

Nous citerons dans cette petite famille les *Lamantins* et les *Dugongs*.

Les *Lamantins* (fig. 23) ont le corps oblong, terminé par une nageoire simple. Leurs nageoires antérieures se composent de cinq doigts, composés chacun de trois phalanges, et dont quelques-uns au moins sont munis d'ongles plats et arrondis, ayant une ressemblance grossière avec ceux d'un homme. Ils manquent de membres

postérieurs. Leur tête, presque conique, se termine pas un museau
charnu, portant, à sa partie supérieure, de très-petites narines.
Leurs yeux sont également petits, et leur lèvre supérieure garnie
d'une moustache de poils roides. Leurs mamelles, placées sur l'estomac, deviennent grosses et arrondies pendant la gestation et
l'allaitement. C'est pour cette dernière raison, et aussi à cause de
l'adresse avec laquelle les Lamantins se servent quelquefois de
leurs nageoires pour porter leurs petits, que ces animaux ont été

Fig. 23. — Lamantin.

souvent désignés sous les noms de *femmes-poissons, femmes de
mer*, etc.

Ces animaux se réunissent en grandes troupes. Leur caractère
est doux, affectueux et sociable. Le mâle, extrêmement attaché à
sa femelle, ne la quitte pas et la défend jusqu'à la mort. Les petits n'ont pas moins de tendresse pour leur mère.

Les pêcheurs savent profiter de ces liens qui unissent tous les
membres d'une même famille. Ils cherchent surtout à capturer
les femelles, parce que les mâles et les petits la suivent, pour la
défendre, ou partager son sort. Ils vont à la recherche des Lamantins sur les plages peu profondes et herbeuses, autour des îles,
à l'embouchure des fleuves, où ces innocents et doux animaux
vont paître les algues marines. Le pêcheur attend le moment

où ces animaux viennent respirer au-dessus de l'eau ; ou bien il les surprend dans le sommeil, au moment où, confiants dans la vague qui les berce, ils se laissent flotter, le museau au-dessus de la surface liquide. Alors il lance son harpon. L'animal blessé perd son sang ; ce sang appelle d'autres Lamantins au secours de la victime. En ce moment funeste, les uns cherchent à arracher l'arme meurtrière, les autres à couper la corde que le blessé entraîne ; et c'est ainsi que les pêcheurs massacrent la troupe entière. Le généreux dévouement de ces animaux les entraîne à leur perte.

Les Lamantins quittent souvent la mer pour remonter les fleuves. Dans ce but, ils se réunissent en grandes troupes. Les plus forts et les plus vieux parmi les mâles marchent en avant ; viennent ensuite les femelles ; les jeunes sont au milieu.

Leur chair passe pour être agréable. Elle rappellerait le goût du bœuf selon les uns, celui du porc selon les autres. Leur graisse est douce et se conserve longtemps sans s'altérer.

Ce que nous venons de dire se rapporte particulièrement à l'espèce américaine, qui se trouve à l'embouchure de l'Orénoque, de la rivière de l'Amazone, et de tous les grands cours d'eau de l'Amérique méridionale. Il existe deux autres espèces, dont une habite le Sénégal.

Le *Dugong* se distingue du Lamantin par ses nageoires pectorales dépourvues d'ongles et par quelques autres particularités de structure qu'il serait inutile de signaler ici. Nous ferons pourtant remarquer que les deux dents incisives externes de la mâchoire supérieure s'allongent en une sorte de défense. Les mœurs du Dugong sont analogues à celles du Lamantin.

ORDRE DES AMPHIBIES.

Prise dans son sens le plus rigoureux, la dénomination d'*Amphibies* (ἀμφί, de part et d'autre, βίος, vie) ne devrait s'appliquer qu'à des animaux dont l'existence peut se passer alternativement dans l'air ou dans l'eau : tels sont les Batraciens, qui respirent d'abord dans l'eau, par des branchies, et ensuite dans l'air, par des poumons. Mais cette expression a été détournée de sa véritable acception, et l'on a appelé plus spécialement amphibies des Mammifères essentiellement organisés pour la vie aquatique et qui peuvent difficilement se mouvoir sur le sol : tels sont le *Morse* et le *Phoque*.

Les Morses et les Phoques, qui composent l'ordre des Amphibies, offrent une série de caractères en rapport intime avec les conditions d'existence qui leur sont dévolues. Ils ont le corps allongé, cylindrique et *pisciforme*, c'est-à-dire ressemblant à celui d'un poisson. Leurs membres, très-raccourcis, n'apparaissent au dehors que par les extrémités, qui sont converties en nageoires par de larges palmatures. Les extrémités antérieures pendent le long du corps et agissent d'avant en arrière, comme chez la plupart des quadrupèdes aquatiques; au contraire, les extrémités extérieures, étendues horizontalement et parallèlement, sont disposées de manière à frapper l'eau obliquement. Leur fourrure se compose d'une bourre laineuse, dont l'épaisseur et la finesse augmentent avec la rigueur du climat, et que recouvrent des poils assez rudes, enduits d'une huile abondante, qui a pour objet d'empêcher l'accès de l'eau jusqu'à la peau. Une forte couche de graisse protége le corps contre le froid, principalement chez les espèces qui habitent les régions extrêmes des deux continents.

Les Amphibies ont la tête arrondie, les yeux gros, la conque auditive rudimentaire ou nulle, la lèvre supérieure ornée d'épaisses moustaches. Leurs mâchoires portent trois sortes de dents et leur cerveau est sillonné d'assez nombreuses circonvolutions.

Vivant par troupes nombreuses, ils se nourrissent de poissons, de
mollusques, de crustacés, etc., auxquels ils adjoignent parfois des
substances végétales. Ils plongent avec une grande facilité, et quoique obligés de venir respirer l'air à la surface de leur élément
favori, ils peuvent rester longtemps sous l'eau. Cette circonstance
s'explique par une particularité de leur appareil circulatoire. Ils
sont munis de vastes réservoirs veineux (*sinus*) dans lesquels le
sang s'accumule, pendant que les poumons ne fonctionnent pas.
L'animal ne peut dès lors être suffoqué, car l'asphyxie est déterminée par l'arrêt de la circulation du sang, dès que la respiration est
suspendue, et les sinus fournissent à cette circulation dans les cellules pulmonaires, pendant que l'animal plonge sous les eaux.
Grâce à cette précaution de la nature, les Amphibies peuvent librement vaquer, au sein de l'onde, à la recherche de leur subsistance;
ce n'est que lorsque le sang déborde de leurs réservoirs veineux,
qu'ils éprouvent le besoin de remonter à la surface de la mer,
pour respirer.

Comme leurs membres sont impropres à la locomotion terrestre,
les Amphibies ne sortent de l'eau que pour dormir, mettre bas et
allaiter leurs petits. Sur le sol, ils en sont réduits à ramper
péniblement, et lorsqu'on les surprend sur le rivage, ils se trouvent à la merci de leurs agresseurs, car ils sont également incapables de fuir et de résister à ceux qui les attaquent. On ne doit
donc pas s'étonner que des quantités considérables de ces animaux
soient détruites chaque année, et que les produits qu'ils fournissent (huile, pelleteries, cuir, ivoire) donnent lieu à un grand
mouvement commercial.

Bien que les Amphibies soient répandus dans toutes les mers du
monde, on en trouve peu dans les régions intertropicales, et ils
augmentent de plus en plus en nombre à mesure qu'on s'avance vers
les pôles. Ils ne manquent pas sur les côtes d'Europe : les mers du
Nord, la Manche, la Méditerranée et la mer Noire, en sont assez
abondamment pourvues. Connus des Grecs et des Romains, les Amphibies ont donné lieu aux fables des Tritons et des Néréides.

Les Amphibies ne comprennent que deux familles : les *Morses* et
les *Phoques*.

FAMILLE DES MORSES. — L'unique espèce de la famille est le *Morse*,
vulgairement nommé *Cheval marin*, *Vache marine* ou *Vache à la
grande dent*. Cet animal mesure de 3 mètres 50 à 4 mètres de lon-

gueur, sur 3 mètres de circonférence ; les assertions des voyageurs
qui prétendent en avoir vu de 6 à 7 mètres, doivent être taxées
d'exagération. Le Morse est couvert d'un poil court, peu abondant,
de couleur roussâtre ; son museau, gros et renflé à la partie supérieure, se termine par un mufle, dans lequel sont percées des narines tournées vers le ciel. En somme, c'est un être d'apparence
massive et d'aspect rébarbatif. Les Morses sont caractérisés par deux
puissantes dents canines qui, descendant verticalement de leur mâchoire supérieure, viennent faire saillie au dehors, et constituent
des armes redoutables. Ces défenses atteignent jusqu'à 65 centimètres de longueur, avec une longueur proportionnée. Les Morses
adultes manquent de dents incisives et de canines à la mâchoire
inférieure ; mais, dans le jeune âge, ils possèdent deux petites
incisives. Les dents molaires, au nombre de huit à chaque mâchoire, sont aptes à broyer des matières dures, et agissent les unes
sur les autres, à la manière du pilon dans le mortier.

Les Morses habitent exclusivement les mers polaires arctiques ;
ils sont surtout communs aux environs du Spitzberg, de la Nouvelle-Zemble et sur les côtes de la Sibérie. Ils se jouent avec aisance
au milieu des eaux, se nourrissant de crabes, de coquillages, de
mollusques, qu'ils détachent du sol submergé, au moyen de leurs
défenses fonctionnant comme nos râteaux. Leurs longues dents canines leur sont surtout très-utiles pour se hisser sur les rivages
ou sur les glaces qui en défendent l'accès ; elles leur servent à
prendre des points d'appui, et leur permettent de s'avancer, en se
traînant sur les membres antérieurs. Ils montent souvent sur des
glaçons flottants, et se laissent aller à la dérive, jusqu'à ce qu'il
leur plaise de plonger.

La femelle met bas, en hiver, un ou deux petits, qu'elle soigne
avec sollicitude et défend avec énergie.

D'un naturel doux et inoffensif, les Morses deviennent très-auda-
cieux dès qu'ils sont attaqués et blessés. Ils entrent alors dans une
violente colère, et témoignent, par tous leurs actes, de leur désir de
vengeance. S'ils se trouvent à terre, et par conséquent incapables
de poursuivre leurs ennemis, le sentiment de leur impuissance leur
arrache des cris furieux ; ils labourent le sol de leurs défenses, et
mettent en pièces tout ce qui se trouve à leur portée. Mais il suffit,
pour éviter leurs coups, après les avoir frappés, de se tenir à quelque distance. Dans la mer, au contraire, où ils peuvent déployer
toute leur agilité, les Morses sont véritablement à craindre, d'au-

tant plus qu'une étroite solidarité les unit et qu'ils ne manquent jamais de se porter en grand nombre au secours de leurs compagnons menacés. Ils entourent les chaloupes et s'efforcent de les couler en les perçant de leurs défenses, ou de les faire chavirer en pesant dessus de tout leur poids et les fracassant à grand renfort de mâchoires. Quelquefois même ils tentent d'y pénétrer, au grand déplaisir des matelots, peu soucieux de se trouver en pareil voi-

Fig. 24. Morses.

sinage. Si les embarcations s'enfuient, ils les poursuivent longtemps et ne s'arrêtent que lorsqu'ils les perdent de vue.

Les Morses ont à lutter, non-seulement contre les hommes, mais encore contre les ours, qui habitent les mêmes parages. Quoique les ours blancs soient doués de moyens d'action redoutables, ils ne sortent pas toujours vainqueurs du combat. Des blessures profondes qu'ils rapportent de leurs luttes contre les Morses, attestent suffisamment la vaillance et la force des animaux dont ils ont voulu faire leurs victimes.

Autrefois les Morses étaient si condensés dans certaines parties de l'océan Glacial arctique, et en même temps si confiants, qu'ils se laissaient approcher par des bandes de matelots, sans chercher à fuir; si bien qu'on pouvait en détruire en une demi-journée des quantités prodigieuses. Gmelin dit que les Anglais en tuèrent 700 à 800 dans l'espace de six heures, en 1705; et trois ans après, 900 dans l'espace de sept heures. En 1640, un capitaine de navire, du nom de Kykyrez, en extermina un si grand nombre, que sa fortune fut faite en une seule campagne.

Voici comment on procédait à cette chasse. Les hommes de l'équipage descendaient sur la plage, et coupaient la retraite aux

Fig. 25. Un massacre de Morses.

Morses, étendus sans défiance à quelque distance; puis ils s'avançaient et les frappaient de leurs lances. C'était alors un massacre épouvantable; à mesure que les cadavres tombaient, ils étaient entassés sur une longue ligne, et formaient ainsi une espèce de digue, contre laquelle venaient se briser les efforts des fuyards; tout le troupeau était ainsi haché ou assommé.

Aujourd'hui la même manœuvre réussit bien rarement. Instruits par l'expérience, les Morses se tiennent en bandes moins nombreuses sur les rochers et les glaçons; ils s'éloignent très peu des bords de la mer, de manière à pouvoir plonger à la moindre alerte, et ils posent des sentinelles pendant leur sommeil, afin de n'être pas surpris à l'improviste. Le plus souvent, il faut monter dans des barques, les poursuivre à force de rames, et les harponner dans l'eau. Mais, comme nous l'avons dit, cette opération est assez dangereuse. Les Morses blessés deviennent furieux; ils entourent l'embarcation qui porte les chasseurs, et, dans leurs efforts désespérés, tentent de la faire chavirer (fig. 26). Ce n'est

Fig. 26. — Chasse aux Morses.

pas trop des gaffes, des harpons et du fusil pour triompher de leur résistance.

Les Morses fournissent à l'industrie divers produits très-estimés : c'est pour cette raison qu'on leur fait une guerre acharnée. En premier lieu, leurs défenses donnent un ivoire grenu, plus dur et plus blanc que celui de l'éléphant. Ces défenses se détachent naturellement quand on fait cuire la tête de l'animal dans un chaudron plein d'eau bouillante. On extrait de leur lard une huile, de qualité supérieure à celle de la baleine ; chaque individu en produit une demi-tonne. Enfin leur peau, convenablement travaillée, devient un cuir très-épais et très-résistant, qui trouve son emploi dans la carrosserie. Au moyen âge, on faisait avec ce cuir des cordages et des câbles d'une solidité à toute épreuve. Albert le Grand, au quatorzième siècle, rapporte que cette peau donnait lieu à un grand commerce sur le marché de Cologne.

L'antiquité n'a pas connu le Morse.

FAMILLE DES PHOQUES. — Les Phoques ont une grande analogie de formes avec les Morses ; mais ils sont dépourvus des dents formidables qui caractérisent ces derniers. Leur tête est arrondie, et assez semblable à celle du chien ; leurs yeux sont gros, brillants et très-doux. Ils peuvent fermer leurs narines lorsqu'ils plongent, et s'opposer ainsi à l'invasion de l'eau dans l'arrière-bouche. Leurs oreilles, qui ne consistent le plus souvent qu'en de simples ouvertures, sans pavillon extérieur, jouissent de la même propriété. Leur bouche est garnie, en haut et en bas, de trois sortes de dents : incisives, canines et molaires. Les molaires diffèrent peu de celles des carnivores, mais on n'y voit point, comme chez les carnivores, les molaires dites tuberculeuses. On n'aperçoit de leurs membres que les extrémités, composées de cinq doigts très-longs, réunis par une large membrane. Leurs pieds de derrière, disposés côte à côte, figurent une sorte de nageoire échancrée, dont une courte queue occupe le centre. Leur épine dorsale est d'une telle flexibilité, qu'ils peuvent redresser la partie antérieure de leur corps presque verticalement, l'arrière-train restant horizontal. Bel exemple à citer à l'émulation des courtisans, à l'échine flexible !

Le volume considérable de leur cerveau fait deviner le haut degré de leur intelligence. Les sens de ces animaux ne paraissent pas cependant très-développés. D'après les observations de Fr. Cuvier, le sens de la vue serait le meilleur. Les Phoques voient assez bien à quelque distance, mais une trop grande quantité de lumière les offusque; aussi ont-ils la pupille contractile, comme les chats. L'ouïe doit être faible, puisque les organes de ce sens manquent de cornet extérieur pour recueillir les sons; l'odorat ne semble guère plus subtil. Le toucher s'exerce vraisemblablement par les poils longs et durs qui garnissent la lèvre supérieure; car ils aboutissent à des nerfs d'une grosseur remarquable. Quant au goût, il est tout à fait rudimentaire, si l'on en juge par la gloutonnerie de ces amphibies. Ils engloutissent souvent leur proie tout entière, sans la mâcher, quoiqu'ils ne puissent l'avaler qu'au prix d'énergiques efforts. Lorsqu'elle est trop grosse pour être dévorée d'un seul coup, ils la partagent en plusieurs morceaux, par l'action des dents ou des ongles, sans se mettre en frais de mastication.

La voix du Phoque consiste en une sorte d'aboiement, analogue à celui du chien. Quand il est irrité, il souffle comme les chats, en montrant les dents. Certaines espèces accentuent assez distinctement la syllabe *pa*, plusieurs fois répétée. Cela suffit pour que les entrepreneurs d'exhibitions phénoménales amorcent la crédulité des badauds par l'annonce d'un animal extraordinaire, d'un monstre marin qui dit *papa* et *maman*, aussi bien que vous et moi.

Les Phoques ont à peu près les mêmes mœurs que les Morses; mais ils ne sont pas confinés, comme ces derniers amphibies, parmi les glaces du nord, quoiqu'ils y soient plus nombreux et généralement plus forts que partout ailleurs. Ils abondent également dans les mers australes, et l'on en trouve jusque dans les parages du Japon et de l'Amérique centrale. Ils se rencontrent sur tous les rivages d'Europe, et même dans certains lacs ou mers intérieures, tels que la mer Caspienne, le lac Baïkal, enfin les lacs Ladoga et Onéga (Russie d'Europe), s'il faut en croire quelques auteurs. Ils vivent en grandes troupes dans les anses, les baies et au milieu des archipels encombrés d'écueils.

Toutes les espèces ne recherchent pas les mêmes sites pour théâtres de leurs ébats : les unes préfèrent les grèves sablonneuses et abritées, les autres les rochers incessamment battus par le flot, d'autres les plages tapissées d'herbes épaisses. Ils aiment surtout la tempête, le fracas des vagues, les sifflements du vent, la grande voix de la foudre et la lueur fugitive des éclairs. Ils aiment à voir rouler, dans un ciel assombri, de gros nuages noirs versant des torrents de pluie. Alors ils sortent en foule de la mer, et viennent se jouer sur le rivage, au sein des éléments en furie. La tourmente est leur milieu naturel, c'est dans ces crises de la nature qu'ils donnent carrière à toutes leurs facultés, à toute l'activité dont ils sont capables. Quand le temps est beau, ils s'endorment d'un sommeil profond, et se livrent paresseusement aux douceurs du *far niente.*

Les Phoques se nourrissent principalement de poissons, dont ils s'emparent avec habileté; ils y joignent des mollusques, des crustacés, et, à l'occasion, des oiseaux aquatiques, lorsque ceux-ci viennent raser la surface de la mer, pour y pêcher leur nourriture.

Fig. 27. Phoques.

Des auteurs sérieux affirment qu'ils ont l'habitude, avant de se jeter à l'eau, d'avaler une certaine quantité de cailloux, qui leur servent de lest comme à un navire, excès de poids qu'ils dégorgent lorsqu'ils reviennent à terre. Si le fait n'est pas vrai, il est bien trouvé : *se non è vero, è bene trovato.*

Les Phoques nagent la tête et les épaules hors de l'eau; il n'est pas étonnant que, dans cette situation et vus à distance, on les ait considérés, chez les anciens, comme des êtres extraordinaires, chargés de faire cortège à Neptune dans ses promenades à travers son liquide domaine. Pour émerger, ils choisissent un lieu en pente douce, et s'accrochant des mains et des dents à toutes les aspérités voisines, ils s'avancent avec peine, mais plus rapidement que ne le ferait supposer l'imperfection de leurs organes propulseurs appliqués à la locomotion terrestre. Ils se hissent avec adresse sur des glaçons flottants, et se laissent aller à la dérive, en toute tranquillité.

Ils possèdent à un haut degré le sentiment de la propriété, et défendent très-énergiquement leurs droits. Dès qu'une famille s'est installée sur un roc ou un bloc de glace, elle ne souffre pas qu'un autre individu du troupeau vienne l'y troubler; le mâle se charge de repousser toute invasion de son domicile. De là des combats furieux, qui ne cessent que par la mort du légitime propriétaire ou la fuite de l'agresseur. Quand l'espace est étroitement limité, on voit bien plusieurs familles se tenir sur le même rocher ou le même glaçon, et vivre en bonne intelligence; mais elles laissent toujours entre elles quelque distance et se renferment dans la partie qui constitue leur lot.

Comme les Morses, les Phoques placent des sentinelles pour veiller, pendant leur sommeil, à la sûreté commune. Dès qu'un homme ou une bande d'ours blancs paraît, les factionnaires poussent des hurlements prolongés, et toute la compagnie se précipite dans la mer.

La manière la plus efficace de tuer les Phoques consiste à leur appliquer des coups de massue sur le nez; les blessures qu'on leur fait avec des armes tranchantes devraient être très-profondes pour mettre leur existence en danger. Lorsqu'ils se voient cernés, ils se défendent courageusement, mais avec peu de succès. Dans leur fureur, ils brisent les armes de leurs ennemis entre leurs robustes mâchoires. Du reste, leur chasse ne diffère en rien de celle du Morse. On les harponne sur la mer, dans des embarcations, ou bien on les poursuit sur les glaçons, et on les tue à coups de pique et de hache (fig. 28).

Toutes les populations riveraines des mers polaires poursuivent les Phoques, et en détruisent des quantités incalculables. Elles trouvent dans ces animaux de précieuses ressources contre la rigueur et la désolation du climat hyperboréen. Pour les Groënlandais surtout, le Phoque est d'une utilité sans égale. Il répond à la plupart de leurs besoins, et leur rend la vie possible dans la froide contrée à laquelle ils sont attachés.

Le Groëlandais mange la chair du Phoque, et s'en contente, bien

qu'elle soit coriace et d'une odeur désagréable. Il boit son huile et
le fait servir à son éclairage. Avec sa peau, il confectionne des vêtements, des couvertures, des tentes, des canots ; ou bien il la dé-
coupe en courroies et en lanières. Ses nerfs et ses tendons sont
convertis en fil pour la couture, et en cordes pour les arcs. Son
sang même, mélangé avec d'autres substances, forme une espèce
de soupe. Il n'est pas jusqu'aux membranes de l'intérieur du corps,
qui ne reçoivent leur emploi ; convenablement desséchées, elles

Fig. 28. Chasse aux Phoques.

servent, grâce à leur transparence, à fermer les ouvertures qui
donnent un peu de jour à leurs tristes réduits.

Aussi l'unique occupation du Groënlandais est-elle, pour ainsi
dire, de chasser le Phoque. Dès ses plus jeunes années, il est
dressé à cet exercice, qui est pour lui une question de vie ou de
mort. Tantôt il s'élance sur la mer, dans son fragile canot, et harponne sa proie lorsqu'elle vient respirer à la surface ; tantôt il s'enveloppe dans une peau de Phoque, et s'étendant sur le rivage, il
s'efforce d'attirer quelque innocent par ce simulacre trompeur.

Les Esquimaux prennent encore le Phoque de la manière sui-

vante. Ils pratiquent un trou dans la glace, et au moment où un
de ces animaux se présente à cette lucarne improvisée pour respirer l'air, ils s'en emparent (fig. 29).

Fig. 29. Esquimaux guettant un Phoque.

Les Anglais et les Américains des États-Unis sont les seuls peuples qui organisent sur une grande échelle la chasse du Phoque.
Ils y consacrent annuellement une soixantaine de navires, de deux
cent cinquante à trois cents tonneaux chacun. Le but commercial de
ces expéditions est de recueillir l'huile dont est saturée la chair de
ce Mammifère aquatique. Les corps, coupés par morceaux, sont
jetés dans des chaudières établies sur la grève. Lorsque la graisse
s'est séparée par la fusion, on la met en baril, pour l'exporter en
Europe ou en Amérique, où elle se vend à raison de quatre-vingts
francs le baril. Chaque Phoque peut fournir un demi-baril
d'huile.

Pour récolter un maigre profit, les paysans des côtes et des îles
de la Baltique affrontent tous les ans les plus grands dangers à la
chasse du Phoque. Lorsque arrive la fonte des glaces, ils s'embar-
quent, au nombre de cinq, six ou quelquefois moins, sur un ca-

...

dot, munis de vivres et d'engins meurtriers. Ils courent le risque de voir leur embarcation brisée par le choc des masses de glace et d'être emportés sur un glaçon, où ils périssent de faim et de froid. Un assez grand nombre de Norvégiens sont victimes, chaque année, de ces dangereuses expéditions.

Les riverains du nord de l'Écosse chassent les Phoques d'une façon étrange et qui ne laisse pas que d'être périlleuse. Ils savent que ces Amphibies se retirent, pour faire et allaiter leurs petits, dans de vastes cavernes, à entrée généralement très-étroite. En octobre ou novembre, ils pénètrent, vers le milieu de la nuit, dans ces sombres grottes, au fond desquelles ils s'avancent, montés sur un frêle esquif. Alors ils allument des torches et poussent de grands cris. A cette clarté subite, à ces bruits inusités, les Phoques sortent de leurs retraites, dans le plus grand désordre, et en poussant de forts mugissements. Leur nombre est tel que les chasseurs seraient écrasés s'ils ne se rangeaient tout d'abord contre les parois de la grotte pour les laisser sortir; mais, à la fin, ils tombent sur les traînards et les assomment à coups de bâton sur le nez; puis ils transportent les cadavres au dehors. Ils ont à craindre, dans ces sortes d'expéditions, qu'un coup de vent éteigne leurs torches, et dans ce cas ils périraient au fond de ces antres obscurs.

Le Phoque est doué d'un ensemble de facultés remarquables, qui le rendent propre à la domesticité; aussi peut-on s'étonner que l'homme n'ait pas encore songé à le dresser à la pêche, comme il l'a fait pour la loutre. Sa douceur, sa sociabilité, et par-dessus tout son intelligence, qui est presque égale à celle du chien, lui assureraient une belle place dans l'intimité de l'homme. On a de nombreux exemples de Phoques, qui, apprivoisés dès leur jeune âge, s'éprirent d'une vive affection pour leurs maîtres, au point de les suivre partout et de revenir auprès d'eux, même après qu'on les eut à dessein égarés à une grande distance. Ils donnent peu d'embarras : un bassin rempli d'eau, où ils puissent se baigner, et une cabane garnie de paille, pour se reposer, suffisent à les maintenir dans de bonnes conditions de santé. On les nourrit de poissons. Seulement, comme ils en absorbent une très-grande quantité, les frais de subsistance s'opposeraient, plus que toute autre cause, à leur réduction en domesticité. Un fait bizarre, c'est que lorsqu'ils se sont habitués à une sorte de poissons, ils n'en veulent plus manger d'autres, et se laissent mourir de faim, plutôt que de consentir au changement.

On distingue de nombreuses espèces de Phoques, propres à différents climats. Examinons rapidement les principales.

Le *Phoque commun*, vulgairement nommé *Veau marin*, habite l'Europe et mesure environ un mètre de long. C'est celui qui a été le mieux étudié.

L'*Atak*, ou *Phoque du Groënland*, a des dimensions doubles du précédent. On le trouve aussi sur les côtes de la Nouvelle-Zemble et de la mer Blanche, mais en hiver seulement dans cette dernière région.

Le *Phoque moine*, ou *Phoque à ventre blanc*, se trouve dans la Méditerranée, spécialement sur les côtes de l'Adriatique. Sa taille varie de deux mètres vingt-cinq centimètres à trois mètres vingt-cinq centimètres. C'est l'un des plus intelligents. M. Boitard dit en avoir vu un, réduit depuis deux ans en servitude, et qui, lâché dans des étangs et même de grands fleuves, accourait à l'appel de son maître.

Le *Phoque à capuchon*, ou *Capucin*, de la longueur de deux mètres et demi environ, est ainsi nommé parce qu'il porte sur la tête, à l'âge adulte, une sorte de sac mobile, dont il se couvre le museau quand il lui plaît; il peut également gonfler ses narines, de manière à leur donner l'aspect d'une vessie. On le trouve dans les eaux de l'Amérique septentrionale et du Groënland.

Le *Lion marin* est ordinairement long de quatre mètres et en mesure quelquefois huit, suivant Permetty. Le mâle a le cou orné d'une épaisse crinière, qui lui descend sur les épaules et lui a valu son nom. Il habite le Kamschatka, les îles Aléoutiennes et les côtes de la Californie.

Le *Phoque Urigne*, ou *Loup marin*, est particulier aux côtes du Chili. Les habitants de ce pays utilisent sa peau d'une singulière façon. Ils en ferment hermétiquement toutes les ouvertures, la gonflent d'air, et plaçant plusieurs de ces corps flottants à côté les uns des autres, ils disposent par-dessus des traverses de bois recouvertes de joncs ou de paille; le tout forme un radeau, qui peut parfaitement soutenir plusieurs personnes.

Non loin du Chili, parmi les archipels qui avoisinent le détroit de Magellan, habite le *Phoque à trompe*, ou *Éléphant marin*, le plus volumineux de tous. Il a jusqu'à huit à dix mètres de long, sur cinq à six de circonférence. Chez le mâle, le nez se prolonge en une sorte de trompe, de nature membraneuse, érectile, longue de quarante à cinquante centimètres, et qui lui sert à parer les coups qui peuvent lui être portés sur le nez. Cette espèce fournit une énorme quantité d'huile ; le poids de sa chair seule est de mille kilogrammes. Cet énorme amphibie est très-indolent, il se laisse facilement approcher et massacrer sur terre.

L'*Ours marin* est commun dans les parages du Kamschatka. Sa taille varie de un mètre vingt-cinq centimètres à deux mètres. Sa fourrure brunâtre est très-fine, très-moelleuse et très-estimée en Chine, où elle s'exporte à des prix assez élevés. Aussi les Russes lui font-ils une guerre acharnée, qui finira peut-être par anéantir cette espèce.

Les *Otaries* se distinguent des espèces précédentes en ce qu'ils ont une oreille externe. Ils sont propres aux mers australes, et n'atteignent pas, en général, de grandes dimensions.

ORDRE DES PACHYDERMES.

La plupart des animaux qui constituent cet ordre, sont remarquables par l'épaisseur et la dureté de leur peau, et c'est de ce caractère même qu'ils tirent leur nom (παχὺς, peau, δέρμα, épais). Chez presque tous, les doigts sont immobilisés dans une enveloppe cornée, appelée *sabot*, qui les empêche de saisir les objets, et émousse complétement, dans cette partie, la sensation du tact. Leurs organes digestifs ne sont pas disposés pour la *rumination*, ce qui les distingue de l'ordre qui nous occupera après eux. Enfin, ils n'ont jamais au front ni bois, ni cornes, ce qui les distingue également des *Ruminants*.

C'est dans l'ordre des *Pachydermes* que l'on trouve les plus grands animaux terrestres.

On divise les *Pachydermes* en trois familles : les *Éléphants*, ou *Proboscidiens*, les *Pachydermes ordinaires* et les *Pachydermes solipèdes*.

FAMILLE DES ÉLÉPHANTS OU PROBOSCIDIENS. — Les Éléphants, ou *Proboscidiens* (du mot latin *proboscis*, trompe) sont les plus grands des Mammifères terrestres, comme les baleines sont les plus grands des animaux aquatiques. Si la taille et la force donnaient droit à la domination, ces deux êtres auraient pu se partager l'empire du monde.

Les proportions de l'Éléphant sont lourdes, son corps épais, sa démarche pesante; mais sa physionomie est imposante et noble. Ces géants de la création ont une tête remarquable par l'énorme développement du crâne. De tous les animaux, l'Éléphant est celui dont la tête a le plus de hauteur verticale à proportion de sa longueur horizontale. Cependant le renflement énorme produit à la partie supérieure, temporale et postérieure du crâne, n'est pas le résultat du grand développement du cerveau; elle ne provient que de l'existence d'une quantité de larges cellules, creusées dans la substance des os. Le volume du cerveau est ainsi bien inférieur à celui du crâne.

A la partie latérale et supérieure de cette énorme tête, sont deux immenses et minces oreilles, qui s'étendent en haut, en arrière et en bas. L'animal les fait remuer et claquer comme il lui plaît : elles lui servent d'éventail contre la chaleur. L'œil est petit, car son globe n'a pas le tiers de la grosseur du globe de l'œil du bœuf, comparativement à la grandeur de ces deux animaux. La bouche est également petite et presque entièrement cachée derrière les défenses et la base de la trompe.

Cette trompe, organe particulier à l'Éléphant, n'est autre chose que le nez prolongé d'une façon démesurée, en forme de tube, et qui se termine par les ouvertures des narines. Ce nez prodigieux est un bras et une main. La trompe de l'Éléphant est à la fois un organe de tact, d'odorat, de préhension, et en même temps une arme redoutable. Dans les actions ordinaires de la vie, c'est un instrument, qui accomplit toutes les fonctions de la main. Elle saisit et enlève les plus petites choses, comme une pièce de monnaie ou une paille. Elle peut déboucher une bouteille, ou faire partir la détente d'un pistolet. Dans l'état de nature, l'Éléphant s'en sert pour porter les aliments à sa bouche, pour soulever de lourds fardeaux et les poser sur son dos ; pour boire en la remplissant d'eau, et laissant tomber cette eau dans sa gorge. Avec cet instrument, il se défend ou il attaque ; il saisit son ennemi, l'enlace dans ses replis, le presse, le brise, le lance en l'air, ou le jette à terre pour le fouler sous ses larges pieds.

La structure de cet organe merveilleux est très-remarquable. C'est un tuyau conique, de forme irrégulière, fort allongé, tronqué et évasé par le bout. Le côté supérieur de ce tuyau est convexe et cannelé sur sa largeur, et le côté inférieur aplati ; il est pourvu de deux rangs longitudinaux de petites éminences qui ressemblent aux pieds des vers à soie.

La première portion de la trompe se trouve dans le point qui forme l'extrémité du nez chez les autres animaux ; elle lui tient lieu de nez, puisque le côté intérieur sert de lèvre et que les narines sont placées au dedans. En effet, cet organe est creux à l'intérieur ; et une cloison le divise en deux canaux. Dans le point où ces canaux touchent aux parois osseuses qui les terminent, et qui renferment l'organe de l'odorat, ils sont munis d'une valvule cartilagineuse et élastique, que l'animal peut ouvrir et fermer à volonté. Cette disposition empêche que les liquides servant à la boisson n'entrent dans l'organe spécial de l'odorat.

Entre les canaux internes de la trompe et sa membrane externe, sont implantés de nombreux muscles longitudinaux et transversaux et rayonnants, dont la contraction ou la dilatation déterminent les mouvements et les inflexions les plus soudains, les plus forts, les plus variés. La trompe se termine par une concavité, au fond de laquelle sont les trous des narines, et dont le bord est saillant. La partie supérieure de ce bord se prolonge en une sorte de doigt, qui a environ cinq pouces de longueur. Cette extrémité saisit les objets avec une telle délicatesse, qu'elle ramasse un grain de blé, une mouche ou un fétu.

Les *défenses* de l'Éléphant ne sont autre chose que les dents incisives prodigieusement allongées. Dirigées obliquement en bas, en avant et en dehors, elles se recourbent en haut. Leur longueur peut dépasser deux mètres et demi, et elles peuvent peser jusqu'à cinquante ou soixante kilogrammes. Chez les femelles, elles sont quelquefois peu allongées, et ne font pas saillie hors des lèvres.

Les défenses servent à l'Éléphant d'arme offensive et défensive. Elles protègent la trompe, qui se replie dans leur courbure, lorsque l'animal traverse des bois épineux et fourrés ; elles lui servent encore à écarter et à maintenir les branches, lorsque la trompe va cueillir les sommités de rameaux feuillus.

L'ivoire dont l'industrie humaine fait un si grand usage, et qui est si remarquable par la finesse de son grain, sa blancheur, sa dureté, et le beau poli qu'on peut lui donner, n'est autre chose que la défense de l'Éléphant. La structure spéciale de cette défense la rend facilement reconnaissable. Sur la section transversale de ces défenses, on remarque des stries qui vont en cercle, du centre vers la circonférence, et forment des losanges par leur croisement.

L'ivoire a été employé par les hommes, à titre d'ornement, dès les temps les plus anciens. Salomon avait un trône d'ivoire recouvert d'or, et l'intérieur de plusieurs maisons opulentes de Jérusalem en était orné. Homère parle de l'ivoire employé comme objet d'ornement. La statue de Jupiter Olympien, du sculpteur grec Phidias, était d'ivoire et d'or. L'ivoire était, chez les anciens, d'un prix fort élevé, car les défenses de l'Éléphant ne figuraient que dans les plus importantes cérémonies publiques.

L'Éléphant n'a pas de dents canines. Ses dents molaires se composent d'un certain nombre de lames de substance osseuse, enveloppées d'émail et reliées entre elles par une matière corticale.

La manière dont les dents se succèdent chez l'Éléphant, est bien digne d'attention. Chez les autres mammifères, c'est verticalement que les *dents de remplacement* succèdent aux dents de lait. Mais chez l'Éléphant, elles se succèdent d'arrière en avant, en sorte qu'à mesure qu'une mâchelière s'use, elle est poussée en avant par celle qui doit la remplacer. Une même molaire peut être ainsi remplacée jusqu'à huit fois. Cependant les défenses ne se renouvellent qu'une seule fois.

L'énorme tête dont nous venons d'examiner les différentes parties, s'unit à un cou tellement court que les mouvements en sont très-circonscrits et très-difficiles. Le dos est voûté et la croupe ravalée. La queue est courte et mince. Les jambes antérieures manquent de clavicules et ne paraissent être que de massifs piliers placés sous le corps pour en soutenir la pesante masse. Comme ceux des membres postérieurs, les os en sont placés dans une position perpendiculaire au corps et au sol, ce qui donne à l'animal un air lourd et gêné. Les jambes antérieures sont d'ailleurs plus longues que celles de derrière, qui sont très-courtes, et dont la jambe proprement dite et peut-être le genou sont seuls dégagés du corps. Sous les pieds se trouve une sorte de semelle calleuse, assez épaisse pour empêcher les sabots de toucher à terre. Les sabots, au nombre de trois à cinq, sont informes et n'indiquent pas même le nombre des doigts (cinq à tous les pieds) qui restent encroûtés et cachés sous la peau.

Ce corps informe, colossal et pesant, est revêtu d'une peau calleuse, crevassée, épaisse, d'un gris sale et noirâtre, munie de poils rares et qui ne sont guère apparents que sur la trompe, sur les paupières et sur la queue terminée par un bouquet de crins.

Les Éléphants vivent dans les contrées les plus chaudes de l'Afrique et de l'Asie. Recherchant les forêts et les lieux marécageux, ils se tiennent par troupes plus ou moins nombreuses, qui sont toujours conduites par un vieux mâle. Leur nourriture consiste en herbes, en racines et en graines. Ils vont souvent chercher cette nourriture dans les champs cultivés, où ils occasionnent des ravages considérables.

Les Éléphants en captivité sont friands de bananes, de noix de coco ; mais leur nourriture ordinaire consiste en foin, en paille, en riz, cru ou cuit, en pain et feuilles d'arbres. Chose singulière, on les habitue facilement à boire du vin, de l'eau-de-vie et toutes sortes de liqueurs spiritueuses.

Pour nourrir cette énorme masse, ces animaux ont besoin d'engloutir une grande quantité d'aliments. Dans l'Inde, on leur donne ordinairement 50 kilogrammes de riz par jour ; on y joint, pour entretenir leur santé, une certaine quantité d'herbes ou de feuillages frais.

L'Éléphant qui fut amené à Versailles, au temps de Louis XIV, mangeait quatre-vingts livres de pain par jour et deux seaux de potage ; il buvait douze pintes de vin, et consommait, en outre, une grande quantité de gâteaux, que lui apportaient les visiteurs.

La marche des Éléphants est beaucoup plus rapide que ne le pourrait faire croire la lourdeur de leur allure. Ces animaux pourraient, selon certains auteurs, faire de vingt à vingt-cinq lieues par jour. Ils nagent aussi très-bien.

On a longtemps prétendu que les Éléphants ne peuvent pas se coucher, et qu'ils dorment constamment debout. Il est vrai qu'on trouve chez les Éléphants, comme chez les chevaux, des individus qui peuvent dormir debout et ne se couchent que rarement ; mais d'ordinaire ils dorment couchés sur le côté, comme la plupart des quadrupèdes.

La mère Éléphant porte vingt mois son petit. En venant au monde, le jeune Pachyderme est haut d'un mètre environ. Il jouit de l'usage de tous ses organes et est assez fort pour suivre ses parents. Quand il veut teter, il renverse sa trompe en arrière, et prend le lait à la mamelle maternelle, avec sa bouche, et non avec sa trompe, comme certains auteurs l'ont dit. La durée de l'allaitement est d'environ deux ans.

L'Éléphant est doué d'une haute intelligence ; nous allons en fournir les preuves.

Il comprend la justice, c'est-à-dire qu'il rend le bien pour le bien et le mal pour le mal. Le cornac d'un Éléphant de Madagascar brisa un jour, par méchanceté, une noix de coco sur la tête de sa bête. Le lendemain, l'Éléphant passant dans une rue, aperçut des noix de coco exposées devant une boutique. Il en prit une avec sa trompe, et en frappa rudement le front de son conducteur, qui resta mort sur la place.

Fig. 30. Éléphants d'Asie.

Un jeune homme avait offert et retiré plusieurs fois un morceau de sucre à un Éléphant, puis avait fini par le donner à un autre Éléphant. Le premier, offensé de cette taquinerie, saisit le jeune homme avec sa trompe, lui meurtrit la figure et mit ses vêtements en pièces. Il fallut accourir au secours de l'imprudent et faire lâcher prise à l'animal furieux.

Un Éléphant était dans l'usage d'allonger sa trompe dans les allées ou aux fenêtres des maisons d'Achem (île de Sumatra) comme pour demander des fruits ou des racines, et les habitants se faisaient un plaisir de lui en donner. Un matin, il présenta l'extrémité de sa trompe aux fenêtres d'un tailleur, lequel, au lieu de donner à l'Éléphant ce qu'il désirait, piqua sa trompe avec son aiguille. L'animal parut supporter avec patience cette insulte. Il continua sa route, et se rendit tranquillement à la rivière où le cornac le conduisait chaque matin, pour le laver. Seulement, il remua le limon avec un de ses pieds de devant et aspira dans sa trompe une grande quantité de cette eau fangeuse. Lorsqu'il repassa dans la rue où se trouvait la boutique du tailleur, il s'avança vers la fenêtre et lui lança une trombe d'eau avec une force si prodigieuse que le coupable et ses ouvriers furent renversés de leur établi et frappés de terreur.

Buffon rapporte le trait suivant :

« Un peintre voulait dessiner l'Éléphant de la ménagerie de Versailles dans une attitude extraordinaire qui était de tenir la trompe levée et la gueule ouverte. Le valet du peintre, pour le faire demeurer en cet état, lui jetait des fruits dans la gueule, et le plus souvent, faisait semblant d'en jeter. L'Éléphant en fut indigné, et comme s'il eût reconnu que l'envie que le peintre avait de le dessiner était la cause de cette importunité, au lieu de s'en prendre au valet, il s'adressa au maître et lui jeta, par sa trompe, une quantité d'eau dont il gâta le papier sur lequel le peintre dessinait. »

On lit dans la *Décade philosophique*[1] qu'un Éléphant aspergea de même façon un factionnaire qui voulait empêcher le public de lui donner à manger ! Bien plus la femelle du même Éléphant partageant la colère du mâle, s'empara du fusil du rigide surveillant, le fit tourner dans sa trompe, le brisa sous ses pieds et ne le rendit qu'après l'avoir tordu comme un tire-bouchon.

L'Éléphant, qui a le sentiment de sa force, sait toujours s'arranger pour que sa pesante masse ne nuise pas aux créatures plus

[1]. Tome XXII, p. 164

faibles que lui. S'il passe à travers la foule, il s'ouvre un passage avec sa trompe, de manière à ne blesser personne. Le docteur Franklin dit qu'il a été témoin de l'attachement de l'Éléphant pour les enfants.

« J'ai moi-même, dit-il, vu dans l'Inde la femme d'un mahoud confier la garde d'un très-jeune enfant à une de ces gigantesques créatures. Je me suis même fort diverti à considérer la sagacité et les soins délicats que prodiguait à son marmot cette pesante bonne d'enfant. L'Éléphant avait pris sa charge au sérieux. L'enfant qui, comme beaucoup d'autres enfants, n'aimait point à rester longtemps dans la même position, et qui voulait qu'on s'occupât de lui, se mettait à crier dès qu'il se sentait abandonné à lui-même. Il arrivait même qu'il s'embarrassait dans les jambes de l'animal, ou dans les branches d'arbres dont ce dernier se nourrissait. L'Éléphant alors le dégageait avec une tendresse admirable, soit en le soulevant avec sa trompe, soit en écartant les obstacles qui pouvaient gêner les mouvements du bambin. »

L'Éléphant est extrêmement susceptible. Voici un trait que rapporte le même docteur Franklin, à qui nous en laissons d'ailleurs la responsabilité.

Le maître d'une ancienne ménagerie de l'Exeter-change, nommé Pidcock, avait depuis quelques années l'habitude d'offrir tous les soirs à son Éléphant un verre de liqueur spiritueuse. L'animal paraissait tenir particulièrement à cette faveur; car il buvait la goutte avec une certaine sensualité, comme font du reste la plupart des individus de son espèce. Pidcock versait toujours à l'Éléphant le premier verre, et s'administrait ensuite à lui-même le second. Un soir, il changea d'idée, et apostropha l'animal en lui disant : « Tu as été assez longtemps servi le premier, c'est maintenant à mon tour de boire avant toi. » Le compère Éléphant prit mal la chose; il refusa d'être servi le second, et ne fit plus raison à son maître dans ses libations quotidiennes. Il faut que chacun tienne son rang !

Les Éléphants qui sont exhibés en divers pays dans des représentations théâtrales, donnent des preuves d'une intelligence très-variée. Ils se mettent en mouvement sur les planches avec une singulière légèreté. Sur une scène encombrée d'acteurs ils évitent tout choc contraire au bon ordre et à la mise en scène; ils avancent en cadence, et d'un pas mesuré, qui s'accorde avec les sons de la musique. Ils distinguent un acteur d'un autre. S'il s'agit, par exemple, de placer la couronne sur la tête d'un roi légitime, ils ne l'égareront pas sur le front d'un usurpateur. On a vu à Paris, en 1867, un Éléphant donnant des représentations au cirque du boulevard du Prince-Eugène, se livrer à des exercices de gymnastique, et à des tours d'adresse qui donnaient une haute idée de sa docilité et de son intelligence. L'*Éléphant ascensioniste* allait jusqu'à faire tenir sa pesante masse sur une corde raide, comme Blondin. C'est un tour d'adresse que ne feraient pas beaucoup d'hommes.

L'Éléphant semble posséder certaines facultés musicales. En 1813, des musiciens de Paris se réunirent pour donner un concert à l'Éléphant mâle qui existait alors au Jardin des Plantes. L'animal manifesta un vrai plaisir à entendre chanter *O ma tendre Musette !* L'air de la *charmante Gabrielle* lui plut tellement qu'il marquait la mesure en faisant osciller sa trompe de droite à gauche, et balançant son énorme masse. Il poussait même quelques sons plus ou moins d'accord avec ceux des musiciens. Les grandes symphonies étaient moins de son goût. Il paraissait comprendre plus aisément la mélodie que l'harmonie savante. Je sais plus d'un homme qui est éléphant sous ce rapport. Quand le concert fut terminé, le sensible Pachyderme s'approcha de l'un des musiciens, qui, en donnant du cor, l'avait particulièrement ému. Il s'agenouilla devant lui, le caressa de sa trompe et lui exprima par toutes sortes de gentillesses le plaisir qu'il avait eu à l'écouter.

Après ces considérations générales sur l'organisation et les mœurs des Éléphants, nous passerons à l'étude particulière des espèces de cette famille.

Ces espèces, d'ailleurs, ne sont qu'au nombre de deux dans la création actuellement vivante, l'*Éléphant d'Asie* et l'*Éléphant d'Afrique*.

L'*Éléphant d'Asie* vit aujourd'hui dans tout le continent des Indes, principalement dans le royaume de Siam, l'empire des Birmans, le Bengale et l'Hindoustan proprement dit. On le trouve également dans l'île de Ceylan, à Sumatra et dans l'île de Bornéo. Sa tête est large, aplatie sur le devant du front, renflée sur ses côtés ; ses oreilles sont moins grandes que celles de l'Éléphant d'Afrique, et leurs proportions sont un peu différentes. Sa couleur est d'un gris terreux passant au brun. Chez quelques individus, atteints d'une sorte d'albinisme, la couleur est d'un blanc rosé. Certains peuples des bords du Gange croient que ces Éléphants blancs ou roses donnent asile aux âmes des anciens rois. Les princes de Siam et du Pégu, fiers de les posséder, les logent dans leurs palais, et les font servir magnifiquement par un nombreux personnel d'adorateurs.

Les Éléphants d'Asie sont les seuls que l'on puisse aujourd'hui réduire en domesticité. Il faut même remarquer que les individus que l'on utilise, ne sont pas nés en captivité. Ce sont des individus sauvages apprivoisés. Ces animaux vivent toujours en troupes.

Ceux que l'on rencontre isolés des autres, ont été repoussés de la bande, pour quelque motif à nous inconnu.

Sans la présence de l'homme sur la terre, l'Éléphant serait peut-être devenu le maître de la création. Mais l'homme y a mis bon ordre. Il s'est empressé d'approprier ce puissant et intelligent serviteur. Voici le moyen le plus communément usité en Asie pour s'emparer des Éléphants sauvages et les réduire en domesticité.

Lorsque les habitants du Bengale, de Siam, etc., ont découvert un troupeau d'Éléphants, ou seulement deux ou trois petits groupes de

Fig. 31. Tête de l'Éléphant d'Asie.

ces animaux, qu'on puisse aisément réunir, les indigènes des contrées voisines se rassemblent pour cerner la petite troupe. Munis d'armes à feu, de tambours, de trompettes, de fusées, en un mot de tout l'attirail propre à effrayer ces animaux, ils forment un cercle autour d'eux, et peu à peu les poussent vers un enclos trompeur, dont l'entrée, garnie de feuillage, ressemble à l'allée d'une forêt. Cette entrée se rétrécit progressivement et aboutit à une enceinte fermée par un palissade de troncs d'arbre et contenant un fossé profond.

Le groupe d'Éléphants ainsi poursuivis arrive lentement à l'extrémité du piége. Le chef qui précède et dirige la bande, hésite longtemps avant de s'y engager. On l'attire en plaçant aux abords de ce lieu funeste des fruits et des tiges de plantes, dont il est très-friand, comme les cannes à sucre et les bananes. Dès que le chef est entré, la troupe entière le suit. Tout n'est pas fini pourtant, car il faut avant toute autre chose isoler les individus, pour s'en emparer et les apprivoiser séparément. A cet effet, on place des fruits et des herbes près de l'entrée d'un couloir fort étroit, et tel que l'animal ne puisse s'y retourner. Dès que l'un d'eux a pénétré dans ce couloir, on en ferme la porte. Là on arrête l'animal par des traverses jetées entre ses jambes, que l'on finit par enlacer avec des cordes. On prend ses pieds dans des nœuds coulants.

Chaque prisonnier est alors abandonné à des gardiens qui, « avec patience et longueur de temps », en les caressant, en les menaçant, en les privant de nourriture, ou en flattant leur gourmandise, arrivent par degrés à se rapprocher d'eux sans danger. Il faut environ six mois pour que l'animal permette à son cornac de monter sur son dos. Cependant l'amour de la liberté est si grand chez ces fiers colosses, que souvent ils saisissent l'occasion qui se présente de se sauver dans les bois pour reprendre la vie sauvage.

Ajoutons que les Éléphants apprivoisés servent à leur tour pour dresser les Éléphants sauvages et les accoutumer à l'homme. Preuve singulière d'intelligence ou de philosophie pour des animaux qui conservent toujours un très-vif amour intérieur de leur liberté perdue.

Quant aux Éléphants qui vivent isolés dans les forêts, les Indiens les prennent de diverses façons. Par exemple, ils jettent un nœud coulant à un des pieds de derrière de l'Éléphant, dont ils ont pu s'approcher sans éveiller sa défiance; puis ils tournent l'autre extrémité de la corde autour d'un arbre, enfin on l'enveloppe dans un réseau d'autres liens. On élève un toit au-dessus de l'arbre auquel le captif est attaché; et lorsque la fatigue et la faim l'ont affaibli, on vient le prendre avec un Éléphant apprivoisé, qui le rassure, l'apaise et le conduit vers l'écurie.

Un Éléphant bien dressé est considéré, en Asie, comme ayant une grande valeur. Sa force est environ cinq fois celle du chameau.

Dans l'état sauvage, l'Éléphant des Indes atteint l'âge de deux cents ans; mais il ne vit guère que cent vingt ans en captivité.

A la guerre, on l'emploie pour transporter les malades, les tentes et les ustensiles. Les Anglais ont essayé de l'atteler à leurs trains d'artillerie. Bien plus, les propriétaires des grandes plaines cultivées de certaines parties de l'Inde sont parvenus à lui faire tirer la charrue. Jamais plus monstrueux laboureur n'avait éventré la terre de son soc redoutable. L'*Éléphant laboureur* fait à lui seul l'ouvrage d'une trentaine de bœufs. Il est fâcheux pour la propriété indienne que les essais d'appropriation de l'Éléphant au travail de labour n'aient pas été continués.

L'Éléphant est dans les Indes l'ornement obligé de toutes les fêtes publiques. Il figure dans la suite des princes, dans les processions et les cortéges.

Il est spécialement utile dans la chasse au tigre pour porter les chasseurs, et au besoin pour les défendre quand leur terrible gibier se retourne contre eux.

Van-Orlich, naturaliste voyageur, a décrit le singulier sentiment de surprise qu'il éprouva lorsqu'il voyagea pour la première fois dans l'Inde, monté sur un Éléphant. On plaça sur le dos de l'Éléphant un coussin rembourré de crin; sur le coussin, on jeta une longue draperie pendante, rouge et brodée d'or; sur cette draperie, on fixa, avec des cordes, un siége fait pour contenir deux personnes et leur suite. Le guide, ou *mahoud*, s'assit sur le cou de la bête, derrière les oreilles, la dirigea avec une fourche en fer, dont une des branches était recourbée. Un homme courait le long de la route, avec un grand bâton, pour hâter le pas de l'Éléphant par ses cris et même par ses coups. L'allure de la monture était tantôt agréable, tantôt fatigante. Sous l'incitation du guide, elle était par moments tellement rapide, qu'un homme à cheval aurait eu peine à suivre au trot. Mais cette allure durait peu et l'animal faisait seulement vingt-quatre milles par jour.

Dès la plus haute antiquité, l'Éléphant d'Asie a été dressé au service domestique et militaire, et cet usage s'est continué jusqu'à nos jours. Dans les combats que se livraient les peuples de l'Asie, on les chargeait de tours occupées par des hommes armés de flèches, de frondes ou de javelots. Les premières armées qui conduisirent des Éléphants à leur suite, portaient avec eux le gage de la victoire. La vue seule de ces animaux, équipés en guerre, frappait de terreur les bataillons. Les Romains furent très-effrayés lorsqu'ils virent pour la première fois, dans leurs campagnes contre Pyrrhus, ces machines vivantes. Ils apprirent pourtant à combattre les Éléphants africains. Avec des haches ils brisaient leurs jambes colossales; ils lançaient au milieu de leurs troupes d'énormes pieux, pour entraver leur marche. Plus tard, les Romains conduisirent eux-mêmes des Éléphants au combat, et César en fit un usage avantageux dans la campagne des Gaules. Les restes des

Éléphants amenés par les Romains ont été retrouvés dans le midi de la France. A Rome, on fit souvent paraître les Éléphants dans le Colisée, pour combattre les gladiateurs, et souvent on les attela au char qui portait les triomphateurs au Capitole.

César, pour orner la pompe de son triomphe, fit amener à Rome les Éléphants qu'il avait pris à la bataille de Thapsus. On vit alors quarante de ces magnifiques animaux,
disposés sur deux
rangs, et portant
chacun un flambeau
dans sa trompe. L'i-
dée de ce spectacle,
qui intéressa beau-
coup les Romains,
avait été empruntée
aux rois d'Égypte et
de Syrie, qui se fai-
saient quelquefois ac-
compagner ainsi par
des Éléphants dres-
sés à porter des tor-
ches.

On lit dans les *Stra-
tagèmes de guerre*, de
Polyen, que J. César,
pendant la conquête
de l'île de Bretagne,

Fig. 32.—Tête de l'Éléphant d'Afrique.

se servit d'un Éléphant pour passer plus rapidement la Tamise. Voici les détails donnés à cet égard par Polyen :

« César voulait passer un grand fleuve dont Cassivellaunus, l'un des rois barbares de la Bretagne, gardait le bord opposé avec une nombreuse ca-
valerie, une infanterie considérable et beaucoup de chars de guerre. Le général romain, voyant la difficulté de forcer l'ennemi, fit avancer un grand Éléphant bardé de fer et chargé d'une tour garnie d'archers et de fron-
deurs. Cette étrange apparition frappa de terreur les habitants d'Albion, qui n'avaient jamais rien vu de semblable ; leurs chevaux s'épouvantèrent, tout s'enfuit, et César resta maître du passage. »

Il faut noter, à propos de l'emploi des Éléphants dans les armées, que l'espèce indienne est plus courageuse que l'espèce africaine.

Les Romains connaissaient cette particularité, car dans les batailles où ils n'avaient que des Éléphants d'Afrique à opposer à des Éléphants indiens, ils avaient soin de les placer, non devant les corps d'armée, mais derrière les soldats. C'est ce que firent les Romains, selon Tite-Live, à la bataille de Magnésie.

L'*Éléphant d'Afrique* a la tête plus arrondie et moins large en dessus que l'Éléphant d'Asie. Son front n'a pas la double bosse latérale qu'on trouve chez ce dernier. Ses oreilles sont plus grandes et plus rapprochées par leur bord interne; ses défenses sont plus fortes. Quelques autres particularités relatives à la forme des os et à celle des dents molaires distinguent encore l'Éléphant d'Afrique de celui d'Asie.

On rencontre les Éléphants d'Afrique depuis le cap de Bonne-Espérance jusque dans la haute Égypte et le cap Vert. Ils existent par conséquent en Mozambique, en Abyssinie, en Guinée et au Sénégal.

Les Éléphants africains vivent, comme ceux de l'Inde, en troupes plus ou moins nombreuses. On en trouve aussi de solitaires : les Hollandais les désignent sous le nom de *rôdeurs*. Ils étaient autrefois beaucoup plus communs qu'aujourd'hui aux environs du cap de Bonne-Espérance. Thumberg rapporte qu'un chasseur lui affirma en avoir abattu, dans ces régions, quatre ou cinq par jour, et cela régulièrement. Il ajoutait que le nombre de ses victimes s'était élevé plusieurs fois à 12 ou 13 et même à 22 par jour. C'était peut-être propos de chasseur. Quoi qu'il en soit, on peut aujourd'hui voyager dans l'intérieur de l'Afrique sans rencontrer un seul de ces géants, autrefois si abondants dans ces pays.

L'Éléphant d'Afrique diffère beaucoup de l'Éléphant d'Asie en ce qui concerne ses rapports avec l'homme. On ne demande pas à l'Éléphant d'Afrique ce qu'on obtient de celui des Indes. On le chasse pour la nourriture que fournit son abondante chair; et surtout pour l'ivoire de ses défenses.

On chasse l'Éléphant d'Afrique avec le fusil et avec des flèches empoisonnées. D'autres fois on l'attire et on le fait tomber dans des fosses, au fond desquelles il se meurtrit sur des pieux effilés. Levaillant a donné sur cette chasse des détails très-intéressants, mais qui nous entraîneraient hors des limites assignées à l'étendue de ce livre.

Delegorgue, voyageur français, a publié plus récemment de curieux détails sur les mœurs des Éléphants africains.

Chez ces animaux réunis en troupes, il règne un esprit d'imitation qui leur fait quelquefois répéter à tous ce que les premiers ont fait, véritables et gigantesques moutons de Panurge. Delegorgue raconte à ce sujet l'épisode suivant de l'une de ses chasses. Une bande d'Éléphants arrivait sur lui et ses deux compagnons de chasse. Il tire sur le premier de la bande ; l'Éléphant tombe en s'affaissant sur ses genoux. Un second Éléphant est tué, et tombe agenouillé sur le premier. Un autre chasseur tire à son tour, et l'Éléphant qu'il vise tombe également sur les deux premiers. Tous les Éléphants tombèrent ainsi agenouillés jusqu'au dernier (ils étaient onze !) sous le plomb des chasseurs.

L'Éléphant africain n'a pas toujours été un être inutile et uniquement bon à tomber sous la balle des chasseurs. Dans l'antique civilisation de l'empire de Carthage, on avait su faire de cette immense machine vivante un auxiliaire puissant. On l'employait à tous les ouvrages qui sont accomplis, dans les autres régions du globe, par les chevaux et les autres bêtes de somme. On les plaçait au premier rang dans les batailles, et l'histoire nous apprend quel rôle considérable jouèrent dans la guerre contre les Romains les Éléphants d'Afrique qu'Annibal emmena à la suite de ses armées, quand il envahit l'Italie et mit en si grand péril la puissance du peuple-roi.

On trouve assez fréquemment dans les couches superficielles du sol de l'Europe, de l'Asie, de l'Afrique, de l'Amérique, des défenses, des dents molaires et des os d'Éléphants. L'origine de ces débris osseux a longtemps embarrassé les savants. Avant la création de la géologie, on prenait ces restes gigantesques pour des os de géants, dont la race, d'après certaines cosmogonies, aurait précédé la nôtre sur la terre. C'est ainsi que les Spartiates virent le corps d'Oreste dans les os d'un Éléphant de douze pieds de longueur trouvé en Thrace, — que l'on attribua à Ajax une rotule gigantesque trouvée près de Salamine ; — et que l'on considéra comme les restes du géant Polyphème des os de grande taille déterrés en Sicile. Grâce aux progrès de la science, on sait aujourd'hui que ces restes osseux appartenaient à une espèce d'Éléphant aujourd'hui disparue, l'*Elephas primigenius*, ou *Mammouth*.

Aucune terre n'est aussi féconde en ossements d'Éléphants fossiles que le nord de l'Asie. On en trouve une telle profusion dans les îles qui bordent les rivages de la mer Glaciale, que le sol est presque entièrement formé de ces ossements, cimentés par du sable et de la glace. Les défenses de Mammouth sont tellement abondantes dans la Sibérie septentrionale, que les czars, voulant s'en réserver le monopole, défendirent aux habitants de les récolter. L'ivoire fossile est une matière qui est très-largement exploitée aujourd'hui dans l'extrême nord de la Sibérie. Chaque année, d'innombrables caravanes se dirigent vers ces rivages glacés, et en rapportent de véritables cargaisons d'ivoire, que l'industrie de l'Europe emploie aux mêmes usages que l'ivoire des Éléphants actuellement vivants.

On a beaucoup discuté, et l'on discute encore pour s'expliquer la présence, sous les latitudes glacées, d'animaux qui ne vivent aujourd'hui que dans les régions brûlantes de l'Afrique et de l'Asie. On se demande si les animaux auxquels ils ont appartenu, vivaient sous l'équateur comme leurs congénères d'aujourd'hui, et auraient été transportés vers le nord par quelque cataclysme géologique, ou s'ils pouvaient exister dans les lieux mêmes où l'on trouve aujourd'hui leurs débris. Cette dernière hypothèse a été reconnue vraie, par suite d'une découverte étonnante qui prouve que l'Éléphant fossile connu des savants sous le nom de *Mammouth* vivait sous les zones du nord. Voici la découverte dont il s'agit. En 1799, un cadavre de Mammouth fut retrouvé sous les glaces de la Sibérie. L'Éléphant, déjà fort endommagé, fut examiné en 1806 par le professeur Adams de Moscou. Les Jakoutes l'avaient dépecé et s'étaient servis de sa chair pour nourrir leurs chiens. Les ours et autres carnassiers en avaient consommé aussi une grande partie. Mais une portion de la peau et une oreille étaient encore intactes; on distinguait même la prunelle de l'œil, et le cerveau se reconnaissait également. Le squelette était encore entier, à l'exception d'un pied de devant. Le cou était encore couvert d'une épaisse crinière, et la peau revêtue de crins noirâtres et d'une espèce de laine rougeâtre, si abondante que ce qui en restait ne put être transporté que difficilement par dix hommes. On retira, en outre, plus de trente livres de poils et de crins, que les ours blancs avaient enfoncés dans le sol humide, en dévorant les chairs. Les restes de cet animal rendu au jour après plus d'un millier d'années sont conservés au musée de l'Académie de Saint-Pétersbourg.

Le Muséum d'histoire naturelle de Paris possède un morceau de peau et des mèches de crin avec des flocons de laine d'un autre Mammouth qui fut trouvé tout entier et parfaitement conservé dans les glaces, sur les bords de la mer Glaciale.

Nous avons rapporté ces deux faits, avec tous les détails nécessaires, dans notre ouvrage la *Terre avant le Déluge*, auquel nous

renvoyons pour cet objet[1]. Ce que nous voulons seulement établir
ici, c'est que la découverte du Mammouth faite sur les bords de la
Léna prouve que cet animal vivait dans les régions du nord, dont
le climat était alors beaucoup plus chaud que de nos jours et qu'il
était parfaitement distinct des deux espèces actuellement vivantes.

Au Mammouth (*Elephas primigenius*) il faut ajouter parmi les espèces d'Éléphants fossiles, le *Mastodonte* (*animal de l'Ohio*). Tandis
que le Mammouth a les défenses excessivement recourbées en arc,
le Mastodonte a les défenses droites. Les dents molaires diffèrent

Fig. 33. Mammouth.

aussi dans chacune de ces espèces. Les restes osseux du Mastodonte se trouvent dans les régions moyennes de l'Amérique et
dans l'Europe centrale. Cet être fossile paraît établir la transition
entre le *Mammouth* et l'*Éléphant* de la création contemporaine. Toutefois la question des véritables espèces à admettre parmi les Éléphants fossiles est encore très-mal étudiée, et la filiation entre ces
espèces et les espèces contemporaines très-difficile à saisir. Il est
même une école de naturalistes qui ne voit aucune différence

vraiment caractéristique entre le Mastodonte et même le Mammouth et l'Éléphant de nos jours.

FAMILLE DES PACHYDERMES ORDINAIRES. — Les genres compris dans cette famille sont les genres *Hippopotame, Rhinocéros, Daman, Tapir, Sanglier, Phacochères* et *Pécari.*

Hippopotame. — L'Hippopotame, (fig. 34) est un animal énorme et de formes massives. Il atteint quelquefois jusqu'à trois mètres et demi de longueur, sur plus de trois mètres de circonférence. Après l'éléphant et le rhinocéros, c'est le plus grand des Mammifères terrestres. Sa tête, très-volumineuse, surtout dans sa partie faciale, se termine par un large mufle renflé. Sa bouche, démesurément grande, est fendue jusqu'au delà des yeux. Tous ceux qui ont vu au Jardin des Plantes de Paris cette bouche monstrueuse s'ouvrir pour un petit morceau de pain, ont été surpris de l'aspect effroyable de ce gouffre vivant, armé de canines énormes et d'incisives grosses et pointues. Lorsqu'elle se ferme, la lèvre supérieure descend en avant et sur les côtés, comme une énorme lippe qui recouvre l'extrémité de la mâchoire inférieure et en cache en partie la lèvre; mais sur les côtés c'est la lèvre qui remonte. Les narines, percées en avant du museau, sont entourées d'un appareil musculaire, qui les ferme hermétiquement lorsque l'animal est sous l'eau. Les yeux sont de grosseur médiocre, mais saillants. La partie supérieure de la tête, dénudée de poils, de couleur rosée, rappelle l'aspect d'une tête de veau préparée pour la boucherie. Un corps énorme, arrondi et comme diffluent, s'écrase, pour ainsi dire, sur des jambes si courtes et si grosses que le ventre touche presque à terre. Les pieds offrent tous quatre doigts, munis chacun d'un petit sabot. La queue, très-courte, est garnie de quelques poils. Tout ce massif ensemble est revêtu d'une peau nue et brunâtre, sauf aux jointures, autour des yeux, aux aines, etc., où elle est rosée. De nombreuses gouttelettes suintent de la surface de la peau, qui est d'une épaisseur considérable et justifie pleinement la place de cet animal dans l'ordre des Pachydermes.

Les Hippopotames habitent l'Afrique méridionale et orientale. Mais tout annonce qu'ils ne tarderont pas à disparaître devant la civilisation, c'est-à-dire devant le plomb des chasseurs. Ils étaient bien plus abondants autrefois dans le Nil qu'ils ne le sont aujourd'hui, et diminuent également dans d'autres localités. Du

Fig. 34. Hippopotame mâle et femelle.

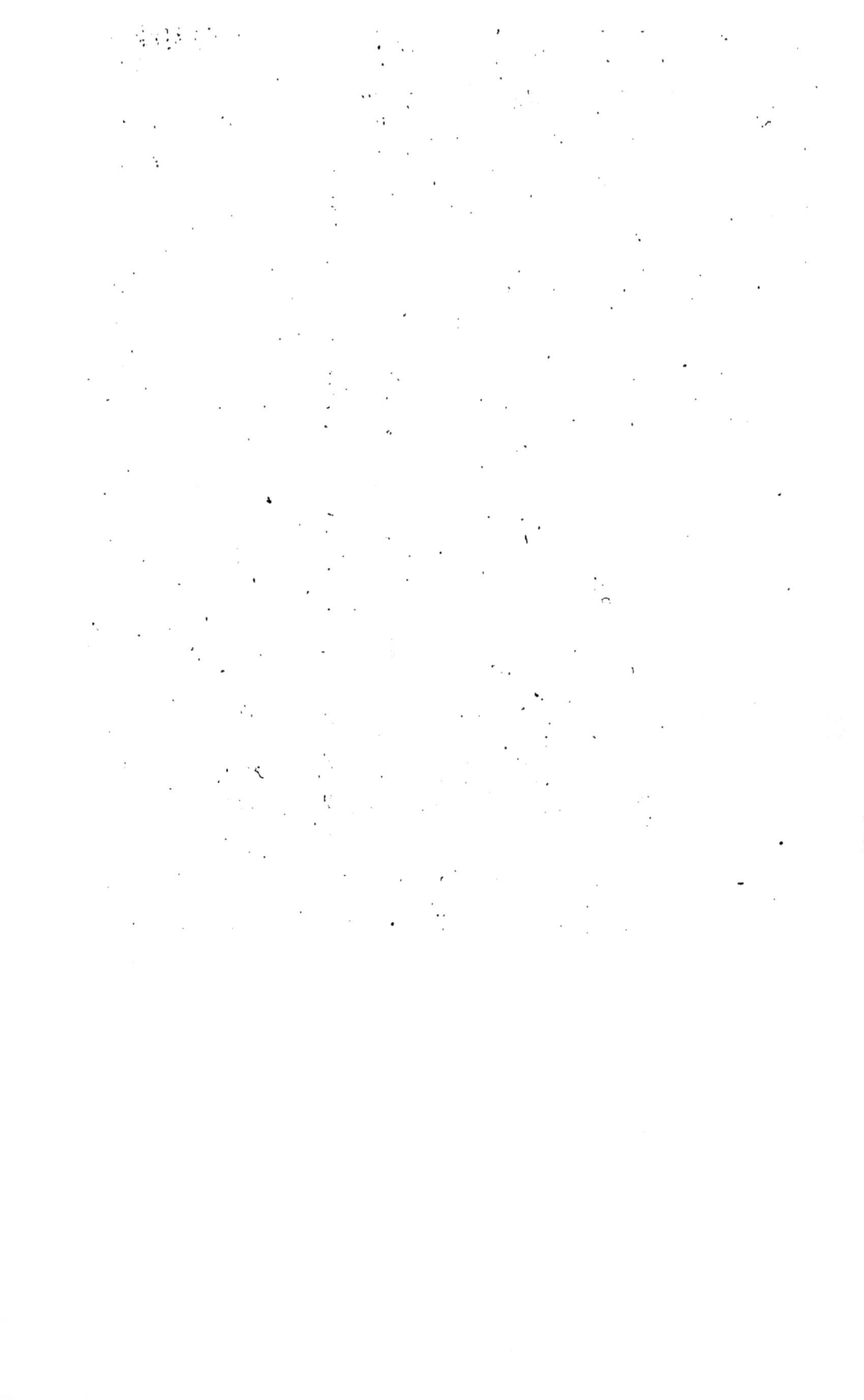

temps de Levaillant, c'est-à-dire au dix-huitième siècle, ils abondaient dans la colonie du Cap de Bonne-Espérance. Or, en 1838, on
n'en comptait plus que deux dans la propriété d'un riche éleveur
de chevaux, qui les conservait avec soin.

Ces animaux vivent en troupes, aux bords des fleuves ou dans
leurs eaux. A terre, leur démarche est lourde, car leur propre
masse les fatigue; mais ils sont très-agiles dans l'eau, où ils perdent, par le flottage, une notable proportion de leur poids. Aussi
passent-ils toutes les journées dans l'eau, où ils nagent et plongent avec une facilité extrême. Lorsqu'ils nagent, ils ne laissent
voir que la face supérieure de leur tête, depuis les oreilles ou
l'occiput jusqu'aux orifices des narines, ce qui leur permet de
respirer, de voir autour d'eux et d'entendre les moindres bruits.
En respirant, ils lancent au dehors et avec bruit, sous forme de jets
irréguliers, une partie de l'eau qui tend à s'introduire dans leurs
narines. Ce souffle annonce de loin la présence de l'Hippopotame.

Le nom d'*Hippopotame*, qui signifie *Cheval de fleuve* (ἵππος cheval,
ποταμός fleuve), rappelle les allures esssentiellement aquatiques de
ce Pachyderme.

A l'approche de la nuit, l'Hippopotame gagne le rivage, pour
chercher sa nourriture. Au moment où il prend pied dans les
parties peu profondes du fleuve, il accomplit certaines fonctions
naturelles, durant lesquelles il bat, à grands coups de queue, la
surface de l'eau. Un voyageur anglais, M. Anderson, dit qu'il a vu
à la file jusqu'à vingt et trente Hippopotames ainsi occupés. Le
public, qui se presse autour du grand bassin des Hippopotames au
Jardin des Plantes de Paris, rit beaucoup de cette manœuvre singulière à laquelle se livre le monstrueux animal; seulement il a soin
de se reculer, de peur de recevoir des éclaboussures peu agréables.

L'Hippopotame se nourrit de jeunes tiges, de roseaux, de ra-
muscules, d'arbustes et de plantes aquatiques, de racines et de
bulbes succulents.

Son cri est rauque, mais d'une largeur, d'une puissance, d'une
sonorité incroyables. Ceux qui l'ont entendu ne s'étonnent pas du
dire d'Adanson, qui prétend qu'on reconnaît la voix de ce Pachyderme à un quart de lieue de distance.

Les mœurs de cet animal sont paisibles; ses dispositions sont
en général douces et peu offensives; il ne se montre méchant que
lorsqu'on l'attaque. Personne ne lui en fera un crime.

La chasse à l'Hippopotame se fait de différentes manières. On surprend l'animal la nuit, à sa sortie des eaux, quand il vient paître dans les prairies et les plaines voisines; ou bien on l'attaque le jour dans le fleuve, soit avec des harpons, soit avec des fusils, lorsqu'il vient respirer à la surface. Le malheureux animal essaye de se défendre; dans ses mouvements brusques, il soulève et renverse les barques, qui portent ses ennemis. Quelquefois la douleur et la fureur que lui causent ses blessures sont telles qu'il essaye de mettre les canots en pièces avec ses formidables défenses. Malheur alors aux hommes de l'embarcation ! D'une seule étreinte de ses mâchoires, il pourrait les couper en deux par le milieu du corps.

Fig. 35. Chasse à l'Hippopotame.

Les naturels de l'Afrique chassent l'Hippopotame, d'abord pour obtenir l'ivoire fourni par ses défenses, ivoire qui, sans valoir celui de l'éléphant, est pourtant mis en œuvre par l'industrie des deux mondes. La peau, très-épaisse, est également livrée au commerce pour en faire divers instruments. On estime aussi la chair de l'Hippopotame. On la recherche même, dans l'Afrique méridionale, comme un mets délicat. Les épicuriens des villes et du Cap ne dédaignent pas d'employer leur influence sur les fermiers de l'intérieur du continent africain, pour obtenir un

quartier de *vache de mer*. Les parties de la peau de l'animal recouvertes de graisse sont
salées et séchées comme du
lard.

Telles sont les raisons qui
menacent d'une destruction
complète et prochaine un
des types zoologiques les
plus curieux, sinon des plus
élégants. Par suite du perfectionnement des armes à
feu, la chasse de ces animaux est beaucoup plus facile qu'elle ne l'était autrefois, et tout annonce que
cette espèce sera bientôt
rayée des cadres de l'histoire naturelle.

Les habitants de l'Afrique
équatoriale prennent l'Hippopotame au piégë, comme
le montre la figure 36. Connaissant les sentiers par lesquels l'animal sort du fleuve
pour parcourir le rivage, ils
suspendent dans un fourré
à l'aide de hautes perches,
tenues en équilibre, un pieu
terminé par une pointe
d'acier. L'Hippopotame, en
traversant le fourré, dé-
range les perches et l'instrument piquant tombant
d'une grande hauteur sur
sa tête, le tue ou le blesse
assez gravement pour que
l'on puisse s'en approcher
et l'achever.

Fig. 36. Piége à Hippopotame.

L'histoire de l'Hippopo-
tame a longtemps reposé sur des notions très-vagues. Hérodote

lui attribuait une queue munie de crins analogue à celle des chevaux; Aristote lui donnait une crinière, et Pline a reproduit sans commentaire ces deux assertions.

Les artistes de l'antiquité, plus fidèles que les historiens et les naturalistes, ont laissé de bonnes figures de cet animal. Le bas-relief qui forme la plinthe de la statue antique colossale du Nil, dans le palais du Vatican, à Rome, représente assez exactement l'Hippopotame. On voit d'autres figures très-exactes dans certaines mosaïques de Pompéi, et on les retrouve tout aussi fidèles sur les médailles d'Adrien qui représentent si fréquemment des rivages du Nil.

On ne vit que rarement des Hippopotames à Rome. Scaurus, pendant son édilité, en livra un à la curiosité. Auguste en montra un autre pendant les fêtes qui furent instituées en l'honneur de son triomphe sur Cléopâtre. Les empereurs Commode et Héliogabale firent venir à Rome quelques-uns de ces animaux. Mais il n'en apparut aucun dans l'Europe du moyen âge, et ce n'est que dans ces dernières années que le Jardin des Plantes de Paris a pu s'en procurer d'abord des squelettes, et plus tard des exemplaires vivants.

Rhinocéros. — Remarquables par leur grande taille et par leur force, les Rhinocéros doivent, sous ce double rapport, prendre rang immédiatement après l'éléphant. Leur caractère le plus *saillant*, soit dit sans jeu de mot, caractère unique chez les Mammifères, c'est qu'ils portent sur le nez une ou deux cornes, pleines et solides. De là est venu leur nom, tiré de deux mots grecs : (ῥίν, nez, et κέρας, corne).

Les Rhinocéros étaient beaucoup plus nombreux dans les temps antédiluviens que de nos jours. Il en existait alors environ quatorze espèces, vivant dans des climats tempérés et même froids, comme les emplacements de la France, de l'Allemagne et de la Russie actuelle. Ces animaux ne se trouvent plus aujourd'hui que dans les régions les plus chaudes de l'ancien monde.

Aristote ne dit rien du Rhinocéros; mais Athénée, Pline et Strabon, le mentionnent dans leurs ouvrages. Le premier Rhinocéros cité dans l'histoire figura dans une fête donnée en Égypte par le roi Ptolémée Philadelphe. Plus tard Pompée, Auguste, les empereurs Antonin et Héliogabale, en amenèrent en Europe, et les firent combattre dans le Colisée de Rome, tantôt contre l'hippopotame, tantôt contre l'éléphant. Il faut ensuite arriver au seizième siècle pour trouver, dans l'histoire, quelque nouvelle mention de ces animaux. En 1513, le roi de Portugal Emmanuel reçut des Indes un Rhinocéros unicorne. Albert Durer en fit une gravure sur bois, qui a été longtemps copiée et reproduite dans les ouvrages d'histoire naturelle. Seulement cette figure est très-inexacte, car Albert Durer l'avait exécutée d'après un dessin fautif qui lui avait été envoyé de Lisbonne en Allemagne. Pendant le dix-huitième siècle on amena en Hollande un Rhinocéros; deux furent conduits à Londres, à la fin du même siècle. La ménagerie de Versailles acheta un de ces derniers animaux, qui ne put être conservé longtemps, et fut disséqué par Mertrud et Vicq d'Azyr. Depuis le commencement de notre siècle, l'Europe a reçu plusieurs de ces gigantesques et curieux Mammifères. Il en existe aujourd'hui un vivant au Jardin des Plantes de Paris.

Il existe deux espèces de Rhinocéros : celui des Indes et celui d'Afrique.

Le *Rhinocéros indien*, comme son nom l'indique, habite les Indes, mais plus particulièrement les régions situées au delà du Gange. Il a plus de trois mètres de longueur, et deux mètres de hauteur. Il est plus gros que celui d'Afrique. Sa tête est raccourcie et triangulaire; sa gueule, médiocrement fendue, offre une lèvre supérieure, qui est plus longue que l'inférieure, pointue et mobile. Il porte à chaque mâchoire deux fortes incisives. Ses yeux sont petits; ses oreilles, en forme de cornet, sont assez longues et mobiles. La corne unique qu'il porte sur le nez est pointue, conique, non comprimée, très-longue, et légèrement recourbée en arrière. Cette arme singulière est composée d'un faisceau de poils agglutinés ensemble, car on voit souvent la pointe émoussée se diviser en fibres semblables aux crins d'une brosse ou d'un pinceau. Cette corne est pourtant très-solide, dure, d'un rouge brun en dehors, d'un jaune doré en dedans, avec le centre noir.

Le cou de l'animal est court et chargé de plis. Ses épaules sont ramassées et lourdes; son corps trapu est couvert d'une peau remarquable par les plis profonds qui la sillonnent, en arrière et en travers des épaules, en avant et en travers des cuisses. Ainsi découpé en apparence, le Rhinocéros semble être ajusté dans un manteau dessiné par un tailleur. On l'a comparé aussi à une cuirasse à pièces bien ajustées. Cette peau est d'ailleurs tellement épaisse, dure et sèche que, sans ces plis, l'animal, comme emprisonné dans sa cuirasse, pourrait à peine se mouvoir. Elle est d'un gris violet foncé, à peu près nue, pourvue seulement de quelques rares poils, grossiers et raides, à la queue et aux oreilles, et d'autres poils frisés et laineux placés sur certaines parties du corps.

Le Rhinocéros des Indes (fig. 37) est pesant et beaucoup plus massif que l'Éléphant même, en raison de la brièveté de ses pieds. Ceux-ci ont chacun trois doigts, qui n'apparaissent guère au dehors que par le sabot qui les termine. La queue est courte et grêle.

Ce grand Pachyderme vit solitairement dans les forêts les plus désertes, et à proximité des rivières et des marais, parce qu'il aime à se vautrer dans la vase, comme le sanglier, dont il a quelques habitudes. Paisible, quoique farouche, il n'attaque jamais le premier; les autres grands animaux le craignent et ne lui font pas la guerre. Sa corne ne lui sert guère que pour détourner les branches et se frayer un passage dans les fourrés, au milieu desquels il passe sa taciturne existence. Quelques naturalistes ont dit qu'il se sert de sa défense pour arracher les racines dont il aime à se nourrir; mais pour creuser le sol, l'animal, en raison de la forme recourbée et la position de cette corne, devrait prendre une attitude que lui interdisent le peu de longueur de son cou et sa conformation générale.

Sa principale nourriture consiste en racines, en plantes succulentes, en petites branches d'arbres, qu'il arrache, qu'il saisit, et, qu'il brise avec sa lèvre supérieure, allongée et mobile, dont il se sert avec beaucoup d'adresse, à peu près comme l'éléphant de sa trompe. Dans l'esclavage, il se nourrit de pain, de riz et de son trempé dans l'eau, de foin, de carottes.

Ses formes grossières, ses jambes courtes, son ventre presque traînant, rendent cet animal très-disgracieux. Ses yeux très-petits semblent indiquer peu d'intelligence. Aussi le Rhinocéros a-t-il le caractère triste, les allures brusques, le naturel sauvage et indomptable. Quand il est paisible, sa voix sourde a quelque analogie avec le grognement du cochon; s'il est irrité, il jette des cris aigus qui se font entendre à de grandes distances.

La femelle ne fait qu'un petit, qu'elle porte neuf mois, et qu'elle soigne avec beaucoup d'attention. Il est dangereux de rencontrer la femelle voyageant avec son petit.

Dans l'Inde, on chasse le Rhinocéros avec des chevaux vifs et légers. Les chasseurs le suivent de loin et sans bruit, jusqu'à ce que la fatigue l'ait obligé à se coucher pour dormir. Alors ils s'approchent de lui, en ayant l'attention de se placer sous le vent, car il a l'odorat très-fin. Lorsqu'ils sont à portée du fusil, ils descendent de cheval, visent l'animal à la tête, font feu, et détalent avec vitesse, grâce à leurs chevaux rapides; car si le Rhinocéros n'est que blessé, il se précipite avec rage sur ses agresseurs. Frappé d'une balle, il se livre à des mouvements furieux et désordonnés. Il se rue droit devant lui, brisant, renversant, foulant aux pieds, pétrissant tout ce qui a le malheur de se trouver sur son passage. Les chasseurs peuvent éviter ses redoutables atteintes par de légers écarts de leurs chevaux, car la course du Rhinocéros est toujours rectiligne, et il ne se détourne jamais pour revenir sur ses pas.

Fig. 37. Rhinocéros des Indes (unicorne).

Si les Indiens osent affronter les chances périlleuses d'une semblable chasse, c'est qu'ils trouvent dans la chair, dans la peau, dans la corne de l'animal, des ressources précieuses. Les chasseurs tirent également bon parti de la peau du Rhinocéros, avec laquelle on fait un cuir tellement dur que le meilleur acier ne peut le couper qu'après beaucoup d'efforts.

Les Indiens estiment beaucoup la chair du Rhinocéros; mais ce sont les Chinois qui en font le plus grand cas. Après les nids d'hi-

rondelles, les œufs de lézards et les petits chiens, il n'est rien
qui soit comparable, au dire des Chinois, à une queue de Rhinocéros, ou à une gelée faite avec la peau du ventre de cet animal!
Ajoutons que les Chinois attribuent à la corne du même Pachyderme des propriétés merveilleuses, entre autres celle de détruire
les effets mortels des poisons les plus actifs. Les rois asiatiques,
qui avaient trop souvent à redouter les breuvages empoisonnés,
faisaient avec la corne du Rhinocéros des coupes, qui étaient pour
eux d'une valeur inestimable.

Dans les ménageries, le Rhinocéros d'Asie est habituellement
morne, obéissant et doux. Mais quelquefois la contrainte qu'il
éprouve dans la captivité lui donne des accès d'impatience et de
fureur, qu'il serait dangereux d'affronter. Parfois il tourne son
désespoir contre lui-même, et heurte avec violence sa tête contre
les murs de son écurie. Il reconnaît, dans certains cas, l'autorité
de ses gardiens, se montre sensible à leurs soins et à leur présence.

Il existe à Java une espèce particulière de *Rhinocéros d'Asie*. Cette
espèce est unicorne. Mais une autre espèce, propre à Sumatra, est
bicorne.

Le *Rhinocéros d'Afrique* était connu des anciens, car on trouve
son effigie sur des médailles frappées sous l'empereur Domitien.
Son nez porte deux cornes coniques, inclinées en arrière; celle de
devant est longue de soixante-dix centimètres, la seconde beaucoup
plus courte. Il est de grande taille, sa peau privée de rides et de
plis, est presque entièrement nue (fig. 38).

Ce Rhinocéros habite la Cafrerie, le pays des Hottentots, et probablement tout l'intérieur de l'Afrique méridionale. Il vit dans les
forêts désertes qui ombragent les rives des grands fleuves et se
montre encore plus farouche que le Rhinocéros asiatique. On le
chasse pour en obtenir les mêmes produits.

Une espèce ou une simple variété du Rhinocéros, sur laquelle le
voyageur anglais Bruce a donné quelques détails de mœurs et
de chasse, se rencontre au bord des étangs et des rivières d'Abyssinie. Caché pendant le jour dans les fourrés, il sort la nuit, pour
manger de jeunes rameaux feuillus. Il va ensuite se vautrer dans
la boue, et s'en fait une sorte de cuirasse pour se préserver de
la piqûre des taons, ses chétifs, mais cruels ennemis. Quand cette
boue se sèche et tombe, l'animal est exposé à de nouvelles attaques. Pour se débarrasser de ces insectes importuns, il se frotte
contre des troncs d'arbre, et pendant cette opération fait entendre

des grognements, qui dénoncent aux chasseurs le lieu de sa
retraite. Ceux-ci l'attaquent, le tuent en lui lançant des flèches
dans le flanc, partie dans laquelle les blessures sont mortelles
pour cet animal.

D'autres chasseurs, nommés dans la langue du pays *agageer*
(coupe-jarrets), poursuivent à cheval et abattent le terrible Pachyderme, avec un courage et une adresse extraordinaires. Deux
hommes enfourchent le même cheval. L'un est habillé et armé de
javelines; l'autre est nu et n'a qu'une longue épée. Le premier est
en selle, le second en croupe. Dès qu'ils ont dépisté le monstrueux

Fig. 38. Rhinocéros d'Afrique (bicorne).

gibier, ils se mettent à sa poursuite. Ils s'en tiennent forcément
éloignés quand le Rhinocéros s'enfonce dans les fourrés au milieu
desquels il s'ouvre un large passage, qui se referme derrière
lui; mais dès qu'il arrive dans un lieu découvert, ils le dépassent, et se posent en face de lui. L'animal sauvage hésite un moment, puis il fond avec furie sur le cheval et les cavaliers. Ceux-ci
évitent l'assaut par un brusque mouvement à droite ou à gauche, et l'homme porteur de la longue épée se laisse glisser à
terre sans être aperçu du Rhinocéros, qui ne s'inquiète que du

cheval. Alors le courageux chasseur, d'un coup de sa redoutable Durandal, tranche le tendon du jarret d'une jambe de derrière au monstre, qui tombe, et que l'on achève à coups de flèches et à coups d'épée.

Les seigneurs abyssiniens se livrent aussi à la chasse du Rhinocéros. Mais ils attaquent ces animaux à coups de fusil. C'est de la même manière que les Hottentots et les colons du cap de Bonne-Espérance chassent ce redoutable Pachyderme.

Des ossements fossiles de Rhinocéros se rencontrent, en grand nombre, dans les terrains tertiaires et diluviens. Nous nous bornerons à mentionner ici le *Rhinocéros à narines cloisonnées* (*Rhinoceros tichorinus*), dont la taille était plus grande que celle du Rhinocéros d'Afrique, dont la tête était très-allongée et supportait deux longues cornes. On rencontre assez souvent les restes de ce Pachyderme dans les cavernes à ossements de France et d'Angleterre et dans les alluvions des fleuves de ces pays. En Sibérie, les restes du *Rhinoceros tichorinus* sont très-abondants; ils sont mêlés à ceux du Mammouth. En 1771, on découvrit, au milieu des glaces de cette région, un cadavre encore presque entier de Rhinocéros antédiluvien, avec sa peau, ses poils et sa chair [1]. Dans les fouilles exécutées pour les nouvelles constructions de l'hôtel de ville de Paris, on a trouvé une omoplate de *Rhinoceros tichorinus*.

Daman. — Cuvier a placé près du rhinocéros un joli petit animal, le *Daman* du cap de Bonne-Espérance, dont la taille ne dépasse pas celle du lapin. Ses formes sont lourdes; son corps est allongé et bas sur jambes; sa tête épaisse et son museau obtus. Son pelage, soyeux et très-fourni, est d'un gris brun en dessus, d'un blanc grisâtre en dessous. Il habite les montagnes boisées de la région du cap de Bonne-Espérance, et vit au milieu des roches les plus escarpées et les plus raides, soit dans un terrier, soit dans une fente de rocher, ou le trou d'un arbre. Vif, alerte et timide, il se nourrit d'herbes, comme le lièvre, et s'apprivoise facilement. Le naturaliste Boitard, dans son ouvrage *le Jardin des Plantes*, s'indigne de voir les liens de forme, de grandeur, d'aspect, de mœurs, d'habitudes, d'intelligence, brisés par Cuvier, pour rapprocher cette petite bête, à cause de la structure de ses dents, du monstrueux rhinocéros. Indignons-nous avec lui, mais, tout en com-

---

1. Voir notre ouvrage *la Terre avant le Déluge*, 6ᵉ édition, page 334.

prenant les doléances de la zoologie sentimentale, mettons le
Daman à la place que lui assigne la zoologie scientifique.

Le *Daman* de Syrie est le Saphan de l'Écriture. Buffon l'a signalé
et les naturalistes modernes l'ont étudié.

Tapir. — On connaît trois espèces de *Tapirs*. Deux vivent dans
l'Amérique méridionale ; la troisième est propre à l'Inde. L'espèce
indienne et l'une des espèces américaines ne sont connues que
depuis peu de temps ; mais l'autre, le *Tapir américain* proprement
dit, se voit fréquemment dans nos ménageries, et a servi particulièrement aux études des naturalistes, tant pour sa structure anatomique que pour ses mœurs.

Fig. 39. Tapir américain.

Le *Tapir d'Amérique* (fig. 39) a deux mètres de long, depuis le
nez jusqu'à l'origine de la queue ; sa hauteur, prise au garrot ou
à la croupe, est d'un mètre. Le corps est gros, se termine par une
large croupe. La tête, assez volumineuse, est comprimée sur les
côtés ; ses yeux sont petits ; ses oreilles sont allongées et peuvent se
rouler en cornet ; son nez se prolonge de quelques pouces seulement
en une sorte de boutoir en forme de trompe. Cet appendice, qui
peut se contracter de moitié et s'allonger du double, est dépourvu
de ce doigt mobile qui caractérise la trompe de l'éléphant ; aussi

ne peut-il servir à l'animal pour saisir les objets ou humer l'eau. Le Tapir prend directement sa nourriture avec sa gueule. Pour boire, il relève sa petite trompe, de manière à ne pas la mouiller. Son cou est assez long; ses jambes sont fortes. Les extrémités antérieures sont terminées par quatre doigts, armés de petits sabots courts et arrondis; les extrémités postérieures n'ont que trois doigts. La queue, très-courte, est en forme de tronçon. La peau, épaisse et dure, est recouverte de poils courts, serrés et lisses, d'un brun plus ou moins foncé, excepté sous la tête, la gorge et le bout de l'oreille, où ils sont blanchâtres. Le mâle présente sur le cou une petite crinière composée de poils raides, longs d'un pouce et demi, que l'on retrouve quelquefois sur le cou des femelles.

Ce Pachyderme se trouve dans l'Amérique méridionale, depuis l'isthme de Panama jusque dans les terres du détroit de Magellan; mais c'est surtout dans le Paraguay, le Brésil et la Guyane, qu'on le rencontre plus communément. Il vit solitaire, caché dans les forêts et les retraites les plus sauvages. Suivant toujours les mêmes chemins dans ses excursions à travers les bois, il forme par ses propres pérégrinations des sentiers battus que le chasseur peut reconnaître. Il dort pendant le jour, et sort la nuit, pour chercher sa nourriture. Quelquefois pourtant un temps pluvieux l'attire hors de sa retraite pendant le jour, et il se rend dans les marais, où il aime à se vautrer, ou bien dans des eaux courantes, au milieu desquelles il nage avec agilité. Son allure ordinaire est une sorte de trot. Lorsqu'il galope, il part la tête basse, avec une sorte de gaucherie naturelle.

Sa nourriture consiste en fruits sauvages, en bourgeons, en jeunes branches d'arbre. Il recherche avec soin une terre nitrée que l'on nomme au Paraguay *barrero*. Son naturel est timide; il n'attaque pas l'homme et semble même le fuir. Cependant il s'avance résolûment, tête baissée et sans crainte; la forme en carène de son crâne et la dureté de sa peau semblent favorables à ce mode d'allures. Souvent il est attaqué lui-même par un tigre d'Amérique, l'once, qui s'élance sur son dos. Alors, le Tapir se précipite au plus épais de la forêt, et cherche à tuer son ennemi, en le heurtant contre les troncs d'arbres.

La femelle ne produit qu'un petit, dont elle prend beaucoup de soin.

Dans l'Amérique méridionale, on chasse le Tapir pour son cuir et pour sa chair. Sa chair est sèche et d'un goût peu agréable, mais son cuir, épais et solide, peut être employé à divers usages.

Tel est le Tapir américain à l'état sauvage. On ne songe guère à l'élever; cependant il en vaudrait peut-être la peine, et cette peine ne serait pas bien grande. Frédéric Cuvier a donné quelques détails sur la manière de vivre d'un jeune Tapir qui fut observé par lui. Cet animal était d'une douceur et d'une confiance extrêmes; il faisait abnégation complète de sa volonté. Il ne défendait point sa nourriture et permettait à des chiens et à des chèvres de la partager avec lui. Lorsque, après l'avoir renfermé quelque temps, on lui donnait sa liberté, il témoignait sa joie en courant autour de son parc. Il saisissait aussi par le dos de jeunes chiens avec lesquels il était élevé. Lorsqu'on le forçait à quitter le lieu qui lui plaisait, il se contentait de pousser quelques petits cris. Frédéric Cuvier assure que si le Tapir pouvait avoir quelque utilité pour nous, il serait très-facile de le rendre domestique. Aussi Isidore Geoffroy Saint-Hilaire voulait-il que la domestication de cet animal fût tentée en Europe; mais cette idée n'a pas eu de suite.

« Non moins facile à nourrir que le cochon, dit Isidore Geoffroy Saint-Hilaire, le Tapir m'a semblé par ses instincts naturels éminemment disposé à la domestication. Au défaut de la société de ses semblables, je l'ai vu rechercher celle de tous les animaux placés près de lui, avec un empressement sans exemple chez les autres mammifères. L'utilité du Tapir serait double pour l'homme; sa chair, surtout améliorée par un régime convenable, fournirait un aliment à la fois sain et agréable. En même temps, d'une taille bien supérieure à celle du cochon, le Tapir pourrait rendre d'importants services comme bête de somme, d'abord aux habitants de l'Europe méridionale, puis, avec le temps, à ceux de tous les pays tempérés. »

Pendant un séjour de plusieurs mois qu'il fit dans les Andes d'Amérique, M. Raulin découvrit une nouvelle espèce de Tapir qu'il nomma *Tapir pinchaque*. La tête de ce pachyderme se rapproche de celle d'un animal fossile de la même famille, le *Paléotherium*, mais qui est plus petit que le précédent, tout en lui ressemblant beaucoup. Le *Tapir pinchaque*, devant vivre dans les régions froides des hautes montagnes, est entièrement couvert de longs poils, d'une couleur brune.

Le *Tapir de l'Inde* est plus grand que le *Tapir commun*, auquel il ressemble par la forme de son corps, gros et trapu. Son poil est ras. La tête, le cou, les épaules, les membres et la queue sont d'une couleur noire foncée ; le, dos, la croupe, le ventre, les flancs et l'extrémité des oreilles sont d'une couleur blanche. Il n'a pas de crinière sur le cou. Il habite les forêts de l'île de Sumatra et de la presqu'île de Malacca.

Parmi les animaux antédiluviens, il est un groupe très-analogue aux Tapirs par la forme générale, par la structure de la tête, et par l'exiguïté des os de leur nez : c'est le *Paléotherium*, qu'il faut ranger parmi les plus anciens Mammifères qui aient existé à la surface du globe. Les Paléothériums abondaient dans les gypses tertiaires du bassin de Paris.

Sanglier. — A ce genre appartiennent le Sanglier ordinaire, les espèces exotiques qui lui ressemblent, et les diverses variétés de Cochons domestiques.

Les animaux qui font partie de ce groupe naturel, ont la tête allongée et se terminant par un boutoir, fort et mobile. Leur corps est habituellement couvert de poils raides, appelés *soies*. La queue est assez courte et les pieds sont à quatre doigts ; deux de ces doigts sont grands ; les deux autres, plus petits, sont rejetés en arrière des premiers et ne servent pas à la locomotion. Les dents canines, très-fortes, s'allongent en forme de défenses. Les dents inférieures deviennent plus longues que les supérieures.

Le *boutoir* est un prolongement mobile du museau, soutenu par un os particulier, qui s'appuie inférieurement sur le devant de la mâchoire supérieure. Il est mis en mouvement par deux muscles, situés de chaque côté de la face. Cet os est recouvert par un tissu fibro-cartilagineux, qui se termine, en avant, par une face circulaire, inclinée en bas, recouverte d'une peau épaisse et nue. Au bord supérieur de cette extrémité tronquée du museau est un gros bourrelet calleux, à l'aide duquel l'animal fouille la terre, pendant que le dessous du museau, jusqu'au nez, lui sert à la diviser, comme le ferait le soc d'une charrue.

Le *Sanglier commun* peut atteindre jusqu'à un mètre vingt cinq centimètres, depuis le bout du museau jusqu'à l'origine de la queue. Tout son corps est couvert de *soies* d'un brun noirâtre, raides, dures, plus longues sur le dos et autour des oreilles, et qui forment une sorte de crinière lorsque l'animal est en fureur.

Le corps est gros et trapu. La tête porte des oreilles assez courtes, droites et très-mobiles. Les quatre dents canines, recour-

bées en dehors et en dessus, peuvent atteindre des dimensions qui
en font une arme redoutable. Les canines supérieures sont grosses,
coniques, et tronquées obliquement à leur surface antérieure, par
leur frottement contre celles d'en bas. Les canines inférieures, en
forme de pyramide triangulaire, sont également recourbées en

Fig. 40. Sanglier.

dehors et en haut; mais leur pointe est aiguisée au lieu d'être
émoussée.

Avec son boutoir, dont la force est considérable, le Sanglier peut
creuser la terre jusqu'à une profondeur de soixante centimètres.

Le pied du Sanglier s'appuie sur les pinces, qui sont serrées.
En marchant, il met constamment le pied de derrière sur le talon

et un peu en dehors du pied de devant. Souvent une pince de l'un des pieds est plus longue que l'autre et se contourne en forme de croissant; on appelle ces pieds des *pieds gauches*, et, par abrévia-tion, *piganches*.

Jusqu'à l'âge de six mois, le Sanglier (qu'on nomme alors *mar-cassin*) porte une livrée : il est rayé, longitudinalement, de bandes alternatives d'un fauve clair et d'un fauve brun, sur un fond mêlé de blanc, de brun et de fauve (fig. 40).

En été, les Sangliers se rencontrent principalement sur les lisiè-res des forêts, aux abords des champs ou des vignes, et auprès des mares, où ils vont, pendant la chaleur du jour, se rafraîchir, pren-dre ce qu'on nomme le *souil*. En automne, ils se retirent dans les futaies. C'est au fond de ces bois qu'ils établissent leur retraite d'hiver.

Ils choisissent ordinairement pour leur *bauge* les endroits très-sombres et les lieux humides; ils y demeurent cachés pendant le jour et ne sortent que le soir et la nuit, pour aller chercher leur nourriture. Ils fouillent la terre pour chercher des vers et des larves de hanneton, mais ils dévorent aussi les reptiles, les œufs d'oiseaux et tous les jeunes animaux qu'ils peuvent surpren-dre. Ils déterrent les mulots, les taupes et s'emparent même des jeunes lapins. Ils recueillent les glands, les châtaignes, les faînes qui peuvent se rencontrer à fleur de terre sur leur chemin. Sou-vent ils dévastent les champs de pommes de terre, de maïs et d'au-tres grains. Une récolte peut être détruite par ces animaux en une seule nuit. Lorsqu'ils fouillent le sol, en quête de leur provende, ils vont toujours en ligne droite, et, comme le sillon qu'ils tracent est de la largeur de leur tête, les habiles connaissent ainsi la taille de l'animal dont ils suivent la piste.

Si les Sangliers aiment à se vautrer dans la fange, ils n'aiment pas à la garder sur leur corps, et ils vont se laver dans les mares ou les ruisseaux, avant de regagner leur bauge, cachée dans la profondeur des bois.

Les vieux mâles vivent solitaires, mais les femelles restent en famille, avec leurs petits, au moins pendant deux ans. Dans les forêts presque désertes il arrive quelquefois que plusieurs fe-melles se réunissent, et forment, avec leur lignée, une troupe considérable. Les membres de ces agglomérations animales pa-raissent se connaître les uns les autres; ils vivent en bonne intel-ligence et se défendent mutuellement. Si le troupeau vient à être attaqué, ils forment un cercle, dont les plus faibles occupent le centre. Ainsi rangés en bataille, ils opposent à leurs ennemis une résistance désespérée.

Lorsqu'une femelle obéit au désir de la maternité, elle quitte la troupe et se retire, avec un mâle, dans l'épaisseur des forêts. Si un autre mâle vient à découvrir leur retraite, un combat terrible s'engage et se termine quelquefois par la mort de l'un des rivaux.

La femelle, qui porte quatre mois, met bas de quatre à dix petits, qu'elle cache dans des fourrés inaccessibles de ronces et d'épines, pour les soustraire non-seulement à la voracité des loups, mais

Fig. 41. Sanglier tenant tête aux chiens.

encore à celle des mâles de son espèce, qui ne manqueraient pas de les dévorer pendant les premiers jours de leur vie. Elle les allaite pendant trois ou quatre mois, ne les quitte pas, leur apprend à trouver leur nourriture, les protége et les défend avec une énergie, un courage furieux.

Le petit, avons-nous dit, se nomme *marcassin*; à six mois, il prend le nom de *bête rousse*; à un an, celui de *bête de compagnie*; à deux ans, on l'appelle *ragot*; à trois, c'est un *Sanglier à son tiers an*; à quatre ans, c'est un *quaternier*; plus tard enfin, on le désigne sous les noms de *vieux Sanglier*, de *solitaire*, et de *vieil ermite*. La durée de sa vie est de vingt à vingt-six ans.

La chasse au Sanglier ne laisse pas que d'être assez dangereuse. Cet animal sauvage ne s'effraye que médiocrement de la poursuite des chiens et de leurs aboiements; mais le son des cors, les cris des piqueurs et la détonation des armes à feu, lui font perdre la tête. Il fuit avec une rapidité et une légèreté qui étonnent, vu ses formes lourdes et ramassées. Il va toujours droit devant lui, et si quelque imprudent chasseur ne sait pas alors éviter son approche, en lui cédant lestement le passage, il le renverse, en le frappant à coups de boutoir; mais il ne se détourne pas pour aller l'attaquer. S'il est blessé, il change d'allure, et s'attache à son ennemi, pour le frapper Quand la fatigue ou la perte de son sang ne lui permettent plus d'échapper par la fuite, il s'accule contre un buisson ou contre un arbre, et tient vigoureusement tête aux chiens lancés contre lui. Ceux qui s'approchent de trop près sont éventrés. Seulement il se trouve toujours, dans une meute bien dressée, quelque chien intelligent et expert, qui tourne autour de lui, hors de sa portée, l'étourdit de ses aboiements féroces, épie le moment favorable, puis, d'un bond, le saisit par sa partie faible, c'est-à-dire par l'oreille, et ne le lâche plus. Le farouche animal est dit alors *coiffé*. Il a perdu sa puissance, il est vaincu La balle d'un chasseur ou un coup de coutelas au défaut de l'épaule en ont bientôt raison.

La plupart des chasseurs se bornent à faire attaquer le Sanglier à sa bauge par de forts mâtins; puis ils le tirent dès qu'ils l'aperçoivent. D'autres se mettent à l'affût, surtout vers la nuit et à portée d'une vigne, d'une futaie de chêne ou d'une mare, et ils font feu sur l'animal dès qu'il vient à paraître.

Pris jeune, le Sanglier est susceptible d'une certaine éducation. Il peut s'attacher à son maître, le suivre et rechercher ses caresses. Cependant il conserve la rudesse et la brusquerie qui lui sont naturelles. On a vu des sangliers privés se livrer à certains exercices, prendre des attitudes variées, exécuter différents tours, et tout cela pour obtenir un morceau de pain ou quelques friandises. Les habitants de la place Saint-Sulpice à Paris ont connu le Sanglier apprivoisé qui se tenait dans la cour d'une entreprise de déménagements, et qui était presque aussi doux qu'un animal domestique.

Le Sanglier vit dans une grande partie de la France, là où le sol est encore occupé par de grandes forêts. En Angleterre, il a été depuis assez longtemps anéanti : on le trouvait encore aux envi-

rons de Londres au douzième siècle. On le trouve encore aujour-
d'hui dans une grande partie du continent de l'Europe, dans le
nord et dans l'est de l'Asie. Plusieurs îles de la Méditerranée, la
Corse, l'Algérie et l'Égypte, lui donnent asile.

Sans parler autrement ici des espèces de Sangliers propres à
l'Inde et à ses îles, ni de celles qui appartiennent à l'Afrique,
nous passerons au *Cochon domestique*, qui n'est qu'un Sanglier
dont une longue servitude a modifié le physique et le moral.

L'origine du Cochon domestique a été mise en évidence par des
expériences d'épreuve et de contre-épreuve. Des Sangliers ont été
soumis à l'action de la domesticité, et on les a vus acquérir, de
génération en génération, les caractères de l'animal domestique.
Au contraire, des Cochons ayant été rendus à la vie sauvage, ont
repris au bout d'un certain temps les formes, les allures et les
mœurs du Sanglier.

Le Cochon mâle se nomme *verrat* et la femelle *truie*. Après leur
naissance, les petits sont désignés sous les noms de *porcelets*, *gorets*,
cochonneaux ou *cochonnets*. Adultes, ils se nomment *porcs*.

Le Porc a la tête pyramidale, grosse, quadrangulaire, plus ou
moins allongée, selon les races, tronquée obliquement à son extrémité. Les yeux sont petits. Les oreilles sont haut placées, et variables de forme et de direction, suivant les races. La bouche est très-
fendue. Les canines des individus mâles sont courbées et saillantes.
Le corps est plus ou moins long, large, arrondi et recouvert de
soies, dont l'abondance, la longueur et la couleur sont variables.
Tandis que chez les autres animaux domestiques la graisse est
interposée entre les muscles, dans le Porc elle forme, entre la
chair et les muscles sous-cutanés, un amas, qui constitue le *lard*;
et à l'intérieur du corps, c'est-à-dire au-dessous du péritoine,
une masse que l'on nomme la *panne*, dont la graisse fournit le
saindoux et l'*axonge*. Les épiplons portent le nom de *toilette*.

Les jambes sont minces, et plus ou moins courtes, selon les races;
les doigts sont au nombre de quatre, deux grands qui reposent sur
le sol et sur lesquels l'animal s'appuie, et deux petits qui ne touchent pas à terre. La dernière phalange de chaque doigt est enveloppée d'une corne triangulaire, qui est l'*ergot*. Sa queue est petite,
mince et tortillée.

D'après certains auteurs, le Cochon domestique n'aurait rien
perdu de la brutalité du caractère, de la rusticité des mœurs du

sanglier; il serait seulement devenu moins intelligent, et, conservant les défauts du sanglier, il serait dépourvu de toutes bonnes qualités. Selon d'autres, le Cochon ne serait pas ce qu'un vain peuple pense : il aurait en partage l'habileté, la sagacité; il serait susceptible d'éducation et d'instruction.

Pour justifier cette bonne opinion, on cite des traits touchants de confraternité entre un cochon et un chien. On rappelle que des Porcs ont été dressés pour la chasse; qu'un Cochon fut exhibé sur la scène à Londres et en Amérique, et qu'il était le héros de plusieurs pièces de théâtre : enfin on s'est extasié sur la variété de son langage. « Ses cris de détresse sont lamentables, dit le docteur Jonathan Franklin. Au contraire, lorsqu'il est heureux, lorsqu'il se promène au soleil et en liberté, il converse avec ses amis en phrases courtes, énergiques, interrompues, qui expriment sans aucun doute sa bonne humeur et ses sentiments de sociabilité [1]. »

Cette interprétation indulgente des grognements du Porc serait sujette à contestation. Sans nous y arrêter, nous ferons remarquer que ce qui n'est sujet à aucun doute, c'est le parti pris de cet animal de se refuser obstinément à ce qu'on lui demande, et de faire exactement le contraire. Cet esprit de contradiction têtue est si bien connu, que l'homme le fait tourner à son avantage, ainsi qu'on va le voir. Lorsqu'un porcher veut faire avancer malgré lui un Cochon dans une certaine direction, il le tire de toutes ses forces par la queue dans la direction opposée. Comme la bête obstinée suppose qu'on lui demande de reculer, elle se précipite en avant, et avec d'autant plus d'ardeur qu'on la tire plus fortement en arrière. Voilà comment les gens d'esprit savent tirer parti des défauts du prochain.

La voracité de notre animal est aussi proverbiale que son entêtement. Tous les aliments lui sont bons. Il dévore indifféremment la viande et les produits végétaux. Ce qui est remarquable, c'est qu'il peut avaler sans danger la ciguë et la jusquiame noire, qui feraient périr tout autre animal.

On peut dire que l'homme a fabriqué le Cochon, et qu'il le façonne à sa volonté. Les modifications que l'on fait subir à cet animal, par un élevage calculé, sont vraiment étranges. Cet art a été poussé très-loin en Angleterre. Non-seulement on a enrichi et perfectionné la chair de ce pachyderme, mais encore on a, pour ainsi

---

1. *La vie des Animaux*, in-8. *Mammifères*.

Fig. 42. Troupeau de Porcs à la glandée.

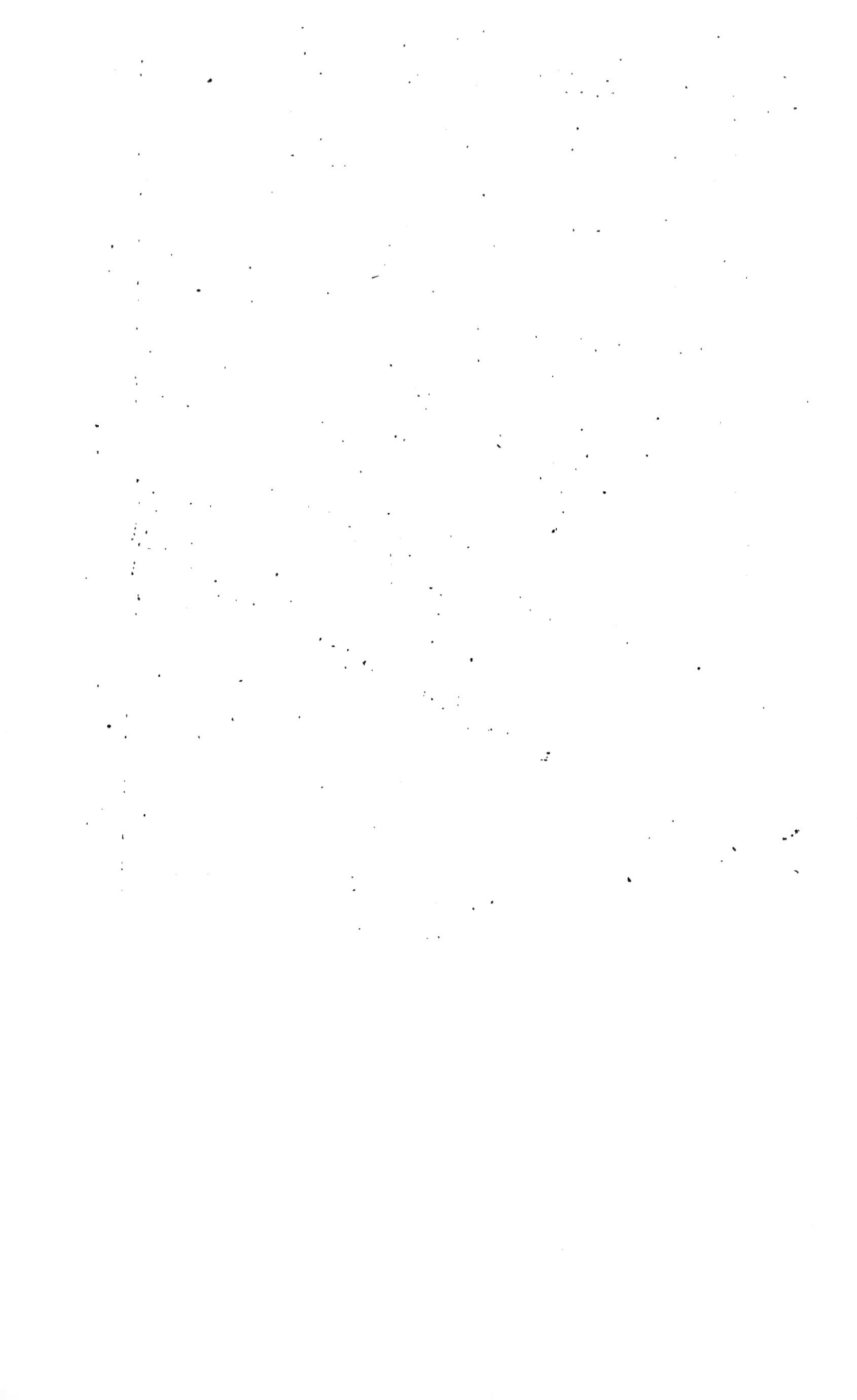

dire, effacé sous une forme conventionnelle ses proportions primitives. Par le traitement et la nourriture, on a fabriqué une sorte de
monstre, au point de vue du type primitif et sauvage. Seulement
ce monstre zoologique est un chef-d'œuvre au point de vue de l'économie domestique. Quand il a atteint ce type idéal de la perfection,
le Cochon a une forme carrée; sa tête disparaît dans un coussin de
graisse: son ventre descend jusqu'à terre; toute sa personne
exprime l'ampleur et l'importance de la graisse. Quelle différence
entre ces singuliers produits de la civilisation et les Cochons de nos
fermes, êtres efflanqués et chétifs, faisant pour ainsi dire partie du
ménage du paysan dont la condition est mauvaise, la terre ingrate
et le mode d'élevage arriéré.

Dans un ouvrage sur le Porc[1], M. Gustave Heuzé divise en trois
groupes les races porcines qui vivent en Europe. La première comprend les races françaises et leurs variétés; la seconde embrasse
toutes les races qui ont une origine étrangère; au troisième groupe
appartiennent les variétés qui proviennent d'alliances faites avec les
races françaises et les races étrangères. Nous allons donner les
caractères que M. Heuzé a tracés pour distinguer chacune de ces
races.

Parmi les *races françaises*, la *race commune* a la tête et le museau
allongés; le cou grêle et long; les oreilles épaisses, à demi pendantes et projetées en avant des yeux; le corps mince; le dos arqué; la croupe avalée; les jambes peu charnues; la peau dure et
garnie de soies grossières.

La *race normande* est mieux conformée. Son corps est long, et
son dos horizontal. Elle a été perfectionnée dans la vallée d'Auge.

La *race craonaise* (fig. 43) est remarquable par la finesse de
l'ossature, de la peau et des soies. Sa viande est excellente, ainsi
que ses jambons. La *race lorraine* fournit une viande et un lard
d'excellente qualité.

Toutes ces races ont le pelage blanc et des mœurs douces. A un
autre groupe appartiennent d'autres races à pelage pie noir et
pie blanc, et à oreilles demi-tombantes. Telle est la *race périgour-
dine* (fig. 44) dont les meilleurs animaux se vendent aux foires de
Saint Yriex et de Saint-Léonard; telle est aussi la *race bressane*
(fig. 45), dont la viande est un peu grossière et filandreuse.

Parmi les *races étrangères*, nous nous bornerons à citer la *race*

1. Paris, in-18, 1867.

Middlesex, la *race de Windsor*, et la *race New-Leicester*, remarquable par la symétrie de ses formes, sa peau fine et rosée, qui arrive en dix ou douze mois à un degré d'embonpoint extrême qui fait dis-

Fig. 43. Verrat de la race craonaise.

paraître le cou, la face, les yeux dans la graisse. Sa chair est fine elfondante, mais sa constitution est délicate.

Fig. 44. Verrat du Perigord.

La *race Berkshire* (fig. 46), rustique, précoce, la plus lucrative de toutes losqu'elle reçoit une bonne nourriture, fournit une viande excellente et un lard beaucoup plus ferme que celui que donnent les races anglaises à robe blanche.

Comme exemples de *races mixtes*, c'est-à-dire d'alliances faites,

Fig. 45. Truie de la race bressane.

avec les races françaises et les races étrangères, nous nous bornerons à citer le *New-Leicester-Craonais*.

La fécondité des Cochons est remarquable. On peut obtenir des

Fig. 46. Verrat de la race Berkshire.

femelles deux portées par an, et chaque portée peut produire douze à quinze petits. Les recueils d'agriculture nous apprennent qu'une seule truie du comté de Leicester eut trois cent cinquante-cinq petits, en vingt portées. Vauban en s'occupant de l'approvisionnement des villes, conseillait d'y élever ces animaux; il avait calculé qu'en dix générations une seule truie pouvait fournir 6 4 ι4 ▸38 individus.

Lorsque la Truie a mis bas, on laisse les petits à portée des mamelles, en plaçant les gorets les plus vigoureux près des tetines les plus fortes. Tous les gorets conservent le même mamelon pendant toute la durée de l'allaitement. Lorsque leur nombre excède le nombre des tetines, on sacrifie les animaux les plus petits. Il faut, du reste, constamment surveiller la mère, pendant la mise bas, parce qu'elle a parfois la férocité de manger ses petits.

Notre but n'est pas de nous appesantir ici sur l'élevage, ni sur l'engraissement du Porc. Nous nous contenterons de faire remarquer que cet animal est omnivore, s'accommode de tous les régimes, mange tout ce qu'on lui donne, et digère bien tous les aliments. Aux jeunes animaux il faut donner des matières azotées végétales, afin de terminer leur développement musculaire. Les matières azotées seront : trèfle, luzerne, chicorée sauvage, laitue, choux, feuilles de carotte et de betterave, racines et tubercules de betterave, de carotte, de pomme de terre, gland, faîne, son, résidus de féculeries, eaux de cuisine. Aux Porcs dont on veut favoriser l'engraissement, on fournira les aliments que les physiologistes appellent *respiratoires*, c'est-à-dire des grains (orge, maïs, avoine, sarrasin, fève, pois), des résidus (tourteaux et drèche), des farines.

Arrivons à l'abatage et à l'utilisation du Porc.

Dans tous les villages de la France, aux approches de Noël, on tue un Cochon gras, pour avoir du boudin et des saucisses, et à Pâques un jambon.

Quand l'animal est tué, on commence par nettoyer sa peau. Dans les provinces du nord et du centre, on *flambe* le Cochon, c'est-à-dire qu'on le couvre de paille, à laquelle on met le feu, ce qui brûle ou roussit les soies; puis on lave et on racle le corps. Dans les provinces de l'ouest et du midi, on met le Porc dans une cuve contenant de l'eau chaude. On peut ensuite l'épiler facilement. L'animal ainsi préparé est ouvert. On enlève les poumons, le cœur, la langue et les intestins. Ensuite on le divise suivant la destination de ses parties.

Il n'est aucun animal qui fournisse autant de parties alimentaires que le Porc : c'est là ce qui fait son immense utilité économique. Nous dirons quelques mots de tous ces produits.

Le *boudin* se fait avec le sang, épicé, salé et *panné* que l'on introduit dans un boyau, lequel est ensuite fermé aux deux bouts. Alors on le fait cuire, pendant quinze à vingt minutes, dans de l'eau tiède, mais non bouillante. C'est avec un mélange de chair maigre et de lard frais, salés et épicés, qu'on prépare la *saucisse*.

Le *fromage de cochon* se fait avec la tête de l'animal. C'est avec la chair maigre, mêlée à du filet de bœuf, qu'on prépare le *saucisson ordinaire*. On y ajoute du lard coupé en petits cubes de la grosseur d'un dé à jouer.

Les *saucissons de Lyon* et les *saucissons d'Arles* exigent de la viande de première qualité, fine et marbrée. D'aucuns prétendent que la viande d'âne joue un certain rôle, et un rôle utile, dans les produits lyonnais. Mais le saucisson d'Arles répudie cette addition.

La chair de Porc de deuxième qualité, entrelardée, assaisonnée et hachée, sert à faire le *cervelas*.

Les boyaux les plus charnus, marinés dans une saumure aromatisée, divisés en longs filets, auxquels on ajoute de la chair maigre divisée et de la panne en petits morceaux, ainsi que des épices, le tout introduit dans d'autres boyaux, constituent l'*andouille*. On la mange grillée, ou bien on la fait mariner dans la saumure. On la fume, ou on la fait cuire dans du bouillon.

Les *langues de porc* bien préparées sont un mets estimé.

Le *petit salé* se prépare en divisant le filet et la poitrine en morceaux carrés, et en conservant ces morceaux dans un pot de grès contenant du sel.

La *panne*, c'est-à-dire la masse de graisse qui tapisse la poitrine, fondue sur le feu, fournit la graisse de Porc, qui porte le nom de *saindoux*, et qui remplace avantageusement le beurre, dans quelques préparations culinaires.

Le *jambon* (c'est-à-dire la jambe et la cuisse du Porc, convenablement apprêtées et conservées) joue un grand rôle dans l'alimentation publique. En France, les meilleurs jambons sont préparés dans les départements du Bas-Rhin, du Haut-Rhin, de la Meuse, de la Moselle, des Ardennes, des Vosges et des Basses-Pyrénées. Les jambons allemands viennent de Mayence, de la Westphalie et du Jutland. Les meilleurs jambons anglais sont ceux des comtés d'York, de Hants et de Berks.

La supériorité des jambons de Bayonne tient à l'excellence des races de Porc qui les fournissent, et à la bonne qualité du sel qu'on extrait des sources situées à Salies, chef-lieu de canton du département des Pyrénées.

Les excellents jambons de Mayence se préparent d'une autre manière. On commence par les saler et les imprégner d'un mélange conservateur; puis on les suspend, pendant six semaines, à l'intérieur d'une cheminée, pour y recevoir l'action de la fumée. Plus tard, on les place à plusieurs reprises dans une barrique munie d'un réchaud, dans lequel on brûle du bois de genièvre.

Le petit jambon de Westphalie est enfumé pendant trois semaines avec des branches de genièvre.

La *foire aux jambons* se tient à Paris les mardi, mercredi et jeudi de la semaine sainte. Elle se tenait autrefois sur le parvis de Notre-Dame, et on la trouve mentionnée dans une ordonnance du prévôt de Paris du 15 avril 1488. En 1813, elle fut établie au quai de la Vallée. Elle fut transportée en 1832 au marché au fourrage du faubourg Saint-Martin. En 1843, les marchands durent étaler leurs produits sur le boulevard Bourdon, entre la Seine et la place de la Bastille, où ils se tiennent encore aujourd'hui.

Nous n'en avons pas fini avec les innombrables produits du Porc.

La peau, après avoir été tannée, est mise en œuvre par les bourreliers, les selliers et les layetiers. Elle sert à faire des harnais, des selles, des cribles, des malles, et en Espagne des outres, pour transporter et conserver le vin.

Les soies, nettoyées, dressées et triées, servent à confectionner des brosses à dents, des brosses à ongle, des pinceaux, etc. Enfin les vessies, après avoir été vidées, gonflées et séchées, servent à divers usages dans l'industrie et l'économie domestique.

La France consomme annuellement plus de 60 millions de kilogrammes de viande de Porc. Cette viande, quand elle est de première qualité, est tendre, savoureuse, riche de jus et d'un arome agréable. C'est en Italie que l'on peut apprécier surtout les excellentes qualités de cette viande, car dans ce pays le Porc est élevé dans les meilleures conditions pour fournir un produit alimentaire savoureux et réparateur. A Rome, à Bologne et dans quelques autres villes du nord de l'Italie, la viande de Porc est extrêmement succulente et n'a aucune des qualités échauffantes qu'on lui reproche dans d'autres parties de l'Europe.

Le Cochon n'est pas seulement utile après sa mort. Personne n'ignore que cet animal est l'auxiliaire naturel de l'homme pour la recherche des truffes. C'est surtout dans le Périgord que le Cochon rend ce genre de services. Le Porc aime la truffe, et la cherche pour lui-même. Lorsqu'il a été dressé à cette recherche, il découvre très-vite, grâce à son odorat, le précieux champignon souterrain. Dès qu'il l'a mis à découvert, il demeure quelques instants immobile, le nez sur sa proie sans la manger; mais si l'on attend trop longtemps, sa gourmandise l'emporte, et il dévore son odorante proie.

Un *porc à truffes* bien dressé vaut environ deux cents francs.

En Normandie on attache souvent les Cochons au pied des pommiers. Ils cultivent en quelque sorte cet arbre en fouillant et remuant le sol tout autour de son tronc.

Dans certaines parties de l'Écosse, on se sert des Porcs comme bêtes de trait; il n'est pas rare de voir attelés à la même charrue un cheval, un âne et un porc.

Un point de l'histoire économique du Cochon que nous ne devons pas oublier, c'est l'interdiction que firent plusieurs anciens législateurs de l'usage de sa chair. Cette interdiction était fondée sur ce fait, qu'en toute saison dans les pays chauds, et en été dans les pays tempérés, la chair de ces animaux est souvent infectée d'œufs et de larves de vers. Une cuisson imparfaite ne détruit pas ces germes, dont le développement peut se continuer dans le corps de l'homme.

Les maladies résultant de l'usage de viande de Porc ainsi consommée auraient été fréquentes en Asie, sans cette prescription tutélaire pour la santé publique. Dans nos climats, on a bien constaté que les charcutiers sont plus souvent attaqués par le ténia (*ver solitaire*) que les gens appartenant à d'autres professions.

Au reste, les Porcs atteints de ladrerie occasionnent une infection particulière, dont il a été beaucoup question en Allemagne et en France dans ces dernières années : nous voulons parler de la *trichinose*.

La trichine est un ver microscopique, ou du moins difficilement visible à l'œil nu, car il a à peine le diamètre d'un cheveu très-fin, et sa longueur atteint rarement deux millimètres. Elle existe dans l'intestin du Porc. C'est là qu'elle vit et produit ses petits, lesquels sont d'abord à l'état de larves ou vers. Quand l'intestin du Porc, ou de la viande contenant des larves de trichine est mangé par l'homme, ces larves arrivent dans son intestin et s'y fixent pour quelque temps. Mais ce milieu ne leur convenant pas, elles percent l'intestin, et tombent dans les veines. Là elles sont emportées avec le sang dans le torrent circulatoire, et finalement arrivent dans les muscles.

Le muscle est, en effet, le lieu de prédilection et de nutrition des trichines. Elles rongent les chairs, séparent et dissèquent les fibres musculaires et tendineuses, produisent des douleurs intolérables, et amènent la maladie connue sous le nom de *trichinose*.

Cette affection a surtout exercé ses ravages dans l'Allemagne du nord, où l'usage du jambon cru est très-répandu; elle a sévi également ment en Amérique. Mais la France paraît avoir joui d'une immunité complète sous ce rapport.

Bien que cette épidémie ait à peu près disparu maintenant, nous devons faire connaître les moyens qui ont été indiqués pour empêcher son développement; ces moyens sont les suivants :

1° Surveiller la nourriture des Porcs, et ne jamais leur donner de substances animales suspectes; 2° faire avec soin l'inspection des viandes, et, si cela est possible, établir un microscope dans chaque abattoir; 3° cuire avec un soin particulier toute viande de Porc destinée à paraître sur la table.

Les expériences qui ont été faites pour déterminer le temps de cuisson nécessaire à la mort des trichines contenues dans la viande du Porc, ont donné les résultats suivants :

1° Les trichines sont tuées par une salaison prolongée des jambons, ou par une fumigation chaude des saucisses continuée pendant vingt-quatre heures. 2° Elles résistent à une fumigation froide de trois jours, mais une fumigation prolongée à froid paraît les détruire. 3° Il paraît que la cuisson dans l'eau bouillante ne les tue pas sûrement, à moins qu'elle ne soit entretenue plusieurs heures.

Phacochère. — Les *Phacochères*, qui ressemblent beaucoup aux cochons proprement dits, s'en distinguent par la structure de leurs dents molaires. Leurs défenses sont grandes. De chaque côté des joues pend une espèce de loupe charnue, qui leur donne une physionomie hideuse. Ils habitent l'Afrique. Le *Phacochère du Cap*, ou *Porc à large groin*, est très-courageux et d'une force prodigieuse. Ses mœurs sont celles du sanglier. Il existe au cap de Bonne-Espérance une autre espèce de *Phacochère*.

Pécari. — Les Pécaris (fig. 47) sont des animaux propres à l'Amérique méridionale. Ils ont la forme générale, et les dents de nos cochons, mais leurs canines ne sortent pas de la bouche, et leurs pieds de derrière manquent de doigt externe. Ils n'ont pas de queue

Fig. 47. Pécari.

et présentent sur le dos une ouverture glanduleuse, d'où suinte une humeur à odeur pénétrante et fétide.

Le *Pécari à collier*, que l'on débarrasse de ses glandes, aussitôt après sa mort, est mangé en Amérique et considéré comme un très-bon mets.

FAMILLE DES SOLIPÈDES. — Caractérisée par l'existence d'un seul doigt apparent, et un seul sabot à chaque pied, cette famille se compose d'un genre unique, le genre *Cheval*, lequel comprend les six espèces suivantes : le *Cheval* proprement dit, l'*Ane*, l'*Hemione*, le *Zèbre*, le *Dauw* et le *Couagga*.

Cheval. — Dans le *Livre de Job*, Jehovah, parlant du sein des nues, interroge le juste, et lui retraçant les magnificences de la création, parle ainsi du Cheval[1] :

« As-tu donné la force au Cheval ? As-tu revêtu son cou d'un hennissement éclatant comme le tonnerre ?

Feras-tu bondir le Cheval comme la sauterelle? Le son magnifique de ses narines est effrayant. Il creuse la terre de son pied; il s'égaye en sa force; il va à la rencontre des hommes armés.

Il se rit de la frayeur : il ne s'épouvante de rien, et il ne se détourne point de devant l'épée.

Il n'a point peur des flèches qui sifflent autour de lui, ni du fer luisant de la hallebarde ou du javelot.

Il creuse la terre plein d'émotion et d'ardeur au son de la trompette, et il ne peut se retenir.

1. Job, chap. XXXIX, vers 19-25.

Au son bruyant de la trompette, il dit : Ah! ah! il flaire de loin la bataille, le tonnerre des capitaines, et le cri du triomphe. »

Linné, dans un style moins biblique, mais très-exact dans sa concision, a dit du Cheval :

« Animal herbivorum, rarissime carnivorum ; generosum, superbum, fortissimum in currendo, portando, trahendo ; aptissimum equitando ; cursu furens ; sylvis delectatur ; hinnitu sociam vocat ; calcitrando pugnat. »

Buffon nous a laissé du Cheval un portrait que tout le monde a admiré, car il trace de la manière la plus saisissante et la plus vraie les allures et le caractère du Cheval, lorsque l'art a perfectionné ses qualités naturelles. et l'a dressé pour le service de l'homme. Relisons cette page admirable :

« La plus noble conquête que l'homme est jamais faite est celle de ce fier et fougueux animal qui partage avec lui les fatigues de la guerre et la gloire des combats : aussi intrépide que son maître, le Cheval voit le péril et l'affronte ; il se fait au bruit des armes, il l'aime, il le cherche et s'anime de la même ardeur ; il partage aussi ses plaisirs à la chasse, aux tournois, à la course ; il brille, il étincelle ; mais docile autant que courageux, il ne se laisse point emporter à son feu ; il sait réprimer ses mouvements ; non-seulement il fléchit sous la main de celui qui le guide, mais il semble consulter ses désirs ; obéissant toujours aux impressions qu'il en reçoit, il se précipite, se modère ou s'arrête, et n'agit que pour y satisfaire ; c'est une créature qui renonce à son être pour n'exister que par la volonté d'un autre, qui sait même la prévenir ; qui, par la promptitude et la précision de ses mouvements, l'exprime et l'exécute ; qui sent autant qu'on le désire et ne rend qu'autant qu'on le veut ; qui, se livrant sans réserve, ne se refuse à rien, sert de toutes ses forces, s'excède et même meurt pour mieux obéir. »

L'asservissement du Cheval à l'homme remonte aux sociétés primitives. Moïse recommande aux Hébreux de n'avoir point peur, à la guerre, des Chevaux de leurs ennemis. Dans le *Livre des rois*, on lit que Salomon avait 1400 chariots attelés, et 12 000 chevaux de selle. On lit dans le chapitre iv au verset 26 :

« Salomon rassembla un grand nombre de chariots et de gens de Cheval. Il eut 1400 chariots, 12 000 hommes de cavalerie, et il les distribua dans les villes fortes et en retint une partie pour être près de sa personne dans Jérusalem. »

D'après le même livre, ces chevaux étaient achetés en Égypte, et amenés dans le pays des Hébreux.

Homère parle dans l'*Iliade* des nombreux haras que possédait le roi Priam. Les bas-reliefs des monuments assyriens donnent une grande idée de la beauté des anciens Chevaux de l'Asie Mineure; et les peintures de l'ancienne Égypte nous apprennent qu'il y en avait aussi de fort beaux dans la vallée du Nil.

Les Grecs devaient employer de préférence les Chevaux de l'Asie Mineure et de l Égypte, car les splendides débris des statues du Parthénon prouvent qu'à l'époque de Périclès les Athéniens en possédaient de magnifiques. Divers auteurs anciens nous apprennent d'ailleurs qu'on tirait de la Cappadoce et des pays voisins les Chevaux qui paraissaient dans les jeux Olympiques. En effet, les habitants, ou plutôt les rois de la côte de l'Asie Mineure, se livraient avec activité au commerce des Chevaux, et ils ont contribué à répandre la race arabe. L'Arménie fournissait aussi des Chevaux aux premiers commerçants de Tyr et de Sidon. Cyrus avait réuni dans ses haras 800 étalons et 16 000 juments. Les Chevaux numides étaient célèbres par l'élégance de leurs formes et la rapidité de leur course.

L'art de l'équitation fut, dit-on, inventé par les Scythes. Lorsque ces peuples apparurent dans la Grèce, les habitants de la Thrace, croyant d'abord que l'homme et l'animal ne formaient qu'un seul corps, furent frappés de surprise et d'effroi. Telle fut l'origine des Centaures de la mythologie. La même méprise et la même frayeur se retrouvèrent chez les sauvages américains. Quand les indigènes des rives du Mexique virent, pour la première fois, les cavaliers de Fernand Cortez, ils les prirent pour des créatures inconnues, tenant de l'homme et du cheval.

L'époque reculée à laquelle remonte la domestication du Cheval, rend très-difficile la détermination de la patrie de cet animal. On l'a placée longtemps dans l'Arabie; mais les faits historiques, et d'autres considérations tirées de la nature même du Cheval, rendent cette hypothèse peu probable. Aujourd'hui, on est généralement porté à regarder le Cheval comme originaire de l'Asie; il aurait apparu, pour la première fois, soit sur le grand plateau central qui occupe une si vaste portion de cette partie du monde, soit au nord-est du Caucase. Le Cheval sauvage n'existant plus aujourd'hui dans aucun pays, il est tout aussi impossible d'en retrouver les premières traces dans les temps historiques, que de dire avec certitude où ont vécu les premiers bœufs, les premières chèvres, les premiers porcs, les premiers moutons ou les premiers chiens.

Quelques Chevaux sauvages vivent pourtant encore aujourd'hui

dans les déserts de l'Asie et dans les pampas de l'Amérique. Mais
tous les zoologistes s'accordent à les considérer comme des descendants des races domestiques, modifiés dans leurs formes et
leurs allures par le retour à l'état de liberté. A l'époque de la
découverte du nouveau monde il n'existait dans ces contrées aucun animal du genre Cheval; aujourd'hui, au contraire, on y
trouve des troupes considérables de Chevaux sauvages, qui ont
perdu par leur état de liberté les caractères dus à leur éducation
primitive. Ces Chevaux, nommés *Turpans*, vivent en troupes de
quinze à vingt, toujours composées d'un seul mâle, de ses juments
et de ses poulains. Dans les pampas du Paraguay les troupeaux
sont composés quelquefois de plus de dix mille individus. Ils sont
conduits par des chefs, qui vont toujours à leur tête, dans
les voyages comme dans les combats, et qui sont chefs parce qu'ils
sont les plus forts et les plus courageux. Chaque troupe habite
un canton particulier, qu'elle défend contre l'invasion des hordes
étrangères, et qu'elle n'abandonne que lorsqu'elle y est contrainte
par le manque de pâturage ou par les attaques de quelques grands
carnassiers. Quel spectacle admirable pour les voyageurs, que ces
migrations immenses de Chevaux sauvages qui traversent les plai
nes du nouveau monde, en ébranlant le sol sous leurs pas caden-
cés ! Précédée par des éclaireurs, divisée en pelotons composés
d'un mâle et de ses femelles, la colonne voyage en toute sécurité.
Quand elle rencontre sur son passage des Chevaux domestiques,
elle les invite, par ses hennissements, à se joindre à ses phalanges
errantes, pour reprendre leur liberté perdue. Les Chevaux domestiques répondent souvent à cet appel de leurs frères, et vont se
joindre à la cohorte affranchie.

Les Chevaux sauvages se laissent facilement dompter par les Espagnols ou les Indiens, et ils reprennent sans contrainte la vie domestique, que menaient leurs ancêtres.

Lorsque les Espagnols ou les Indiens veulent prendre des Chevaux libres, ils s'efforcent de faire entrer une troupe dans un enclos appelé *coral*; et un cavalier, armé d'un *lasso*, lance cet instrument, composé de cordes terminées par des plombs et des nœuds
coulants, autour du cou d'un Cheval sauvage. Quand il s'en est
ainsi rendu maître, il l'entraîne en dehors de l'enceinte. Alors on
jette l'animal par terre, au moyen de cordes lancées autour de ses
jambes ; on lui met dans la bouche une courroie de cuir, et on le
selle. Un Indien le monte aussitôt. Après de vains efforts pour se

débarrasser de l'homme perché sur sa croupe, le Cheval part au galop, excité d'ailleurs par l'éperon du cavalier. Après avoir ainsi couru plus ou moins longtemps, il se laisse ramener au *coral* où il a été saisi. Dès lors il est dompté. On peut le laisser avec les Chevaux domestiques; il ne cherchera plus à s'enfuir. Pour cette chasse, l'Indien doit s'adresser autant que possible à de jeunes animaux, car les vieux Chevaux sauvages sont tout à fait indomptables.

Les Chevaux libres des plaines de l'Asie peuvent également être domptés sans peine. Ceux qui habitent les environs du Caucase descendent, dit-on, d'un certain nombre de Chevaux qui furent abandonnés par Pierre le Grand lors du siége d'Azov, parce que l'on manquait de fourrages pour les nourrir.

A côté de ces races qui ont reconquis leur liberté primitive, il en existe plusieurs qui servent, pour ainsi dire, d'intermédiaires entre ces races et celles qui sont entièrement soumises. De ce nombre sont les Chevaux d'Islande, que leurs maîtres laissent paître en liberté, sur les montagnes, pour les reprendre lorsqu'ils en ont besoin. Citons encore les troupeaux que les Cosaques du Don guident, sans les garder, dans les déserts de l'Ukraine; — ceux de la Finlande, qui passent l'été dans une indépendance absolue et reviennent l'hiver au toit accoutumé; — enfin, les Chevaux de la Camargue, qui vivent libres et en plein air, dans les marais et les terres salées, aux embouchures du Rhône, depuis Arles jusqu'à la mer.

Après cette digression sur les races libres de Chevaux, nous avons à donner le portrait du Cheval, tel qu'il existe partout. Bien que cet animal soit parfaitement connu de nos lecteurs, nous ne saurions nous dispenser de jeter un coup d'œil sur son aspect général pour faire ressortir la beauté de sa structure. Dans une page moins connue que celle que nous avons citée plus haut, Buffon s'exprime ainsi :

« Le Cheval est de tous les animaux celui qui avec une grande taille a le plus de proportion et d'élégance dans les parties de son corps, car, en lui comparant les animaux qui sont immédiatement au-dessus et au-dessous, on verra que l'âne est mal fait, que le lion a la tête trop grosse, que le bœuf a les jambes trop minces et trop courtes pour la grosseur de son corps, que le chameau est difforme, et que les plus gros animaux, le rhinocéros et l'éléphant, ne sont pour ainsi dire que des masses informes.... La régularité des proportions de sa tête lui donne un air de légèreté qui est bien soutenu par la beauté de son encolure. Le Cheval semble vouloir se mettre au-dessus de son état de quadrupède en élevant la tête ; dans cette noble attitude il regarde l'homme face à face ; ses yeux sont vifs et bien ouverts, ses oreilles sont bien faites et d'une juste grandeur, sans être courtes comme celles du taureau, ou trop longues comme celles de l'âne ; sa crinière accompagne bien sa tête, orne son cou et lui donne un air de force et de fierté ; sa queue traînante et touffue couvre et termine avantageusement l'extrémité de son corps. Bien différente de la courte queue du cerf, de l'éléphant, etc., et de la queue nue de l'âne, du chameau, du rhinocéros, etc., la queue du Cheval est formée par des crins épais et longs qui semblent sortir de la croupe, parce que le tronçon dont ils sortent est fort court. Il ne peut relever sa queue comme le lion, mais elle lui sied mieux quoique abaissée, et comme il peut la mouvoir de côté, il s'en sert utilement pour chasser les mouches qui l'incommodent ; car, quoique sa peau soit très-ferme et qu'elle soit garnie partout d'un poil épais et serré, elle est cependant très-sensible. »

Il ne sera pas inutile de faire connaître les termes, consacrés par l'usage, à l'aide desquels on désigne les principales parties du Cheval. Ces détails ne seront pas superflus, car les mots dont nous allons donner l'explication reviennent souvent dans la conversation.

Les deux parties de la tête du Cheval qui correspondent aux tempes de la tête de l'homme, sont les *larmiers* (a). La figure 48 complétera parfaitement toutes ces indications. Les *salières* (b) se trouvent entre l'œil et l'oreille, au-dessus des sourcils, une de chaque côté.

Le *chanfrein* (c) est le devant de la tête depuis les yeux jusqu'aux naseaux ; cette partie correspond à la partie supérieure du nez de l'homme. Le plus souvent cependant on désigne sous le nom de *chanfrein* une bande de couleur blanche qui s'étend sur cette même partie.

Le cou du Cheval est désigné par le mot d'*encolure* (d). Elle est bordée d'un bout à l'autre, en dessus par la crinière, en dessous par le gosier. Le *toupet* (e) est la partie de la crinière qui se trouve au-dessus de la tête, entre les deux oreilles, et qui tombe sur le front.

Le *garrot* (f) est l'endroit où les deux épaules se rapprochent par le haut, entre le dos et l'encolure ; c'est là que finissent la crinière et l'encolure.

Le *poitrail* (g) est la partie qui est au devant de la poitrine et au-dessous du gosier, à l'endroit où les épaules se terminent par devant.

Le dos du Cheval est désigné communément par le nom de

reins (*h*); il commence au garrot et s'étend le long de l'épine dorsale jusqu'à la croupe. Lorsque les Chevaux sont gras, ils ont le
long de l'épine dorsale une sorte de canal. On dit alors qu'ils ont
les reins doubles.

La capacité qui est formée par le contour des côtes, s'appelle le
coffre (*i*). On donne aussi le nom de *ventre* (*j*) à la partie inférieure
du corps, qui correspond à l'os sternum et aux parties inférieures
des côtes.

Les *flancs* sont à l'extrémité du ventre. Ils s'étendent jusqu'aux

Fig. 48. Les différentes parties du corps du Cheval.

a Larmier. — b Salière. — c Chanfrein. — d Encolure. — e Toupet. — f Garot. — g Poitrail. — h Reins. — i Coffre. — j Ventre. — k Grasset. — l Croupe. — m Bras. — m' Cuisse.
— n Avant-bras. — n' Jambe. — o Genou. — o' Jarret. — p Canon. — q Boulet. — r Paturon. — s Couronne. — t Sabot.

os des hanches. On distingue deux parties dans la queue : les crins
et le tronc.

La première partie de la jambe de devant du Cheval est appelée
le *bras* (*m*), quoiqu'elle corresponde à l'avant-bras de l'homme;
l'*avant-bras* (*n*) lui fait suite.

On appelle *genou* (*o*) la jointure qui est au-dessous du bras; elle
se trouve à l'endroit du poignet de l'homme elle et forme un angle
en dedans lorsque la jambe est pliée.

Le *canon* (p) est la seconde partie de la jambe de devant; il commence à l'articulation du genou et correspond au métacarpe de l'homme.

Derrière le canon est un tendon, qui s'étend d'un bout à l'autre, et que l'on nomme très-improprement le *nerf* de la jambe.

Le *boulet* (q) est l'articulation qui se trouve au-dessous du canon.

Le *fanon* est un bouquet de poils qui couvre une espèce de corne molle, située derrière le boulet, et que l'on nomme l'ergot.

Le *paturon* (r) est la partie de la jambe qui s'étend depuis le boulet jusqu'au pied.

La *couronne* (s) est une élévation qui se trouve au bas du paturon et qui est garnie de poils longs tombant sur la corne tout autour du pied.

Le *sabot* (t) est pour ainsi dire l'ongle du Cheval, il est formé par la corne.

Pour nommer les parties qui composent les jambes de derrière, il faut remonter jusqu'aux fesses du Cheval. Chacune renferme le fémur et correspond à la cuisse de l'homme. C'est donc la cuisse du Cheval qui est réunie avec le corps et qui porte le nom de fesse Elle est terminée en bas et en devant, par le *grasset* (k), qui est l'articulation du genou où se trouve la rotule Il est placé au bas de la hanche, à la hauteur du flanc et change de place lorsque le Cheval marche.

La première partie de la jambe de derrière qui soit détachée du corps, est celle que l'on nomme la *cuisse* (m'), qui correspond à la jambe de l'homme. Elle s'étend depuis le grasset et le bas des fesses jusqu'au *jarret* (o').

Le jarret est la jointure qui est au bas de la cuisse et qui se plie en avant Cette articulation a rapport au coude-pied de l'homme, c'est-à-dire au tarse; la partie du jarret qui est en arrière et qui s'appelle la pointe du jarret est le talon.

Au dessous du jarret sont le canon, le boulet, le paturon et le pied, comme dans les jambes de devant.

Nous dirons maintenant quelques mots de la diversité de couleur de la robe du Cheval, afin de fixer le sens des expressions que l'on emploie généralement pour désigner les teintes dont cette robe peut être revêtue.

Le *bai* est la couleur châtain rougeâtre; elle a plusieurs nuances. Les Chevaux *bai brun* sont d'une couleur brune très-obscure et presque noire, excepté aux flancs et au bout du nez, où ils ont une couleur rousse, c'est ce qu'on appelle *avoir du feu*. Le *bai doré* n'est qu'une couleur jaune. Les Chevaux *bai miroité* ont sur la croupe des marques d'un bai plus obscur que celui du resté du corps. Tous les Chevaux bais ont les extrémités, les crins et la queue noirs.

Il y a trois sortes de couleurs noires : le *noir mal teint*, qui est brunâtre ; le *noir jais* est lisse et très-foncé ; lorsqu'il est fort vif, on le nomme *noir moreau*.

Le poil *isabelle* est jaune ; les crins et la queue sont blancs dans certains Chevaux de couleur isabelle et noirs dans d'autres. Ceux-ci ont une raie noire qui s'étend sur le dos et qu'on appelle la *raie du mulet*. L'isabelle à du reste plusieurs nuances.

L'*alezan* est une sorte de bai roux ou cannelle. Il y en a plusieurs nuances, qui sont : l'*alezan clair*, qui a la couleur du poil de vache ; l'*alezan commun*, qui n'est ni brun ni clair ; l'*alezan bai*, qui tire sur le roux ; l'*alezan brûlé*, qui est foncé et fort brun. On trouve des alezans qui ont les crins et la queue blancs et d'autres qui les ont noirs. Le *rouan* est mêlé de rouge et de blanc.

Les Chevaux *gris* ont le poil mêlé de blanc et de noir ou de bai. On distingue plusieurs sortes de Chevaux gris : les gris pommelés, les gris argentés, les gris sales, etc. Les gris pommelés ont sur la croupe et sur le corps plusieurs taches rondes, les unes plus noires, les autres plus blanches, assez inégalement distribuées, etc., etc.

Les Chevaux *pies* ont du blanc et d'autres couleurs qui forment de grandes taches disposées irrégulièrement. On distingue plusieurs sortes de Chevaux pies par les différentes couleurs qui se trouvent avec le blanc, savoir : les *pies noirs*, qui sont blancs et noirs ; les *pies bais*, qui sont blancs et bais, et les *pies alezans*, qui sont blancs et alezans.

On a nommés *tigrés* les Chevaux qui, sur un fond blanc ou gris, ont des taches noires irrégulièrement dessinées.

Nous avons jusqu'ici considéré le Cheval sauvage et le Cheval domestique en général, dans leur structure, dans leur couleur, en un mot dans leur aspect extérieur, sans tenir compte des races, dont l'histoire va bientôt nous occuper. Avant d'entreprendre l'étude des races chevalines, nous croyons devoir donner quelques explications sur la manière dont le mors régente les différentes allures du Cheval, ce qui nous conduira à parler de la structure de sa bouche, si utile à connaître d'ailleurs sous d'autres rapports.

Le Cheval marche au pas, trotte, galope, va *à l'amble*. Tout le monde connaît la signification de ces mots.

Les allures du Cheval sont profondément modifiées et déterminées par le mors et l'éperon. L'éperon sollicite la promptitude des mouvements; le mors leur imprime la précision. La bouche du Cheval est si sensible que le moindre mouvement, ou la plus petite pression qu'elle reçoit, avertit et détermine l'animal. Mais il faut savoir ménager l'extrême sensibilité de cet organe, pour lui conserver toute sa délicatesse.

C'est à la position des dents du Cheval dans sa mâchoire que l'homme doit la facilité de placer le mors, à l'aide duquel il dompte et dirige ce fier et vigoureux animal. Étudions, en conséquence, l'armature de sa bouche.

A chaque mâchoire (fig. 49) se trouvent six dents incisives, sui-

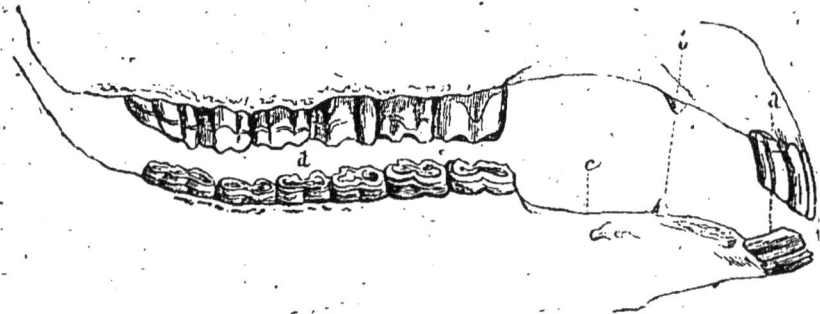

Fig. 49. Dentition du cheval adulte.

a Incisives. — *b* Canines, ou crochets. — *c* Intervalle appelé *barre*. — *d* Molaires.

vies de chaque côté d'une dent canine, qui manque souvent chez les juments, à la mâchoire inférieure surtout, et d'une série de six molaires à couronne carrée, marquée de quatre croissants formés par les lames d'émail qui s'y enfoncent. Entre les canines et les molaires se trouve un grand espace vide nommé *barre*, qui correspond à l'angle des lèvres : c'est dans cet intervalle que se place le mors.

C'est aussi par les dents que l'on peut arriver à avoir une connaissance certaine de l'âge d'un Cheval, connaissance qui est de la plus haute utilité, car un Cheval augmente de valeur à mesure qu'il s'approche de l'âge auquel il pourra rendre des services, et il perd de son prix à mesure qu'il vieillit. Jusqu'à huit ou dix ans on parvient assez bien à déterminer cet âge, grâce aux changements qui s'opèrent dans les dents.

En naissant, le poulain est, en général, privé de dents sur le devant de la bouche; il n'a que deux molaires de chaque côté et à
chaque mâchoire (fig. 50). Au bout de quelques jours, les deux
incisives du milieu se montrent à chaque
mâchoire : on les nomme *pinces*. Dans le
cours du premier mois, une troisième
molaire apparaît. Vers quatre mois les
deux incisives mitoyennes sortent aussi,
et entre six mois et demi et huit mois
apparaissent les incisives latérales, que
l'on nomme *coins*, ainsi qu'une quatrième
molaire. A cette époque la première
dentition est complète. Les changements

Fig. 50.
A dix-huit jours.

qui y surviennent avant l'âge de trois ans, ne dépendent que de
l'usure de plus en plus profonde des incisives, dont les fossettes
colorées en noir par les aliments s'effacent peu à peu. De treize
mois à seize mois la cavité de la surface terminale des pinces s'efface; on dit alors qu'elles *rasent*. De seize à vingt mois les incisives
mitoyennes rasent également, et de vingt à vingt-quatre mois les
coins font de même.

Le travail de la seconde dentition commence à deux ans et demi
ou trois ans (fig. 51). On reconnaît les dents de lait à leur brièveté,
à leur blancheur, à leur rétrécissement
vers la base, que l'on nomme *collet*. Les
dents de remplacement n'ont pas de collet
et sont beaucoup plus larges. Ce sont les
pinces qui tombent et sont remplacées les
premières. De trois ans et demi à quatre
ans, les incisives mitoyennes éprouvent le
même changement, et les canines inférieures ou *crochets* commencent à se montrer. Les coins se renouvellent aussi de

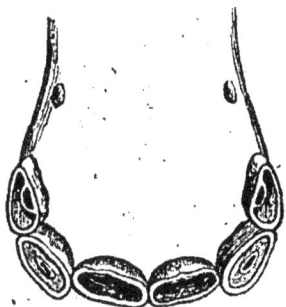

Fig. 51. A trois ans.

quatre ans et demi à cinq ans; les canines supérieures, lorsqu'elles
existent, percent la gencive et à la même époque se montre la
cinquième molaire.

Une dépression, en forme de fossette, s'observe à la surface de la
couronne de ces incisives de remplacement, comme elle s'observait
dans les incisives de lait, et elle s'use de la même façon.

Les pinces de la mâchoire inférieure perdent leur cavité de cinq
à six ans (fig. 52). L'année suivante est le tour des incisives mi-

toyennes pour raser. La marque des coins s'efface de sept à huit ans. Dans le même ordre, mais avec plus de lenteur, se fait la destruction des incisives supérieures (fig. 53 et 54).

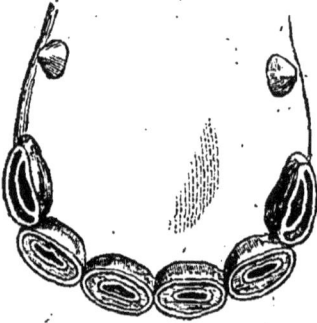

Fig. 52. Six ans.

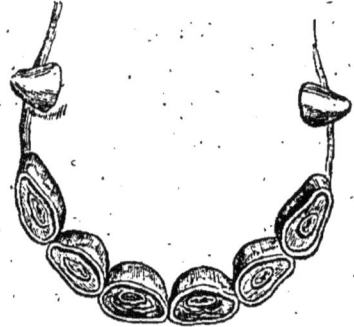

Fig. 53. Neuf ans.

Lorsque ces divers changements se sont succédé, le Cheval est *hors d'âge* (fig. 55), parce que les dents ne fournissent plus de caractères indicatifs certains de l'âge de l'animal. On n'a plus que

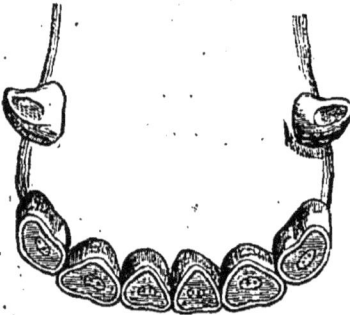

Fig. 54. Quinze ans.

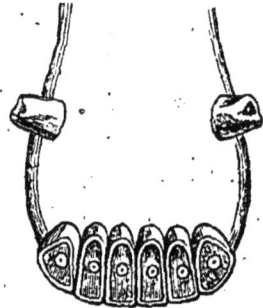

Fig. 55. Trente ans.

des indices approximatifs dans la longueur et la couleur des canines qui se déchaussent de plus en plus, dans les rides du palais, etc.

La domestication du Cheval semble dater de l'époque même où l'homme apparut sur la terre. Comme cet animal se plie à chaque nécessité, à chaque besoin, et pour ainsi dire, à chaque caprice du maître, il résulta de son asservissement un grand nombre de races, c'est-à-dire de variétés de l'espèce. Ces races sont non seulement caractérisées par les formes et les proportions du corps, mais aussi par les qualités morales. Le Cheval est généralement intelligent, affectueux, et doué d'une grande mémoire; mais ces qualités sont profondément modifiées par l'éducation et par les climats. Pour que son intelligence et ses qualités se développent, il faut que l'homme soit son compagnon et son ami, en même temps que son maître et jamais son bourreau. Sous le fouet de l'horrible charretier, le Cheval s'abrutit et dégénère, au moral plus encore qu'au physique.

L'attachement du Cheval pour l'homme qui le traite avec douceur, est un fait bien connu. Les anecdotes qui en témoignent sont nombreuses et variées, mais les limites de cet ouvrage nous empêchent de les rapporter. Nous rappellerons seulement une histoire touchante, et qui a le mérite de l'authenticité.

En 1809, dans le cours d'une de leurs insurrections, les habitants du Tyrol prirent quinze Chevaux aux troupes bavaroises, et les montèrent. Arrive bientôt une rencontre entre les partis ennemis. Mais, au moment de l'engagement, les Chevaux bavarois, qui avaient changé de maîtres, entendent la trompette et reconnaissent l'uniforme de leur premier régiment. Aussitôt ils s'échappent au galop, et malgré tous les efforts de leurs cavaliers furieux, ils les emportent gaiement au milieu des rangs des soldats bavarois, où l'on fait tous les Tyroliens prisonniers.

La mémoire du Cheval se manifeste par le ressentiment qu'il conserve des injures et des mauvais traitements. Bien des chevaux rétifs avec certaines personnes qui les avaient maltraités, sont dociles avec d'autres cavaliers qui ne les ont jamais battus sans motifs. Ils ont donc conscience du bien et du mal; ils se révoltent contre l'arbitraire et l'injustice.

L'émulation est encore un sentiment très-marqué chez les Chevaux. Dans les courses de Chevaux, les vainqueurs manifestent par leur tenue l'orgueil que le triomphe leur fait éprouver; les vaincus, au contraire, ont l'air triste et humilié.

L'intelligence de ce noble animal apparaît dans bien d'autres occasions. Considérez le, par exemple, dans la tente de l'Arabe, où il est estimé et aimé, comme un membre de la famille. Admirez-le encore dans les cirques où il exécute des exercices et des prodiges de force ou de grâce, à la voix d'une femme ou d'un écuyer. On a vu les Chevaux les plus difficiles, les plus vicieux, se laisser monter et conduire par de petits enfants, avec une majestueuse bénignité.

Par ses aptitudes de moteur, le Cheval est propre à deux fonctions diverses. Il est *cheval de selle*, lorsqu'il porte un cavalier pour le voyage, la guerre, l'agrément ou l'exercice salutaire de la promenade; il est *cheval de trait*, lorsqu'il traine des fardeaux de divers genres. Aussi faut-il distinguer le *cheval d'attelage*, le *cheval de trait léger* et le *cheval de gros trait*.

Le *cheval de selle* doit avoir de l'élégance et de la souplesse dans les mouvements. Il doit pouvoir obéir immédiatement à la volonté du cavalier, manifestée par ce qu'on appelle *les aides* en termes d'équitation.

Le *cheval d'attelage*, propre aux voitures de luxe, seul ou par couple, doit réunir la force, le volume et l'élégance. C'est donc un cheval de selle plus grand, avec plus d'étoffe dans toutes ses parties.

Le *cheval de trait* manque de noblesse et de distinction. Il a des formes massives et un peu empâtées, une encolure courte, épaisse, surchargée de crins un peu grossiers.

Si l'on considère un sujet de taille moyenne, ayant des allures aisées, pouvant soutenir l'allure du trot en traînant un lourd fardeau, ce qui résulte d'une corpulence moyenne unie à l'énergie du tempérament, on aura le type du *cheval de trait léger*. C'est celui de poste, de diligence ou d'artillerie.

Le *cheval de gros trait* a des masses musculaires énormes. Ses reins sont larges et courts, pour résister aux secousses violentes qu'ils ont à supporter. Le poitrail est volumineux, les membres et les articulations sont en rapport avec le volume du corps. Ce type est imposant par sa taille et par sa puissance.

Nous venons de considérer les quatre types de conformation adaptés à des fonctions économiques spéciales. Il nous reste maintenant à jeter un coup d'œil sur les races chevalines, et particulièrement les races chevalines françaises.

Nous les diviserons, avec M. Sanson, auteur d'un excellent ouvrage sur les *Applications de la zootechnie*[1], en deux grandes catégories : celle des *chevaux fins* et celle des *chevaux communs*.

A tout seigneur tout honneur; nous commencerons l'histoire des chevaux fins par celle du Cheval arabe.

Le *Cheval arabe*, pur de toute alliance hétérogène, est le type achevé de la beauté de l'espèce. C'est la perfection, au physique comme au moral.

Le front est large et plat; les arcades orbitaires sont saillantes; les cavités orbitaires grandes et séparées par une forte distance;

1. In-12, Paris, 1867.

Fig. 56. Chevaux arabes.

la face courte, à chanfrein droit, aplati et large. Les naseaux sont larges, très-ouverts ; les lèvres minces, les joues plates, la bouche est petite ; les oreilles peu développées, droites, écartées, mobiles. L'œil est saillant, vif et énergique ; la physionomie douce et fière. Tels sont les principaux caractères de la tête dans ce noble animal. Sa taille varie, en Orient, de 1^m,45 à 1^m,56. Sa robe est le plus ordinairement blanche, ou d'un gris clair ; elle peut être aussi noire, baie ou alezane. Son encolure droite, ses articulations larges et fortes, servent de points d'attache à des muscles puissants, qui se dessinent sous une peau lisse, à poils ras, parcourue en tous sens par des veines saillantes. Son poitrail est large, ses jambes fines et nerveuses ; son pied est terminé par un dur sabot. Aussi vigoureux qu'agile, il peut faire habituellement jusqu'à vingt lieues par jour. Comme il transmet à sa postérité ses qualités avec son sang généreux, il est la source pure où viennent s'améliorer toutes les races.

Élevé sous la tente, et faisant pour ainsi dire partie de la famille, le Cheval arabe a pour son maître un attachement et une fidélité inaltérables. L'Arabe, à son tour, sacrifierait tout à son Cheval. Pour produire, pour conserver ces admirables auxiliaires, les Arabes s'imposent des soins dont nous avons peine à nous faire une idée. La généalogie de chaque Cheval est aussi bien tenue, aussi authentique que celle des plus fières familles de notre noblesse. On peut en remonter très-régulièrement la filiation jusqu'à plus de quatre siècles. Les Arabes vont même jusqu'à donner deux mille ans d'existence à la race noble qu'ils nomment *Kochlani*. Elle inspire leurs plus beaux chants aux poëtes de la tente.

Nous venons de dire que le Cheval arabe est l'objet de soins et d'attentions continuels. A la mamelle, il reçoit, outre le lait de sa mère, du lait de chamelle. Dès que ses dents peuvent la triturer, on lui offre de l'orge concassée et ramollie ; après le sevrage, il paît les meilleures herbes, mais l'orge est toujours sa principale nourriture. Tous les habitants de la tente lui prodiguent leurs caresses, comme à un enfant de la famille. Dès que ses reins offrent assez de résistance, on le fait d'abord monter par un enfant, et on l'exerce à de petites courses ; il porte ensuite, et successivement, l'adolescent, l'homme fait, le guerrier. Ses membres, ses articulations sont l'objet d'une sollicitude constante. On le façonne peu à peu, par degrés et avec toutes sortes de précautions, à supporter sans souffrance la fatigue, la soif et la faim. L'Arabe identifie son coursier à sa propre existence. La noblesse de sa race, le mode d'éducation, l'affection dont il est entouré, le milieu dans lequel il grandit et développe toutes ses qualités, font du Cheval arabe le plus beau, le plus apte aux courses longues et rapides, le plus sobre, le plus rustique, le plus aimant, le plus intelligent de tous les Chevaux.

Selon M. Sanson, le *Cheval anglais* dit de *pur sang* provient de la race arabe implantée en Angleterre et modifiée dans ses aptitudes fonctionnelles par l'institution des courses. Il aurait été importé de là en France, en même temps que cette institution[1]. Les caractères typiques du coureur anglais ne diffèrent pas de ceux du Cheval arabe. C'est donc, suivant le même auteur, une erreur de considérer les Chevaux de course anglais comme formant une race à part. Maintenant, comment la race arabe s'est-elle implantée en Angleterre?

Le premier étalon étranger dont l'introduction soit mentionnée dans les anciennes chroniques saxonnes, est le *Turc blanc*, qui fut acheté par Jacques Ier, d'un sieur Place, plus tard maître des haras de Cromwell. Villiers, premier duc de Buckingham, introduisit ensuite *Helmsley-Turk*, puis *Fairfax-Moroco*. Mais, généralement, on ne fait remonter cette généalogie qu'au commencement du dernier siècle, avec *Darley-Arabian*, né en Syrie, et qui eut une grande réputation. Nous ne citerons, parmi ses descendants, que le fameux *Éclipse*, qui est resté le type du Cheval de course, et qui compte d'innombrables succès d'hippodrome.

Plus de vingt ans après l'introduction de *Darley-Arabian*, lord Godolphin admit dans son haras le célèbre étalon *Arabian-Godolphin*, qui fut acheté, pour une misérable somme, à Paris, où il traînait la charrette d'un porteur d'eau. Eugène Sue a raconté dans un de ses romans la pathétique histoire de cet étalon. *Lath*, un de ses fils, fut un des premiers Chevaux de son temps.

Le *Cheval anglais de course* (fig. 57) a les caractères typiques de la race arabe, joints à des caractères secondaires, à l'aide desquels on peut le distinguer de leur type oriental. Le Cheval anglais est plus haut de taille que le Cheval arabe. Il a les lignes du corps plus allongées, moins arrondies. La gymnastique du galop de course a allongé la cuisse, élevé la croupe, et communiqué à ces régions une forme spéciale. Il est plus volumineux que l'arabe

---

1. *Applications de la zootechnie*, page 4.

Fig. 57. Chevaux anglais.

dans toutes ses parties, et sur sa robe dominent le bai et l'alezan, avec leurs diverses nuances.

Les qualités spéciales du Cheval anglais résultent de l'action combinée du climat, de l'élevage et de l'institution des courses.

Les courses remontent bien au delà du temps de l'introduction des étalons arabes. Un auteur anglais du douzième siècle parle des courses de Chevaux qui étaient établies de son temps, à Smithfield. L'institution régulière des courses date du règne de Charles Ier, et la promulgation des règlements remonte à la dernière année de celui de Jacques Ier. Elles ont toujours été maintenues depuis cette époque.

Les qualités des plus célèbres coureurs de l'Angleterre sont dues au mode d'éducation qui leur est imposé, pour les préparer aux exercices du turf, c'est-à-dire à l'*entraînement*, selon le terme consacré. Seulement la légèreté et la vitesse ont été obtenues aux dépens de la force et de la résistance de l'animal. Ajoutons que le prix de la course n'est souvent gagné que par les cruelles excitations des jockeys, qui tiennent aujourd'hui une très-grande place dans une lutte où le Cheval seul devrait jouer un rôle. Il y avait autrefois dans le Cheval anglais un sentiment plus développé de l'émulation et de l'obéissance. Quand la course était commencée, il savait ce qu'il avait à faire, sans que le cavalier dût recourir à l'éperon et au fouet.

« *Forester*, dit William Vouat, avait déjà gagné plusieurs courses rudement contestées ; mais un jour malheureux il entra en lice avec un Cheval extraordinaire, *Éléphant*, appartenant à sir James Shaftoc. La distance à parcourir était de quatre milles en ligne droite. Ils avaient franchi la partie plate du terrain, et se trouvaient sur le même niveau à la montée. A peu de distance du poteau, *Éléphant*, ayant en ce moment un peu gagné sur *Forester*, ce dernier fit tous les efforts possibles pour recouvrer le terrain perdu. Mais voyant qu'ils étaient sans résultats, d'un bond désespéré il se rapprocha de son antagoniste, et le saisit par la mâchoire pour le maintenir en arrière ; on eut beaucoup de peine à lui faire lâcher prise.

« Un autre cheval, appartenant à M. Quin, en 1753, se voyant dépassé par son adversaire, le saisit par un membre et les deux jockeys furent obligés de descendre de cheval pour séparer leurs montures. »

L'auteur anglais auquel nous empruntons ces deux faits, déplore que le système actuel soit tel que le Cheval de course ait besoin d'être excité par le jockey, qu'on ait tout sacrifié à la vitesse aux dépens de la force, que le Cheval vainqueur sorte de l'hippodrome les flancs déchirés par l'éperon, les côtes ruisselant de sueur, les tendons forcés et incapable de reparaître de nouveau avec succès dans la lutte. Des hommes compétents s'étonnent, du reste, de voir, aussi bien en France qu'en Angleterre, les efforts tendre vers ce seul but, la vitesse vertigineuse dans un court espace de temps : ce n'est pas en demandant aux Chevaux la seule qualité de la vitesse que l'on obtiendra d'eux la vigueur et l'énergie, qualités nécessaires avant tout au service du Cheval. Nos triomphes sur le champ de course, même ceux de *Gladiateur*, le vainqueur du *Derby anglais* et du *grand prix de Paris*, prouvent seule-

Fig. 58. Cheval normand.

ment une excitabilité nerveuse passagère et décevante, mais non la puissance et la solidité.

Passons au *Cheval normand* (fig. 58). Avant la création de l'administration des haras, il existait en Normandie une race de Chevaux qui a longtemps fourni des attelages pour les carrosses des grands seigneurs d'autrefois. Ils étaient d'origine danoise. La race actuelle résulte du croisement opéré entre les juments normandes ou danoises et l'étalon anglais dit de *pur sang*, et les individus qui la constituent tiennent de l'une et de l'autre origine. On les produit en Normandie, dans deux centres d'élevage : l'un comprend la plaine de Caen, et embrasse les herbages plantureux du Calvados et de la Manche ; l'autre est situé dans cette partie du département de l'Orne qui porte le nom de Merlerault. C'est de là que sont venus les vainqueurs des courses de ces dernières années, *Surprise*, *Vermouth*, *Fille de l'air*, *Éclipse*, etc.

L'arrondissement de Cherbourg possède une excellente race d'une constitution athlétique et d'une grande vigueur de résistance, dont les juments portent au marché les fermières du pays de Caux. C'est sur ces *bidets normands* que les herbagers faisaient des voyages de plusieurs journées, pour aller acheter des bœufs, avant l'établissement des chemins de fer. Ces Chevaux, purs de croisement et qui marchent au pas relevé, sont à la fois corpulents et élégants.

Dans les landes de la Bretagne se trouve une race de petite taille,

Fig. 59. Chevaux bretons.

qui se rattache évidemment au type arabe et dont la rusticité, la sobriété et la vigueur sont à toute épreuve : ce sont les *hevaux bretons* (fig. 59). Ces qualités et cette petite taille ne se rencontrent que chez les Chevaux élevés dans la lande et en pleine liberté, car ailleurs on a, pour grandir leur taille, croisé les petits Chevaux bretons avec des étalons anglais.

Sur le littoral de l'Océan, entre l'embouchure de la Loire et celle de la Gironde, existaient jadis d'immenses marais, qui, transformés en prairies, furent destinées à l'élevage du Cheval. C'est là que des juments à forte corpulence, à tête longue et étroite, aux membres volumineux et chargés de crins, dont il sera parlé plus loin, furent d'abord introduites, puis, à l'aide d'étalons anglo-normands, servirent à la production des Chevaux destinés à remonter la cavalerie française.

Nous ne dirons rien ici dés Chevaux *lorrains*, *alsaciens*, *champenois* et *bourguignons*, qui n'ont pas de caractères propres et tranchés. Nous citerons seulement les *Chevaux limousins*, qui formaient les Chevaux de selle les plus élégants et les plus estimés de nos pères. Ils descendaient, dit-on, des Chevaux arabes qui furent abandonnés par les Sarrasins, vaincus par Charles Martel. Cette race, svelte dans ses formes, aux membres fins et nerveux, énergique, courageuse, a été, suivant M. Sanson, gâtée par l'accouplement avec les étalons anglais.

Les *Chevaux de l'Auvergne* ne diffèrent pas, quant au type, des Chevaux limousins. Ils ont été seulement modifiés et accommodés au séjour des pays de montagne. Leur physionomie est moins agréable; leur taille plus petite, leur croupe plus courte et plus basse que celle des Chevaux limousins. Ce sont d'excellents serviteurs, sobres et rustiques, pleins d'énergie, de vivacité, aux formes accentuées, et qui ne diffèrent des limousins que parce qu'ils sont montagnards. On s'accorde à reconnaître que l'influence des étalons anglais a été pernicieuse dans ce pays; les Chevaux en deviennent quinteux et vicieux.

Les Chevaux de *Landes*, de l'*Aude* et de la *Camargue*, procèdent tous du type arabe. Ils sont encore plus petits que les limousins et les auvergnats et de forme plus irrégulière; mais ils ont la même énergie et une sorte d'indépendance sauvage. Ils habitent les pays incultes voisins de la Méditerranée. Voici, d'après M. Gayot, le caractère du Cheval camargue.

« Il est petit, et sa taille mesure de 1^m,32 à 1^m,34; rarement il grandit assez pour atteindre à l'arme de la cavalerie légère. Il a toujours la robe gris-blanc. Quoique grosse et parfois busquée, sa tête est généralement carrée et bien attachée; les oreilles sont courtes et écartées; l'œil est vif, à fleur de tête; l'encolure droite, grêle, parfois renversée; l'épaule est droite et courte, mais le garrot ne manque pas d'élévation, le dos est saillant, le rein est large mais long et mal attaché; la croupe est courte, avalée; les cuisses sont maigres, les jarrets sont étroits et clos, mais épais et forts.....; le pied est très-sûr et de bonne nature, mais large et quelquefois un peu plat. Le Cheval camargue est agile, sobre, vif, courageux, capable de résister aux longues abstinences comme aux intempéries. Il se reproduit toujours le même depuis des siècles, malgré l'état de détresse dans lequel le retiennent l'oubli et l'incurie [1]. »

C'est dans les marais et les prairies désertes de la Camargue, qui s'étendent depuis Arles jusqu'à la mer, que l'on conserve ces petits Chevaux. Ils vivent en liberté, par petites troupes, mêlés aux taureaux sauvages. A l'époque de la moisson, on se sert de ces Chevaux libres pour dépiquer les blés. On les amène sur les aires, et on les fait piétiner sur les gerbes, pour détacher le blé des épis. Leur corne dure, mais élastique, est un excellent fléau

Fig. 60. Cheval des Pyrénées (haras de Tarbes).

pour le battage de ces gerbes. Lorsqu'ils ont fourni leur contingent de travail, on les laisse retourner à leur existence indépendante,

1. *Guide du sportsman*, ou *Traité de l'entraînement et des courses de Chevaux*, in-12.

on les rend aux espaces incultes qui entourent les marais. Ils y vivent de roseaux et de quelques autres plantes grossières.

La race des Chevaux camargues est peu estimée, même dans le midi de la France. Cependant les meilleurs Chevaux sont choisis, élevés et vendus dans le pays. On assure que les Chevaux camargues sont les descendants de quelques Chevaux laissés par les Arabes de la côte d'Afrique, dans les fréquentes descentes et excursions qu'ils faisaient, aux premiers temps de notre histoire, sur le littoral du midi de la France.

La race berbère implantée sur le versant septentrional des Pyrénées a produit les *Chevaux des Pyrénées* par des modifications sur lesquelles nous ne saurions insister. La figure 60 représente le *Cheval des Pyrénées*, nommé quelquefois *Cheval de Tarbes*, en raison des magnifiques haras établis aux environs de cette ville, et d'où sortent les plus beaux Chevaux de cette race.

La *race berbère* ou *barbe*, qui appartient à la population chevaline de l'Algérie, est répandue dans les tribus arabes sédentaires et chez les Kabyles. Introduit en Espagne par les Arabes et les Maures, ce type prit le nom de *race Andalouse*. Il se retrouve, comme nous l'avons dit, dans nos régions méridionales des Landes, de l'Aude, dans les plaines de la Camargue. Il existe également dans les Pyrénées, sous le nom de *race Navarrine*, mêlé au type arabe. Son front est large et légèrement bombé. Sa face courte, large, à chanfrein épais et fortement proéminent au niveau des orbites; ses naseaux peu ouverts; sa bouche petite; son œil grand; son oreille droite et mince; sa physionomie calme au repos, mais s'animant pendant l'action. Sa taille est également petite; son encolure forte est garnie de crins longs et soyeux; les membres sont forts, aux longs canons; le dos et les reins sont courts et larges; la queue est touffue. La robe est de couleur variable, mais généralement grise. Ces petits Chevaux sont vigoureux, rustiques et sobres. Pendant la campagne de Crimée les Chevaux français et anglais furent décimés, tandis que les Chevaux barbes montés par les chasseurs d'Afrique résistèrent.

Signalons encore les *Chevaux russes* (fig. 61), magnifique race qui réunit dans un type harmonieux la beauté des proportions, la hauteur de la taille, la vigueur et la souplesse. On a pu admirer à l'Exposition de 1867 de magnifiques spécimens de Chevaux russes.

Nous ne nous sommes occupé jusqu'ici que des *Chevaux fins;*

nous allons maintenant passer en revue les *Chevaux communs*, en nous occupant spécialement de la population chevaline française

Fig. 61. Cheval russe.

et en prenant toujours pour guide l'excellent ouvrage de M. Sanson (*Applications de la zootechnie*).

Autant belge que français, le *Cheval flamand* est de haute taille et de forte corpulence. Sa face est très-allongée, étroite, busquée à son extrémité; ses naseaux sont petits, sa bouche grande, ses joues plates; son oreille épaisse, longue et un peu tombante, son œil petit; son encolure est courte et surchargée de crins; son corps long, sa croupe double. Il a des membres très-gros, abondamment pourvus de crins grossiers. Ses pieds sont larges et plats; son tempérament est lymphatique. Il est froid au travail et sans vigueur; sa force est dans son énorme masse. C'est cette race, améliorée par l'élevage, qui fournit aux brasseurs de Paris ces colosses de l'espèce chevaline qu'admirent les oisifs.

Bien plus beau est le type du Cheval allemand que représente la figure 62.

Les Chevaux de la *race boulonaise* (fig. 63), conformés comme les précédents, sauf la taille et la forme de la tète, sont débon-

Fig. 62. Chevaux allemands.

naires, dociles, vigoureux, énergiques; leur regard est résolu. Ils naissent dans le département du Pas-de-Calais, principalement dans l'arrondissement de Boulogne. Les poulains sont envoyés dans les arrondissements d'Arras, de Saint-Pol, d'Abbeville. D'autres traversent le département de la Somme, pour être élevés dans le pays de Caux, de Vimeux, et se répandre aussi dans les départements de l'Oise, de l'Aisne, de Seine-et-Marne, d'Eure-et-Loir et dans la Seine-Inférieure. C'est là l'origine des *Gros Percherons*, des *Caennais*, des *Virois*, des *Augerons*, des *Chevaux du bon pays*. La variété des conditions climatériques et agricoles imprime au type boulonais, principalement à la corpulence, des variations relatives. C'est cette race qui fournit à Paris la presque totalité des Chevaux employés par l'industrie des grands transports au pas.

Citons en passant la *race ardennaise*, qui fournit de bons serviteurs à l'artillerie, et qui est très-analogue au type du littoral breton, dont nous allons parler.

Les Chevaux *bretons* employés au trait ont le front haut et carré ; la face courte à chanfrein déprimé ; les naseaux ouverts, la bouche

Fig. 63. Chevaux boulonais.

petite, l'œil vif, la physionomie expressive. Leur crinière est double et très-fournie de crins, la queue touffue ; leurs membres sont forts ; leur pied est bon. Leurs allures sont vives et faciles ; leur constitution bonne, leur caractère doux.

La *race percheronne* (fig. 65) est le modèle du Cheval de trait léger. Au temps des malles-poste et des diligences, elle fournissait le Cheval de poste par excellence. Aujourd'hui, elle partage presque exclusivement avec le type breton, le service des omnibus de Paris et celui des transports rapides des marchandises

Le front des animaux de cette race est légèrement bombé entre les arcades orbitaires, qui sont saillantes. La face est allongée, à chanfrein étroit, droit à sa base, mais légèrement busqué vers le bout du nez ; les naseaux sont ouverts et mobiles ; les lèvres épaisses, la bouche grande ; l'oreille longue, dressée ; l'œil vif, la physionomie animée. Leur crinière est moyennement fournie ; la queue est touffue ; les membres forts, solidement articulés, à canons un peu longs, dépourvus de crins. La robe est généralement gris pommelé.

Les poulains du Perche naissent dans les environs de Mortagne, de Bellesme, de Saint-Calais, de Montdoubleur et de Courtalin. Ils sont plus particulièrement élevés dans le département d'Eure-et-Loir, dans le canton d'Illiers et dans les cantons environnants.

Remarquons, en terminant, que la région centrale de la France est habitée par une population chevaline très-mêlée, dont les sujets, importés pour la plupart à l'état de poulains, appartiennent aux divers types dont nous avons déjà parlé.

Parmi les races étrangères nous avons déjà cité les *Chevaux russes* comme Chevaux fins. Comme bêtes de trait nous citerons parmi les races étrangères celle qui habite les îles placées au nord de l'Écosse. Les Chevaux *shetlandais* (fig. 64) sont de véritables

Fig. 64. Chevaux shetlandais.

miniatures. Il en est qui atteignent à peine la hauteur des chiens de Terre-Neuve. Malgré leur petite taille, ils sont robustes et résistent parfaitement à la fatigue.

E. DESCHAMPS.

Fig. 65. Chevaux percherons.

Indépendamment des services que le Cheval rend à l'homme pendant sa vie, il lui fournit encore après sa mort diverses substances utiles. On recueille et l'on emploie avec avantage plusieurs de ses parties : la peau, la corne de ses pieds, les crins de sa queue ou de son cou ; ses tendons, qui servent à faire de la colle ; ses os, dont on retire du noir animal. Enfin, on peut citer le Cheval comme une espèce animale alimentaire. Tout le monde connaît les efforts, couronnés de succès, qui ont été tentés dans ces derniers temps pour introduire la viande de cheval dans l'alimentation publique. A Paris et dans quelques villes de la France, la viande de Cheval entre aujourd'hui pour une part assez considérable dans l'alimentation du pauvre. Depuis bien des années, la Prusse et le nord de l'Europe nous avaient devancés dans cette voie économique.

Ane. — Comme le cheval, l'Ane est le serviteur et l'auxiliaire de l'homme, mais son état de domesticité est d'une date beaucoup moins ancienne. Le type sauvage de cet animal, connu sous le nom d'*Onagre*, habite encore les déserts de l'Asie.

Dans leurs migrations périodiques, les *Onagres* descendent jusqu'au golfe Persique et jusqu'à la pointe sud de l'Indoustan. Ils ne dépassent pas, au nord, le quarante-cinquième degré de latitude. Vivant en troupes innombrables, ils voyagent sous la conduite de chefs, auxquels ils obéissent avec une intelligente soumission. S'ils sont attaqués par les loups, ils se rangent en cercle, en plaçant au centre les vieux et les jeunes, et ils se défendent si courageusement avec leurs pieds de devant et avec leurs dents, qu'ils demeurent toujours vainqueurs. Les Tartares poursuivent l'Onagre pour améliorer les races de l'Ane domestique, pour s'emparer de sa peau qui, après le travail d'apprêtage, constitue la *peau de chagrin*, et pour se nourrir de sa chair, qu'ils trouvent délicate.

L'Onagre a le pied sûr, une allure d'une extrême rapidité, mais un caractère indomptable. On emploie pour le prendre des piéges et des lacs de corde, que l'on tend dans les lieux où les troupes de ces animaux ont l'habitude d'aller boire.

Cet animal est plus grand que l'Ane domestique. Il a le poitrail étroit, le corps comprimé, les oreilles beaucoup plus courtes ; il a les jambes longues, le chanfrein arqué, la tête légère, et il la porte, en marchant, relevée comme le cheval. Le dessus de la tête, les côtés du cou, les flancs et la croupe sont de couleur isabelle, avec des bandes de blanc sale. Sa crinière est noire ; il porte le long du dos une bande couleur de café, qui s'élargit sur la croupe, mais qui n'est traversée par une autre bande sur les épaules que chez les mâles.

L'Onagre était bien connu des anciens, car il est mentionné dans les livres de Moïse. Il figura dans les fêtes que les empereurs romains donnaient au peuple, pour lui faire oublier la perte de sa liberté et de sa grandeur.

Fils dégénéré de cet animal sauvage, l'*Ane domestique* (fig. 65) est ordinairement gris de souris ou gris argenté, luisant ou mêlé de taches obscures. Il a presque toujours sur le dos une bande noire longitudinale, croisée sur les épaules par une bande transversale. Ses oreilles sont très-longues, sa queue est floconneuse à l'extrémité.

Si l'on compare l'Ane au cheval pour la figure et le port, on reconnaît tout de suite que l'Ane a la tête plus grosse à proportion du corps que le cheval, les oreilles beaucoup plus allongées, le front et les tempes garnis d'un poil plus long, les yeux moins saillants, la lèvre supérieure plus pointue, et pour ainsi dire pendante ; l'encolure plus épaisse, le garrot moins élevé et le poitrail plus étroit. Le dos est convexe, l'épine saillante, les hanches sont plus hautes que le garrot, la croupe est plate et ravalée, la queue est dégarnie jusqu'aux trois quarts de sa longueur.

Cette grosse tête, ce front et ces tempes chargés de poils épais, ce museau renflé vers son extrémité, et ces longues oreilles, donnent à l'Ane une physionomie bien différente de celle du cheval. Et quelle différence dans son port ! Si l'on ajoute que le cheval a un hennissement d'une puissance et d'une fierté remarquables, tandis que le braiement de l'Ane est affreusement discordant, on serait porté à décrier beaucoup ce pauvre animal. Cependant il est digne d'occuper un rang sérieux dans notre estime. Il faut considérer, en effet, que l'Ane n'est point un cheval dégénéré, mais qu'il constitue un genre distinct en zoologie. Il faut se rappeler qu'il a son individualité propre, et le juger sans autre comparaison. On reconnaîtra alors qu'il réunit tous les dons attachés à sa nature.

« Pourquoi tant de mépris, dit avec beaucoup de raison Buffon, pour cet animal si bon, si patient, si sobre, si utile ? Les hommes mépriseraient-ils jusque dans les animaux ceux qui les servent trop bien et à trop peu de frais ? On donne au cheval de l'éducation ; on le soigne, on l'instruit, on l'exerce ; tandis que l'Ane abandonné à la grossièreté du dernier des valets

Fig. 65. Ane et Anesse domestiques.

ou à la malice des enfants, bien loin d'acquérir, ne peut que perdre par son éducation, et s'il n'avait pas un grand fonds de bonnes qualités, il les perdrait en effet par la manière dont on le traite. Il est le jouet, le plastron, le bardeau des rustres qui le conduisent le bâton à la main, qui le frappent, le surchargent, l'excèdent sans précaution, sans ménagements. On ne fait pas attention que l'Ane serait par lui-même et pour nous le mieux fait, le plus distingué des animaux, si dans le monde il n'y avait pas de cheval. »

Tandis que le cheval est plein de fierté, d'impétuosité et d'ardeur, l'Ane est doux, humble, patient. Il souffre avec résignation les mauvais traitements. Très-sobre, il se contente des plantes les plus dures, que délaissent les autres bestiaux. La paille hachée est pour lui un régal. Une petite quantité d'eau lui suffit; seulement, il la veut claire et pure. Il ne se vautre pas, comme le cheval, dans la fange ou dans l'eau; et comme on oublie souvent de l'étriller, il y supplée lui-même, en se roulant sur le gazon, sur les chardons et sur la fougère. Chaque fois qu'il le peut, il procède à cette opération de toilette, sans se préoccuper beaucoup de la charge qu'il porte dans ce moment même. Il a de bons yeux, un excellent odorat, une oreille d'une grande finesse. Lorsqu'on le charge trop, il le marque en inclinant la tête et en baissant ses oreilles. « Lorsqu'on le tourmente, il ouvre la bouche et retire les lèvres, dit Buffon, d'une manière très-désagréable, ce qui lui donne l'air moqueur et dérisoire. »

L'Ane marche, trotte, galope comme le cheval; mais tous ses mouvements sont petits et plus lents. Quelque allure qu'il prenne, il est bientôt efflanqué si on le presse. Il dort moins que le cheval, et ne se couche pour dormir que lorsqu'il est excédé de fatigue. Buffon dit qu'il ne pousse son cri long, discordant, qui passe par dissonances alternatives de l'aigu au grave et du grave à l'aigu, que lorsqu'il a faim ou qu'il éprouve quelque sentiment amoureux.

L'Ane s'attache aisément et sincèrement. Il sent de loin son maître, le distingue de tous les autres hommes et manifeste sa joie quand il s'approche de lui. Il retrouve très-bien les lieux qu'il habite et les chemins qu'il a fréquentés. Jeune, il plaît par sa gaieté, sa légèreté, sa gentillesse; mais l'âge et les mauvais traitements le rendent triste, lent, indocile et têtu.

L'Ane est de tous les animaux celui qui, relativement à son volume, peut porter le plus grand poids. Ne coûtant presque rien à nourrir, et ne demandant, pour ainsi dire, aucun soin, il est d'une grande utilité à la campagne, au moulin, dans les pays montueux

où la vigne est cultivée, où la propriété est extrêmement divisée.
C'est l'Ane qui porte au sommet du coteau la charge de fumier;
qui ramène au cellier, au temps de la vendange, les paniers pleins
de raisins. Il monte et descend d'un pied sûr. C'est le cheval
des petites fortunes ; c'est l'aide, sobre et dévoué, du pauvre. C'est
le martyr résigné des petits marchands de charbon de la Bourgogne, qui s'en vont sur les routes, frappant à chaque pas sur son
pauvre dos, qui finit par être couvert de grandes places dénudées
et comme tannées par les coups. Si le hasard veut qu'il serve de
monture aux enfants chez le propriétaire aisé, ou qu'il mène la
dame du logis, quand elle va entendre la messe au village voisin,
alors sa destinée est moins précaire, quelques soins lui sont pro-
digués. Dans les pays où le terrain est léger, on attelle quelquefois
l'Ane à la charrue.

L'Ane l'emporte sur le cheval en énergie, en puissance nerveuse, en tempérament. Il lui est encore supérieur par sa ténacité
au travail, sa résistance à la fatigue et sa sobriété. Comment se
fait-il donc que cet animal, si utile et si dévoué, cet ami, ce serviteur du faible, ce cheval du pauvre, ait une réputation devenue
proverbiale de sottise et d'entêtement! Il n'y a pas assez d'applau-
dissements pour le brillant et l'inutile coureur anglais; mais pour
l'animal modeste dont nous parlons, il n'y a que des huées et des
coups. Combien l'homme est parfois ingrat et capricieux dans ses
affections comme dans ses haines! On le voit trop souvent fouler
aux pieds, sans motifs et au détriment de ses intérêts mêmes, les
règles les plus simples de la justice et du bon sens.

D'après M. Paul Gervais[1], les principales variétés de l'Ane sont :
1° l'*Ane du Thibet;* 2° l'*Ane de Perse* (ce dernier, dont la robe est
rougeâtre, est très-estimé en Perse en raison de sa force et de
sa légèreté ; on en prend grand soin, et il acquiert quelquefois une
grande valeur; seulement il est plus têtu que tous ses congénères,
d'où le proverbe : *Têtu comme un âne rouge*); 3° l'*Ane de Toscane,*
qui est grand comme un mulet; 4° l'*Ane de Sicile*, qui est le plus
petit; 5° le petit Ane que les Marhattes nomment *Gudha*, et qui
n'est pas plus gros qu'un chien de Terre-Neuve, etc.

Parmi les Anes qui habitent notre climat, M. Sanson, dans sa
Zootechnie, reconnaît deux races, dont l'une nous vient de l'Orient,
tandis que l'autre a habité, de temps immémorial, le midi de l'Eu-

---

1. *Histoire naturelle des Mammifères*, grand in-8°. Paris, 1855; tome II, p. 150.

rope et surtout les îles Baléares et la Catalogne où elle est encore florissante. Il faut donc distinguer comme variétés ou races asines : la *race commune*, qui se trouve partout en Orient, et la race dite *mulassière*, qui diffère de la première par la forme du crâne, par la tête courte, épaisse et large, par l'encolure plus épaisse et plus ample.

Sous le rapport de la taille et de l'encolure, l'Ane varie suivant les localités dans lesquelles il est né. Dans les contrées méridionales de la France il a des formes assez élancées. C'est dans le

Fig. 66. Ane et Anesse (race commune).

Poitou qu'il atteint le plus haut degré de son développement. Là il est épais et trapu ; sa croupe est arrondie et courte, ses membres sont volumineux. Il est recherché comme étalon. Sa robe, de nuance foncée, varie depuis le bai brun jusqu'au noir franc. Tandis que l'Ane est à poil ras dans le midi de la France, le baudet est très-velu en Poitou. Les connaisseurs estiment cette sorte de beauté.

La chair de l'Ane est mauvaise au goût, et n'a pu, comme celle du cheval, entrer dans l'alimentation publique. Mais celle de l'Anon est, au contraire, fort tendre, et diffère peu sous ce rapport de celle du veau.

Personne n'ignore que le lait de l'Anesse est employé en médecine comme fortifiant, ou comme aliment doux et léger pour les convalescents. Il était déjà employé à ce titre chez les Grecs. Il contient plus de lactose et beaucoup moins de matière caséeuse que le lait de vache. On doit le prendre d'une Anesse jeune, saine, bien en chair, et nourrie de foin, d'avoine, d'orge et d'herbes salutaires.

L'Ane nous rend encore des services après sa mort. Sa peau, très-dure et très-élastique, est employée à divers usages. Le tambour n'est qu'une peau d'Ane tannée et tendue sur une caisse sonore. On fait avec la même peau tannée des cribles, d'excellents souliers, etc. On en fait aussi du gros parchemin pour les portefeuilles : ces tablettes étant enduites d'une légère couche de plâtre, permettent d'effacer les traces du crayon avec un peu d'eau. Le poil de l'Ane est employé par les bourreliers et les selliers, pour faire des coussins de harnais.

L'Ane et le Cheval produisent des *Métis*, qui participent des formes et des qualités des deux espèces distinctes dont ils proviennent. Cependant ces produits de croisement ne constituent pas une espèce intermédiaire, car ils sont toujours stériles : leur race ne peut se perpétuer.

Le produit de l'accouplement de l'Ane avec la jument s'appelle *Mulet*, s'il est mâle ; *Mule*, s'il est femelle. On désigne sous le nom de *Bardot* le métis qui résulte du croisement du cheval et de l'ânesse, mais ce cas est beaucoup moins commun.

Le *Mulet* a la taille, l'encolure, les belles formes de la jument. Il reçoit de l'Ane la longueur des oreilles, la queue presque nue, le pied sûr et la santé robuste. Son poil est ras, rude, et d'un noir roux. Il y a cependant beaucoup de Mulets à robe grise ou alezane, avec une bande dorsale de poils foncés, ainsi que des marques de la même nuance sur les membres. Le Mulet est fort, et peut porter les plus lourdes charges. Cet animal vit longtemps : il atteint jusqu'à quarante-cinq à cinquante ans. Il est sobre et peu difficile pour la nourriture. Il prospère aussi bien dans les pays de plaine que dans les régions montueuses. Seulement il n'aime point l'humidité. Quoique patient, il supporte mal les mauvais traitements et en garde longtemps rancune.

C'est dans le département des Deux-Sèvres que se trouve la souche des plus beaux, des plus grands et des meilleurs Mulets de l'Europe ; ceux que l'on rencontre en Espagne et en Italie sont

originaires de ce centre de production. Les départements de la
Vendée et de la Charente fournissent les Mulets qui sont employés
pour le transport des marchandises dans les passages les plus
difficiles des Alpes et des Pyrénées. On emploie à la culture des
terres, à traîner la herse, à transporter les fumiers, en un mot à
tous les travaux de l'agriculture, ceux qui sont nés dans le département du Jura, de l'Hérault, de l'Aveyron, de l'Isère. Le Mulet est pour le midi de la France un auxiliaire important des tra-

Fig. 67. Mulet et Mule.

vaux de l'agriculture. Il sert à exécuter les travaux de force que
l'on demande aux bœufs dans le centre et le nord de la France.

L'*Hémione* (fig. 68) tient le milieu entre l'âne et le cheval pour
les proportions et pour les formes. C'est ce qu'indique son nom,
tiré du grec (ἡμίονος, demi-âne). Il ressemble au mulet, mais ses
jambes sont plus minces et son attitude est plus légère. Son pelage
est couleur isabelle, avec la crinière et une ligne dorsale noire; sa
queue se termine par une houppe noire. Cet animal vit dans les
déserts sablonneux de l'Asie, particulièrement dans la Mongolie,
l'Indoustan et l'Himalaya, en troupes souvent composées de plus de

cent individus. Il est très-vigoureux, et d'une vélocité proverbiale chez les Mongols. Il est difficile de s'en approcher, et comme son cuir et sa chair sont recherchés, on lui tend des piéges, ou bien on le tue en se mettant à l'affût derrière quelque éminence voisine des prairies salées qu'il aime à fréquenter.

En 1838, M. Dussumier, armateur de Bordeaux, procura au Jardin des Plantes de Paris trois Hémiones adultes, un mâle et deux femelles. C'était la première fois que l'espèce figurait dans cette ménagerie, et depuis cette époque on n'en a possédé aucun autre individu venant de l'Inde. Ces trois Hémiones n'ont pas tardé à donner des produits. Non-seulement ils se sont multipliés, mais ils ont donné des *métis* avec l'âne et l'ânesse.

Dans la ménagerie de lord Derby, à Knowsley, l'Hémione a produit avec le Daw; mais on n'a pas réussi à obtenir son croisement avec le cheval.

Lorsqu'on a parlé d'utiliser cet animal, on a craint un moment qu'il ne fût impossible de le dompter et de le dresser. On sait aujourd'hui à quoi s'en tenir sur ce point important. Un des hémiones du Muséum a pu, en quelques mois, être rendu assez docile pour être conduit à grandes guides de Versailles à Paris. Selon M. Richard (du Cantal), l'Hémione n'offre pas plus de difficultés au dressage que les chevaux élevés dans nos pâturages et dressés de quatre à cinq ans. Deux individus de la ménagerie du Muséum, confiés à M. de Pontalba, ont, au bout de très-peu de temps, été montés sans difficulté.

Zèbre. — Le Zèbre est plus grand que l'hémione; il atteint presque à la taille du cheval. La richesse de sa robe, que tout le monde peut admirer au Jardin des Plantes de Paris, qui en conserve un individu vivant, suffirait pour le distinguer de toutes les autres espèces du même genre. Le fond de ce pelage est blanc, glacé de jaunâtre, et cette teinte règne seule sous le ventre et à la partie supérieure et interne des cuisses. Partout ailleurs elle est rayée de bandes noires et d'un brun presque noir.

Cet élégant animal habite le cap de Bonne-Espérance, et probablement toute l'Afrique méridionale et une partie de l'Afrique orientale. On assure l'avoir rencontré au Congo, en Guinée et dans l'Abyssinie. Il se plaît dans les pays montagneux. Quoique moins rapide que celle de l'hémione, sa course est très-légère, et les meilleurs chevaux ne peuvent la dépasser.

Le Zèbre vit en troupes; son caractère est farouche. Il est doué

Fig. 68. Hémione.

d'une telle délicatesse de sens, qu'il reconnaît de très-loin l'approche des chasseurs, et détale avant même qu'on ait pu l'apercevoir. Il est donc presque impossible de s'emparer d'un Zèbre

Fig. 69. Zèbres.

vivant; on ne peut le prendre que dans son extrême jeunesse, lorsqu'on a tué sa mère par surprise.

Tous les efforts qu'on a tentés pour soumettre ce quadrupède à la domesticité, ont complétement échoué. Les individus les plus jeunes sont toujours demeurés indomptables, rétifs et capricieux. Il faut dire pourtant qu'une femelle de Zèbre, qui avait été prise jeune et envoyée par le gouverneur du cap de Bonne-Espérance au Jardin des Plantes de Paris, était un animal fort doux, qui se laissait approcher et conduire presque aussi facilement qu'un cheval.

La ressemblance qui existe entre l'âne et le Zèbre a fait penser que l'on pourrait aisément parvenir à croiser ces deux espèces. On a pu, en effet, obtenir en Angleterre, du temps de Buffon, des *métis* de Zèbre et d'âne, et, de nos jours, des *métis* de Zèbre et de cheval.

Le Zèbre ne fut pas inconnu aux anciens, qui l'appelaient *hippo-tigre*, c'est-à-dire *cheval-tigre*. Un historien rapporte que l'empereur Caracalla tua un jour, dans un combat du Cirque, un éléphant, un rhinocéros, un tigre et un *hippo-tigre*. Diodore de Sicile a parlé de l'*hippo-tigre*, bien qu'en termes assez obscurs.

Le rois de Perse, dans certaines fêtes religieuses, immolaient au soleil des Zèbres qu'ils tenaient en dépôt dans quelques îles de la mer Rouge.

Couagga. — Le *Couagga* est un peu moins grand que le zèbre et se rapproche davantage du cheval par ses formes générales. Sa tête est petite et ses oreilles courtes. La couleur de sa tête, de son cou et de ses épaules est d'un brun foncé tirant sur le noirâtre ; le dos et les flancs sont d'un brun clair, et cette couleur passe au gris roussâtre sur la croupe. Le dessus est rayé en travers de blanchâtre ; le dessous, les jambes et la queue sont blancs. Cette queue se termine par un bouquet de poils allongés.

Le Couagga habite les plateaux de la Cafrerie, où il se nourrit de plantes grasses et d'une espèce particulière de *mimosa*. Il vit en troupes pêle-mêle avec les zèbres. Contrairement à ce dernier animal, il s'apprivoise sans peine. Les colons hollandais en élèvent souvent avec le bétail ordinaire, qu'il défend contre les animaux féroces, et surtout contre les hyènes. Si un de ces redoutables carnassiers menace le troupeau, le Couagga domestique frappe de ses sabots de devant le farouche ennemi ; il le renverse, brise ses reins avec ses dents, le foule aux pieds et le tue.

La ménagerie du Muséum d'histoire naturelle de Paris a possédé quelque temps un Couagga mâle. A l'aspect des chevaux et des ânes cet animal poussait, à diverses reprises, un cri aigu que l'on peut rendre assez exactement ainsi : *Coua-ag!*

Daw. — Le *Daw* semble tenir le milieu entre le zèbre et le couagga. Il tient au dernier par ses formes et ses proportions, et au second par son pelage. La couleur de ce pelage est isabelle sur les parties supérieures, blanc aux parties inférieures. Tout le dessus du corps est rayé de rubans noirâtres transverses en avant et obliques en arrière, se ramifiant et s'anastomosant, surtout dans le milieu du corps. Le bout du museau est noir, et de ce point partent quatorze rubans de même couleur. Ceux du cou se prolongent sur la crinière qui ne retombe pas sur le cou comme celle du cheval, mais est raide et droite comme celle du zèbre.

Le Daw (fig. 70) habite le cap de Bonne-Espérance, et sans doute une étendue considérable de montagnes de l'Afrique. Vivant en troupes dans les lieux arides et solitaires, il est farouche, capricieux, irascible et difficile à domestiquer. Des Dauw élevés à la mé-

Fig. 70. Daw.

nagerie du Muséum d'histoire naturelle de Paris se sont reproduits et plusieurs petits y sont nés.

L'hémione est l'espèce chevaline qui appartient aux régions de l'Asie comprises dans la Mongolie, l'Inde et l'Himalaya. Le zèbre, le couagga et le daw sont les espèces du genre cheval propres à l'Afrique.

ORDRE DES RUMINANTS.

Les animaux qui composent cet ordre doivent leur nom collectif à la propriété singulière qu'ils ont de ramener dans la bouche, pour les mâcher de nouveau, les aliments déjà avalés une première fois. Cette propriété tient à la structure de leur estomac, qui est plus compliqué que celui des autres Mammifères. Il est partagé en plusieurs poches, que l'on a considérées, mais avec quelque exagération, comme autant d'estomacs distincts. La première et la plus grande de ces poches est la *panse bb* (fig. 71), qui fait suite à l'œsophage *a* et qui occupe une grande partie de l'abdomen, particulièrement du côté gauche. Les aliments y sont entassés à mesure que l'animal les a pris, et grossièrement divisés par une première mastication.

Après la panse vient le *bonnet c* qui est petit et dont la membrane muqueuse interne est tapissée de replis faits en sorte de cellules polygonales. C'est dans le *bonnet* que les aliments se moulent, petit à petit, en pelottes peu considérables, qui remontent dans la bouche, par un mouvement naturel, et nullement convulsif ou anomal, comme chez les autres animaux, et sont alors soumis à une salivation et à une mastication véritables. Tel est le phénomène de la *rumination*.

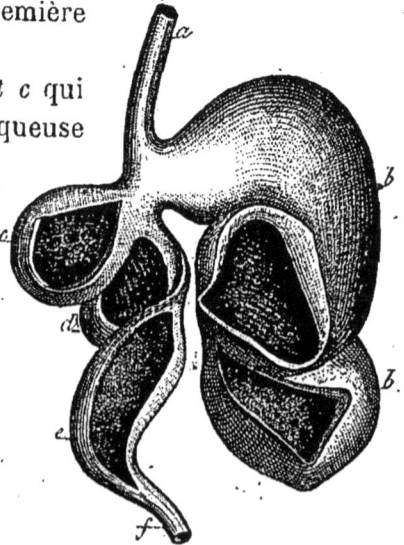

Fig. 71. Les quatre estomacs d'un ruminant.
(Mouton.)

Lorsque les aliments, ainsi transformés en une pâte molle et demi-fluide, sont redescendus dans l'estomac, ils se rendent directement dans un troisième viscère, nommé *feuillet, d*, à cause des larges plis longitudinaux qui en garnissent l'intérieur et qui ressemblent aux feuillets d'un livre. Du *feuillet*, ils passent enfin dans la *caillette, e*, qui est le siége de la véritable digestion, et qui doit son nom à ce que sa surface interne, irrégulièrement plissée, est continuellement humectée par du suc gastrique, humeur qui a, comme on le sait, la propriété de faire *cailler* le lait. Après avoir subi l'élaboration digestive, les aliments passent de la *caillette, a*, dans l'intestin *duodénum, f*. Ajoutons que les liquides passent directement dans le *feuillet* et dans la *caillette* sans s'arrêter ni dans la *panse* ni dans le *bonnet*.

Tous les Ruminants se nourrissent essentiellement d'herbes, de tiges et de feuilles. Leur système dentaire est très-uniforme. Il n'existe pas d'incisives à la mâchoire supérieure. Il y a un espace vide entre les incisives inférieures et les molaires, qui ont leur couronne large et marquée de deux doubles croissants. Lors de la mastication, le mouvement des mâchoires se fait presque circulairement. Chez tous ces animaux, les pieds se terminent par deux doigts dont les deux os métatarsiens et métacarpiens sont réunis en un seul os, nommé *canon*. Quelquefois il existe, en outre, à la partie postérieure du pied, deux petits ergots, vestiges de doigts latéraux. Chez tous, si l'on en excepte les chameaux et les lamas, les sabots qui recouvrent entièrement la dernière phalange des deux doigts de chaque pied se regardent par une face aplatie et ressemblent à un sabot unique fendu. C'est pour cela que l'on dit souvent les *animaux au pied fourchu*, quand on veut parler de certains Ruminants.

Remarquons enfin que ces animaux sont les seuls Mammifères pourvus de prolongements osseux des os frontaux. Seulement tous les Ruminants n'en sont pas pourvus.

L'ordre des Ruminants se divise en deux familles : celle des *Caméliens* et celle des *Ruminants ordinaires*.

FAMILLE DES CAMÉLIENS. — Cette famille comprend les deux genres *Chameau* et *Lama*.

Chameau. — Linné, et avec lui la plupart des naturalistes modernes, admettent deux espèces distinctes dans le genre Chameau : le *Chameau proprement dit*, qui porte deux bosses sur le dos, et le *Dromadaire*, qui n'en a qu'une seule.

Les individus du genre *Chameau* ont une tête petite et fortement arquée. Leurs oreilles sont peu développées, mais leur ouïe est excellente. Leurs yeux sont saillants et doux, protégés par une double paupière, avec une pupille oblongue et horizontale. Le sens de la vue paraît très développé chez ces animaux. Leurs narines sont percées assez loin de l'extrémité du museau, et forment dans la peau deux simples fentes, que l'animal ouvre et ferme à volonté. On ne trouve autour des narines des Chameaux aucune trace du corps glanduleux qui forme le mufle des autres Ruminants, et qui atteint

Fig. 72 et 73. Têtes de Chameau.

un développement si considérable dans le bœuf, par exemple. Le sens de l'odorat est d'une finesse extrême chez les Chameaux. Leur lèvre supérieure est fendue dans son milieu, et ses deux moitiés, susceptibles de mouvements variés, peuvent se mouvoir séparément. Elles constituent un organe de tact très délicat.

Cette tête remarquable est portée avec une certaine noblesse, une certaine dignité, par un cou assez long, qui, lorsque l'animal ne fait pas de mouvements extraordinaires, décrit une anse gracieuse.

Fig. 74. Chameau d'Algérie.

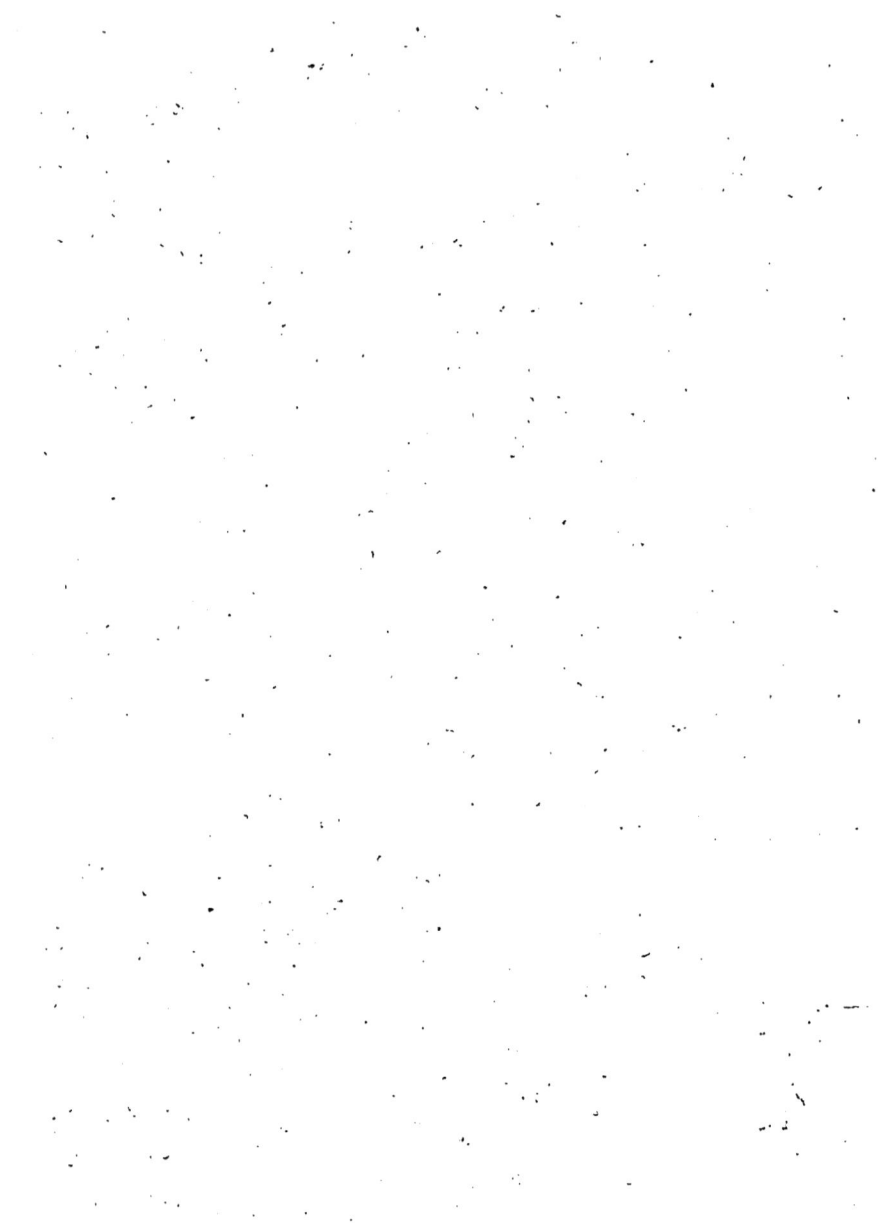

Leur corps volumineux, si remarquable par la bosse ou par les deux bosses qu'il présente sur le dos, est porté sur deux longues jambes, qui paraissent grêles relativement à la masse qu'elles supportent.

Dans le Chameau proprement dit, la couleur du pelage est d'un brun marron, plus ou moins foncé. Le poil s'allonge, et devient comme crépu sur les bosses et le dessus du cou. Au-dessous de ce cou, il forme de longues mèches pendantes, qui entourent d'épaisses manchettes les jambes de devant.

Dans le Dromadaire, qui a des formes moins massives que celles du Chameau, et une taille inférieure, le pelage est d'un gris roussâtre plus ou moins foncé; dans quelques cas il est assez clair, ou presque isabelle. Le poil du Dromadaire est doux, laineux, et médiocrement long sur presque tout le corps, mais il est plus fourni et plus allongé sur la bosse et le cou. Du reste il y a sous le rapport du pelage des différences, suivant les diverses races de Chameau décrites par les voyageurs.

Nous ne devons pas omettre de signaler les callosités que les Chameaux portent à la poitrine, au coude et au poignet, ainsi qu'à la rotule et au talon. Leurs pieds sont bifurqués. Les deux doigts qui existent à chaque pied ne sont pas enveloppés de corne, et portent seulement sur la dernière phalange un ongle assez court et crochu. Une espèce de semelle calleuse recouvre la face inférieure de leurs deux doigts, disposition qui leur permet de marcher aisément dans les endroits sablonneux et dans les sables. Sur ce sol mouvant, l'éléphant serait comme enseveli, et le cheval ne s'en tirerait qu'à l'aide d'efforts inouïs, qui bientôt épuiseraient ses forces.

Le Chameau est originaire de l'ancienne Bactriane, aujourd'hui le *pays des Usbecks*. Il existe dans une grande partie de l'Asie, où il a été employé, de toute antiquité, pour le service domestique et militaire. Il s'est parfaitement acclimaté en Afrique, où il existe sans doute depuis l'époque de la conquête de ce pays par les Arabes.

Le Dromadaire est aujourd'hui répandu dans toute l'Afrique et dans une grande partie de l'Asie. Il paraît avoir pris naissance dans l'Arabie.

Après ces considérations sur la structure et les lieux d'habitation du Chameau, nous nous arrêterons sur les services immenses que cet animal rend à l'homme, grâce à sa force, à sa course rapide, à sa sobriété, à sa patience et sa docilité.

Buffon a dit que l'or et la soie ne sont pas les vraies richesses de l'Orient, que le Chameau est le trésor de l'Asie. En effet, cet animal nourrit les habitants de ces contrées, de son lait et de sa chair. Il les habille de son poil, long et moelleux. Pendant des siècles, il a seul fourni à l'industrie le sel ammoniac, que l'on retirait de ses excréments. Mais c'est surtout comme monture et comme bête de somme qu'il rend à l'homme des services signalés. Sans lui, les peuples que séparent les uns des autres des océans de sable, ne pourraient se rapprocher par le commerce. Sans lui, l'Arabe ne pourrait habiter les contrées arides où il promène sa farouche indépendance. Avec lui, avec ce *navire du désert*, comme les Orientaux l'ont appelé dans leur langage figuré et symbolique, la vie est possible dans ces milieux que Buffon nommait « les lacunes de la nature ».

Depuis un temps immémorial, le Chameau est le seul intermédiaire des relations commerciales à travers le désert, sur une étendue considérable de territoire. C'est grâce à ce patient et robuste animal que les marchandises passent des contrées orientales de l'Asie jusqu'aux extrémités occidentales de l'Europe. Les riches produits des confins de l'Arabie arrivaient autrefois à dos de Chameau vers la Phénicie, et de nos jours elles arrivent de la même manière à Alexandrie, pour se répandre de là sur le continent européen.

Si l'homme a pu franchir et même s'approprier, à l'aide du Chameau, ces espaces immenses et désolés, c'est qu'il est parvenu à dresser cet animal à ce fatigant service. L'Arabe exerce le Chameau à se passer de sommeil, à souffrir la faim, la soif, la chaleur. Peu de jours après sa naissance, il lui plie les jambes sous le ventre, il le contraint à demeurer à terre, et le charge d'un poids assez fort, qu'il augmente peu à peu. Il règle, il éloigne ses repas, il l'exerce à la course et à la fatigue.

La nature semble d'ailleurs avoir tout prévu pour faire vivre cet animal dans les lieux les plus arides. La conformation de ses pieds, munis d'une semelle large et plate, lui permet de courir sur les sables mouvants. Sa sobriété naturelle, développée par l'éducation, est telle qu'un Chameau chargé de quatre cents à cinq cents kilogrammes, et qui fait dix à douze lieues en un jour, sous un soleil brûlant, n'a souvent pour tout aliment qu'une poignée de grains, quelques dattes ou une petite pelote de pâte de maïs. Souvent il passe huit à dix jours sans boire. Seulement, lorsque le pauvre animal passe dans le voisinage d'une mare d'eau, il la sent à une distance d'une demi-lieue; il double le pas, et pliant les genoux devant la source si désirée, il boit pour le passé, pour le présent, et hélas! pour l'avenir.

On appelle caravanes (fig. 75), les troupes nombreuses formées dans le désert, par la réunion d'un certain nombre de voyageurs, qui évitent ainsi les insultes et les pirateries des brigands disséminés dans ces parages. Ces caravanes sont desservies par des Chameaux et des Dromadaires. On charge les Chameaux de bagages et de provisions, et les Dromadaires sont réservés au transport des

Fig. 75. Une caravane dans le désert du Sahara.

voyageurs. Chaque Chameau est chargé selon sa force. Il apprécie si bien lui-même ce qu'il peut porter que, si on lui impose un fardeau trop lourd, il refuse de se lever, donne des coups de tête à ceux qui le surmènent, et pousse des cris lamentables. Au moment du départ, un Arabe chargé de conduire la troupe, se place en avant, il est suivi par les Chameaux; les Dromadaires ferment la marche. Le conducteur entonne une sorte de chant monotone et modulé. Aussitôt les animaux se mettent en marche. Ce chant leur indique, par la vivacité ou le ralentissement de la mesure, s'il faut accélérer ou ralentir la marche. Quand le chant vient à cesser, toute la troupe animale s'arrête. Les Chameaux s'accroupissent; on leur ôte leur fardeau, ils s'endorment au milieu des bagages. Bientôt ils présenteront eux-mêmes leur dos, pour se faire charger, lorsque l'heure du repos sera écoulée, et ils reprendront leur course avec courage, au chant mesuré du conducteur de la caravane.

En Afrique, on emploie les Dromadaires non-seulement dans le Sahara, mais aussi dans d'autres provinces. Certains charrois de Philippeville à Constantine ou à Sétif se font à dos de Chameau.

Le Chameau est aussi pour l'Africain un animal auxiliaire dans les guerres ou les combats. Les Touaregs font surtout servir cet

Fig. 76. Les chameliers du Sahara.

animal à cet usage. La fig. 77 représente un Touareg monté sur son chameau équipé en guerre. Nous disions plus haut que la nature semble avoir tout prévu pour parer, autant que possible, aux privations qui attendent ces valeureux et patients serviteurs de l'homme du désert. On croit, en effet, que c'est pour une sorte de réserve alimentaire qu'elle a placé sur leur corps une certaine quantité d'aliments solides, que leur organisme peut utiliser lorsque le besoin s'en fait sentir. Nous voulons parler des loupes graisseuses qu'ils portent sur le dos et qui semblent jouer ce rôle. Après un long et pénible voyage, ces bosses retombent,

Fig. 77. Chameau de Touareg équipé en guerre.

comme des poches vides et formées uniquement par la peau. Le corps tout entier a maigri en même temps.

Les forces et l'énergie de ces animaux se soutiennent plus longtemps aux dépens de ces matières grasses qu'ils utilisent par la combustion respiratoire; mais ils ne retrouvent leurs forces vives qu'avec une alimentation régulière et abondante, qui les rend aussi gros qu'ils étaient avant leur pénible voyage.

La faculté qu'a le Chameau de se passer de boire pendant un temps considérable, a été généralement attribuée à ce fait, que l'animal porte en lui une provision d'eau qu'il sait utiliser au besoin. En effet, l'appareil de la digestion des Chameaux, comme celui des autres Ruminants, se compose des quatre estomacs caractéristiques; mais la panse présente une particularité bien remarquable. Elle est partagée en deux poches distinctes, dont l'une présente es espèces de cellules cubiques constituant par leur ensemble une sorte de *réservoir*. A quelque époque qu'on ouvre le corps d'un Chameau, on trouve dans ce réservoir une certaine quantité d'eau; on a longtemps cru que cette eau avait été déposée, accumulée là par l'animal prévoyant, qui la prenait au dehors partout où il en trouve l'occasion. Mais il semble plus raisonnable de considérer cette eau comme provenant d'une véritable sécrétion, analogue au phénomène physiologique qui remplit d'air la vessie du poisson ou qui remplit d'eau l'urne des népenthes parmi les végétaux.

Lama. — Les Lamas sont, dans le nouveau monde, les représentants des Chameaux de l'ancien continent. Ils se distinguent de ces animaux par l'absence de bosses sur le dos, par leurs pieds à deux doigts qui n'appuient sur le sol que par leurs parties terminales et les sabots moins épatés, par leurs formes plus sveltes qui constituent un ensemble moins volumineux et plus gracieux.

Il existe trois espèces de Lamas : le *Lama proprement dit*, le *Lama Alpaca* et la *Vigogne*.

Le *Lama proprement dit* (fig. 78), ou *Guanaco*, était la seule bête de somme dont les Péruviens fissent usage à l'époque de la découverte de l'Amérique par les Européens; il n'existait pas d'ailleurs à l'état sauvage. Sa taille est à peu près celle d'un petit cheval. Sa tête est peu volumineuse et bien posée. Il porte des callosités au sternum, aux genoux et aux carpes. Son pelage est grossier et la couleur de sa robe est assez variable. Habituellement elle est

brune ou noire; d'autres fois, elle passe au brun clair, au jaune
roux, au gris et même au blanc. Le poil est toujours plus long et
plus frisé sur le corps que sur la tète, le cou et les jambes.

Les anciens habitants du Pérou se servaient de cette espèce, qui
a fourni plusieurs races de bêtes de somme et de labour. Mais
depuis l'introduction des chevaux en Amérique, son usage a beaucoup diminué. Ces animaux sont pourtant très-utiles encore aujourd'hui, pour le transport des fardeaux dans les montagnes et

Fig. 78. Lama.

les chemins difficiles des Cordillères, à cause de l'admirable sûreté
de leur pied. Ils sont lents dans leur marche, et ne portent que
75 kilogrammes environ. Il est inutile d'essayer d'accélérer leur
allure, car si on emploie la violence pour les presser, ils se laissent
tomber, s'obstinent à rester couchés, et se feraient assommer sur
place plutôt que d'avancer.

Le climat que cet animal préfère est celui des plateaux élevés à
la hauteur moyenne de 3000 à 3500 mètres. C'est là qu'on trouve
les troupes les plus nombreuses de Lamas. Les indigènes les tien-

nent parquées dans des enceintes particulières près de leurs cabanes. Au lever du soleil, on les laisse aller chercher en liberté leur
nourriture, sous la conduite de quelques mâles. Le soir, ils reviennent dans leurs parcs, escortés par quelques individus sauvages qui s'arrêtent et repartent, ne voulant pas partager la captivité des individus de leur espèce.

Le Lama est pour l'habitant des Cordillères un auxiliaire précieux à plus d'un titre. La chair des jeunes est bonne à manger.

Fig. 79. Alpaca.

Leur peau donne un cuir assez estimé, et leur poil sert à fabriquer
des étoffes.

Le *Lama Alpaca* (fig. 79) vit dans les mêmes lieux que le Guanaco.
On le reconnaît immédiatement au développement de ses poils, qui
s'allongent beaucoup sur le cou, les épaules, le dos, les flancs, la
croupe, les cuisses, la queue, et qui tombent, de chaque côté du
corps, en longues mèches, ce qui cache les formes de l'animal. Ces
longs poils sont d'un brun fauve. La face et le ventre sont nus. La
tête, généralement grise, offre, dans quelques-unes de ses parties,

des teintes différentes. Le ventre et le dessous des cuisses sont blancs.

Le *Lama Alpaca* est doux, timide, se laisse conduire au moyen d'une corde, par ceux qui lui donnent sa nourriture et qui le soignent; mais si un étranger veut l'approcher, il lui lance des ruades et projette contre lui sa salive avec un souffle violent. Il vit dans les mêmes lieux que le Guanaco. Son allure ordinaire est le gâlop. Sa nourriture est celle qui convient aux moutons. Sa laine est d'une grande finesse, d'une grande élasticité et d'une grande longueur.

La *Vigogne* (fig. 80) est la plus petite espèce du genre Lama. Elle est grande comme une brebis, et ressemble beaucoup au Lama, mais ses formes sont plus légères. Ses jambes sont plus longues proportionnellement au corps, plus menues et mieux faites. Sa tête est plus courte, son front plus large. Ses yeux sont grands, intelligents et doux. Sa gorge est jaunâtre, sa poitrine, le dessous du ventre, le dedans des cuisses sont blancs, le reste du corps est brun. La laine qui pend sous la poitrine est très-longue.

La riche toison de cet animal surpasse, pour la finesse et le moelleux, toutes les laines connues. Pour s'emparer de sa peau, les chasseurs américains le poursuivent jusqu'aux sommets les plus escarpés des Andes où il vit par troupes assez nombreuses. On chasse devant soi ces troupes innocentes; on les pousse dans des enceintes préparées d'avance, et composées de cordes tendues, couvertes de chiffons de diverses couleurs, qui effrayent ces timides animaux. Quand ils sont rassemblés, on les massacre sur place, avec une cruauté insigne. Une seule de ces battues produit quelquefois de cinq cents à mille peaux. Au lieu de détruire les Vigognes, l'homme devrait les soumettre à son joug. Il trouverait d'admirables ressources dans la tonte régulière de leur riche et moelleuse toison.

On s'est occupé bien des fois d'introduire dans nos contrées les deux dernières espèces de Lamas dont nous venons de parler. Si l'industrie française parvenait à les répandre dans les montagnes des Pyrénées, des Alpes, des Vosges, des Cévennes, etc., ils deviendraient pour ces régions une nouvelle et importante source de production. C'est dans cette vue que le Jardin des Plantes de Paris et le Jardin zoologique d'acclimatation de la même capitale réunissent et élèvent un assez grand nombre de Lamas et de Vigognes.

FAMILLE DES RUMINANTS ORDINAIRES. — Ce groupe naturel comprend presque tous les Ruminants. Ce qui distingue les animaux qui le composent, non-seulement de la famille des Caméliens, mais aussi de tous les autres Ruminants, c'est l'existence, presque générale, de deux cornes surmontant le front chez le mâle, et quelquefois aussi chez la femelle.

La structure de ces appendices présente des différences caracté-

Fig. 80. Vigogne attaquée par un carnassier (Cougar).

ristiques, qui ont fait diviser cette grande et importante famille en trois tribus, savoir : les *Ruminants à cornes velues et persistantes*, les *Ruminants à cornes creuses* et les *Ruminants à cornes caduques*.

On a cru nécessaire d'établir dans la même famille une quatrième division comprenant les *Ruminants ordinaires qui manquent de cornes*. Cette division comprend seulement le genre Chevrotain.

Tribu des Ruminants à cornes velues et persistantes. —Cette tribu se compose d'un seul genre, celui des *Girafes,* lequel, à son tour, ne renferme qu'une seule espèce.

La grandeur des Girafes, les singulières proportions de leur corps, la beauté de leur robe, la singularité de leur démarche, sont autant de particularités étranges qui expliquent la curiosité que ces animaux ont toujours provoquée.

Leur tête, longue et effilée, est éclairée par deux grands yeux, vifs et doux. Leur front est orné de deux cornes, composées d'une partie enveloppante qui est la peau épaissie et couverte de quelques poils, et d'une partie osseuse enveloppée. Au milieu du chanfrein est un tubercule de même nature que les véritables cornes, mais plus large et plus court. Les oreilles sont membraneuses, en forme de cornet et rejetées en arrière.

Les narines ne sont point percées dans un mufle, c'est-à-dire que la peau qui les environne n'est point dénudée comme celle des bœufs, par exemple. La bouche a des lèvres longues et mobiles, mais la lèvre supérieure n'est point fendue comme celle des chameaux. Elle laisse fréquemment sortir une langue noirâtre et allongée, dont l'animal aime à promener la pointe sur ses lèvres ou ses narines.

Cette tête est portée sur un très-long cou, qui ne se compose pourtant, comme celui des autres Mammifères, que de sept vertèbres.

Une petite crinière droite règne depuis l'occiput jusqu'au garrot. Le tronc est court et très-incliné sur la ligne dorsale; il est perché sur des jambes hautes et grêles. Ainsi que cela se voit chez un petit nombre d'animaux, et principalement chez les hyènes, le train antérieur est plus élevé que le train postérieur. C'est surtout dans leurs *canons,* ainsi que dans les avant-bras et les tibias, que les jambes ont leur plus grand développement. Les quatre extrémités sont terminées par des sabots fourchus, qui ne présentent point de doigts rudimentaires. La queue, de longueur moyenne, se termine par un flocon de crins noirâtres. La peau qui recouvre ce corps et ces membres sveltes et élégants est tapissée de poils courts, marqués de grandes taches triangulaires ou en carré long, de couleur fauve sur un fond plus pâle. Ces taches, si remarquables, ne se rencontrent point à la face interne des membres, sur les *canons* ni sur le ventre dont le blanc est plus ou moins pur.

Les Girafes ne se trouvent qu'en Afrique, et elles n'y sont même pas nombreuses. Vivant par familles de douze à seize individus, quelquefois de vingt, sur la lisière des déserts, elles

Fig. 81. Girafes.

se rencontrent depuis le cap de Bonne-Espérance jusqu'en Nubie, et dans quelques autres contrées de l'ouest et du nord de l'Afrique.

L'allure habituelle des Girafes est l'amble, c'est-à-dire qu'elles déplacent à la fois les deux membres d'un même côté. Leur mode de progression est très-singulier. Lorsqu'elles courent, elles remuent en même temps les deux membres d'un même train, et

tenant ceux de devant écartés, elles amènent brusquement entre
ces deux membres, ou même en avant, leurs jambes postérieures;
après que celles-ci ont pris leur point d'appui, elles font avancer
les premières. En même temps elles remuent leur corps d'une
manière singulière, et balancent leur long cou de l'arrière à l'a-
vant. Ce long cou leur est d'ailleurs très-utile pour arracher, à
coups de langue, presque au sommet des arbres, les feuilles, qui
constituent une grande partie de leur nourriture.

Dans les ménageries on nourrit les Girafes à peu près comme
tous les autres ruminants, avec du blé, du maïs, des carottes, du
fourrage. Dans la vie sauvage les feuilles de quelques espèces de
mimosa sont la base de leur nourriture. C'est en enroulant autour
des rameaux une langue fort longue, grêle et pointue, qu'elles
peuvent faire saillir de trente à quarante centimètres hors de la
bouche, qu'elles s'approprient la légère frondaison des plantes
que nous venons de citer.

Le caractère de ces animaux est doux, comme leur regard. En
général ils ne fuient pas la vue de l'homme; mais si on les approche
de manière à les inquiéter, ils s'éloignent rapidement. Réduite en
esclavage, la Girafe est docile jusqu'à la timidité; un enfant pourrait la conduire avec un ruban. Si on la taquine, si on la contrarie,
elle ne donne jamais de la tête; elle ne fait aucune démonstration
hostile avec ses cornes; seulement elle piaffe avec ses membres
antérieurs, quelquefois même elle rue, comme le cheval, avec
ses jambes de derrière.

Il est très-difficile, sinon impossible, de prendre vivantes des
Girafes adultes. Elles détalent avec une telle vitesse, avec une suc-
cession de bonds si prodigieux, qu'elles laissent loin derrière elles
les plus agiles chevaux. Pour les prendre vivantes il faut les attaquer à l'âge où elles tettent encore. Si on a le bonheur de les conserver pendant quelques jours, elles deviennent tranquilles et
bientôt familières. Mais souvent les pauvres captives refusent toute
nourriture et meurent bientôt.

La Girafe a pour ennemis le lion et la panthère. En plaine elle
les distance aisément; mais si elle est surprise par une de ces bêtes
féroces en embuscade, elle montre assez de courage et de force
pour résister à ses redoutables ennemis. Elle les frappe avec ses
pieds de devant, et ses coups sont souvent mortels. Mais presque
toujours le lion s'est élancé, d'un bond, sur la croupe, et alors
elle est perdue.

La Girafe compte aussi l'homme parmi ses ennemis. Les Hottentots estiment beaucoup sa chair. Avec sa peau, qui est épaisse, ils font des courroies, des vases et des outres pour conserver l'eau. Ils la guettent, l'attendent au passage, lui lancent des flèches empoisonnées, et la suivent à la piste, pour s'en emparer lorsqu'elle mourra de sa blessure. L'emploi devenu général des armes à feu, pour la chasse de la Girafe, amènera certainement l'anéantissement complet de cette admirable et pacifique espèce animale.

Les anciens connaissaient la Girafe. L'*Hippardion* d'Aristote n'est que la Girafe mal définie. Les Égyptiens ont laissé, dans leurs peintures, ou dans leurs bas-reliefs, des figures parfaitement reconnaissables de la Girafe. Pline, Oppien, Héliodore, en ont parlé. Les Romains la possédèrent vivante et la promenèrent dans leurs cirques. Elle parut dans le cortége des triomphateurs. Il vint en Europe quelques Girafes pendant le Moyen âge et la Renaissance. Buffon ne put observer par lui-même cet animal. L'illustre voyageur Levaillant, qui, après avoir sacrifié sa fortune à de longs et périlleux voyages en Afrique, mourut presque dans la misère, envoya au Jardin des Plantes de Paris la première Girafe empaillée que cet établissement ait possédée.

Levaillant raconte ainsi l'épisode de ses chasses qui le rendit maître de ce rarissime animal [1] :

« Je m'étais mis en chasse au lever du soleil dans l'espoir de trouver quelque gibier pour mes provisions. Après quelques heures de marche, nous aperçûmes, au détour d'une colline, sept girafes qu'à l'instant ma meute attaqua. Six d'entre elles prirent la fuite ensemble ; la septième, coupée par mes chiens, s'écarta d'un autre côté. Bernfry, dans ce moment, marchait à pied et tenait son cheval par la bride ; en moins d'un clin d'œil, il fut en selle et se mit à poursuivre les six premières. Moi, je suivis l'autre à toutes brides ; mais, malgré les efforts de mon cheval, elle gagna tellement sur moi qu'en tournant un monticule elle disparut à ma vue et je renonçai à la poursuivre. Cependant mes chiens ne tardèrent pas à l'atteindre. Bientôt même ils la rejoignirent de si près qu'elle fut obligée de s'arrêter pour se défendre. Du lieu où j'étais, je les entendais donner de la voix de toutes leurs forces ; mais ces voix me paraissant toujours venir du même endroit, j'en conjecturai que l'animal était quelque part acculé par eux, et aussitôt je piquai vers lui.

« En effet, j'eus à peine tourné la butte que je l'aperçus entouré des chiens et tâchant, par de fortes ruades, de les écarter. Il ne m'en coûta que de mettre pied à terre ; d'un coup de carabine je le renversai.

---

1. *Second voyage dans l'intérieur de l'Afrique*, tome II, p. 220.

« Enchanté de ma victoire, je revins sur mes pas pour appeler mes gens auprès de moi et leur faire dépouiller et dépecer la bête. Tandis que je les cherchais des yeux, je vis Klaas Baster qui, d'un air très-empressé, me faisait des signes auxquels d'abord je ne compris rien. Mais ayant porté la vue du côté que me désignait sa main, j'aperçus avec surprise une girafe arrêtée sous un grand ébénier et assaillie par mes chiens. Je crus que c'en était une autre et courus vers elle. C'était la mienne qui s'était relevée et qui, au moment où j'allais lui tirer un second coup, tomba morte.

« Qui croirait qu'une conquête pareille excita dans mon âme des transports voisins de la folie! Peines, fatigues, besoins cruels, incertitude de l'avenir, dégoût quelquefois du passé, tout disparut, tout s'envola à l'aspect de cette proie nouvelle : je ne pouvais me rassasier de la contempler; j'en mesurais l'énorme hauteur. Je reportais avec étonnement mes regards de l'animal détruit à l'instrument destructeur. J'appelais, je rappelais tour à tour mes gens; et quoique chacun d'eux eût pu en faire autant, quoique nous eussions abattu de plus pesants et de plus dangereux animaux encore, je venais, le premier, de tuer celui-ci; j'en allais enrichir l'histoire naturelle; j'allais détruire des romans et fonder à mon tour une vérité. »

Telles sont les joies pures, profondes, et toujours nouvelles, qui attendent le naturaliste voyageur, dans les contrées lointaines où le poussent l'amour de la science et le dévouement au progrès.

Jusqu'en 1827, aucune Girafe n'avait été vue vivante, ni à Londres ni à Paris. A cette époque, le pacha d'Égypte ayant appris que les Arabes de la province de Sennaar, en Nubie, avaient réussi à élever deux petits de Girafe, avec du lait de chamelle, fit amener au Caire ces deux animaux. Il en donna un au consul d'Angletere, et l'autre au consul de France.

La Girafe envoyée au pacha d'Égypte avait fait le trajet de Sennaar au Caire en partie à pied, en partie sur le Nil dans une barque spécialement préparée pour la recevoir. Elle arriva en France pendant le mois de janvier, demeura tout l'hiver à Marseille, et ne se remit en route pour Paris qu'au mois de mai. Elle était à Lyon le 5 juin.

Le 30 juin elle fit *son entrée* à Paris. Elle dut se rendre à Saint-Cloud pour être présentée au roi avant de prendre définitivement sa place à la ménagerie du Muséum.

On se souvient encore du succès qu'obtint à Paris cette étrange visiteuse. On ne pouvait se lasser d'admirer sa singulière allure, la hauteur de sa taille, son long cou, la singularité de sa robe et la vivacité de ses couleurs. On en fit un nombre incalculable de portraits et de dessins. Il y eut pour elle des élans de curiosité et d'admiration sans fin. Tout Paris a pu d'ailleurs se satisfaire longtemps de sa vue, car la Girafe du Sennaar mena au Jardin des Plantes une existence longue et paisible, qui ne s'est terminée qu'en 1845.

Tribu des Ruminants à cornes creuses. — Les Ruminants dont les cornes sont enveloppées d'une gaîne élastique, semblable à des poils agglutinés, peuvent se diviser en deux groupes. Dans le premier, le noyau osseux des prolongements frontaux ne pré- sente dans son intérieur ni pores, ni cellules; tandis que dans les animaux appartenant au second groupe, le noyau est creusé de cellules qui communiquent avec les sinus frontaux.

Dans les premiers groupes se rangent les genres *Chamois, Gazelle, Saïga, Portax, Counochète* et *Alcélaphe.*

Au second groupe appartiennent les genres *Chèvre, Mouflon, Mouton* et *Bœuf.*

Étudions d'abord les espèces les plus remarquables appartenant aux genres du premier groupe. Ces genres rentrent tous dans un groupe homogène et très-naturel, anciennement connu sous le nom d'*Antilopes.* Il comprend environ une centaine d'espèces, dont aucune n'a été rendue domestique, et qui vivent pour la plupart en Afrique. Ce sont, en général, des animaux à taille élancée et légère, à course rapide, ayant un caractère doux et timide, vivant en troupes nombreuses, et se distinguant surtout par la forme de leurs cornes.

Nous passerons rapidement en revue, en suivant la nomenclature de M. Paul Gervais, quelques-uns des genres les plus remarquables résultant de la division de l'ancien groupe des Antilopes, genres au nombre de six, dont nous avons donné la liste plus haut.

Chamois. — Le genre Chamois a pour caractère principal des cornes lisses, placées immédiatement au-dessus des orbites, montantes, recourbées en arrière, et comme en hameçon à leur sommet. Ces cornes existent dans les deux sexes, et y sont à peu près de même forme. Les mamelles sont au nombre de deux seulement; la queue est courte; les larmiers et les brosses manquent.

Le Chamois d'Europe (*Rupicapra Europæa*) est de la taille d'une petite chèvre. Il est couvert de deux sortes de poils, l'un laineux et brunâtre très-abondant, l'autre soyeux, sec et cassant. Sa robe est d'un brun foncé en hiver et d'un brun fauve en été. Sa tête fine et intelligente est d'un jaune pâle, avec une bande brune sur le museau et autour de l'œil; une ligne blanche termine le corps.

Ses cornes sont noires, petites, courtes, lisses et un peu arrondies, verticales et droites, puis courbées brusquement en arrière à la pointe.

Ce joli ruminant vit dans les Pyrénées et les Alpes, ainsi que sur quelques points élevés de la Grèce. Il est devenu extrêmement rare, de sorte que les chasseurs de Chamois ont maintenant leurs principaux succès à l'Opéra-Comique.

Fig. 82. Chamois d'Europe.

Le Chamois vit par petites bandes, au milieu des rochers escarpés des plus hauts sommets. D'une agilité incomparable, il franchit les précipices, escalade, d'un pied vif et sûr, les pentes les plus rapides, bondit dans les sentiers les plus étroits qui longent le bord des abîmes, saute d'un roc à un autre, et s'y tient fixe sur la pointe la plus aiguë, où se trouve à peine la place de ses quatre pieds, et tout cela avec une justesse de coup d'œil, une énergie musculaire, une élégance, une précision de mouvements et un aplomb sans pareil. On comprend aisément dès lors que la chasse de ces légères et audacieuses créatures soit fertile en dangers.

Comme la seule arme défensive du Chamois est la fuite, chez lui la vue, l'odorat, l'ouïe, et les organes du mouvement ont atteint un haut degré de perfection. Il n'est que très-rarement surpris et on ne peut le tirer que de fort loin, avec des carabines de longue portée. Dans cette chasse inutile, de peu de rapport, beaucoup de montagnards tombent dans les précipices. Quelquefois même un Chamois, poursuivi par un chasseur, précipite celui-ci dans l'abîme pour s'ouvrir un passage, quand il est cerné ou serré de trop près.

Aux approches de l'hiver, les Chamois quittent le versant nord des montagnes, pour aller habiter celui du midi, mais ils ne descendent jamais dans la plaine.

Gazelle. — Le genre *Gazelle* comprend des animaux à formes gracieuses, un peu plus petits que les Chamois. Ils n'ont pas de mufle, mais des larmiers. Leur queue est courte; leurs mamelles sont au nombre de deux. Leur couleur est fauve ou isabelle sur le dos, séparée de la couleur du ventre, qui est blanche, par une bande brune ou noirâtre. Les cornes, plus fortes chez les mâles que chez les femelles, sont à double courbure, en forme de lyre et sans arêtes. Les narines sont habituellement entourées de poils.

Les yeux de ce gracieux habitant des hauts sommets sont si beaux et si doux, ses mouvements sont si gracieux et si légers, qu'il sert de comparaison et d'image aux poëtes arabes.

Les *Gazelles proprement dites* sont les espèces de ce genre que l'on voit le plus habituellement dans nos parcs et dans nos ménageries. Telle est, par exemple, la *Gazelle dorcade* qui habite une grande partie de l'Afrique septentrionale, dans les grandes plaines et dans la région saharienne. Elle a la taille du chevreuil, mais les formes plus légères et plus gracieuses.

La Gazelle vit par troupes nombreuses « qui semblent formées tout exprès, dit cyniquement Boitard, pour fournir une pâture certaine aux lions, aux panthères, aux hyènes, aux chacals, aux loups, aux aigles et aux vautours. » Cette proie se compose, hélas! d'êtres inoffensifs, doux et timides, qui n'ont que leur fuite rapide à opposer à leurs implacables ennemis. Cependant ces animaux montrent quelquefois une sorte de courage désespéré. Si leurs bandes sont surprises, ils se pressent les uns contre les autres;

rangés en cercle, ils font tête aux ravisseurs avec leurs cornes impuissantes. Le ravisseur, si c'est un tigre, par exemple, a dès lors tout loisir de faire le choix de sa victime; il s'élance sur elle et la troupe épouvantée se débande et fuit.

On chasse la Gazelle avec le chien ou avec l'aide du cheval (fig. 83). On en prend aussi en lâchant au milieu de leurs bandes

Fig. 83. Chasse à la gazelle.

des individus apprivoisés, dont les cornes sont garnies de nœuds, auxquels les Gazelles sauvages viennent se prendre.

Prise jeune et élevée en captivité, la Gazelle devient domestique; elle est alors très-sensible aux caresses. Elle ne cherche pas à fuir pour reconquérir sa liberté; seulement elle languit, et refuse de donner à son maître une postérité d'esclaves.

D'autres espèces de Gazelles vivent au Maroc, au Sénégal, dans là Nubie, au cap de Bonne-Espérance. Il serait sans intérêt de les mentionner particulièrement.

Saïga. — Le genre Saïga comprend des espèces d'Antilopes à cornes spirales, à double ou triple courbure, annelées, sans arêtes, et qui n'existent que chez les mâles. Elles n'ont pas de mufle, mais possèdent un larmier ; elles ont les poils du carpe disposés en manière de brosse, ont des pores inguinaux, deux mamelles seulement et une queue courte et sans flocons.

Tel est le *Saïga des Indes*, ou l'*Antilope algazelle* (fig. 84), qui a le

Fig. 84. Antilope algazelle.

corps svelte comme la Gazelle, le pelage d'un brun fauve en dessus et blanc en dessous ; les cornes noires, longues, annelées dans une grande étendue. Avec ces cornes, les Fakirs indiens font une arme, qu'ils portent à leur ceinture, en guise d'épée et de poignard.

Ces animaux sont très-rapides à la course. On assure qu'ils peuvent sauter à la hauteur de quatre mètres, et franchir d'un bond un espace de douze mètres. Habitant les plaines ouvertes et d'où l'on peut voir de loin, ils vivent en familles, composées de dix à soixante femelles pour un seul mâle adulte. Lorsqu'ils paissent ou qu'ils ruminent, ils placent de jeunes mâles en sentinelle, à deux cents ou trois cents mètres de distance, pour veiller à la sûreté commune. A la moindre alarme, le troupeau s'enfuit, le vieux mâle en tête.

Nous citerons encore le *Saïga de Tartarie*, qui est grand comme un daim. Ses cornes, de la longueur de la tête, sont transparentes, jaunes, disposées en lyre et annelées jusqu'à l'extrémité. Son

Fig. 85. Antilope Coudou.

museau cartilagineux est très-saillant. Il vit dans l'Asie septentrionale, principalement dans la région des monts Altaï et s'étend jusque sur les frontières de l'Europe.

Les individus de cette espèce se rassemblent pour voyager en troupeaux de plusieurs milliers. Ils vivent d'absinthes et d'armoises. Leur vue est courte, mais leur odorat est si fin qu'ils éventent l'ennemi de très-loin. Les mâles font la garde, défendent les petits contre les attaques des loups et des renards.

Parmi les Antilopes d'Afrique citons le *Coudou* (fig. 85), l'*Antilope namsa* (fig. 86), etc.

Portax. — C'est au genre *Portax* qu'appartient le *Nyl-Ghau* ou le *Taureau-Cerf* des Indes (fig. 85). C'est un bel animal, ayant à peu près la taille d'un cerf, en même temps que ses formes générales. Il paraît plus lourd à cause de la grosseur de ses jambes. Aussi les voyageurs l'ont-ils souvent comparé à un bœuf, et son nom de *Nyl-Ghau*, en indou, signifie bœuf bleu.

Fig. 86. Antilope namsa.

Sa tête est mince et assez longue; son cou porte une crinière noirâtre qui forme une espèce de houppe sur le garrot; ses cornes, moitié moins longues que la tête, sont coniques, lisses, très-écartées l'une de l'autre, légèrement courbées en avant, et n'existent que chez le mâle. Celui-ci a un pelage d'un gris ardoisé, tandis qu'il est d'un gris fauve dans la femelle. La queue est longue et terminée par de longs poils.

Ce curieux animal habite le bassin de l'Inde; les montagnes de Kashmir et de Guzarate. On le chasse pour sa chair, qui est estimée. Il est d'un caractère timide; mais devant le chasseur il ne se rend pas sans avoir courageusement défendu sa vie. On a élevé des Nyl-Ghaus à la ménagerie du Muséum. Ils étaient doux, léchaient les mains de ceux qui les caressaient, et n'ont jamais blessé personne.

Fig. 87. Antilopes Nyl-Ghau.

Counochète. — Les animaux de ce genre ont l'apparence bovine, le mufle élargi, dénudé; un fanon; une queue longue et floconneuse; des cornes qui existent dans les deux sexes sont épatées à leur base, descendent ensuite obliquement en avant pour se redresser brusquement.

Ainsi le *Counochète* ou *Antilope Gnou* (fig. 88), qui vit dans l'Afrique méridionale, est de la grandeur d'un âne. D'un corps trapu et musculeux, il a le mufle d'un bœuf, les jambes d'un cerf, l'encolure et la croupe d'un petit cheval. Sa tète est comprimée, son pelage est ras, d'un gris fauve. Il porte sur le cou une crinière fournie de poils gris, noirs et blancs; sous son menton pend une barbe épaisse et brune. Ces animaux remarquables vivent en troupes

Fig. 83. Antilope gnou.

nombreuses dans les montagnes au nord du cap de Bonne Espé-

Fig. 89. Bubale.

rance. Ils courent sur une seule file, en suivant un conducteur.

Alcélaphe. — Nous nous contenterons de signaler dans ce genre le *Bubale* du nord de l'Afrique (fig. 89), à la tête allongée, aux cornes simulant les deux branches d'une fourche, qui vit par troupes nombreuses, se mêle quelquefois aux troupeaux domestiques, ne les quitte plus et pourrait peut-être être utilisé.

Les Ruminants à cornes creuses qui ont le noyau osseux de ces cornes occupé en grande partie par des cellules communiquant avec les sinus frontaux, comprennent, comme nous l'avons déjà dit, les genres *Chèvre, Mouflon, Mouton* et *Bœuf.*

Chèvre. — Les Chèvres ont pour caractères d'avoir les cornes ascendantes, curvilignes, grandes et divergentes. La coupe de ces cornes est prismatique ou elliptique, et leur face antérieure est souvent noueuse ; leur base repose sur une saillie des os du front. Le chanfrein est droit, et non busqué, comme chez les moutons. Le menton est garni d'une longue barbe, surtout chez les mâles. La queue est courte, le corps peu chargé de graisse. Les pieds sont plus trapus que ceux des moutons ; les mamelles sont au nombre de deux.

On connaît plusieurs espèces de Chèvres sauvages ; nous citerons particulièrement le *Bouquetin des Alpes* et l'*OEgagre.*

Le *Bouquetin* (fig. 90) est de la grandeur d'un bouc. Son pelage d'hiver est composé de poils longs et rudes, recouvrant un poil doux, fin et touffu, qui persiste pendant l'été. Il est d'un gris fauve en dessus, blanc en dessous, avec une bande dorsale noire, et une ligne brune qui traverse les flancs. Une barbe noire et rude lui pend au menton ; ses cornes sont noirâtres, avec deux arêtes longitudinales, et ses côtes saillantes transversales.

Ces animaux habitent presque toutes les hautes montagnes de l'Europe, et se tiennent à une zone encore plus élevée que celle du chamois. Ils ont l'œil vif et brillant, l'oreille mobile, la démarche fière, indépendante. Suspendus aux pics voisins des glaces éternelles, ils se nourrissent de rares graminées, des bourgeons du saule alpestre, du bouleau nain et des rhododendrons.

Il leur suffit d'une pointe de rocher où ils puissent ramasser leurs quatre pieds, pour y tomber d'aplomb, d'une hauteur de huit à dix mètres, y rester en équilibre ou s'en élancer, au même instant, sur d'autres pointes, soit inférieures, soit plus élevées. Ils éventent le chasseur bien avant d'être aperçus de lui. Si un chasseur habile les a cernés jusqu'au bord d'un précipice où il n'y ait à leur portée ni une pointe de glace, ni une crête de roche, ils s'élancent dans l'abîme, la tête entre les jambes et les cornes en avant, pour amortir la violence de la chute. Quelquefois le Bouquetin, serré de trop

Fig. 90. Bouquetin.

près, adopte une autre tactique. Il fait volte-face, court droit au chasseur et le précipite dans l'abîme, en passant devant lui comme un trait.

L'*OEgagre* ne se distingue du Bouquetin que par ses cornes tranchantes en avant. Il habite les montagnes de l'Asie depuis le Caucase jusqu'à l'Himalaya. Nous le mentionnons seulement, parce que c'est de l'OEgagre dont la race s'est mêlée à celle du Bouquetin, que descendent nos chèvres domestiques.

La *Chèvre domestique* a été nommée la *vache du pauvre*. On ne peut pas toujours avoir une vache, mais on peut toujours avoir une chèvre. C'est un animal rustique, sobre, qui donne en abondance un lait excellent. Si par maladie ou toute autre cause une mère ne peut allaiter son enfant, aucun lait ne le remplacera mieux que celui de la Chèvre, animal qui se laisse facilement teter, et qui même s'attache avec une véritable tendresse à son nourrisson.

Ces qualités sont accompagnées de quelques défauts. La Chèvre est indocile, vagabonde, capricieuse; mais il est facile à l'homme

de profiter de ses qualités et de supporter ses défauts sans grands
inconvénients.

On élève en France deux variétés principales de ce ruminant :
la *Chèvre commune* et la *Chèvre à oreilles pendantes*.

La *Chèvre commune* (fig. 91), dont la robe est entièrement blanche,
blanche et noire, brune ou grise, de diverses nuances, avec des taches
blanches, est la plus répandue et la plus rustique de toutes. Il y en a

Fig. 91. Chèvre commune.

une sous-variété sans cornes. Convenablement soignée, elle donne,
en échange de fort peu de nourriture, deux chevreaux par an, un
lait abondant et son poil, qu'on peut tondre une fois chaque
année.

La *Chèvre à oreilles pendantes* est plus souvent dépourvue de
cornes que la précédente. Elle se plaît surtout dans nos départements du midi, car elle est un peu moins rustique et plus sensible
au froid que la Chèvre commune.

Il existe en Orient deux races caprines : celle du *Thibet* et de *Cachemyr*, et celle d'*Angora*.

La *Chèvre du Thibet* (fig. 92) se trouve surtout en grand nombre dans la magnifique vallée de Cachemyr et dans le Thibet.

La Chèvre du Thibet est, sans contredit, la plus précieuse de toutes les races caprines. Son duvet, placé sous le poil, lequel est peu abondant, sert à fabriquer ces précieuses étoffes, ces merveilleux tissus de l'Inde, nommés *cachemires*, et estimés dans le monde entier par leur finesse, leur moelleux et leur douceur. On l'enlève tous les ans avec un peigne à doubles dents approprié à cet usage.

L'acclimatation de cette race en France n'a présenté aucune dif-

Fig. 92. Chèvre du Thibet.

ficulté; mais le duvet produit dans nos climats n'ayant pu supporter avec avantage la concurrence du produit exotique, cette race ne s'est propagée chez nous que dans des proportions insignifiantes.

La *Chèvre d'Angora* (fig. 93) vit dans l'extrême Orient. L'acclimatation de cette race, tentée à diverses reprises en France, n'a rencontré aucune difficulté. Ces animaux, nés à la ménagerie du Jardin des Plantes de Paris, y vivent comme sur leur terre natale.

La Chèvre d'Angora est de toutes les races étrangères la plus facile et la plus avantageuse à propager en France, où elle paraît

15

appelée à faire la fortune des pays de montagnes. Elle donne autant
de lait que les Chèvres d'Europe, et sa toison est composée d'une
laine longue et fine, qui conserve tout son lustre à la teinture.
Cette laine ressemble à s'y méprendre à de la soie teinte; elle a
l'éclat de cette dernière, et reçoit toutes les nuances qu'on applique
à la soie. Elle est supérieure, pour la fabrication des velours de
laine, aux laines réputées les meilleures. On en fabrique aussi
d'excellents tissus légers : ceux qu'on nomme dans le commerce
draps zéphir.

Les Chèvres d'Angora sont en général de petite taille; leur poil,

Fig. 93. Bouc et chèvre d'Angora.

toujours blanc et en mèches vrillées, est long et soyeux.

Il existe d'autres races de Chèvres, parmi lesquelles nous citerons la *Chèvre de Nubie* qu'on élève au Jardin des Plantes de
Paris.

Genre Mouflon. — Les *Mouflons*, animaux de montagnes, comme
les bouquetins, sont répandus sur une plus grande surface du
monde. Il en existe non seulement dans l'ancien continent, mais
aussi dans l'Amérique septentrionale.

Le *Mouflon commun* de la Corse et de la Sardaigne est à peu près de la taille d'un mouton ordinaire, mais plus robuste. Sa toison, laineuse et grisâtre, est cachée sous des poils longs et soyeux, de couleur fauve où noire. Ses cornes sont grandes, triangulaires à leur base, et aplaties vers la pointe ; chez la femelle elles manquent complétement. Ce ruminant vit en troupes assez nombreuses.

Le *Mouflon de montagne*, qui habite les Montagnes Rocheuses et la Californie, est remarquable par la grosseur de ses cornes.

Le *Mouflon à manchettes* (fig. 94) est une espèce africaine re-

Fig. 94. Mouflon à manchettes.

marquable par la crinière qui recouvre ses épaules et par les poils allongés en forme de manchettes qui tombent de ses poignets.

Il existe, en Asie, une espèce de Mouflon, nommé *Argali* (fig. 95), qui est grand comme un daim, et dont les cornes sont assez semblables à celles de nos béliers.

Genre Mouton. — D'après M. Milne-Edwards, c'est du mouflon commun ou de l'argali que paraissent descendre les innombrables variétés de Moutons que l'homme élève en domesticité. M. Paul

Gervais croit pourtant que les Moutons sont des animaux domestiques qu'on n'a jamais connus à l'état sauvage.

Les caractères principaux des Moutons consistent dans la plus grande longueur de leur queue, qui descend habituellement jusqu'au talon, dans la nature osseuse de leurs cornes, qui sont plus écartées à leur base et plus en spirale que celles des mouflons. Enfin certains Moutons manquent de cornes, même dans le sexe mâle.

Il est certain que les Moutons ont un aspect bien différent de celui du mouflon ou de l'argali. Ils n'ont ni les formes sveltes et

Fig. 95. Argali, ou Mouton sauvage.

gracieuses, ni la légèreté d'allure de ces deux ruminants sauvages. Ils sont lourds dans leur allure, et lents dans leur marche. Les poils longs et soyeux du mouflon et de l'argali ont presque entièrement disparu chez eux; tandis que le duvet, prenant un développement extrême, constitue une épaisse toison. L'intelligence de ces animaux est très-bornée, et leur constitution faible. Ils ne tarderaient pas à disparaître si l'homme ne les enveloppait de soins attentifs et continuels.

Dans nos pays les Brebis ne font, en général, qu'un petit par portée, et ne produisent qu'une fois par an; mais dans les pays plus chauds, elles en font souvent deux ; quelques races donnent même deux Agneaux à la fois. La durée de la gestation est de cinq mois. Les Brebis conservent leur lait pendant sept ou huit mois, après la naissance de leurs petits ; mais on ne laisse les Agneaux teter que deux ou trois mois. A un an les Brebis peuvent déjà se reproduire, et elles continuent à être fécondes jusqu'à l'âge de dix à douze ans.

Il existe de très-grandes différences dans les diverses sortes de Moutons. Une race remarquable pour la singularité de ses formes est celle des *Moutons à large queue*, chez lesquels cet appendice est tellement gonflé par la graisse, qu'il a souvent la forme d'une longue loupe. Cette race existe dans les parties tempérées de l'Asie, dans le midi de la Russie, dans la haute Égypte. Des voyageurs ont même raconté que dans certaines parties de l'Afrique orientale on rencontre de ces Moutons attelés à une sorte de brouette, destinée uniquement à supporter le poids de leur queue.

Une autre race, tout aussi remarquable, est connue sous le nom de *Mouton à tête noire*. Elle n'a pas de cornes, et son cou est pourvu d'un rudiment de fanon, qui rappelle jusqu'à un certain point celui des bœufs.

Le *Mouton de Valachie* se distingue par ses cornes dirigées en haut, et disposées en spirale, comme celles des antilopes.

Chez le *Mouton d'Islande*, il peut exister trois, quatre et jusqu'à huit cornes. Nous reviendrons bientôt, en parlant de l'élevage des Moutons, sur d'autres races qui sont très-répandues chez nous ou chez les peuples voisins.

Les Moutons constituent, en effet, une des principales sources de la richesse agricole, et fournissent à l'industrie manufacturière des produits d'une importance considérable. Les troupeaux de Moutons améliorent notablement le sol, par le fumier qu'ils y déposent. Le pacage de ces animaux dans un champ destiné à la culture du blé fait sentir ses bons effets pendant trois années consécutives. On a longtemps désigné les moutons en économie rurale sous le nom de *bêtes à laine*, et en effet cette laine en a été longtemps le produit le plus estimé ; mais ils sont en même temps et surtout des bêtes à viande. Cette viande est un aliment très-sain, très-agréable et très-nourrissant. La graisse du Mouton, ou *suif*, est également un des plus importants produits de ces animaux ; dans certaines races elle peut former une couche épaisse de sept à huit pouces, le long des côtes et autour des reins. Leur peau, dépouil-lée de la laine, a aussi de nombreux usages. C'est avec ce tégu-ment que l'on fabrique la plupart des peaux minces employées pour la confection des souliers et des gants. Préparée par d'au-tres procédés, elle prend, dans le commerce, le nom de *chamois*, *parchemin*, *velin*, etc. Enfin le lait et le fromage sont d'autres pro-duits utiles que nous fournit ce précieux ruminant.

Le lait de Brebis, caractérisé surtout par sa qualité butyreuse, est employé directement comme nourriture, dans beaucoup de con-trées, mais il entre plus habituellement dans la fabrication des fromages. Les troupeaux ne reçoivent dans aucune partie de la France des soins aussi bien dirigés en vue de la production du lait et de sa transformation en fromage, que dans le département de l'Aveyron, et principalement dans la contrée dont le village de Roquefort est le centre. Aux environs de ce village on nourrit près de deux cent mille Brebis laitières. La base des fromages est ce lait caillé, dans lequel on a mêlé et pétri une petite quantité de pain moisi réduit en poudre. Ces fromages subissent dans les caves de Roquefort une série d'opérations sur lesquelles nous ne sau-rions nous étendre ici, et qui leur donnent leur goût et leurs qua-lités spéciales.

Les produits essentiels que donne le Mouton, sous le raport in-dustriel et agricole, sont en résumé la laine et la viande. Pour fournir ces deux produits, l'animal doit présenter un type de belle conformation.

Nous examinerons avec soin les différentes races de Moutons; mais avant d'aborder cette question, nous dirons quelques mots de l'origine, de la structure, des qualités de la laine et de la récolte de la toison.

Les bulbes de la peau du Mouton sécrètent, à l'état naturel, deux sortes de poils : l'un raide et droit, appelé *jarre*, est le plus abon-dant; l'autre onduleux ou frisé, nommé *laine*, est le plus rare. Dans l'état domestique, les proportions sont renversées : c'est la *laine* qui domine, et constitue la toison. La *jarre*, ou poil raide, tend à diminuer de plus en plus, sous les efforts de la culture. La *toison de laine* résulte de l'assemblage de *mèches*, les mèches de l'assemblage de *brins*.

Le brin se compose de tubes emboîtés, qui ne sont visibles qu'au microscope. Il est d'un diamètre variable; aussi divise-t-on

Fig. 96. Un troupeau de Moutons de la Brie.

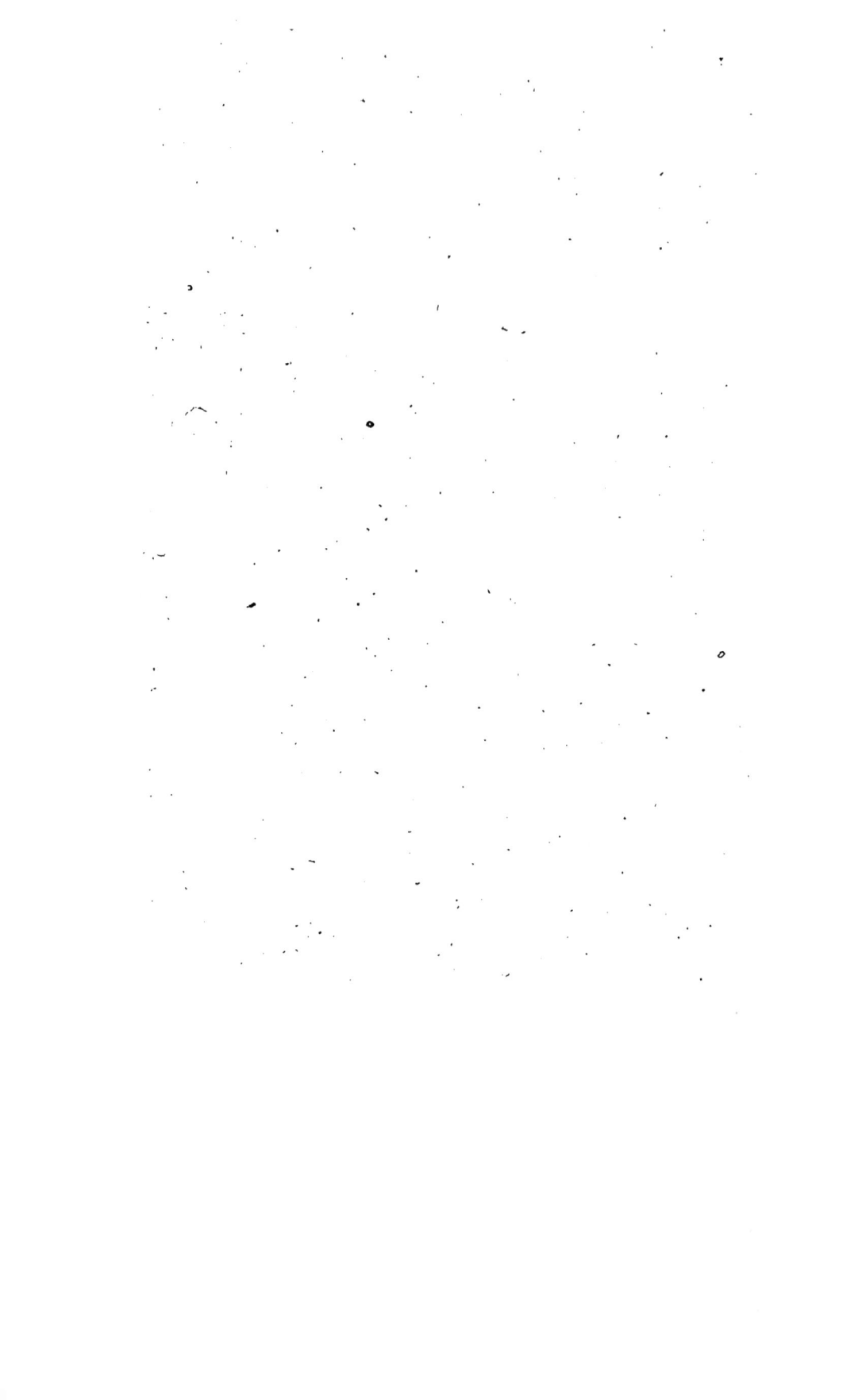

les laines en *extra-fines*, *fines*, *intermédiaires*, *communes* et *grossières*. Le brin égal en diamètre dans toute son étendue est très-estimé; lorsqu'il est droit, la laine est *lisse*; quand le brin est flexueux, la laine est *ondulée*; lorsqu'il offre des flexions très-rapprochées, elle est *frisée*; lorsqu'il présente sur toute son étendue des plis alternatifs, à angles opposés, et plus ou moins aigus, elle est en *zigzags*: ce dernier caractère paraît appartenir exclusivement à la race mérinos. Du reste, ces flexions sont assez en rapport, en général, avec le degré de finesse.

On recherche dans une laine la *souplesse*, le *moelleux*, la *douceur*, qui signifient que le brin conserve les directions qui lui sont imprimées, qualités que ne présentent pas les laines dites *raides*, *dures* ou *jarreuses*. Quand elle jouit de ces propriétés, la laine est plus facile à travailler, à feutrer, et elle communique aux tissus fabriqués cette douceur au toucher et ce moelleux si estimés dans les étoffes. On recherche également l'*extensibilité* et l'*élasticité* du brin, sans lesquelles les laines ne pourraient servir à la fabrication des étoffes foulées.

La plupart des propriétés que nous venons de signaler paraissent dues à la matière grasse qui pénètre plus ou moins le brin de laine. Cette matière grasse est très-complexe, et sa composition varie suivant les individus. Sécrétée par des follicules particuliers de la peau du Mouton, elle est plus ou moins fluide et onctueuse. On donne à cette graisse le nom de *suint*.

Quand le *suint* abonde à la surface du brin, il communique à la laine de la douceur et de la souplesse. S'il est épais et fortement coloré, il donne aux laines un toucher rude et grossier et nécessite des procédés particuliers de dégraissage.

La laine est naturellement blanche, rousse ou noire. Les Moutons roux et noirs sont peu estimés, et éliminés des grands troupeaux.

Les meilleures laines de la toison se trouvent sur les parties latérales du corps depuis les épaules jusqu'à la croupe, et en bas jusqu'au niveau de la face inférieure du ventre, sur les épaules, les côtes et les flancs.

Sur la face inférieure du ventre, les mèches sont resserrées, feutrées et courtes, parce qu'elles sont souvent comprimées et humides lorsque l'animal se couche. Chez les races les plus laineuses la toison est en ce point moins fournie, et chez d'autres races il n'y a que de la jarre.

Sur le dos, la croupe et le haut des cuisses, la régularité de la mèche et l'uniformité du brin diminuent. La laine, dans ces parties du corps, n'a ni le moelleux ni la souplesse de celle des côtes. La laine des parties inférieure et supérieure du cou se montre très-souvent molle et pendante, au lieu d'être courte et nerveuse, comme le reste de la toison. Elle est en général plus rude et plus dure, à ondulations larges, à mèches irrégulières, lâches et pendantes sur la tête, le front, le poitrail. Celle du garrot est presque toujours grossière. A l'extrémité des membres elle n'est pas du tout estimée.

Arrivons aux diverses races de Moutons. Dans son ouvrage sur la *Zootechnie*, M. A. Sanson classe les races ovines en deux catégories : les races à *laine longue*, c'est-à-dire droite ou seulement ondulée, et les races à *laine courte*, c'est-à-dire à laine frisée.

Dans les races à *laine longue*, la toison n'a qu'une valeur relativement assez faible, au point de vue industriel; ces races sont

Fig. 97. Race Leicester.

surtout consacrées à la production de la viande. Nous citerons les principales de ces races.

La race de *Leicester* ou de *Dishley* (fig. 97) donne une viande longue, peu ferme, souvent trop grasse et manquant de saveur.

La race *Cotteswold* (fig. 98), actuellement très-répandue et très-

usuelle dans les Iles Britanniques, ressemble beaucoup à la race
Leicester.

Fig. 98. Brebis de la race Cotteswold.

La race *New-Keuth* (fig. 99) fournit une viande estimée en Angleterre.

Fig. 99. Bélier de la race New-Keuth.

La race *Flamande* donne beaucoup de suif, et une viande surchargée d'os et peu savoureuse.

La race *Bretonne* acquiert sur le littoral du Morbihan et du Fi-
nistère une valeur que lui donnent les qualités de sa chair. Elle
fournit les petits Moutons dits de pré salé. Ces Moutons ne sont

dans les landes l'objet d'aucun soin; ils mangent et se reproduisent comme il leur plaît et s'engraissent dans les prés salés du littoral.

La race *Touareg* (fig. 100), qui est très-répandue en Algérie, est celle des tribus indigènes, dont elle fait la fortune. Ces Moutons

Fig. 100. Bélier de la race Touareg.

cherchent leur nourriture sur d'énormes étendues de terrain, et passent du désert dans le Tell, et du Tell dans le désert, suivant la

Fig. 101. Mouton et Brebis de la race Southdown.

saison. Ils se reproduisent comme il plaît à Allah; leur remarquable fécondité fait tout leur mérite.

Parmi les races *à laine courte*, nous citerons d'abord la race *de Southdown* (fig. 101), qui habite les dunes de l'extrême sud des Iles

Britanniques, dans le comté de Sussex, le long du littoral de la Manche.

Cette race est la plus remarquable de la Grande-Bretagne, et elle a déjà pris possession, en France, de vastes étendues de pays. La viande de ces Moutons est la plus recherchée en Angleterre. En prenant la moyenne de toutes les qualités spéciales sur lesquelles se fonde la boucherie de Paris pour classer les viandes, on a pu donner aux individus de la race Southdown élevés en France le chiffre 8, le maximum étant 10.

La race *Mérinos* tire son nom de son mode d'existence dans l'Espagne (*merino*, en espagnol, signifie errant). Elle fut amenée dans ce pays par les Maures, puis introduite d'Espagne en France, à cause de la finesse et de la beauté de sa laine.

Les Mérinos d'Espagne vivent, pendant l'hiver, dans les riches vallées et les plaines fertiles de l'Estramadure, de l'Andalousie et de la Nouvelle-Castille, aux climats si doux. Ils vont passer l'été sur les hautes montagnes de l'ancien royaume de Léon, de la vieille Castille, de la Navarre et de l'Aragon, régions favorisées de l'Espagne par la fraîcheur de la température, et où croissent des herbages savoureux que ne dessèchent point les ardeurs du soleil. Les Mérinos se mettent en marche au commencement du mois d'avril. On les tond pendant le voyage. Les établissements consacrés en Espagne à cette opération sont si bien aménagés, que l'on peut, en un seul jour, débarrasser de sa précieuse toison un troupeau de mille têtes. Ils arrivent à leur destination à la fin de mai, ou au commencement de juin, y séjournent jusqu'au mois de septembre, et repartent alors, pour gagner leurs cantonnements d'hiver.

Animal cosmopolite, le Mérinos se rencontre sous les latitudes les plus éloignées : en Allemagne, en France, dans les colonies anglaises du cap de Bonne-Espérance et de l'Australie.

C'est de 1766 que date l'introduction définitive de cette race sur le sol français. Daubenton fit venir d'Espagne un troupeau qu'il plaça dans son domaine de Montbard, entre Châtillon-sur-Seine et Semur (Côte-d'Or). Ce troupeau fut la souche de tous les Mérinos actuels de la Bourgogne. En 1786 Louis XVI fonda la célèbre bergerie de Rambouillet, d'où la race de Mérinos se répandit dans la France entière.

Placés dans des conditions de régime et de climats différents, les Mérinos ont subi des variations qui les ont fait distinguer sous les noms de *Mérinos de Rambouillet* (fig. 102), de la *Beauce*, de la *Brie*, du

Fig. 102. Bélier et Brebis de la race Mérinos de Rambouillet.

Soissonnais, de la *Champagne,* de la *Bourgogne,* etc., et particulièrement les *Mérinos de Mauchamp* (fig. 103) ou *Soyeux.*

Fig. 103. Bélier de la race Mérinos de Mauchamp.

La laine des Mérinos est variable par le degré de finesse du brin,
mais elle donne seule la qualité *extra-fine*, car elle réunit au plus

haut point la douceur, le nerf et l'élasticité. C'est la seule dont les flexions du brin se multiplient et se rapprochent assez pour former la laine dite en *zigzags*. La toison recouvre entièrement la surface de la peau de l'animal, souvent jusqu'aux ongles, et ne laisse libre que le bout du nez. Le Mérinos est, en revanche, un médiocre Mouton de boucherie. Sa viande, surchargée d'os, a un goût de suint très-prononcé.

Les races *du Berry* et *de la Sologne* donnent une viande estimée pour la boucherie, mais leur toison ne produit qu'une laine commune.

La race *du Poitou* fournit aux marchés de Sceaux et de Poissy des Moutons gras en forte quantité ; mais la viande est de qualité moyenne.

La race *des Pyrénées* est précieuse pour la production de la viande, qui est fine et d'une saveur agréable.

Fig. 104. Bélier de la race noire des Landes.

La race *des Landes* (fig. 104) a la toison noire, mais elle donne une viande estimée.

La race *du Larzac* (fig. 105) passe les hivers sur les plateaux de la montagne du Larzac (Aveyron), et la bonne saison dans les plaines. De formes grêles et revêtue d'une toison peu abondante, cette race fournit un lait excellent, employé à la préparation de fromages, et une viande très-savoureuse.

La toison du Mouton est récoltée chaque année. Tantôt les toisons sont livrées brutes ; tantôt on ne les vend qu'après un lavage qui précède la tonte.

Pour procéder à cette opération, qui s'exécute pendant les mois de mai et de juin, on fait baigner les Moutons, on frotte leur laine sous l'eau avec la main, pour la débarrasser du suint, puis on coupe la laine avec des ciseaux. Toutes les parties de la toison enlevées.

Fig. 105. Mouton de la race du Larzac.

doivent se tenir agrégées ensemble, sans lacune, ni déchirure. Avant de la mettre en vente, on la plie, on la roule et on l'attache solidement.

Le commerce des laines est très-important en France. On estime que les troupeaux français produisent ensemble quatre-vingt-onze millions de kilogrammes de *laines de suint*, se réduisant à trente-cinq millions de kilogrammes de *laines lavées*. L'exportation de la laine est presque nulle ; nos usines achètent même trente-cinq à quarante millions de kilogrammes de laines étrangères.

Les étoffes françaises dites *Mérinos* ont une renommée bien méritée. Nulle part on ne peut en fabriquer qui présentent autant de brillant et de moelleux. C'est que nos laines sont d'excellente qualité et que nos fabricants ont une habileté consommée pour les mélanger en justes proportions avec les laines d'Australie.

Genre Bœuf. — Ce genre se distingue facilement des autres groupes de la division des ruminants à cornes creuses. Il se compose d'animaux gros et lourds, dont les cornes, dirigées de côté, reviennent ensuite en haut et en avant, en forme de croissant. La tête se termine par un large mufle. Leurs jambes sont fortes et robustes. La peau de leur cou lâche et pendante forme inférieurement un grand repli, appelé fanon.

On distingue dans le genre Bœuf, huit espèces qui sont : le *Bison*, le *Bœuf musqué*, le *Buffle du Cap*, l'*Aurochs*, le *Yack*, le *Bœuf des Jungles*, le *Buffle*, le *Bœuf commun*.

Le *Bison* (fig. 106) a les formes trapués, la croupe et la tête basses et le garrot très-haut. Sa tête est courte, grosse; ses cornes sont petites, latérales, séparées, noires et arrondies. Une laine crépue et épaisse, d'un brun noir, qui en hiver devient-très-longue, lui couvre la tête, le cou et les épaules. Le reste de son corps est, au contraire, garni d'un poil ras et noir. Sa queue est courte et terminée par un flocon de longs crins.

Cet animal, à l'air sombre et farouche, habite toutes les parties de l'Amérique septentrionale, et notamment le Missouri et les

Fig. 106. Bison.

Montagnes Rocheuses. Au printemps, des troupes de vingt mille Bisons, marchant en bandes serrées, remontent du midi au nord de ces vastes contrées; en automne ils émigrent, en masse, du nord au midi. Ces cohortes farouches se débandent quand vient l'été. Les Bisons se séparent par couples, ou par petites troupes conduites par deux ou trois vieux mâles, et se retirent dans le fond des forêts marécageuses.

Les Bisons ne sont point féroces; ils n'attaquent point l'homme : seulement ils se défendent s'ils sont blessés. Ils deviennent alors d'assez redoutables adversaires, car leur énorme tête, munie de cornes, et leurs pieds de devant, sont d'une puissance terrible. D'ailleurs, dans leurs émigrations, qui s'effectuent par bandes dé plusieurs milliers, leur masse est si énorme et elle s'avance avec une telle monstrueuse unité, que tout est dévasté sur leur passage.

Le *Bœuf musqué* (fig. 107) est beaucoup moins grand que le Bœuf ordinaire : il a un peu l'aspect d'un énorme mouton. Son chanfrein est arqué, sa bouche petite. Son museau est entièrement garni de poils; ses cornes, très-larges, et se touchant à leur base, s'appliquent ensuite sur les côtés de la tête, puis se relèvent brusquement en arrière. Son pelage abondant et long est d'un brun foncé. Il répand une forte odeur de musc dont sa chair reste imprégnée.

Cet animal, qui est à la fois bœuf, chèvre et mouton, habite l'Amérique, sous le cercle polaire. Il vit par troupes de quatre-vingts à cent individus, parmi lesquels il n'existe que deux ou trois mâles. Au mois d'août, ces derniers sont si jaloux qu'ils se battent entre eux jusqu'à la mort, et le vainqueur s'enfuit dans les bois avec ses conquêtes.

Malgré leur lourdeur apparente, les Bœufs musqués grimpent sur les rochers presque aussi bien que les chèvres, pour y paître les bourgeons des plantes. Leur chair exhale une odeur de musc, détestable pour ceux qui n'y sont pas accoutumés.

L'*Aurochs* est, après l'éléphant, le rhinocéros et la girafe, le plus grand des mammifères terrestres. Il a jusqu'à six pieds de haut, mesuré au garrot. Ses cornes sont grosses, rondes, latérales. La queue est très-longue. Le devant du corps, jusqu'aux épaules, est couvert de poils bruns, durs et grossiers ; le dessous de la gorge jusqu'au poitrail porte une longue barbe pendante; le reste du corps est couvert de poils ras, courts, noirâtres.

C'est l'*Urus* des anciens. Il vivait jadis dans toutes les forêts marécageuses de l'Europe tempérée. Du temps de César il se trouvait encore en Allemagne, mais en présence de l'homme et de ses conquêtes il est devenu de plus en plus rare. L'Aurochs n'existe plus aujourd'hui que dans deux provinces de Russie. La forêt de Bialowieza, dans le gouvernement de Grodno, est un des asiles de ces Bisons européens; l'autre province est l'Awhasie, qui dépend de la région du Caucase. Le district de Zaadan est le lieu où les Aurochs se montrent le plus souvent. Des ordres extrêmement sévères ont été donnés pour empêcher la destruction de ces animaux; et l'on ne peut en prendre un seul sans la permission de l'empereur de Russie.

Fig. 167. Bœuf musqué.

Le *Buffle du Cap* se distingue de toutes les espèces propres à l'ancien monde, par ses grosses cornes, dont les bases aplaties couvrent, comme un casque, tout le sommet de la tête, ne laissant entre elles qu'un espace triangulaire. Les cornes de ce ruminant africain sont noires; son pelage est brun. Il habite, en troupes nombreuses, les forêts les plus épaisses de l'Afrique méridionale depuis le cap de Bonne-Espérance jusqu'à la Guinée. Dans la plaine il est farouche, mais circonspect. Il est redoutable et agressif quand on va le chasser dans les bois, qui forment son domaine. La chasse au Buffle est une des grandes occupations des indigènes du sud de l'Afrique, mais elle n'est pas sans quelques dangers pour eux. Souvent il arrive que les rôles sont intervertis et que c'est le troupeau de Buffles qui chasse les troupes de chasseurs africains (fig. 108).

Le *Yack*, ou *Bœuf à queue de cheval*, a sur la tête une grosse touffe de poils crépus et une sorte de crinière sur le cou; le dessous du corps et la naissance des quatre jambes sont couverts de crins très-touffus, très-longs et tombants ; sa queue, entièrement garnie, ressemble à celle d'un cheval; sa voix est un grognement grave et monotone comme celui du cochon.

A l'état sauvage le Yack se trouve sur les confins de la Tartarie chinoise. Il est, dans ces conditions, sauvage, irascible et dangereux. Mais quand il a été réduit en domesticité, c'est un animal fort utile pour les habitants du Thibet et du nord de la Chine, dont il compose principalement le bétail. On se sert de son lait comme de celui de nos vaches. On a recours à sa force pour transporter les fardeaux, pour tirer les chariots et la charrue. Mais cet animal n'est soumis à l'homme qu'à contre-cœur. Son caractère est toujours inquiet, difficile, et il manifeste sa mauvaise humeur par des accents qui ont l'harmonie de ceux du cochon. Sa chair est estimée; son poil sert à faire des étoffes grossières.

La queue de ce ruminant a surtout une valeur commerciale. Attachée au bout d'une lance elle est, chez les Musulmans, l'insigne de la dignité de pacha, et plus cette dignité est élevée, plus celui qui en est revêtu a le droit de faire porter devant lui un nombre multiplié de ces queues. Les Chinois se parent de la queue du Yack, en la mettant à leurs bonnets après l'avoir fait teindre en rouge; on en fait aussi des chasse-mouches.

On a réussi à introduire des Yacks en Europe, et ils se sont reproduits en France. Les promeneurs du Jardin des Plantes de

Paris les connaissent parfaitement. On espère tirer un grand parti de ces animaux, en France, à cause de leurs poils longs et soyeux.

Le *Bœuf des jungles* ressemble beaucoup à notre Bœuf; mais ses cornes sont aplaties d'avant en arrière et sont dirigées en dehors et en haut. Son pelage est constamment noirâtre, avec les quatre jambes blanches. On élève ces Bœufs en domesticité, dans les contrées montagneuses du nord-est de l'Inde.

Le *Buffle commun* paraît être originaire des parties chaudes et humides de l'Inde et des îles voisines, d'où il s'est répandu dans la Perse, l'Arabie, toute la partie orientale de l'Afrique, la Grèce et l'Italie. Il est à peu près de la taille du Bœuf. Son front, bombé, plus long que large, porte deux cornes noires, dirigées de côté, et marquées en avant d'une arête longitudinale saillante. Son pelage est peu développé, excepté à la gorge et aux joues. Il n'a qu'un petit fanon. Il vit en troupes nombreuses, dans les prairies marécageuses et basses où il aime à se vautrer. Son caractère est farouche, indomptable. Pour tirer quelque service de ceux qui sont le mieux apprivoisés, on leur passe dans les narines un anneau de fer, au moyen duquel on les dirige. Leur chair est médiocre, leur lait agréable. Dans quelques pays ils servent à labourer la terre et traîner des chariots. Le Buffle est employé dans la campagne de Rome aux travaux de l'agriculture : voir le célèbre tableau de Léopold Robert : *les Moissonneurs*.

Leur peau est excellente pour faire des vêtements à l'épreuve des armes tranchantes, mais, comme elle s'imbibe d'eau très-facilement, elle est peu propre à faire des semelles. L'introduction du Buffle en Grèce et en Italie ne date que du moyen âge.

On doit regarder comme une simple variété de cette espèce l'*Arni*, dont les cornes sont très-grandes, longues de cinq pieds environ, ridées sur leur concavité et aplaties en avant. On le trouve principalement dans les hautes montagnes de l'Indoustan.

Nous passons au *Bœuf proprement dit*.

Le mâle et la femelle de cette espèce sont le *Taureau* et la *Vache*. Le Bœuf n'est qu'un Taureau auquel on a retranché les attributs de son sexe, pour le rendre plus docile, plus soumis et plus propre à l'engraissement. Le Taureau est donc exclusivement un étalon, un animal de reproduction. Son caractère ombrageux, farouche, parfois même violent, ne permet guère de l'employer, comme le Bœuf, aux travaux de l'agriculture; et d'un autre côté,

Fig. 108. Bûffles poursuivant des indigènes, dans une forêt de l'Afrique méridionale.

sa chair, sèche et nerveuse, le place à un rang très-inférieur parmi les viandes de boucherie. Aussi ne garde-t-on de mâles entiers que le nombre strictement nécessaire pour maintenir l'espèce en état de prospérité; dès leur jeune âge, la plupart des Taureaux subissent l'opération qui les transforme en Bœufs, et acquièrent ainsi des aptitudes précieuses pour la satisfaction des besoins industriels, agricoles et alimentaires de l'homme. Les jeunes mâles sont appelés *Veaux*, les jeunes femelles *Génisses*.

Il existe aux embouchures du Rhône, depuis la ville d'Arles jusqu'à la Méditerranée, une vaste étendue de terrain marécageux, entrecoupé de bois, et formé par les dépôts successifs du fleuve : c'est la *Camargue*. De grands troupeaux de Taureaux vivent à l'état presque entièrement sauvage dans ces plaines humides et ces bois solitaires. Les Taureaux de la Camargue, tous de couleur noire et de moyenne taille, portent de grandes cornes effilées. Leur naturel farouche, leur agilité et leur vigueur exceptionnelle, les rendent très-dangereux et fort enclins à la lutte; aussi les emploie-t-on aux combats de Taureaux, ou *courses*, pour lesquels les Provençaux et les habitants du Bas-Languedoc se montrent passionnés.

Les troupeaux de la Camargue sont surveillés par des pâtres, appelés *gardians*. Armés d'un trident, ils sont montés sur de petits chevaux assez vifs (chevaux Camargue), qui paissent, comme les Bœufs, en liberté dans le delta du Rhône. Sur la fin de leurs jours, on leur accorde quelque repos, dans une étable, pour les mener ensuite à la boucherie; mais leur viande est peu estimée.

Dans l'Amérique méridionale, particulièrement dans les vastes pampas du bassin de la Plata, on trouve également d'immenses troupeaux de Bœufs sauvages, descendant des Bœufs domestiques, que les Européens y avaient introduits à l'époque de la conquête. On tue d'innombrables quantités de ces Taureaux des pampas, et l'on expédie leurs peaux tannées sur tous les marchés du monde, sous le nom de *cuirs de Buenos-Ayres*. Autrefois on se bornait à expédier en Europe les peaux de ces Ruminants; mais aujourd'hui on a appris à accommoder leur viande, pour l'expédier, sèche ou comprimée, à de grandes distances. On se sert encore de ces viandes pour préparer, d'après les indications d'un illustre chimiste, un produit connu sous le nom d'*extrait de viande de Liebig*, et qui sert à confectionner extemporanément des bouillons. Ce produit nouveau est l'extrait concentré et sec du bouillon que l'on prépare dans les contrées de l'Amérique centrale, avec la viande des Taureaux sauvages L'Europe consomme aujourd'hui une quantité assez considérable de l'*extractum carnis*, inventé par le chimiste de Berlin.

Malgré ces hécatombes périodiques, le nombre des Taureaux sauvages qui errent dans les parages américains ne diminue pas, parce que la reproduction annuelle compense la destruction qu'on en fait.

On a employé beaucoup d'encre et noirci beaucoup de papier pour résoudre la question de l'origine du Bœuf; mais on n'est pas plus avancé aujourd'hui qu'au début de la discussion, et l'on est forcé de s'en tenir à des conjectures. Le Bœuf domestique descend-il de quelqu'une des espèces sauvages du genre, tels que le Buffle ou l'Aurochs? Cette dernière opinion, qui était celle de Buffon, est aujourd'hui abandonnée. Faut-il en chercher le type primitif en Europe ou dans l'Asie, qui fut le berceau de la civilisation? Ou bien encore les races bovines d'Orient et celles d'Occident n'ont-elles pas respectivement une origine propre, et n'y aurait-il pas témérité à avancer que celles-ci dérivent de celles-là, lorsqu'une telle affirmation ne repose que sur des données très-vagues puisées aux sources d'une antiquité difficile à interroger?

Quoi qu'il en soit, les documents les plus anciens des temps historiques nous montrent le Bœuf associé à l'homme, avec le chien, le cheval et le mouton. Transporté en Amérique, peu après la découverte de ce continent, le Bœuf est aujourd'hui répandu dans la terre entière, et forme l'un des éléments les plus importants de la richesse des peuples. Qui peut dire, en effet, où en serait réduite l'agriculture, si le Bœuf venait tout d'un coup à disparaître? Cet humble et patient animal est l'auxiliaire le plus utile du petit cultivateur, en même temps qu'il fait la force des grandes exploitations rurales. Il laboure, il traine d'immenses chariots pesamment chargés; il se prête à tous les travaux de la ferme, et après quinze ou seize ans d'une vie si bien remplie, il livre à la consommation, non-seulement sa chair, mais encore ses os, sa graisse, sa peau, ses cornes, ses sabots, son sang, tous produits qui alimentent une foule d'industries. En retour de tant de services libéralement rendus, que demande-t-il? Rien que des soins, de la propreté, une étable bien aérée, une nourriture saine et suffisante, dont l'exploitation elle-même fait tous les frais. N'est-ce pas là en vérité un animal sans prix?

Le Bœuf n'est ni aussi lourd ni aussi stupide qu'on le pense généralement. Il est, au contraire, doué d'une intelligence que, dans

Fig. 109. Bœufs au travail.

certains pays, l'homme a su développer et faire tourner à son profit. Les peuplades de l'Afrique australe confient à des Bœufs la garde de leurs troupeaux, fonctions dont les dociles Ruminants s'acquittent avec un zèle et une intelligence tout à fait dignes d'éloges. La prudence, le flair du péril, sont aussi des qualités du Bœuf. S'il se trouve dans un mauvais pas, par sa faute ou celle de son conducteur, il a, pour s'en tirer, des ressources qui valent, sous tous les rapports, celles du cheval.

Le Bœuf domestique peut être envisagé sous quatre aspects divers, au point de vue des avantages qu'en retire la société : comme bête de somme, c'est-à-dire comme producteur de force mécanique appliquée à la culture du sol, — comme producteur de lait, — comme producteur de viande, — enfin comme producteur de matières fertilisantes. Cela posé, est-il possible de diriger l'éducation du Bœuf de telle façon qu'il donne le rendement maximum, selon ces quatre ordres de besoins à la fois? A cette question, tous les agronomes qui ont quelque expérience de l'élève du bétail, répondent négativement. Il ne se peut pas, disent-ils, que ces qualités si diverses, vigueur musculaire, abondance de lait, aptitude à l'engraissement, richesse des produits fertilisants, soient l'apanage d'un individu ou d'une race ; elles s'excluent mutuellement, et l'une ne peut être favorisée qu'aux dépens de l'autre. Une bonne race pour le travail ne peut être en même temps une excellente race pour la boucherie. Si donc l'on veut développer une aptitude particulière, il faut renoncer à développer les autres. On pourra ainsi arriver à la perfection sur un point, tandis qu'en procédant différemment on n'aurait obtenu qu'un produit médiocre à tous égards. Tel est le principe qui doit guider l'agriculteur dans l'élève du bétail.

Quel est le produit le plus utile que nous donne le Bœuf? C'est évidemment sa chair. C'est donc de ce côté que doivent être dirigés tous les efforts ; c'est là le but que doit poursuivre tout éleveur intelligent.

Le problème consiste à produire le plus vite et le plus économiquement possible un animal possédant au plus haut degré la quantité et la qualité de la chair. On doit s'attacher à développer davantage les parties qui fournissent les morceaux les plus estimés, et qui sont, pour la France, la croupe et la cuisse.

D'après cela, le type du Bœuf de boucherie est celui chez lequel la masse du corps est la plus forte, comparativement à celle des membres ; c'est celui chez lequel les parties postérieures sont amplifiées aux dépens de l'encolure, car l'encolure fournit une viande

médiocre, et on ne saurait trop s'attacher à en réduire les dimensions sur l'animal destiné à l'étal du boucher.

A quels signes peut-on reconnaître si un Bœuf se rapproche de
l'idéal de l'animal de boucherie? A l'ampleur de la poitrine et à
la longueur du corps.

« Plus l'animal, dit M. Sanson, à le thorax profond, par rapport à sa taille;
plus il est *près de terre*, en termes vulgaires ; avec cela, plus il est long de
corps et de croupe, et épais de partout, vulgairement *bien roulé:* plus il est
dans les conditions pour donner la plus forte proportion de viande nette relativement à son poids absolu ou poids vif [1]. »

Certains caractères accessoires, qui ont bien leur importance,
sont également le partage du Bœuf type destiné à la boucherie. Il a
les os minces, la tête fine, la peau souple, peu épaisse, dépourvue
de fanon au cou et sous le sternum, le poil léger, duveteux, la physionomie calme, le regard tranquille et doux. On peut tenir pour
certain que le Bœuf qui réunit ces conditions aux précédentes, possède des aptitudes spéciales pour un excellent engraissement.

Après la viande, un des produits les plus précieux que nous
fournisse le Bœuf, ou plutôt la Vache, c'est le lait. Le lait est, en
effet, une source considérable de profits pour les fermiers qui élèvent un nombreux bétail. On comprend donc combien il importe
à l'acheteur de pouvoir distinguer, *à priori*, sur le marché, d'après
certains signes extérieurs, les qualités lactifères d'une Vache, de
pouvoir affirmer, quand il s'agit même d'une Génisse, si elle sera
bonne ou mauvaise laitière. Ce fut donc avec autant de plaisir que
de surprise, malgré quelques critiques de parti pris, qu'on accueillit,
en 1847, la découverte d'un cultivateur de la Gironde, François
Guenon, qui prétendait déterminer sur le simple examen de l'animal, tout à la fois, la quantité et la qualité du lait qu'une Vache est
susceptible de fournir, ainsi que la durée de la lactation. Cette
affirmation ne comportait-elle pas de l'exagération de la part de
l'inventeur de cette méthode? Les indices sur lesquels elle repo-
sait, présentaient-ils une valeur scientifique? C'est ce qu'une commission nommée par le gouvernement national de 1848 fut chargée
d'examiner.

Voici le point de départ de la méthode de Guenon. Marchand
de Vaches, en même temps que cultivateur, et par conséquent à

1. *Applications de la Zootechnie.* 1 vol. in-18. Paris.

Fig. 110. Vaches laitières et Veau.

même d'observer de nombreux sujets, Guenon avait remarqué que, dans l'espèce bovine, les poils de la face postérieure des mamelles sont couchés de bas en haut, au lieu de l'être de haut en bas, comme sur le reste du corps; que, de plus, ces poils s'étendent plus ou moins sur la région du périné, de manière à former une figure, qu'il désigna sous le nom d'*écusson*, ou *gravure*. Par des observations multipliées, Guenon s'assura ensuite que l'aptitude laitière est en raison de l'étendue de cet écusson, et il divisa les Vaches en ordres et en classes, d'après la figure dudit écusson, se faisant fort d'évaluer rigoureusement, à cette seule inspection, les aptitudes de chacune d'elles. C'était exagérer la méthode et s'exposer à voir, dans certains cas, les prévisions nettement démenties. Cet échec ne manqua pas de se produire devant la commission chargée d'examiner le système de Guenon. On dut pourtant reconnaître que ce système repose sur une base certaine, à savoir : que plus l'écusson de l'animal est étendu en longueur ou en largeur, plus grande est son aptitude laitière. De là résulte la possibilité de reconnaître d'avance, d'une manière approximative, à la simple inspection de l'écusson, la quantité du lait qu'on peut attendre d'une Vache[1]. En tenant compte de quelques autres indications, telles que celles fournies par le volume des mamelles, la grosseur, la consistance du pis, le développement des veines lactées, etc.; il est rare que l'observateur soit mis en défaut.

En ce qui concerne la qualité du lait, c'est-à-dire sa richesse en principes gras, Guenon a trouvé qu'elle est à son maximum chez les Vaches dont la peau des mamelles est jaunâtre, parsemée de taches noires ou rousses, garnie de poils fins, peu nombreux, et recouverte d'une substance onctueuse qui se détache par petites parcelles lorsqu'on gratte la surface avec l'ongle. Ceci soit dit, bien entendu, pour toutes les formes possibles d'écussons. On a reconnu toute la justesse de cette dernière remarque.

Chez les Taureaux comme chez les Vaches, l'écusson existe, mais beaucoup moins étendu et moins varié de formes. Là encore il doit être pris en sérieuse considération, comme caractéristique de l'aptitude à procréer des Vaches laitières.

Chez les jeunes individus des deux sexes, il est plus malaisé de l'apercevoir, tant à cause de son exiguïté que parce que les bords

---

1. Consulter l'ouvrage de Guenon, *Choix de Vaches laitières*, publié à Paris, en 1847, et accompagné de figures justificatives de ce système.

en sont souvent cachés sous les poils touffus qui couvrent la région postérieure. Néanmoins, avec un peu d'attention, on peut l'y découvrir, avec les formes précises qu'il affectera plus tard, et dès lors le classement se fait sans difficulté. Il est mieux dessiné sur les *vêles* (jeunes femelles) que sur les Veaux; mais ce n'est qu'après la deuxième ou troisième portée qu'il atteint ses limites définitives et se distingue clairement.

Les Vaches ne donnent pas à toutes les époques de leur vie la même quantité de lait. C'est quand elles ont nourri plusieurs Veaux, quand elles ont été traites régulièrement et pendant longtemps, qu'elles en fournissent le plus.

Il y a dans toutes les races de bonnes et de mauvaises laitières; cependant la proportion des unes et des autres présente une certaine fixité, qui permet de reconnaître à certaines races une supériorité laitière incontestable. Le climat et la nature du pâturage ont une grande influence sur les qualités lactifères des races. On

Fig. 111. Taureau normand.

peut dire, d'une manière générale, qu'en France les meilleures Vaches laitières sont celles qui habitent les pays doux et humides, par conséquent les côtes du nord et de l'ouest. Les plus réputées des Vaches laitières sont celles de *Hollande*, de *Flandre*, de *Normandie*, de *Bretagne*. On trouve parmi les individus appartenant à ces races des Vaches qui donnent de vingt-cinq à trente-cinq litres de lait par jour.

Parmi les races étrangères, il faut citer celles des îles de la Manche, connues sous les noms de races d'*Alderney* et de *Jersey*, la race d'*Ayr* (Écosse), la race de *Schwitz* ou *race suisse*, et la race du *Jura*, qui appartient autant à la France qu'à la Suisse, puisqu'elle comprend tout le bétail répandu sur les deux versants de cette

Fig. 112. Taureau breton.

chaîne de montagnes. C'est cette dernière qui alimente les fromageries sociétaires établies dans les départements du Doubs, du Jura et de l'Ain. On la divise quelquefois en races *comtoise*, *féméline* (vallée de la Saône) et *bressane*. Nous représentons ici deux races françaises : les races normande et bretonne (fig. 111 et 112).

Passons aux races, tant françaises qu'étrangères, qui ont le plus de réputation pour le travail et pour la boucherie, tout en faisant

Fig. 113. Taureau garonnais.

remarquer qu'on les emploie généralement à atteindre les deux buts à la fois.

Pour les Bœufs de travail, la France a une supériorité incontestable, à ce point même que nos races sont à peu près les seules à citer sous ce rapport. Ce sont la race *vendéenne*, la race *auvergnate*, la race *garonnaise* (fig. 113), la race *gasconne*, la race *béarnaise*

Fig. 114. Vache béarnaise.

(fig. 114), la race *bazadaise* (fig. 115) (environs de Bazas), la race

Fig. 115. Vache bazadaise.

camargoise, les races *du Maine* et *du Morvan*, qui malheureusement disparaissent, enfin la race *algérienne*.

L'Angleterre prime, au contraire, toutes les autres nations pour le Bœuf de boucherie, ce qui devait être, vu le culte de tout bon Anglais pour le rosbif. La plus célèbre des races britanniques est celle de *Durham*, ou *race à courtes cornes*; introduite sur le continent, elle a donné, par des croisements intelligents, de magnifiques résultats. C'est la plus précoce de toutes les races bovines : la plupart des individus qui en font partie sont adultes dès l'âge de trois ans, tandis que le Bœuf, dans ses conditions naturelles de développement, n'est complétement formé qu'à l'âge de six ans.

Fig. 116. Bœufs hongrois.

Viennent ensuite les races de *Hereford*, de *Devon*, de *Dishley*, d'*Angus* (Écosse), ou *race sans cornes*, de *West-Highland* ou des

Fig. 117. Taureau charolais.

hautes terres d'Écosse; puis, sur le continent, la race *hongroise* (fig. 116), remarquable par ses cornes allongées, qui est propre au bassin de la mer Noire, et la race *charolaise* (fig. 117) qui, circonscrite d'abord aux environs de Charolles (Saône-et-Loire), s'est peu à peu étendue dans tout le bassin de la Loire, et tend à se substituer partout aux races du Maine et du Morvan.

Quelques-unes de ces races sont représentées dans les figures que le lecteur a sous les yeux.

Tribu des Ruminants à cornes caduques. — Le caractère distinctif des animaux de ce groupe réside dans la contexture, la forme et le mode de croissance de leurs protubérances frontales. Ces pièces, qu'on nomme *bois*, et non plus cornes, sont osseuses, massives, plus ou moins ramifiées, et dépourvues de cette enveloppe cornée qui existe chez tous les Ruminants à cornes creuses. Les bois tombent et se renouvellent périodiquement chaque année, au delà d'un certain âge; de là le nom de Ruminants *à cornes caduques*.

Chez l'individu adulte, le bois se compose d'une tige cylindrique ou aplatie, suivant les genres, qu'on nomme *perche* ou *merrain*, sur laquelle s'embranchent, de distance en distance, des tiges plus minces et plus courtes, appelées *cors* ou *andouillers*. La base du merrain est entourée d'un cercle de petites excroissances osseuses, qui livrent passage aux vaisseaux sanguins chargés de pourvoir à l'accroissement du bois; c'est ce que l'on nomme la *meule* ou *cercle de pierrures*.

Quelles sont les phases diverses du développement du bois? On voit d'abord paraître sur le front du jeune animal deux petites élévations, ou *pivots*, au-dessus de chacune desquelles se montre bientôt un prolongement cartilagineux, qui ne tarde pas à s'ossifier. Jusqu'à consistance parfaite, ces deux premiers jets sont protégés contre les frottements extérieurs par une peau veloutée, qui sert de véhicule à la matière calcaire, et qui se dessèche dès que l'ossification est terminée. La bête s'en débarrasse en frottant sa tête contre les arbres. Les bois qui ornent son chef prennent alors le nom de *dagues*. Au commencement de la troisième année, les *dagues* tombent; mais quelque temps après elles sont remplacées par d'autres plus longues, qui poussent un premier andouiller : dès ce moment, elles sont qualifiées du nom de *bois*.

Tous les ans, à une certaine époque, immédiatement après le rapprochement des sexes, les bois tombent, et acquièrent, en repoussant, un andouiller de plus, jusqu'à ce que soit atteinte la limite propre à chaque espèce.

C'est un phénomène assez curieux que la chute et la renaissance périodiques de ces ramifications osseuses, quelquefois fort développées. Il semble que plusieurs années devraient se succéder pour

amener des bois de pareilles dimensions; pourtant ils repoussent
-tout entiers dans l'espace de quelques semaines. L'explication de
ce fait est assez simple. La peau qui recouvre, à l'origine, le
bois de l'animal, est parcourue par un grand nombre de vaisseaux
sanguins, qui apportent le phosphate de chaux nécessaire à la soli-
dification de la partie osseuse. Jusqu'à ce que le bois ait acquis
tout l'accroissement auquel il peut atteindre chaque année, cette
peau continue à recevoir l'afflux sanguin; elle vit et persiste. Mais
dès que l'accroissement est complet et l'ossification terminée, les
pierrures augmentent en nombre et en grosseur, étranglent les
vaisseaux et arrêtent le fluide qui l'alimente. Alors elle se flétrit et
se détache du bois, qui ainsi mis à nu, et ne recevant plus de
nourriture, dépérit lui-même peu à peu, se *carie*, comme on dit,
et tombe, au bout de quelques mois, pour reparaître à la saison
prochaine.

Les bois sont l'attribut exclusif des mâles, chez tous les Ruminants à cornes caduques, excepté chez le renne. On ne peut mettre
en doute qu'il existe une relation entre les organes générateurs et
ces ornements; car ils tombent à la suite de la faiblesse qui résulte,
pour les mâles, du rapprochement des sexes, et l'on peut prolonger leur durée au moyen de la castration. Il est probable que
les fonctions particulières dévolues aux femelles, gestation, partu-
rition, allaitement, détournent les fluides nourriciers de la tête,
pour les concentrer vers d'autres organes, et que telle est la circonstance physiologique qui les prive de bois. Ce qui rend cette
hypothèse vraisemblable, c'est qu'on voit souvent se produire des
bois chez des femelles infécondes.

Presque tous les membres de cette famille sont remarquables par
l'élégance de leurs formes, la noblesse de leurs attitudes, la grâce
et la vivacité de leurs mouvements, la finesse de leurs membres
et la rapidité soutenue de leur course. Ils ont la queue très-courte,
les oreilles médiocres et pointues. Leurs narines sont ordinairement
percées dans un mufle; leur regard est clair et rempli de douceur.
Chez la plupart des espèces, il existe au-dessous de l'angle interne de l'œil une petite fossette, nommée *larmier*, qui n'est autre
chose qu'une sorte de glande sécrétant une humeur plus ou moins
abondante. Cette glande n'a pas pour fonction, comme on pourrait
le croire d'après son nom, de produire les larmes.

Le pelage des Ruminants à cornes caduques est en général de
couleur fauve ou brune. Il se compose de poils ras, serrés et cas-

sants qui prennent une nature laineuse dans les régions inclémentes de l'extrême nord, surtout en hiver.

Ces Ruminants vivent par petits groupes ou par troupes dans les forêts, soit en plaine, soit sur la montagne, se nourrissant de feuilles, de bourgeons, d'herbe, de mousse, de l'écorce des arbres, etc. Ils sont répandus sur toute la surface du globe, depuis les contrées les plus froides jusqu'aux plus chaudes. Le renne et l'élan sont particuliers aux régions boréales des deux continents ; les nombreuses espèces de cerfs sont, au contraire, réparties dans les pays tempérés ou brûlants.

La famille des *Ruminants à cornes caduques* comprend les trois genres *Renne*, *Élan* et *Cerf*, différenciés par la forme et l'étendue des bois.

Genre Renne. — Les bois du Renne offrent une disposition très-caractéristique, qui permet de reconnaître l'animal sans difficulté. La tige principale, cylindrique et fort courte, donne naissance à deux branches considérables, de forme aplatie, dont l'une, la plus longue, monte en se contournant vers le ciel, et se termine par un nombre indéterminé de rameaux ; tandis que l'autre, se dirigeant horizontalement au-dessus du museau, est plus sobre de rejetons à son extrémité. Il ne s'agit ici, bien entendu, que d'une conformation générale de ces bois, d'une figure typique en quelque sorte, qui peut varier à l'infini, sans que les formes principales cessent d'exister.

Nous avons déjà dit que le bois n'appartient pas exclusivement au mâle du Renne ; la femelle le porte aussi, mais moins amplifié. Le bois atteint quelquefois chez le mâle des dimensions vraiment extraordinaires : on a mesuré des bois de Renne de près de quatre pieds de long. Cet ornement naturel se refait entièrement en huit mois ; cinq mois suffisent chez les femelles. Les mâles et les femelles stériles le perdent dans le courant d'octobre ; les femelles fécondées, au contraire, ne s'en dépouillent qu'au moment de la mise bas, c'est-à-dire au mois de mai.

Le Renne (fig. 118) est à peu près de la taille du cerf d'Europe ; mais ses formes sont plus trapues. Sa tête est large et ressemble un peu à celle du bœuf ; on n'y voit pas de mufle, et les narines sont percées au milieu des poils. Les jambes, assez fines, quoique moins grêles que celles du cerf, se terminent par des pieds robustes, partout recouverts de poils raides, même en dessous, circonstance qui facilite singulièrement la marche de l'animal sur la

Fig. 118. Rennes.

glace et la neige durcie. Son pelage est grossier, d'un brun grisâtre, et pend quelque peu sous la gorge; l'hiver il devient laineux et blanchit souvent. Une précaution de la nature qu'on ne saurait trop admirer, est celle qui est destinée à protéger l'œil du Renne contre l'éclat fatigant de la neige : une troisième paupière clignotante peut recouvrir, à la volonté de l'animal, le globe oculaire tout entier.

Le Renne habite les solitudes glacées du pôle arctique et les contrées les plus septentrionales où l'homme se soit fixé. On le trouve au Spitzberg, au Groënland, dans la Laponie, la Finlande et tout le nord de la Russie, dans la Sibérie, la Tartarie, enfin au Canada et dans toutes les îles voisines, où il est extrêmement commun. En Russie, il descend quelquefois jusqu'au pied du Caucase.

Le Renne est un animal précieux pour les populations déshéritées qui sont répandues le long du cercle polaire. Sans lui, l'existence ne serait pas possible dans ces rudes climats. On ne saurait se faire une idée exacte des services qu'il rend à certains peuples septentrionaux, aux Lapons principalement. Pour le Lapon, le Renne est à la fois un cheval, un bœuf et une brebis. En effet, réduit en domesticité, il s'attelle comme le cheval, et emporte avec rapidité des traîneaux et des voitures; sa vitesse est même beaucoup plus considérable que celle du cheval, quoiqu'il coure sur la neige et sur la glace. Sur un terrain uni, il peut parcourir sept à huit lieues à l'heure; mais son allure ordinaire est de quatre à cinq lieues. On voit dans le palais du roi de Suède l'image d'un Renne qui conduisit un officier, chargé de dépêches pressées, à la distance de trois cent vingt lieues en quarante-huit heures, ce qui représente une vitesse constante de six lieues et demie à l'heure. L'animal tomba mort à son arrivée.

Le harnachement du Renne et la manière de le conduire sont des plus simples. On lui attache un collier de peau, d'où l'on fait descendre un trait, qui, passant sous le ventre, va s'attacher à un trou pratiqué sur le devant du traîneau. Les rênes du traîneau consistent en une simple corde, fixée à la racine des bois de l'animal, et que le conducteur lui laisse tomber sur le dos, à droite ou à gauche, suivant qu'il veut le diriger de tel ou tel côté. Le véhicule étant très-léger, on voyage rapidement dans cet équipage, mais non sans courir quelquefois le risque de se casser le cou; car il faut une grande habitude de ce genre de locomotion pour ne pas verser dans les endroits quelque peu difficiles. Le Lapon est passé maître dans cet art.

Nous n'avons pas encore signalé la qualité vraiment essentielle de ce ruminant des contrées arctiques. Sa femelle donne un lait supérieur à celui de la vache, et d'où l'on retire du beurre et un fromage de fort bon goût. Sa chair, qui est excellente, constitue une précieuse ressource alimentaire, presque la seule dans les régions polaires. Son poil fournit une fourrure épaisse et chaude, et sa peau se transforme en un cuir souple et fort, qui sert à confectionner de solides chaussures. Avec les poils raides de ses pieds, on garnit la semelle des souliers, afin de les empêcher de glisser. Les longs poils de son cou sont utilisés pour la couture, tandis que ses tendons procurent un fil résistant. Avec les vieux bois du Renne, on fabrique divers ustensiles, tels que cuillers, manches de couteaux, etc., et quand ils sont plus jeunes, on en extrait de la gélatine, en les faisant bouillir dans l'eau. Les excréments du même animal étant desséchés forment des espèces de mottes propres au chauffage. Certaines peuplades tirent même parti des lichens ramollis que contient son estomac. Les Esquimaux et les Groënlandais ajoutent à ces lichens de la viande hachée, du sang et de la graisse; ils fument ce mélange, dont ils font leurs délices. Les Toungouses, ou habitants nomades de la Sibérie, les additionnent de baies sauvages, et en font des espèces de galettes dont ils sont friands.

Docile et doux, le Renne est devenu le compagnon indispensable des peuples du nord. Le plus misérable Lapon possède au moins quelques paires de Rennes; les plus riches ont d'immenses troupeaux de quatre à cinq cents têtes, quelquefois de plusieurs mille. Pendant le jour, on les mène paître; la nuit, on les enferme dans des étables, ou bien on les laisse dehors, dans des enclos qui les mettent à l'abri de l'attaque des animaux sauvages. Ces troupeaux demandent une grande surveillance, le Renne étant assez enclin à retourner à la vie sauvage, lorsqu'on lui en laisse la liberté. Tous les individus qui les composent sont marqués au chiffre du propriétaire, de manière qu'on puisse les reconnaître lorsqu'ils s'égarent dans les bois, ou lorsque les troupeaux se confondent.

Le sentiment sociable pousse les Rennes sauvages à se réunir par grandes troupes, qui changent de climat suivant les saisons. En hiver, ils descendent dans les plaines ou les vallées; ils se rapprochent des bords de la mer et se nourrissent de lichens qu'ils savent parfaitement trouver sous la neige, en la fouillant de leurs pieds et de leurs bois. Pendant l'été, ils escaladent les montagnes, pour aller ronger les bourgeons et les feuilles des arbres. Ils sont aussi stimulés à ces migrations par le désir de se soustraire aux piqûres des taons et des œstres, qui les font beaucoup souffrir. Ces derniers insectes choisissent l'instant de la mue pour déposer leurs œufs à la surface de la peau du quadrupède; après leur naissance, les larves, pénétrant assez profondément sous l'épiderme, lui causent des douleurs cruelles.

Dans tous les pays où ils existent, on fait une guerre active aux Rennes sauvages. On choisit, pour les chasser, les époques de leurs voyages, c'est-à-dire le printemps et l'automne. Ils s'offrent alors en masse aux coups de ceux qui les guettent, et l'on peut en faire un véritable massacre. Comme ils ont toujours une ou plusieurs rivières à traverser, c'est là qu'on les attend, en ayant soin de se dissimuler à leurs regards. Dès qu'ils sont à l'eau, on s'élance à leur poursuite en bateau, et bien que le Renne nage avec une aisance extrême, on en tue un nombre considérable. La chasse d'automne est plus fructueuse que celle du printemps : d'abord parce que ces animaux sont beaucoup plus gras à la fin de l'été qu'après l'hiver; ensuite parce que les cours d'eau, alors complétement dégelés, assurent mieux leur capture en leur rendant la fuite plus difficile.

L'extrême froid est nécessaire à l'existence du Renne. Transporté dans des contrées chaudes ou seulement tempérées, il y périt, et il ne s'y reproduit pas. Depuis la fin du dernier siècle, la ménagerie du Muséum d'histoire naturelle de Paris en a possédé un certain nombre.

Genre Élan. — Comme le Renne, l'Élan est caractérisé par la forme particulière de ses bois. On n'y voit point d'andouillers à la base ni au milieu; dès l'origine, ils s'épanouissent en une large surface, qui se termine par une série de découpures assez profondes. Ces bois sont d'un tissu très-compacte et par conséquent très-lourds; leur poids atteint, chez les adultes, jusqu'à vingt-cinq kilogrammes. Pour supporter une pareille masse, il fallait un cou fort et trapu; aussi est-on frappé, lorsqu'on examine l'Élan, de la brièveté et de l'épaisseur de cette partie de son corps. C'est le plus grand des animaux de la famille des Ruminants à cornes caduques : sa taille n'est pas inférieure à celle du cheval. Malheureusement il est disgracieux dans ses formes, et manque d'agilité. Le train de devant est plus élevé que celui de derrière.

Sa tête, volumineuse, se termine par un museau renflé, où il n'existe pas de mufle, et dans lequel sont percées de larges narines. Sa lèvre supérieure, longue et mobile, constitue un instrument très-délicat de tact et de préhension. Cette particularité d'organisation avait donné lieu dans l'antiquité à cette croyance, que l'Élan ne pouvait brouter qu'à reculons. Sa fourrure, composée de poils grossiers, rudes et cassants, forme une petite crinière sur la nuque et le long de l'épine dorsale. Sous la gorge, de longs poils noirs simulent une espèce de barbe qui recouvre, chez le mâle,

Fig. 119. Élan.

une forte proéminence. La couleur générale du pelage est un brun plus ou moins foncé, suivant la saison.

L'Élan (fig. 119) habite, comme le renne, les parties septentrionales des deux continents; mais il s'élève moins haut et descend plus bas : on ne le trouve pas au delà du cercle polaire. En Europe, il est répandu dans une partie de la Scandinavie, de la Prusse, de la Pologne et de la Russie. Il vivait autrefois dans toute l'Allemagne, et Jules César en a parlé comme existant dans cette immense forêt *Hercynienne* dont on ne connaissait pas les limites. La Sibérie, la Tartarie et le nord de l'Empire chinois sont les contrées de l'Asie où on le rencontre; enfin, en Amérique, il habite le Canada et les régions voisines des États-Unis.

Cet animal nage avec facilité et aime beaucoup l'eau; aussi se tient-il ordinairement, excepté à l'époque des inondations, dans les forêts humides et les lieux marécageux. Durant l'été, il se plonge tout entier, sauf la tête, dans l'élément liquide, et se préserve ainsi des piqûres des taons. Il n'en sort presque pas et pourvoit à sa subsistance en tondant les herbes qui sont au fond de l'eau. Il paît difficilement à terre, à cause de la brièveté de son cou; pour y arriver, il est obligé de se mettre à genoux, ou d'écarter ses jambes de devant. C'est pour cela qu'il préfère les jeunes pousses, les bourgeons et les écorces des arbres. Il fournit ainsi aux chasseurs un indice certain de sa présence : la nudité des arbres révèle son passage.

L'Élan vit par petites familles, composées d'un mâle, de plusieurs femelles et des jeunes de l'année. Les femelles mettent bas, la première fois un seul petit, et toujours deux ensuite; elles surveillent leur progéniture et la protégent contre les attaques de leurs ennemis.

Ce ruminant a l'ouïe et l'odorat très-développés, ce qui lui permet d'esquiver à temps toutes les poursuites. Il trotte assez rapidement, même parmi les neiges épaisses qui couvrent la terre pendant l'hiver, et fait entendre alors le même bruit que le renne. Il fuit l'homme, et recule devant la civilisation. Lorsqu'il est forcé et ne voit d'autre issue que la mort à une position désespérée, il se défend vigoureusement. Il ne fait pas bon à l'approcher dans ce moment critique; car, d'un coup de pied bien appliqué, il peut briser l'imprudent agresseur.

Dans l'ancien monde comme dans le nouveau, l'Élan est l'objet d'une guerre sans trêve. On le poursuit, comme le cerf, avec une meute et un grand nombre de chasseurs. Quelquefois, de sauvages Indiens luttent avec lui de vitesse sur la neige ; ils sont chaussés de *raquettes*, espèces de patins en bois qui les maintiennent sur ce sol glissant, tandis que l'animal s'y enfonce jusqu'au poitrail; après une course plus ou moins longue, ils l'atteignent et le percent d'une arme formée d'un os très-pointu, enmanché au bout d'un bâton. Ou bien ils l'attirent en imitant son cri, et lui décochent leurs flèches presque à bout portant, en ayant soin de viser à la tête, parce qu'ils connaissent la dureté de sa peau et la résistance qu'elle opposerait à leurs traits.

Parmi les carnassiers, les ennemis de l'Élan sont les mêmes que ceux du renne : les ours, les loups et les gloutons.

L'Élan est d'un naturel très-doux ; il s'apprivoise avec facilité et aussi complétement que possible. Il connaît la personne qui l'a élevé, la suit comme un chien, et manifeste sa joie lorsqu'il la revoit après une longue séparation. Il s'attelle aussi bien que le renne, et court avec une certaine vitesse. On l'employait même à cet usage en Suède, il y a deux ou trois siècles; mais cette coutume s'est perdue. Sa chair est de bon goût et fort nourrissante; sa peau, sa fourrure, son bois, reçoivent des destinations fort utiles. On ne comprend donc pas qu'on n'ait fait encore presque aucune tentative pour domestiquer un animal aussi précieux, dans les climats où il peut vivre, et pour le soustraire ainsi à la destruction qui menace de le faire disparaître dans un temps plus ou moins éloigné.

Genre Cerf. — Le genre *Cerf* comprend un assez grand nombre d'espèces, répandues dans les régions chaudes et tempérées des deux continents.

Remarquables par leur grâce, leur élégance, leur légèreté, elles ont pour caractère commun d'être pourvues d'un mufle véritable, ou espace nu, dans lequel sont pratiquées les narines. Ces espèces diffèrent entre elles par la forme de leurs bois et la coloration de leur pelage, lequel est tantôt d'une nuance fauve, uniforme à tous les âges, tantôt semé de taches blanches dans la jeunesse, tantôt enfin moucheté pendant toute la durée de la vie. Les principales sont le *Cerf commun*, le *grand Cerf du Canada* ou *Wapiti*, le *Cerf de Virginie*, le *Cerf axis*, le *Cerf cochon*, le *Daim* et le *Chevreuil*.

Le *Cerf commun* est un des plus beaux animaux de l'Europe. Il fait l'ornement de nos forêts, dont il est, pour ainsi dire, la personnification vivante, grâce aux bois majestueux qui décorent sa tête. Il est à peu près de la taille du cheval. Son pelage, qui varie avec la saison, passe du brun fauve en été, à une nuance grisâtre en hiver. D'un naturel doux et craintif, il redoute la présence de l'homme, et s'enfuit à la moindre alerte. Au contraire, lorsqu'il n'est pas inquiété, il témoigne, par ses allures, d'une assez grande paresse, qui contraste avec son extraordinaire agilité. Arrivé à un certain âge, en pleine possession de sa force, il aime la solitude; il se retranche tout l'été dans un taillis, et n'en sort guère que la nuit, pour chercher sa nourriture. Il s'enfonce dans les plus épais fourrés, pour se reposer et digérer en paix. A la fin de l'automne, il se rapproche des plaines, pénètre dans les jardins mal clos, et, voleur nocturne, vient se rassasier des fruits tombés des arbres. Si la moisson est maigre, il l'augmente en se dressant le long du tronc, et se servant de sa ramure comme d'une gaule pour faire tomber les fruits à demi mûrs.

Ses aliments ordinaires sont les herbes, les feuilles, les fruits, les bourgeons. Rien de tout cela n'existe pendant l'hiver; le Cerf se rejette alors sur les mousses, les bruyères, les lichens. Quand la neige recouvre la terre, il s'attaque bravement aux écorces des arbres.

A cette époque, les Cerfs se rassemblent en troupes nombreuses, sous les hautes futaies, dans les lieux abrités de la bise, et se serrent les uns contre les autres, pour se réchauffer.

Vers les premiers jours de septembre, un grand changement s'opère dans le caractère et la manière d'être du Cerf : c'est le moment des amours. Il parcourt le bois en poussant des beuglements sonores : on dit alors qu'il *brame*. Exalté, presque furieux, il court çà et là, d'un air égaré, grattant fièvreusement le sol du pied, donnant de la tête contre les buissons et saccageant les branchages. Il semble avoir perdu le sentiment du danger, car, contre son habitude, dès qu'un objet lui paraît suspect, il y pousse droit, pour le reconnaître. Enfin il rassemble plusieurs femelles, et se forme un sérail, dont il prétend avoir l'usage exclusif. Il surveille ses biches avec une jalousie inquiète. S'il survient un rival, un combat à outrance ne tarde pas à s'engager. Les deux adversaires s'élancent impétueusement l'un contre l'autre, cherchant à se percer mutuellement de leurs bois aigus, et parant les coups avec leur tête. Quelquefois leurs bois s'enchevêtrent de telle façon qu'ils ne peuvent plus se séparer. Indissolublement rivés l'un à l'autre, les deux combattants s'efforcent en vain de se dégager, et quelques-uns de ces couples ennemis, ainsi étroitement enchevêtrés, périssent misérablement d'inanition, au bout de quelques jours. Quand le duel s'est terminé par la fuite de l'un des champions, le vainqueur reste maître des biches, jusqu'à ce qu'un autre compétiteur le chasse à son tour et s'empare de son privilége.

Après deux ou trois semaines de cette vie d'excitations et de fatigues, encore aggravée par la rareté de nourriture et la privation de sommeil, le Cerf est exténué; son état de maigreur fait peine à voir. Il se retire alors à l'écart, et s'occupe de réparer ses forces épuisées. Mais la saison est avancée, et ce n'est qu'au printemps qu'il peut *viander*, c'est-à-dire reprendre de l'embonpoint.

La biche porte huit mois. En mai, elle dépose dans un fourré un seul petit, rarement deux, dont le corps est moucheté de blanc, sur un fond fauve. A six mois, le *faon* change de nom : il s'appelle *hère*. C'est alors qu'il perd la livrée et qu'apparaissent les rudiments des bois. Vers un an, les dagues étant poussées, le hère devient *daguet*. Au commencement de la troisième année surgit la seconde *tête* : c'est ainsi qu'on désigne la ramure en termes de vénerie. La véritable tête est appelée *massacre*. Chaque année le Cerf fait une nouvelle *tête*; on indique son âge précisément par le nombre de têtes qu'il a faites. A six ans, c'est-à-dire à sa cinquième tête, on le nomme *dix-cors jeunement*; les années suivantes, et jusqu'à la fin de sa vie, c'est un *dix-cors*.

Les bois du Cerf sont cylindriques; les andouillers y sont assez régulièrement distribués à droite et à gauche, et en plus ou moins grand nombre, suivant l'âge de l'animal. D'ailleurs, à âge égal, le nombre des andouillers varie chez les Cerfs sous l'influence de circonstances diverses.

Lorsque le Cerf a fourni une carrière de dix ans ou environ, le merrain s'aplatit et s'élargit à son extrémité, qui reçoit le nom d'*empaumure*; puis il envoie des prolongements en forme de doigts, qui ne sont autre chose que les andouillers supérieurs nommés *épois*. On compte deux, trois, quatre ou cinq épois. Dans ce dernier cas, on dit que la bête est *paumée*. Lorsqu'ils sont disposés circulairement, le Cerf *porte chandelier*. Seuls, les Cerfs avancés en âge *portent chandelier*.

Le regard du Cerf est doux. Sa vue est mauvaise, mais son ouïe est excellente et son odorat très-subtil. Les blessures qu'il fait avec ses bois sont dangereuses.

La chasse du Cerf est, comme on sait, le type des chasses à courre. Elle est considérée, depuis des siècles, comme le plus noble des exercices; et de fait, comme elle entraîne à d'énormes dépenses, elle a toujours été le privilège de la grande noblesse. Cette chasse très-difficile est tout un art qui a son vocabulaire spécial. Elle exige un grand concours de chiens, de valets, de piqueurs et d'hommes à cheval. Elle est dirigée par un *veneur*, qui doit avoir la connaissance la plus parfaite et la plus détaillée des mœurs du Cerf; une pareille habileté ne s'acquiert qu'après une pratique constante de plusieurs années. Le veneur interroge les *fumées* ou excréments de l'animal ; il constate leur forme, leur consistance et leur odeur ; il examine les empreintes qu'ont laissées ses pieds sur le sol, les traces des bois sur les arbres et les taillis ; il scrute sa *reposée*, c'est-à-dire l'endroit où il s'est couché sur le ventre ; il fait une foule d'autres observations, dont l'énumération serait inutile, et avec tous ces éléments il reconnaît la bête aussi exactement que s'il l'avait vue. Il est capable de dire s'il a détourné un *faon*, un *daguet*, un *jeune cerf*, un *dix-cors jeunement*, un *dix-cors* ou tout simplement une biche.

L'animal étant reconnu et toute la chasse réunie, on découple quelques vieux chiens sur la voie, pour mettre le Cerf sur pied. Il ne tarde pas en effet à bondir et à prendre la fuite : alors la poursuite commence. Notre Cerf, confiant dans la vigueur de ses jarrets, court d'abord avec assurance, la tête relevée ; mais, au bout de quelque temps, il sent ses forces fléchir et essaye de ruser. Il passe et repasse sur sa voie, pour mettre les limiers en défaut : il cherche à leur donner le change. Souvent, pour y réussir, il accoste un jeune Cerf de la forêt, le force, en le battant, à partir à sa place, court derrière lui, pendant quelques minutes, puis, tout à coup, faisant un bond de côté, va se reposer dans un taillis, ou détale dans une nouvelle direction. Cette manœuvre a quelquefois plein succès, et alors le Cerf est sauvé. Dans tous les cas, elle jette de l'hésitation dans la meute, du retard dans la poursuite, et permet à la bête poursuivie de prendre une avance assez considérable ou de refaire, par un temps de repos, ses forces chancelantes.

Malgré toutes les ressources que lui suggère son intelligence, malgré sa merveilleuse légèreté, le Cerf échappe rarement à ceux qui ont mis leur point d'honneur dans sa mort. Après douze ou quinze lieues d'une course non interrompue, le malheureux animal sent toujours derrière lui la meute, fréquemment renouvelée par des *relais*. Il entend les cris des chiens et les sons du cor retentir, comme un glas funèbre, à ses oreilles. Incapable de lutter davantage, il tente un suprême effort : il se précipite vers l'étang ou le fleuve voisin, et s'efforce de mettre une barrière liquide entre ses ennemis et lui. Décevante illusion ! la meute s'y élance à son tour, le presse, l'atteint et ne tarde pas à le déborder. En même temps, les joyeuses fanfares de l'*hallali* retentissent sur les bords (fig. 120).

Le moment fatal est arrivé : il faut mourir. Le noble animal, sortant des eaux qui lui avaient donné un asile passager, rassemble tout ce qui lui reste d'énergie, et s'apprête à vendre chèrement sa vie. Il distribue à droite et à gauche de furieux coups d'andouillers, qui font rouler dans la poussière les chiens les plus ardents. Mais, accablé par le nombre et déchiré par une foule de tenailles vivantes, il reçoit le coup de grâce du principal personnage de la chasse. On fait hommage du pied de la victime à ce facile vainqueur qui a rassemblé toute une armée d'hommes et de chiens pour égorger un paisible habitant des forêts ! Enfin le corps du Cerf est jeté en pâture à la meute, soit sur l'heure : c'est la *curée chaude*, soit dans la soirée, après la rentrée au logis : c'est la *curée aux flambeaux*.

Dans les différentes régions des deux continents le Cerf commun est représenté par un certain nombre d'espèces analogues. Dans l'Amérique septentrionale, on rencontre un Cerf de très-grande taille : c'est le *grand Cerf du Canada*, ou *Wapiti*. Cet animal a quelque analogie avec l'élan ; il est très-doux et s'habitue facilement à la domesticité. Les Indiens du Canada le prennent tout jeune dans des filets, et l'élèvent avec beaucoup de soin. Ils l'attellent à leurs traîneaux pendant l'hiver, lui font porter des fardeaux et se nourrissent de sa viande, qui est excellente.

Aux États-Unis se trouve le *Cerf de Virginie*, la bête de meute des Américains du nord. Il a la taille de notre daim. Il est excessivement abondant aux États-Unis, mais on en fait de tels massacres qu'avant une centaine d'années, dit Audubon, il y deviendra d'une rareté extraordinaire. Toujours de la part de l'homme la même imprévoyance et le même abus des dons de la Providence !

Le continent indien et les îles de la Malaisie nourrissent plusieurs espèces de Cerfs très-remarquables. Citons d'abord le *Cerf d'Aristote* (fig. 121), ainsi nommé parce qu'il a été décrit par le célèbre philosophe de l'antiquité ; puis le *Cerf Axis*, très-élégant animal à robe fauve mouchetée de blanc et à bois simplement munis de deux andouillers ; enfin le *Cerf cochon*, qui doit son nom à sa petite taille et à ses formes massives.

Au Bengale, ces deux dernières espèces sont élevées en domesticité et engraissées pour la table. Comme elles se reproduisent parfaitement dans l'Europe chaude et tempérée, comme le prouve l'exemple des divers sujets qui ont vécu de nos jours au Jardin des Plantes de Paris, il serait très-désirable qu'on les acclimatât dans nos forêts, et qu'on les fît concourir, dans une certaine mesure, à l'alimentation publique.

Le *Daim* (fig. 122) tient le milieu, pour la taille, entre le Cerf et

Fig. 120. Hallali de Cerf.

le Chevreuil; sa hauteur est d'environ un mètre au garrot. Il est reconnaissable à ses bois, ronds à la base, et terminés par une partie plate, que divisent de profondes dentelures. Son pelage est, comme celui de l'Axis, fauve ou brun semé de taches blanches, qui en été sont très-marquées, mais paraissent à peine en hiver. Ses mœurs ne diffèrent pas sensiblement de celles du Cerf.

Fig. 121. Cerf d'Aristote.

Le Daim est honoré, au même titre que le Cerf, de l'estime des chasseurs de race princière. Aussi le conserve-t-on dans de grands parcs, pour le courir quand on le juge convenable. Dans l'état de nature, le Daim préfère aux grandes forêts les bois entrecoupés de champs et de coteaux. Il a recours aux mêmes ruses que le Cerf pour dépister ses persécuteurs.

On trouve le Daim dans une grande partie de l'Europe, dans le nord de l'Afrique, ainsi qu'en Perse et en Chine.

Fig. 122. Daim.

Le *Chevreuil* est l'un des plus svelte et des plus gracieux représéntants du genre Cerf; il ne mesure pas beaucoup plus d'un mètre de longueur. Ses bois sont petits et très-simples; ils se composent d'une tige rugueuse, droite dans presque toute sa longueur, et garnie, vers le haut, de deux courts andouillers dont l'un forme une bifurcation avec l'extrémité du merrain. Son pelage est d'un fauve uniforme dont la nuance varie un peu avec la saison. Il n'a ni larmiers ni vestige de queue, et porte sur le bout du museau une raie blanche bordée de noir. La femelle du Chevreuil s'appelle *Chevrette*, le mâle *Brocard* en terme de chasse, et le petit *Chevreau*; celui-ci porte la même livrée que le jeune Cerf.

Le Chevreuil est bien différent du Cerf dans ses mœurs : il ne vit pas en troupes, et ne pratique pas la polygamie. Il reste attaché pour sa vie à la compagne qu'il a choisie; il ne la quitte pas un instant, et se consacre avec elle à l'éducation de sa famille. Les relations les plus affectueuses s'établissent entre les deux époux ; ils se suffisent l'un à l'autre et se confinent volontairement dans cette solitude à deux, si douce aux cœurs aimants. Leur alliance est d'autant plus forte et durable, qu'elle commence ordinairement dès l'âge le plus tendre. En effet, la portée de la Chevrette est de deux petits, presque toujours de sexes contraires.

Les deux Chevreaux grandissent l'un près de l'autre; bientôt leur amitié fraternelle se transforme en un sentiment plus vif, et des liens indestructibles les attachent mutuellement. Quoiqu'ils vivent toujours ensemble, ils ne se reproduisent, comme la plupart des animaux sauvages, qu'à une époque déterminée : de là la fin d'octobre à la mi-novembre. Cette période n'est marquée chez le mâle, par aucune surexcitation du genre de celle qui se voit chez le Cerf.

Les Chevreuils se tiennent dans les jeunes bois et les taillis, à

Fig. 123. Chasse du Chevreuil.

proximité des terres cultivées. Ils aiment les bourgeons et les jeunes poussés des arbustes, et commettent, sous ce rapport, de grands dégâts dans les forêts Ils sont timides, intelligents et doux; le moindre bruit insolite les effraye et leur fait prendre la fuite. Ils ne sauraient d'ailleurs prendre trop de précautions contre une multitude de chasseurs toujours empressés à les occire : empressement excusable, puisque le Chevreuil est un des plus fins gibiers de venaison.

La chasse au Chevreuil (fig. 123) se fait avec moins d'apparat que celle du Cerf; mais avec le même système de poursuite : des meutes de chiens, des gens à cheval, etc. L'hallali du Chevreuil se passe de la même manière que celui du Cerf, mais moins solennellement. C'est un hallali bourgeois.

Les Chevreuils sont répandus dans toute l'Europe tempérée et dans plusieurs contrées de l'Asie.

Tribu des Ruminants sans cornes. — Le *Chevrotain* est le seul ruminant dépourvu de cornes, si l'on en excepte le chameau. Par les formes générales et l'ensemble de son organisation, il se rapproche des petites espèces de cerfs; il manque d'incisives à la mâchoire supérieure, mais il possède deux longues et fortes canines, qui dépassent la lèvre inférieure, exclusivement réservées aux mâles. Les Chevrotains ont un mufle comme les cerfs, mais point de larmiers; leur queue est courte. L'exiguïté de leur taille, l'élégance de leurs formes, la grâce et la légèreté de leurs mouvements en font des animaux très-agréables à contempler.

La famille des Chevrotains ne comprend qu'un petit nombre d'espèces, appartenant pour la plupart au continent indien et aux îles voisines; aucune ne se trouve en Amérique. Les deux principales sont le *Chevrotain porte-musc* et le *Chevrotain pygmée*.

Le *Chevrotain porte-musc* est de la grosseur du chevreuil ; il habite les régions montagneuses du centre de l'Asie, sur un espace de plus de 1000 lieues en latitude et d'environ 1500 en longitude ; on le trouve jusque dans la Sibérie méridionale. Il vit solitairement sur des rochers inaccessibles, dans le voisinage des glaciers. Pendant l'hiver, il descend dans les vallées. Comme il est très-défiant et qu'il fuit constamment la présence de l'homme, il faut, pour le prendre, avoir recours aux piéges et aux lacets. Cependant les Toungouses, c'est-à-dire les nomades habitants des rivages de la mer Glaciale, dans la Russie asiatique, le tuent à coups de flèches, après l'avoir attiré en se servant d'un morceau d'écorce d'arbre avec lequel ils imitent la voix des jeunes.

On fait la chasse à cet animal pour s'emparer d'une substance fortement odorante, sécrétée par une poche qu'il porte sous le ventre. Cette substance, bien connue de tout le monde, c'est le musc, parfum insupportable aux nez délicats, mais dont quelques élégantes, aux sens blasés, aiment à imprégner leur personne. Les Chevrotains mâles seuls ont le privilége de ce produit, qui se présente à l'état solide, sous forme de petits grumeaux de différentes grosseurs et de couleur rouge foncé. C'est en hiver, à l'époque des amours, qu'il est de meilleure qualité ; aussi est-ce le moment que l'on choisit pour chasser le Chevrotain.

Le musc s'emploie non-seulement dans la parfumerie, mais aussi dans la médecine comme antispasmodique ; il se vend dans le commerce avec la poche qui le renferme, et son prix est toujours élevé.

La chair du Chevrotain est, dit-on, excellente, mais à la condition qu'on enlèvera la poche à musc immédiatement après la mort de l'animal. On utilise aussi sa peau et ses longues canines.

Fig. 124. Chevrotain.

Le *Chevrotain pygmée* est le plus petit de tous les ruminants : sa taille ne dépasse pas celle du lièvre. Ses membres sont d'une délicatesse infinie et ses bonds extraordinaires ; mais il manque de fond et se laisse forcer à la course par les Indiens et les nègres de l'intérieur de l'Afrique, qui le recherchent pour sa chair. On connaît peu de choses de ses mœurs ; elles ne diffèrent pas sans doute beaucoup de celles des antilopes.

ORDRE DES ÉDENTÉS.

La dénomination d'*Édentés* imposée aux Mammifères qui composent cet ordre, ne signifie pas qu'ils sont complétement privés de dents, quoique ce soit le cas de plusieurs espèces, mais seulement qu'ils manquent toujours d'incisives, de telle sorte qu'il existe un espace vide sur le devant de leurs mâchoires. Une autre particularité qui caractérise les Édentés, c'est que leurs dents, quand ils en ont, sont toutes à peu près semblables, et non diversiformes, comme chez le plus nombre des Mammifères ; de plus, la racine en est simple et ne présente qu'une seule tige.

Les Édentés ont les membres terminés par des ongles excessivement robustes, qui leur servent à grimper ou à creuser. En général, ce sont des animaux de formes singulières, lents dans leur démarche et très peu intelligents. Quelques-uns, au lieu d'être vêtus de poils, sont recouverts d'écailles, ce qui ajoute encore à la bizarrerie de leur aspect. Leurs habitudes et leur régime alimentaire sont très-différents suivant les familles : les uns se nourrissent de végétaux, les autres de substances animales ; ceux-ci habitent des terriers, ceux-là vivent sur les arbres. Ils appartiennent tous aux régions chaudes des deux continents ; l'Europe n'en possède pas, et c'est dans l'Amérique méridionale qu'on en trouve le plus. Ils n'atteignent jamais une très-forte taille : les plus grandes espèces mesurent environ 1 mètre de long, non compris la queue.

Il n'en a pas toujours été ainsi. On a retrouvé dans les profondeurs du sol des débris d'Édentés dont la race est depuis longtemps éteinte, et qui nous étonnent par leurs vastes proportions. Tels sont le *Glyptodon*, le *Mylodon*, le *Mégathérium*, etc. La plupart de ces espèces fossiles sont propres à l'Amérique ; leurs dimensions égalaient celles du bœuf, du rhinocéros, voire même de l'éléphant. L'Europe en nourrissait une espèce tout aussi considérable que le Mégathérium américain : c'est le *Macrothérium* de M. Lartet.

Les Édentés comprennent cinq familles, peu étendues : les *Paresseux*, les *Tatous*, les *Oryctéropes*, les *Fourmiliers* et les *Pangolins*.

FAMILLE DES PARESSEUX. — Les *Bradypes*, ou *Paresseux*, sont des animaux étranges, que leurs caractères les plus apparents et leurs habitudes grimpeuses ont fait longtemps classer parmi les singes, mais qu'une étude plus attentive et plus complète a ramenés dans l'ordre des Édentés. Lorsqu'on les examine à terre, ils paraissent difformes et tout à fait déshérités de la nature; car ils ne s'y meu-

Fig. 125. Unau paresseux.

vent qu'avec une extrême lenteur. C'est même là ce qui leur a valu le nom de *Paresseux* et celui de *Tardigrades* (qui marchent lentement) que leur donnent certains auteurs. En effet, leurs membres antérieurs sont beaucoup plus longs que les postérieurs, ce qui les oblige à se traîner sur les coudes pour avancer. Ils ne peuvent rapprocher les genoux, à cause de la largeur de leur bassin et de leurs cuisses dirigées en dehors. Leurs pieds ne reposent sur le sol que par le bord interne; enfin leurs doigts, dont le nombre ne dépasse jamais trois, sont enveloppés par la peau jusqu'à leur extrémité, et sont constamment maintenus dans une dépendance mutuelle.

On comprendra que des membres ainsi conformés ne soient

guère propres à la locomotion terrestre; aussi rien ne peut-il donner l'idée de la gaucherie des Paresseux placés sur le sol.

Mais lorsqu'on les suit de l'œil sur les arbres, au milieu des conditions d'existence qui leur sont naturelles, les Bradypes laissent une impression toute différente. On reconnaît alors qu'il n'y a en eux aucune dissonnance, et qu'ils ont reçu, comme les autres créatures, les moyens de se soustraire aux atteintes de leurs ennemis. Ils entourent les branches de leurs grands bras, et enfoncent dans le bois les ongles énormes qui terminent leurs quatre membres. Comme la dernière phalange de leurs doigts est mobile, ils peuvent lui donner une certaine inclinaison, et transformer leurs pattes en de puissants crochets, qui leur sont très-utiles pour se suspendre aux arbres. Cachés au plus épais du feuillage, ils broutent à l'aise tout autour d'eux; ou bien, solidement fixés par trois pattes, ils se servent de la quatrième pour cueillir les fruits et les porter à leur bouche. S'ils se montrent indolents et dormeurs pendant le jour, c'est que leurs yeux ne sont pas faits pour l'éclatante clarté du soleil; mais leurs mouvements ne décèlent aucun embarras, et l'on ne peut pas dire que ce soient des êtres sacrifiés. Leur intelligence est à peu près nulle; mais, sous ce rapport, ils ne sont pas plus mal partagés que les autres Édentés.

Les Paresseux ont l'estomac divisé en quatre compartiments, comme les ruminants; mais on ne sait pas s'ils ruminent véritablement. Leur pelage est sec, abondant et long; on ne voit chez eux ni oreille externe, ni queue. Ils habitent les forêts vierges de l'Amérique du Sud. Les deux espèces les plus connues sont l'*Unau* et l'*Aï*, qui se trouvent à la Guyane, au Brésil, au Pérou et dans la Colombie.

L'Unau (fig. 125) n'a que deux doigts aux pieds de derrière et mesure environ 75 centimètres de long; les ménageries de Paris et de Londres en ont possédé des spécimens, qu'on nourrissait de pain trempé dans du lait, ainsi que de légumes et de fruits. L'*Aï* est un peu plus petit que l'Unau.

FAMILLE DES TATOUS. — Les *Tatous* (fig. 126) sont remarquables par la nature toute particulière de leurs téguments, qui pourrait les faire prendre, au premier abord, pour des reptiles. Au lieu d'être vêtus de poils, comme les autres Mammifères, ils ont le dessus de la tête, les parties supérieures et latérales du corps, et la queue, protégés par une cuirasse écailleuse, très-résistante.

Cette cuirasse se compose de plaquettes osseuses, disposées par séries parallèles et de formes variées; elle n'est point séparée de la peau, dont elle constitue une bizarre modification. Sur la tête, le haut du corps et la croupe, ces plaques sont adossées et solidement fixées les unes aux autres: mais sur le milieu du dos elles jouissent d'une certaine mobilité, et peuvent glisser les unes sur les autres. De cette façon, l'animal a la faculté d'exécuter divers mouvements de flexion et d'extension, par exemple se rouler en boule lorsqu'il est attaqué, pour cacher sous sa cuirasse toutes les parties

Fig. 126. Tatous.

vulnérables de son corps, c'est-à-dire celles qui sont simplement recouvertes de poils.

Les autres caractères des Tatous sont : des jambes courtes, ordinairement à cinq doigts et terminées par des ongles très-forts, qui leur servent à creuser la terre; des oreilles assez développées et se dressant en pointe; des narines percées dans un mufle et percevant très-subtilement les émanations odorantes; une queue longue et arrondie, ou courte et plate. Dans certaines espèces, le nombre des dents est considérable : le *Tatou géant* n'en compte pas moins de quatre-vingt-dix-huit.

Les Tatous habitent les grandes plaines de l'Amérique méridionale, où ils se pratiquent des terriers, composés d'une chambre, desservie par différentes galeries. Ils se nourrissent en partie de végétaux, en partie de substances animales, particulièrement d'insectes et de cadavres.

Ils sont inoffensifs et stupides. En général leur taille est petite ; la plus grande espèce, qui dépasse notablement les autres, n'a pas plus d'un mètre de longueur : c'est le *Tatou géant*. La plus faible a le volume d'un gros rat : on la nomme *Chlamyphore* (portemanteau).

Famille des Oryctéropes. — Cette famille a été créée pour un seul Mammifère, propre à diverses contrées de l'Afrique et plus spécialement aux régions australes de cette partie du monde.

L'*Orcytérope* est bas sur pattes ; ses ongles épais, tranchants, presque semblables à des sabots, indiquent des habitudes essentiellement fouisseuses ; sa peau, dure, est garnie de poils rares et rudes. Une espèce de boutoir termine sa tête, qui est très-allongée ; sa bouche est meublée de dents molaires d'une structure toute particulière. Ce sont de petits cylindres, à couronne plate et sans émail, d'un tissu moins dense qu'à l'ordinaire et en quelque sorte spongieux, car ils sont formés par l'agglomération d'un grand nombre de tubes microscopiques, adossés les uns aux autres dans le sens vertical. Lorsqu'on pratique sur une de ces dents une section horizontale, elle présente l'aspect d'un morceau de jonc.

L'Oryctérope mesure environ 1 mètre de long, non compris la queue, longue de 50 centimètres. Sa hauteur est de 50 centimètres. Il habite des terriers, et creuse avec beaucoup de rapidité. Lorsqu'il a la tête et les pieds de devant plongés dans le sol, il s'y attache avec tant de force, que l'homme le plus vigoureux ne saurait l'en arracher. Sa nourriture consiste en fourmis ou plutôt en *termites*, insectes vulgairement désignés sous le nom de *fourmis blanches*, à cause de leur ressemblance avec de très-grosses fourmis. On sait que les termites se renferment dans de grands monticules de terre, affectant la forme d'un dôme, qu'ils ont eux-mêmes élevés. Lorsque l'Oryctérope sent venir la faim, il se met à la recherche d'une de ces gigantesques fourmilières ; s'accroupissant à côté, il la fouille de manière à en entamer les parois. Aussitôt des légions de termites sortent pour défendre leur habitation menacée. Sans perdre un moment, le quadrupède darde sa langue, enduite d'une humeur visqueuse, au milieu de cette population remuante ;

puis il la retire couverte de fourmis prises à ce piége et il recommence la même manœuvre, jusqu'à ce qu'il soit rassasié.

Cette nourriture exclusive communique à sa chair une saveur fortement acidulée; néanmoins les Hottentots et les colons du cap de Bonne-Espérance la mangent avec plaisir, et font même, pour se la procurer, une chasse active à l'Oryctérope. Un petit coup de bâton sur la tête suffit pour le tuer.

On rencontre l'Oryctérope, non-seulement aux environs du cap de Bonne-Espérance, mais encore dans l'Abyssinie et la Sénégambie.

FAMILLE DES FOURMILIERS.— Comme leur nom l'indique, les *Fourmiliers* se nourrissent, ainsi que les Oryctéropes, de fourmis, auxquelles ils adjoignent pourtant d'autres insectes. Mieux encore que ces derniers, ils sont organisés pour ce genre spécial d'alimentation. D'abord ils manquent complétement de dents; ensuite leur tête se termine par un long tube, qui sert à loger une langue mince, très-extensible, analogue à un ver, dont la sortie se fait par une petite fente située à l'extrémité de cette sorte de fourreau. Projetée dans les fourmilières et dans tous les interstices où se réfugient des insectes, cette langue déliée ramène des proies nombreuses, engluées par la salive dont elle est imprégnée. Ajoutons, pour achever de caractériser les Fourmiliers, qu'ils sont armés d'ongles acérés, tout à la fois instruments de fouissage et de défense. Ils appartiennent aux contrées les plus chaudes de l'Amérique.

L'espèce la plus remarquable de la famille est le *Tamanoir* (fig. 127), le plus grand des Fourmiliers et même des Édentés. Il atteint jusqu'à 1m,50 de longueur, depuis le bout du museau jusqu'à l'origine de la queue. Son pelage est rude, abondant et de couleur noirâtre. La queue, garnie de poils très-longs et extrêmement touffus, est susceptible de se relever en panache; elle a un mètre de longueur. Sa force est considérable : il se défend avec succès contre le féroce jaguar, qu'il étreint dans ses bras, à la manière de l'ours, ou qu'il déchire de ses griffes puissantes.

C'est un animal nocturne, solitaire et nonchalant, qui se plaît dans les forêts humides et les savanes marécageuses, où abondent les fourmilières. La femelle met bas un seul petit, qu'elle porte constamment sur son dos. La ménagerie de *Regent's Park*, à Londres, qui en a possédé deux, les nourrissait avec du pain trempé dans du lait et avec des œufs; mais on acquit la certitude qu'ils avaient aussi le goût du sang, un jour qu'on vit l'un d'eux sucer la chair d'un lapin qui lui avait été donné.

Il existe deux autres espèces de Fourmiliers qui vivent plus ou moins sur les arbres et jouissent, à cause de cela, d'une des facultés caractéristiques des singes américains : celle de saisir fortement les branches avec leur queue, laquelle est dénudée en dessous dans une partie de sa longueur, et susceptible de s'enrouler autour des objets. Ce sont : le *Tamandua*, Fourmilier d'un mètre de long environ, qui partage son existence entre le sol et les feuillages touffus, et le *Fourmilier didactyle*, ainsi nommé parce qu'il n'a que deux doigts au lieu de quatre, aux pieds de devant. Ce der-

Fig. 127. Fourmilier Tamanoir.

nier Fourmilier vit au Brésil et à la Guyane; il descend rarement à terre, et n'est pas plus gros qu'un rat. La femelle fait un seul petit, qu'elle dépose dans un trou d'arbre garni de feuilles.

FAMILLE DES PANGOLINS. — Les *Pangolins* sont encore des Fourmiliers, mais des Fourmiliers que la nature toute particulière de leur costume ne permet pas de laisser dans la même famille que

les précédents. Leurs poils sont agglutinés de façon à former de
grosses écailles, insérées dans la peau à peu près comme les ongles de l'homme et imbriquées comme les tuiles d'un toit. Ces
écailles recouvrent le corps tout entier, y compris les membres, sauf le ventre et la partie inférieure de la tête. De là le
nom vulgaire de *Lézards écailleux* donné aux Pangolins, et qui rappelle leur ressemblance avec ces reptiles.

Les Pangolins (fig. 128) ont les membres courts et garnis d'ongles
robustes; ils sont dépourvus d'oreille externe et ne présentent
aucune trace de dents. Ils se nourrissent absolument de la même
manière que les Fourmiliers; mais leur tête, quoique allongée,

Fig. 128. Pangolin.

n'est pas conformée d'une aussi excentrique façon, et leur langue
est moins grêle. Habitants des forêts, ils se creusent des terriers,
ou se logent dans des troncs d'arbres. Lorsqu'ils sont attaqués, ils
se roulent en boule, comme les tatous; en même temps leurs
écailles se hérissent et leur font un bouclier inattaquable.

Les Pangolins sont tous de taille moyenne ou petite; ils n'ont
jamais plus d'un mètre de longueur totale. Ils habitent exclusivement l'ancien monde. L'Inde et les îles Malaises, le midi de la Chine
et une grande partie de l'Afrique, sont les régions qui leur ont
été dévolues par la nature.

ORDRE DES CARNIVORES.

Les Carnivores sont les plus forts et les plus redoutables des Mammifères terrestres; ils comprennent tous les animaux vulgairement appelés *bêtes féroces*. Doués des instincts les plus violents, organisés pour le meurtre et le carnage, ils se nourrissent tous, plus ou moins, de chair et de sang, et répandent la terreur autour d'eux. Ils ont un rôle providentiel dans la nature, celui de limiter la multiplication des espèces herbivores; et, tout étrange que cela puisse paraître à première vue, leur disparition de la surface de la terre amènerait de véritables désordres.

Quoique les matières animales entrent toujours pour une certaine part dans leur alimentation, tous les Carnivores n'en vivent pas exclusivement; il en est qui leur adjoignent, dans des proportions variables, des substances végétales. Quelques-uns sont même plus végétivores que carnivores. De là des différences plus ou moins profondes dans les organes de l'appareil nutritif, spécialement dans le tube digestif et le système dentaire, et des caractères très-importants tirés de cet ordre de considérations.

Les Carnivores possèdent constamment trois sortes de dents : des incisives, des canines et des molaires. Les *incisives*, placées en avant, sont au nombre de six à chaque mâchoire, excepté chez la loutre marine, qui n'en porte que quatre à la mâchoire inférieure. Les *canines* sont fortes, longues, acérées, très-propres à déchirer les chairs, et constituent des armes terribles; on en compte deux à chaque mâchoire, situées de chaque côté des incisives. Enfin viennent les *molaires*, très-variables dans le nombre et dans la forme, suivant le genre de nourriture, et divisées en *avant-molaires, carnassières* et *tuberculeuses* ou *arrière-molaires*. Généralement les *avant-molaires* sont pointues, et augmentent en volume de la première à la dernière; il y en a une au moins et quatre au plus. Elles sont suivies par une dent à couronne tranchante, la plus considérable

du système, connue sous le nom de *carnassière*. Les dernières molaires, ou *tuberculeuses*, sont ainsi nommées à cause de leur couronne large et émoussée; elles sont au nombre de deux ou quatre
à chaque mâchoire; quelquefois aussi elles manquent totalement
en bas, ou y sont plus rares qu'en haut.

Les dents *carnassières* et les dents *tuberculeuses* diffèrent, non-seulement par la structure, mais encore par la manière dont elles se
rencontrent dans l'acte de la mastication, et par les modifications
particulières qu'elles font subir aux aliments. Les carnassières sont
alternes, c'est-à-dire qu'elles glissent latéralement l'une sur l'autre, à peu près comme les branches d'une paire de ciseaux; elles
sont donc éminemment propres à couper, à diviser la chair. Au
contraire, les molaires tuberculeuses, parfaitement opposées l'une
à l'autre et venant s'appliquer, couronne contre couronne, sont
très-aptes à broyer, à triturer les matières végétales.

On peut conclure de ce qui précède que l'animal sera d'autant
plus carnivore que ses dents carnassières seront plus développées
et que ses tuberculeuses le seront moins; qu'au contraire il sera
d'autant plus omnivore, c'est-à-dire tout à la fois végétivore et
carnivore, que ses dents tuberculeuses seront plus larges et ses
carnassières moins apparentes. De sorte que l'on peut dire, avec
Isidore Geoffroy Saint-Hilaire, que « le degré de carnivorité d'un
animal est toujours exprimé, avec une précision presque mathé-
matique, par les modifications de son système dentaire, et spécialement des dents carnassières. »

Les Mammifères carnivores sont des animaux bien découplés et
très-agiles. Ils attendent leur proie dans quelque lieu obscur, et,
dès qu'elle passe à leur portée, ils l'atteignent d'un bond et l'é-
gorgent.

Leurs membres sont bien proportionnés, et leurs doigts, parfaitement séparés les uns des autres, se terminent par des ongles robustes, ou *griffes*, plus ou moins acérés suivant les instincts des
espèces, et qui composent, avec les dents, leurs seuls moyens d'attaque et de défense. Chez tous les membres de la famille des *chats*,
c'est-à-dire chez les Carnivores par excellence, les griffes sont
rétractiles, c'est-à-dire qu'elles ont la propriété de se retirer dans
l'intérieur de la patte, à la volonté de l'animal, grâce à la disposition
particulière des phalanges et à l'action d'un muscle spécial. Quand
le chat fait ainsi rentrer sa griffe, on dit qu'il fait *patte de velours*. Le
but de cette ingénieuse combinaison est de conserver aux ongles

tout leur tranchant et toute leur acuité, en les soustrayant aux causes d'usure provenant de la marche et du frottement contre le sol : c'est comme une épée que l'on conserve dans le fourreau.

Les Carnivores varient beaucoup dans la manière de poser la patte à terre. Les uns, tels que les ours, les blaireaux, etc., s'appuient sur toute la surface inférieure du pied, et se font remarquer par leurs formes épaisses : on les nomme *Plantigrades;* les autres, comme les chats, les chiens, etc., ne touchent le sol que par l'extrémité des doigts et ont le corps plus délié, les allures plus vives : on les appelle *Digitigrades.* Entre ces deux types bien tranchés, s'échelonne la série des espèces plus ou moins semi-plantigrades, et semi-digitigrades.

Les caractères tirés de la marche sont utiles dans la distinction des genres; mais ils n'ont pas assez d'importance pour devenir le point de départ d'une division des Carnivores en deux grandes tribus, comme l'avaient fait les naturalistes du commencement de notre siècle.

Les sens des Carnivores sont très-développés, mais les uns ou les autres prédominent suivant les espèces. L'ouïe et la vue atteignent leur maximum de perfection chez les plus avides de chair; tandis que l'odorat et le goût très-développé sont l'apanage des espèces dont le régime est plus ou moins végétal. La plupart des *Féliens* (chats) ont les yeux organisés pour la vision nocturne.

Les Carnivores sont bien supérieurs en intelligence à tous les animaux des ordres précédents. Leur cerveau est assez volumineux et présente toujours des circonvolutions.

La nature a bien doué les Carnivores sous le rapport du vêtement. Un grand nombre d'entre eux nous donnent des fourrures très-recherchées, soit pour leurs brillantes couleurs, soit pour la finesse et l'épaisseur du poil. On cite particulièrement celles de la marte, de la zibeline, du vison, de l'hermine, du renard, du lion, du tigre, de la panthère, de l'ours et généralement toutes les fourrures des féliens.

Les Carnivores sont répandus en nombre considérable sur toute la surface du globe, excepté en Australie, où ils sont, comme nous l'avons vu, représentés par des Mammifères marsupiaux. Les espèces les plus redoutables habitent les régions brûlantes de l'Asie, de l'Afrique et de l'Amérique. La plus grande espèce de carnivores que possède aujourd'hui l'Europe, est l'ours. Cependant l'Europe n'a pas toujours été aussi complétement privée d'animaux féroces. Des ours bien plus gros que ceux d'aujourd'hui y ont vécu, ainsi que des hyènes, des panthères, et un énorme chat qui différait bien peu du lion.

On partage les Carnivores en six grandes familles : 1° les *Mustéliens*, dont le type est la belette (*Mustela*, belette) ; 2° les *Hyènes* ; 3° les *Féliens* (de *Felis*, chat) ; 4° les *Caniens* (de *Canis*, chien) ; 5° les *Viverriens* (de *Viverra*, civette) ; 6° les ours.

FAMILLE DES MUSTÉLIENS. — Les *Mustéliens* sont, en général, des animaux de petite taille, au corps bas et allongé, aux instincts éminemment destructeurs. Le nom de *Vermiformes*, qu'on donne à beaucoup d'entre eux, tels que les loutres, les putois et les martes, rappelle cette conformation particulière. Ils sont digitigrades ou plantigrades, mais plus souvent digitigrades. Au point de vue anatomique, ils sont caractérisés par la présence d'une paire de tuberculeuses à chaque mâchoire.

Ils renferment les genres *Loutre, Marte, Glouton, Mouffette, Blaireau, Ratel.*

Genre Loutre.— Les Loutres sont essentiellement organisées pour la vie aquatique. Leurs pieds palmés, leurs formes sveltes, leur tête aplatie, leur permettent de fendre l'onde avec rapidité, tandis qu'elles ne se meuvent que difficilement sur la terre. Elles habitent les bords des lacs, des fleuves et des rivières, soit qu'elles se creusent un terrier en communication avec la profondeur de l'eau, soit qu'elles s'accommodent de quelque retraite naturelle, située à une faible distance de la rive.

Se nourrissant presque exclusivement de poissons, qu'elles saisissent en plongeant, elles occasionnent dans les eaux qu'elles fréquentent d'incalculables dégâts, non-seulement par la dépopulation qui résulte de leurs goûts particuliers, mais encore par le dommage qu'elles font éprouver aux filets des pêcheurs, lorsque, s'y étant laissé prendre, elles s'y débattent, les coupent et les déchirent pour se dégager.

Les Loutres mangent aussi de petits Mammifères, des mollusques, des reptiles aquatiques, et même des végétaux.

La femelle de la Loutre met bas trois ou quatre petits, dans les premiers jours du printemps. Elle les soigne avec la plus vive sollicitude, et sacrifie sa vie pour les défendre. Si, malgré sa résistance, on les lui ravit, elle éclate en gémissements douloureux et quelquefois meurt de désespoir.

Cet animal est d'ailleurs très-intelligent et s'apprivoise sans peine. Il faut seulement le prendre jeune, et avoir soin de ne pas le nourrir trop tôt de matières animales. Sans cette précaution, son naturel féroce persiste, et il reste toujours indocile et brutal. Lorsqu'elle est bien dressée, la Loutre utilise volontiers ses talents en faveur de son maître. Elle pêche pour le compte d'autrui, et se montre satisfaite, pourvu qu'on lui abandonne quelques-uns des poissons qu'elle est allée chercher au fond de l'eau.

La peau de la Loutre a et a eu autrefois une grande valeur comme fourrure ; on ne l'emploie guère aujourd'hui que dans la

Fig. 129. Loutre.

chapellerie. Le pelage de cet animal, comme celui du castor, de l'ondatra et de presque tous les Mammifères aquatiques, se compose de deux couches : l'une, qui confine à la peau, formée de poils courts, fins et duveteux ; l'autre, située au-dessus, dont les poils sont luisants, plus longs et plus rudes. Les fourrures du Nord sont les plus estimées, parce qu'elles sont plus chaudes et plus moelleuses.

On fait à la Loutre une guerre assez active, autant pour s'emparer de sa peau, que pour mettre un terme à ses dégâts dans les rivières. Cette chasse est d'ailleurs très-difficile. La tactique consiste à pousser l'animal dans un endroit où les eaux soient basses ; c'est à cette condition seulement qu'on peut le tuer ou s'en emparer.

On trouve des Loutres dans toutes les parties du monde ; mais c'est en Europe et en Amérique qu'elles sont le plus répandues. La *Loutre commune* (fig. 129) mesure environ 70 centimètres du bout du museau à l'origine de la queue, qui est longue de 30 à 35 centimètres. La couleur générale de sa robe est le brun, plus ou moins foncé.

Il existe au Kamtschatka et sur toutes les côtes de l'océan Pacifique boréal une espèce de Loutre qui diffère de toutes les autres par la taille, par la douceur et l'éclat de sa fourrure et par ses habitudes exclusivement maritimes ; elle a un peu plus d'un mètre de longueur. Les mœurs de la *Loutre marine* sont très-intéressantes. Le mâle et la femelle sont fortement attachés l'un à l'autre et à leur progéniture ; les liens qu'ils contractent sont durables. Ils jouent avec leurs petits et les prennent sur leur dos lorsqu'ils entreprennent quelque traversée. Ces animaux sont d'ailleurs d'un naturel excellent. Ils n'opposent presque pas de résistance aux attaques dont ils sont l'objet et ne cherchent leur salut que dans la fuite.

Les peaux de *Loutres marines* sont très-recherchées. En Europe, où il en vient très-peu, leur valeur varie de 800 à 1500 fr. Elles s'exportent en grande partie sur les marchés de la Chine ou du Japon, où elles font l'ornement des mandarins et de tous les hauts fonctionnaires. Quelque élevé qu'en soit le prix actuellement, il augmentera certainement encore, puisque les animaux qui les fournissent se retirent devant l'action envahissante de l'homme, pour mener une vie tranquille dans des régions moins accessibles.

Genre Marte. — Les Martes sont les plus petits, mais aussi les plus féroces des carnassiers, sans en excepter le lion, le tigre et la panthère. Elles ne vivent que de proies vivantes et ne se complaisent que dans le carnage. Seulement elles ne s'attaquent, par prudence, qu'à des animaux proportionnés à leur taille. Les rats, les souris, les écureuils, les petits oiseaux forment le fond de leur nourriture ; car elles grimpent avec beaucoup d'agilité sur les arbres et sont la terreur de la gent ailée.

Certaines espèces de Martes, telles que la fouine, le putois, la belette, vivent dans le voisinage des lieux habités. Profitant de la faculté qu'elles possèdent de passer par les moindres orifices, grâce à la minceur et à la souplesse de leur corps, elles pénètrent dans les basses cours, les poulaillers, les cabanes à lapins, et mettent à mort tout ce qui s'y trouve. Elles semblent obéir à un besoin désordonné de destruction et de cruauté inutile, car elles égorgent souvent beaucoup plus de victimes qu'il ne leur en faut pour assouvir leur faim. Mais il faut faire remarquer, à leur décharge, d'abord que, ne tuant que pour sucer le sang et manger la cervelle de leurs victimes, la consommation doit en être forcément assez considérable; ensuite qu'étant forcées, par la violence de leurs appétits et l'impossibilité d'emporter leur butin par d'étroites issues, de se repaître sur place, elles s'appliquent à ne laisser autour d'elles aucun souffle de vie, afin d'empêcher le concert des voix accusatrices qui ne manqueraient pas de s'élever, et qui leur attireraient la colère d'un personnage particulièrement désagréable, à savoir, le propriétaire ou quelqu'un des siens.

Les Martes sont rusées, cauteleuses et savent circonvenir leur proie sans exciter sa défiance; elles déploient même beaucoup d'intelligence dans cette recherche incessante de leur nourriture. Elles s'apprivoisent assez facilement, mais elles sont à peu près incapables d'affection. L'homme peut en faire un esclave, non un ami.

Comme particularité de leur organisation, il faut citer l'odeur désagréable, quelquefois même fétide, que répandent ces animaux, surtout lorsqu'ils sont irrités. Cette odeur émane d'un liquide que sécrètent deux glandes placées à l'origine de la queue.

On distingue deux sections dans le genre Marte : les *Martes proprement dites* et les *Putois*.

Les principales espèces de la première section sont la *Marte ordinaire*, la *Marte zibeline* et la *Fouine*.

La *Marte ordinaire* est longue d'environ 50 centimètres; elle habite les forêts les plus sauvages du nord de l'Europe et de l'Amérique, et est devenue assez rare en France depuis que les grandes forêts en ont disparu. Comme la plupart de ses congénères, elle reste cachée pendant le jour, et ne se met guère en chasse que le soir, prenant ainsi l'obscurité pour complice de ses violences. Oiseaux de toutes sortes, lièvres, lapins, écureuils, loirs, mulots, et, par exception, serpents et lézards, tombent sous sa dent meurtrière. Elle recherche aussi le miel des abeilles sauvages.

Lorsque les petits oiseaux l'aperçoivent pendant le jour, ils se réunissent en nombre, l'entourent, l'assourdissent de leurs clameurs et l'obligent à s'enfuir.

La Marte établit son gîte au milieu d'un buisson ou dans un tronc d'arbre. Lorsque la femelle est sur le point de mettre bas, elle cherche un nid d'écureuils, surprend et dévore le propriétaire, puis s'y installe, après l'avoir approprié à sa convenance.

La fourrure de la *Marte ordinaire* a une certaine valeur, mais elle n'a pas la réputation de celle de quelques autres Martes dont nous allons parler.

La *Marte zibeline* (*Mustela zebelina*) est pourvue d'un pelage fin et moelleux. Son cou est grisâtre, le reste du corps d'une riche couleur fauve. Ce petit animal, si recherché à cause de sa fourrure, est confiné dans les régions septentrionales de l'Asie et dans la Russie d'Europe, surtout en Sibérie. C'est dans ce dernier pays qu'on la chasse avec activité. Les Turcs, les Russes, les Chinois, achètent sur place les peaux de Zibeline, pour les répandre dans le commerce de l'Europe et de l'Asie. Les peaux les plus chères sont celles dont la couleur tire un peu sur le noir. Sa robe d'hiver est bien supérieure à celle d'été ; elle est parfaitement noire et mieux fournie.

Ce sont les Russes exilés en Sibérie qui chassent la Zibeline, et qui s'exposent, pour sa recherche, au milieu de ces déserts de glace, à des misères et à des maux de toutes sortes. Combien de ces malheureux périssent de froid ou de faim dans ces parages, dont la température peut descendre à 30° au-dessous de zéro! Combien sont déchirés par la dent féroce des ours et des loups dévorants! Le cœur se serre à la pensée de tant de souffrances, endurées pour satisfaire le vain luxe de quelques privilégiés de l'ordre social!

La *Fouine* (fig. 130) habite toute l'Europe et une partie de l'Asie occidentale. Les bois, les haies, les vergers, tous les sites lui conviennent, pourvu qu'elle puisse s'y cacher et faire ses coups à la sourdine. Elle se tient volontiers près des habitations, et son voisinage est dangereux pour les petits animaux domestiques des fermes. Elle grimpe jusque dans les colombiers. Les granges, les magasins à fourrages sont ses lieux de retraite favoris. C'est là qu'elle met bas, lorsqu'elle le peut. Elle s'apprivoise, et en captivité elle mange de tout, excepté des herbes.

Boitard raconte le fait curieux d'un paysan qui était parvenu à se nourrir aux dépens du prochain, grâce à l'action combinée d'une fouine et d'un chien, admirablement dressés d'ailleurs, l'un et l'autre, pour ce résultat. Ledit paysan allait rôder autour des fermes, suivi de son chien et portant sa fouine dans un panier. Apercevait-il quelque poule écartée, il lançait contre le volatile

Fig. 130. Fouine.

sa fouine, qui l'égorgeait en un clin d'œil. Ensuite il s'éloignait d'un air innocent, tandis que le chien s'emparait de la volaille

Fig. 131. Putois.

méchamment occise, et rejoignait son maître, portant le butin dans sa gueule. Ce manége finit pourtant par être découvert, et notre ingénieux villageois dut renoncer à exploiter de cette façon les qualités naturelles de sa fouine.

Dans la section des Putois, on distingue le *Putois commun*, le *Vison*, l'*Hermine*, le *Furet*, la *Belette*.

Le *Putois commun*, ou *Putois fétide* (fig. 131), doit son nom à l'odeur infecte qu'il répand lorsqu'il est irrité. Cette odeur est insupportable et répugne même aux autres animaux. Comme la Fouine, il fréquente les lieux habités et y commet les mêmes dégâts.

Après l'accouplement, qui a lieu au printemps, le mâle se retire dans les bois et vit des ressources qu'ils lui offrent. S'il a la bonne fortune de rencontrer une garenne de lapins, il s'insinue dans un terrier, s'y établit à demeure, après avoir mis à mort les légitimes possesseurs. Il mène alors joyeuse vie jusqu'à l'automne, car la proie pullule autour de lui.

On trouve le Putois dans toute l'Europe.

Le *Vison* est le représentant du Putois dans l'Amérique septentrionale; sa fourrure est assez bien cotée dans le commerce des pelleteries.

L'*Hermine* (fig. 132) habite, comme la Zibeline, les régions les plus septentrionales du globe. La Suède, la Norvége, la Russie, la Sibérie, l'Amérique boréale, sont les contrées où elle abonde. Les chasseurs de Zibelines sont donc en même temps chasseurs d'Hermines. On sait la haute valeur qu'acquièrent les peaux de ces animaux et le commerce considérable auquel elles donnent lieu. Nos magistrats, nos docteurs, en font une ample consommation, sans compter nos dames, qui aiment à en parer leur coquette personne. En été, l'Hermine est d'un beau marron en dessus et blanche en dessous, avec la queue brune et l'extrémité noire; en hiver elle devient tout entière d'un blanc éclatant ou légèrement jaunâtre, si ce n'est que le bout de la queue reste noir. C'est à cette époque qu'on lui fait la guerre. Cet animal n'a pas plus de 25 centimètres de long, la queue non comprise. Rien de particulier à signaler dans ses habitudes.

Le *Furet* (fig. 133), que certains auteurs regardent comme une variété (fig. 131) du Putois, a le pelage d'un blanc jaunâtre et les yeux roses. Il nous est venu de l'Espagne, qui elle-même l'avait reçu de la côte d'Afrique. Il ne peut vivre en France à l'état sauvage: il y meurt bientôt, victime de la rigueur du climat.

L'homme a mis à profit sa haine naturelle pour le lapin, en le dressant à la chasse de ce rongeur. Voici comment on procède: Lorsqu'on a découvert un terrier, on y porte le Furet et on l'in-

troduit dans le trou de ce terrier. Le Furet ne tarde pas à en faire
déguerpir les lapins, fous de terreur; mais les malheureux ne se
sauvent de Charybde que pour tomber en Scylla; car un piége les
attend à l'entrée du terrier dans lequel ils viennent se jeter tête
baissée, ou bien le fusil du chasseur les renverse au moment de
leur sortie.

Le Furet doit toujours être muselé; sans cela il saigne les lapins,
se gorge de sang et reste engourdi dans une torpeur stupide, qui
peut se prolonger plusieurs jours. Impossible alors de le faire

Fig. 132. Hermine.

sortir, si ce n'est en l'enfumant dans son trou; encore n'y réussit-
on pas toujours.

A part ce service, tout intéressé, le Furet n'est d'aucune utilité à
son maître; il ne lui témoigne aucune affection, et semble même
ne pas le connaître.

La *Belette* est le plus petit des Carnivores : elle ne mesure pas
plus de 15 centimètres. On la trouve dans toute l'Europe tempérée, aux environs des lieux habités. Son audace et son courage
sont extraordinaires: elle attaque des animaux beaucoup plus
gros qu'elle, et quelquefois fort redoutables, tels que le surmu-

lot. D'après le docteur Jonathan Franklin on a vu une belette s'attacher à un aigle, se laisser enlever avec lui au plus haut des airs, parvenir, après une lutte prolongée, à lui couper la gorge, et retomber à terre, étreignant toujours son ennemi vaincu.

De toutes les Martes, la Belette est celle qui s'apprivoise le plus facilement, et qui montre le plus de confiance vis-à-vis de son maître. C'est, en somme, un joli petit animal.

Genre Glouton. — Avec le Glouton, commence une série de Mustéliens à marche plus ou moins plantigrade et à formes plus lourdes que celles des précédents. Cet animal est le plus gros et le plus robuste de la famille. Il a la tête forte, le corps médiocrement

Fig. 133. Furet.

élevé; la queue de moyenne longueur et convenablement fournie, les ongles acérés et tranchants. Son nom lui vient de sa voracité, qui est vraiment remarquable.

Le Glouton est propre aux régions arctiques des deux continents. Voici comment il se procure sa subsistance. Il grimpe sur un arbre, et se tient en embuscade jusqu'à ce qu'une proie passe au-dessous de lui; il s'élance alors, se cramponne sur le dos de sa victime, et lui déchire la gorge à belles dents. En vain l'animal fait des efforts désespérés pour se débarrasser de son féroce compagnon; il finit par succomber à cette terrible étreinte. Le Glouton ne craint pas de s'attaquer ainsi aux plus grands Ruminants, tels que le renne, l'élan, et il en vient à bout.

Buffon a possédé vivant un Glouton dont la captivité avait fort adouci le naturel. Il mangeait considérablement, et avec une telle avidité qu'il faillit plusieurs fois s'étrangler. Il aurait englouti plus de quatre livres de viande en un seul repas, si on les lui avait données.

Fig. 134. Glouton.

Genre Mouffette. — Les Mouffettes sont voisines des grandes espèces de Martes par les formes générales et par la taille ; mais elles en diffèrent beaucoup par la dentition, plus spécialement organisée en vue d'un régime omnivore. Leur pelage est très-fourni, soyeux et varié de noir et de blanc ; la queue est touffue et relevée en panache.

Les Mouffettes habitent les deux Amériques, depuis la baie d'Hudson jusqu'au cap Horn. Elles sont renommées pour leur horrible puanteur. Lorsqu'on les inquiète, elles répandent un liquide dont aucune créature ne peut supporter les émanations ; et, si l'on a la mauvaise chance d'en être atteint, on reste imprégné de son odeur pendant fort longtemps.

Kalm en parle en ces termes dans son *Voyage dans l'Amérique septentrionale :*

« En 1749, il vint un de ces animaux près de la ferme où je logeais ; c'était en hiver et pendant la nuit ; les chiens étaient éveillés et le poursuivirent. Dans le moment, il répandit une odeur si fétide qu'étant dans mon lit, je pensai être suffoqué ; les vaches beuglaient de toute leur force. Sur la fin de la même année, il se glissa une Mouffette dans notre cave ; une femme qui l'aperçut, la nuit, à ses yeux étincelants, la tua, et dans le moment la cave fut remplie d'une telle odeur, que non-seulement la femme en fut malade pendant quelques jours, mais que le pain, la viande et les autres provisions qu'on conservait dans cette cave furent tellement infectés, qu'on ne put en rien garder, et qu'il fallut tout jeter au dehors pour ne pas empester le lieu dans lequel étaient ces objets. »

ſ. *Genre Blaireau.* — Le Blaireau est un animal trapu, bas sur jambes, à peu près de la grosseur du renard, et sauf la taille, semblable à l'ours, par son apparence générale. Il a le museau allongé, très-sensible à l'extrémité, les mâchoires fortes, les dents
aiguës, les pieds de devant armés d'ongles puissants et propres à
fouir. Son poil est long, d'un gris noirâtre et, contrairement à ce
qui s'observe chez les autres mammifères, d'une nuance plus
claire sur les parties supérieures du corps que sur le ventre et
les jambes ; sa queue est courte et velue. Il porte, près de l'anus,

Fig. 135. Blaireau.

une poche qui sécrète une humeur puante et visqueuse. Sa démarche est lourde et embarrassée.

Le Blaireau (fig. 135) est commun dans les parties tempérées de
l'Europe et de l'Asie, et dans le nord de l'Amérique ; on le rencontre
assez fréquemment en France. Il vit solitairement, dans les lieux les
plus sombres et les plus écartés, et se creuse un terrier à plusieurs
issues, composé de galeries qui s'entre-croisent et qui atteignent
quelquefois une grande longueur. Il est défiant, craint la lumière,
et passe toute la journée dans son repaire, ne sortant que le soir,
pour chercher sa subsistance. Il se nourrit de petits animaux de
toutes sortes, mammifères, oiseaux, reptiles et insectes ; de racines,
de fruits, de miel : il est donc très-franchement omnivore. Il peut
d'ailleurs supporter une très-longue abstinence : on en a vu un
absolument privé de nourriture pendant quarante-huit jours, sans
qu'il y parût beaucoup au bout de ce temps.

Dans les moments de disette, il se sustente, dit-on, en léchant la poche qu'il porte à l'origine de la queue. Très-rusé, il sait éviter avec beaucoup de sagacité les piéges qu'on lui tend. Il est également courageux et se défend bien lorsqu'il est attaqué. A-t-il des chiens à ses trousses, son premier mouvement est de gagner son terrier, où il se sent à l'aise; mais s'il en est éloigné, il est rare qu'il puisse y atteindre, car il court mal et ne peut lutter de vitesse avec les chiens. Il se renverse alors sur le dos, et n'abandonne la vie qu'après avoir fait de cruelles blessures à ses ennemis. Si au contraire il parvient à son trou, il est difficile de s'en emparer; on est souvent contraint de démolir ses galeries à coups de pioche. Mais les terriers sont si profonds, ils occupent un si grand espace, qu'il faut des jours entiers pour arriver à découvrir l'animal. Si les chiens ne dirigeaient pas les hommes employés à bêcher le sol, pour mettre le Blaireau à découvert, on ne parviendrait jamais à le découvrir.

Pris jeune, le Blaireau s'apprivoise facilement, et devient presque aussi familier qu'un chien. La diversité de ses appétits le rend d'ailleurs facile à nourrir. Sa peau sert aux bourreliers, et ses poils entrent dans la confection des pinceaux à barbe.

Le Blaireau est représenté dans l'Inde et les îles voisines par deux espèces dont quelques naturalistes ont fait des genres distincts : ce sont l'*Arctonyx* et le *Mydaus*, celui-ci notablement plus petit que le Blaireau commun.

Genre Ratel. — Le *Ratel* ressemble beaucoup au Blaireau; il a les mêmes formes oblongues, les mêmes allures embarrassées, les mêmes dispositions dans la coloration du pelage, les mêmes instincts fouisseurs; son museau est seulement plus court et sa taille plus forte; il mesure un mètre de long environ. Il est très-friand de miel, et passe la plus grande partie de son temps à la recherche des essaims d'abeilles terrestres. Sa peau, recouverte de poils durs et épais, est d'ailleurs à l'abri de l'aiguillon de ces insectes. On le trouve dans plusieurs parties de l'Afrique, notamment au cap de Bonne-Espérance, et aussi dans l'Inde.

Famille des Hyènes. — On range dans cette famille des animaux d'assez grande taille, à goûts très-carnassiers et à marche digitigrade : ce sont les *Hyènes proprement dites* et les *Protèles*.

Genre Hyène. — Les principaux caractères des animaux du genre Hyène sont : dents épaisses et fortes, plus propres à broyer qu'à

-couper ; mâchoires très-puissantes et retenant facilement des proies énormes ; tête large, terminée par un museau obtus ; physionomie refrognée ; langue rude, comme celle des chats ; oreilles amples et presques nues ; poils assez abondants, réunis en une sorte de crinière flottante le long de l'épine dorsale ; queue médiocre et velue, train de derrière moins élevé que celui de devant, d'où obliquité et incertitude dans la démarche ; pieds tétradactyles ; ongles courts et robustes, servant mieux à fouir qu'à déchirer.

Les Hyènes se rencontrent dans diverses parties de l'Afrique et dans l'Asie occidentale. Elles habitent des cavernes, dont elles sortent le soir, pour se mettre en quête de leur nourriture.

Les Hyènes ne sont pas ces bêtes féroces que l'imagination populaire se plaît à évoquer. Elles ne s'attaquent à l'homme et aux autres créatures que dans les cas de nécessité absolue. Elles leur préfèrent les corps en état de putréfaction et les charognes. Elles pénètrent dans les cimetières, exhument les cadavres, les tirent de leurs suaires, et s'en repaissent avec avidité. Elles s'introduisent même, la nuit, dans les habitations, pour y dévorer les débris des animaux rejetés de la table. Elles dévorent tout, chairs et os ; et c'est merveille de voir la façon expéditive dont elles font disparaître les carcasses les plus résistantes.

Ces habitudes immondes, les violations réitérées des sépultures dont elles se rendent coupables, ont fait de l'Hyène un objet d'aversion et de dégoût. Soyons justes pourtant, et sachons reconnaître les services que cet animal nous rend. Les Hyènes sont parmi les quadrupèdes ce que sont les vautours parmi les oiseaux. Elles exercent le même ministère, d'une manière plus complète encore, puisqu'elles ne laissent pas même subsister les squelettes des cadavres dont elles se nourrissent. Dans ces cités et ces villages de l'Afrique où le soin de la voirie est abandonné au hasard, les Hyènes enlèvent toutes les débris dont la fermentation, activée par un soleil ardent, engendrerait des miasmes pestilentiels et compromettrait la santé publique. A ce point de vue, on ne saurait donc contester leur utilité.

Malheureusement, dans les localités où elles sont nombreuses, les Hyènes trouvent rarement assez de matières putréfiées pour subvenir à leur existence. Force leur est alors de se rabattre sur la nature vivante. Les voyageurs racontent qu'elles brisent, pendant la nuit, les barricades élevées par les habitants des villages d'Afrique autour de leurs maisons, et qu'elles étranglent les animaux domestiques, lorsqu'ils ne sont pas renfermés. On en a vu emporter des ânes : ce qui atteste bien la puissance extraordinaire de leur mâchoire. En l'absence de toute espèce de substance animale, elles mangent des racines et des jeunes pousses végétales.

Un naturaliste anglais parle d'une espèce d'Hyène qui rôde dans le jour autour des troupeaux de bœufs, s'en approche traîtreusement par derrière, tandis qu'ils reposent, et leur arrache la queue; privation cruelle pour ces animaux, qui n'ont pas d'autre défense contre les piqûres des mouches, si insupportables sous ce climat brûlant.

Il y a deux espèces principales d'Hyènes : l'*Hyène rayée* et l'*Hyène tachetée*.

L'*Hyène rayée* (fig. 136) doit son nom aux bandes noires qui sillonnent transversalement son pelage d'un gris jaunâtre. Elle est de la taille d'un grand chien et habite la Barbarie, l'Égypte, l'Abyssinie, l'Arabie, la Syrie et la Perse.

L'*Hyène tachetée* habite aussi la Barbarie, mais se trouve, en outre, dans la Cafrerie et plus généralement dans tout le midi de l'Afrique. Elle s'apprivoise très-facilement. Certains colons africains l'élèvent comme un chien, et en retirent les mêmes services. C'est par les bons traitements seuls qu'on parvient à se l'attacher ; la violence la rend dangereuse.

Genre Protèle. — Les Protèles diffèrent si peu des Hyènes par les caractères extérieurs, qu'on est très-excusable de confondre ces deux genres l'un avec l'autre. Mais, outre qu'ils ont cinq doigts aux pieds de devant, tandis que les Hyènes n'en ont que quatre, les Protèles doivent être mis à part, à cause de leur dentition, qui est d'un type tout exceptionnel et unique dans l'ordre entier des Carnivores. Ces animaux n'ont que quatre paires de molaires à chaque mâchoire, fort espacées et réduites à de simples rudiments.

La conclusion à tirer de là, c'est que les Protèles ne possèdent pas une puissance de mastication suffisante pour se nourrir de chairs fortes et musculeuses; c'est qu'il leur faut des chairs tendres, devenues faciles à séparer, grâce à un commencement de décomposition. L'observation confirme ces conjectures. Les Protèles vivent de la chair de très-jeunes agneaux ou d'autres Ruminants. Ils se jettent aussi sur les moutons adultes, pour se repaître de l'énorme masse de graisse qui enveloppe leur queue, et qui forme le trait caractéristique des moutons africains. Cet aliment leur est

Fig. 136. L'Hyène rayée.

particulièrement agréable, car il est parfaitement en rapport avec leur dentition. Enfin ils se nourrissent aussi de cadavres.

On ne connaît pas très-bien les mœurs de ces animaux. On sait seulement qu'ils se creusent des terriers et qu'ils s'y tiennent cachés tout le jour. Ils habitent l'Afrique australe, la côte de Mozambique, la Nubie et l'Abyssinie.

FAMILLE DES FÉLIENS. — Les *Féliens*, ou *Chats*, forment une famille très-naturelle et facile à caractériser.

Ils ont la tête ronde; les mâchoires courtes et par conséquent très-puissantes, armées de molaires tranchantes; la langue hérissée de papilles cornées, qui produisent l'impression d'une râpe sur la peau nue, et déchirent, même en léchant; les doigts au nombre de cinq en avant et de quatre en arrière; les ongles tranchants, acérés et rétractiles, excepté chez le guépard; les yeux jaunes, au regard féroce, organisés pour la vision nocturne; les oreilles bien ouvertes, mais peu développées. A ces traits divers, ajoutons des allures digitigrades, des formes élégantes, des membres robustes, une souplesse et une flexibilité étonnantes, qui leur rendent la course difficile, mais en revanche leur permettent de bondir à de grandes distances, et nous aurons une idée générale de ces redoutables animaux.

Bien redoutables, en effet! C'est parmi eux que se trouvent les Carnivores les plus grands, les mieux armés et les plus sanguinaires: le Lion, le Tigre, la Panthère, etc. Ils ne se nourrissent que de proies vivantes, de chair palpitante, qu'ils déchirent avec une joie sauvage. Très-variables sous le rapport de la taille, ils ne diffèrent pas dans la manière d'attaquer, de combattre et d'égorger leurs victimes. C'est toujours par surprise qu'ils s'en rendent maîtres, car ils n'ont pas le courage dont on se plaît à leur faire honneur. Tapis dans l'ombre, silencieux, ils attendent leur proie avec patience; et dès qu'elle paraît, ils la frappent par derrière, sans lui donner le temps de se reconnaître. Ils font d'ailleurs un choix prudent; pour écarter toute éventualité dangereuse, ils ne s'adressent qu'à des animaux inoffensifs. La faim seule, la faim cruelle, les détermine à se jeter sur la première proie qu'ils rencontrent, quelle qu'elle soit; et alors, s'ils trouvent de la résistance, ils entrent dans une fureur terrible.

La famille des Féliens comprend les trois genres : *Chat, Lynx* et *Guépard.*

Genre Chat. — Ce genre comprend les Carnivores qui ont pour type le Chat domestique. Ce sont : dans l'ancien monde, le *Lion*, le *Tigre*, la *Panthère*, le *Léopard*, l'*Once*, le *Serval*, le *Chat sauvage* et le *Chat domestique*; dans le nouveau monde, le *Jaguar*, le *Couguar*, l'*Ocelot*.

Lion. — Si l'on s'en tient à l'impression que fait naître son seul aspect, on doit avouer que le Lion n'a pas usurpé le titre de *roi des animaux*, qui lui a été décerné dès les temps les plus anciens. Il porte la tête haute, et marche avec une lenteur qui peut passer pour de la gravité; sa physionomie, calme et digne, annonce qu'il a conscience de sa force. L'épaisse et magnifique crinière qui ombrage sa tête et son cou, ajoute encore à ce remarquable ensemble un certain air de grandeur qui commande le respect.

Quelques Lions adultes atteignent jusqu'à près de 3 mètres de long, depuis le bout du museau jusqu'à la naissance de la queue; mais, en général, ils ne dépassent pas 1ᵐ,75 à 1ᵐ,80. A l'exception de la crinière et d'une touffe de poils qui termine la queue, ils ont le corps absolument ras et d'une nuance fauve assez uniforme. La femelle se distingue par l'absence de crinière et par une tête moins forte; elle est environ d'un quart plus petite que le mâle.

Buffon a tracé du Lion un portrait magnifique, qui restera comme l'un des beaux morceaux de la littérature française. Il lui accorde le courage, la magnanimité, la générosité, la noblesse du caractère, la reconnaissance des bienfaits, la sensibilité et autres qualités morales. Malheureusement tout cet échafaudage d'épithètes élogieuses tombe devant l'observation et la réalité.

Avant d'aller plus loin, il importe de faire une remarque : c'est que la taille, le naturel et les mœurs des Lions diffèrent beaucoup suivant les variétés et les pays qu'ils habitent. Les témoignages de divers voyageurs ne permettent pas de douter que le Lion de l'Afrique australe s'éloigne essentiellement du Lion de Barbarie, la variété que nous connaissons le mieux.

Cette remarque suffit à expliquer les nombreuses contradictions qui ont jusqu'ici obscurci l'histoire du Lion, considéré comme type unique. Cependant ces contradictions ne sont qu'apparentes, parce qu'elles reposent sur la confusion des variétés de l'espèce léonine; elles tombent d'elles-mêmes dès que la confusion cesse. Il y a néanmoins des caractères communs à tous les Lions du monde; ce sont ceux qui constituent la physionomie de l'espèce.

En général, le Lion ne sort pas pendant le jour, non que ses yeux soient impropres à la vision diurne, mais la paresse et la

Fig. 137 Le Lion.

prudence le retiennent dans son repaire jusqu'au soir. Aux premières ombres du crépuscule, il entre en campagne. S'il connaît une mare dans le voisinage, il va s'embusquer sur ses bords, dans l'espérance de faire une victime parmi les antilopes, gazelles, girafes, zèbres, buffles, etc., que la soif y conduit. Il ne réussit pas toujours à les atteindre; car ces herbivores, connaissant le péril, ne s'avancent qu'avec une circonspection extrême. Quand un de ces ruminants est venu se mettre à la portée du terrible carnassier, malheur à lui! Un bond énorme suffit au Lion pour l'atteindre, un seul coup de patte pour lui briser l'épine dorsale. S'il manque son coup, il n'essaye pas une poursuite inutile : il sait qu'il ne peut lutter de vitesse avec ces rapides enfants des prairies. Il retourne donc à son affût, jusqu'à ce que se présente une chance plus heureuse, ou que la nuit complétement tombée ait écarté toute proie.

Cependant le Lion n'est pas d'humeur à rester longtemps l'estomac creux. C'est alors qu'il s'approche des habitations, pour y surprendre quelque animal domestique. Des clôtures de plus de 3 mètres de haut ne sont pas pour lui des obstacles. Après les avoir franchies, comme en se jouant, il tombe au milieu du bétail rassemblé dans l'enceinte, et saisit un bœuf, un cheval, un chameau, et à défaut, une chèvre, un mouton, etc.

La vigueur dont il fait preuve en cette circonstance est vraiment extraordinaire. On a vu, au cap de Bonne Espérance, un Lion enlever une génisse aussi facilement qu'un chat emporte une souris, et sauter, portant toujours son fardeau, un large fossé qui se trouvait sur son chemin. En pareille circonstance il ne dévore jamais sa proie sur place. Que l'on calcule, si l'on peut, la dépense de forces nécessaire pour franchir un mur de 3 mètres, avec une charge de plusieurs centaines de kilogrammes!

L'audace du Lion s'accroît avec ses besoins. Lorsqu'il a épuisé sans succès tous les moyens faciles de se procurer sa subsistance, lorsqu'il ne peut plus temporiser avec la faim, il ne garde aucune mesure dans ses agressions, et brave tous les dangers, pour ne pas périr d'inanition. Il vient rôder, en plein jour, autour des troupeaux de bœufs, de moutons, et n'hésite pas à se précipiter sur l'un de ces animaux, avec lequel il s'enfuit rapidement. Il pousse même la témérité jusqu'à s'attaquer à des troupeaux de buffles, ce qui est d'autant plus audacieux qu'un seul buffle, lorsqu'il n'est pas surpris par derrière, est très-capable de le terrasser. Aussi le carnassier n'a-t-il pas toujours le dessus dans ces diverses tentatives.

« Je tiens de bonne source, dit Sparrmann, qu'un Lion a été heurté, blessé et foulé aux pieds jusqu'à la mort, par un troupeau de bétail, que, pressé par la faim, il avait osé attaquer en plein jour. »

De son côté, Livingstone, célèbre voyageur anglais, a vu un troupeau de buffles se défendre contre un certain nombre de Lions, en leur présentant les cornes. Les mâles étaient en avant, les femelles et les jeunes se tenaient derrière eux.

Lorsqu'il est affamé, le Lion s'accommode parfaitement des charognes qu'il rencontre, eussent-elles même plusieurs jours de date. En temps ordinaire, il revient souvent manger le lendemain les reliefs de son festin de la veille : ce que d'autres Féliens ne font jamais.

Un trait qui semble appartenir en propre au Lion de l'Afrique australe, c'est qu'il se réunit en troupes pour chasser les animaux dont il n'aurait pas raison isolément. Delegorgue rapporte qu'on voit fréquemment pendant le jour, en hiver, des Lions se rassembler, au nombre de vingt ou trente, pour rabattre le gibier vers des passages difficiles, où sont postés quelques-uns des leurs. Ce sont, dit-il, des battues faites en règle, mais sans bruit : les émanations des Lions suffisent pour contraindre au départ les herbivores auxquels elles arrivent. Le rhinocéros est souvent traqué de cette façon par des bandes de Lions.

On a fait bien des fois une observation importante : c'est que le Lion, lorsqu'il est affamé ou irrité, se bat les flancs avec sa queue, et secoue sa crinière. Lors donc qu'on se trouve inopinément en présence d'un Lion, il suffit d'examiner sa queue pour connaître ses intentions, et conséquemment pour prendre telle ou telle résolution. Si la queue ne bouge pas, passez sans crainte à côté de l'animal ; non-seulement il ne se jettera pas sur vous, mais encore il vous suffira de lui lancer une pierre pour le chasser. Dans le cas contraire, cherchez rapidement un refuge, si vous n'êtes pas en état d'entamer une lutte ; et si vous êtes armé, apprêtez-vous à défendre énergiquement votre vie.

De ce que le Lion ne fond sur aucune créature vivante lorsqu'il est rassasié, et de ce qu'il ne fait qu'une seule victime à la fois, on a cru pouvoir conclure qu'il est rempli de magnanimité. Autant vaudrait faire honneur de sa sobriété à un homme bien repu. Aucun animal ne tue pour le plaisir de tuer. Si quelques carnassiers semblent contredire cette loi, c'est qu'ils se déterminent par des motifs qui échappent à notre appréciation, mais que nous découvrirons peut-être plus tard, lorsque l'étude de la nature sera plus avancée. Tout ce qu'on peut dire dès à présent, c'est que le Lion est moins irritable que beaucoup d'autres animaux.

Le Lion sait tout ce qu'il a à craindre de l'homme; aussi le traite-t-il avec respect, et n'ose-t-il l'attaquer qu'à la dernière extrémité, à moins que celui-ci ne l'ait provoqué sérieusement. Et, dans ce dernier cas encore, il s'éloigne quelquefois de l'homme qui l'a blessé. De nombreux témoignages attestent ce fait.

« Il arrive tous les jours, dit Delegorgue, que les Cafres, dénués d'armes à feu, traversent avec leurs familles des espaces où circulent de ces animaux, et pour ces hommes, la présence des lions n'est point une cause d'effroi. Il y a plus : soit par prudence, soit par timidité, le terrible carnassier, lorsqu'il est surpris et que la faim ne l'excite pas, prend la la fuite à l'aspect d'un homme, d'un enfant, et détale même à cinq cents pas sur le seul bruit de voix humaines que lui apportent les vents. Ces habitudes, qui semblent déterminées par un sentiment de crainte, sont bien connues de certaines peuplades.. »

Un jour Sparrmann et ses compagnons virent, à deux ou trois cents pas devant eux, deux gros Lions, qui s'enfuirent dès qu'ils eurent aperçu les chasseurs. Ceux-ci les ayant poursuivis à cheval, en poussant des cris, les Lions doublèrent le pas, et s'enfoncèrent dans un bois, où ils disparurent.

M. Moffat dit avoir vu des Bushmen forcer un Lion à lâcher sa proie, rien qu'en poussant des cris et en faisant un grand bruit.

Un riche fermier se promenait sur ses terres, le fusil à la main. Tout à coup il aperçoit un Lion. Se croyant sûr de le tuer, il ajuste et tire. Mais l'arme fait long feu; ce que voyant, notre homme détale au plus vite, poursuivi par le Lion. Un petit monticule de pierres se présente; il y monte et fait volte-face, tenant son fusil par le canon et menaçant l'ennemi. A son tour, l'animal s'arrête et s'accroupit à quelques pas, d'un air fort tranquille. Cependant le fermier n'osait descendre. Enfin, au bout d'une demi-heure, le Lion s'en alla lentement et comme à la dérobée, dit Sparrmann qui raconte l'aventure; et dès qu'il fut un peu loin, il s'enfuit à toutes jambes. Ainsi l'animal et l'homme s'étaient fait peur mutuellement.

Un autre preuve de la crainte qui saisit le Lion à la vue de l'homme, c'est la manière dont il le traite lorsqu'il le tient en son pouvoir. Tandis qu'il tue sans coup férir l'animal dont il veut faire sa proie, il n'immole pas immédiatement l'homme qu'il a réduit à l'impuissance. Évidemment il n'agit ainsi que parce qu'il le redoute encore, alors même qu'il est couché à terre et mutilé; l'appréhension de quelque coup imprévu, et non la générosité, arrête sa vengeance.

On a maints exemples de faits comme celui-ci. Un chasseur ajuste le Lion et le manque, ou ne l'atteint que faiblement. L'animal rugissant se précipite sur lui, le couche par terre d'un coup de patte, et le maintient en respect sous cette terrible étreinte, sans achever son œuvre de destruction. Il arrive souvent alors qu'il est

Fig. 138. Livingstone.

distrait par l'attaque d'un autre chasseur et qu'il abandonne sa première victime.

C'est ainsi que Livingstone échappa un jour à une mort certaine. Un Lion le tenait terrassé sous sa griffe, et s'apprêtait à lui dévorer la tête, lorsqu'un coup de feu d'un de ses compagnons détourna heureusement l'attention de l'animal. Lâchant aussitôt le docteur, le terrible carnassier se précipita sur son nouvel adversaire, qui lui échappa à son tour.

Il paraît que lorsque le Lion s'est plusieurs fois repu de chair humaine, il la trouve tellement de son goût qu'il n'en veut plus.

Fig. 139. Livingstone terrassé par un Lion.

d'autre. Il devient ainsi *mangeur d'hommes*, comme disent les Arabes. Loin de fuir la présence de l'homme, il la recherche alors avec persistance. Seulement, comme il a eu souvent l'occasion de constater la supériorité de l'homme blanc sur l'homme de couleur, comme il sait qu'il a plus à redouter du premier que du second, il choisit de préférence le nègre pour victime, trouvant ainsi moyen de concilier sa prudence et ses goûts. Il est bien connu, dans l'Afrique australe, que les indigènes sont beaucoup plus exposés à ses attaques que les colons.

L'amour-propre est un des traits caractéristiques du Lion : il aime à se faire admirer.

« En plein jour, dit Livingstone, le Lion s'arrête une ou deux secondes pour regarder la personne qui le rencontre ; il tourne ensuite lentement autour d'elle, s'éloigne de quelques pas, toujours avec lenteur et en regardant derrière lui par-dessus son épaule ; puis il commence à trotter, et s'enfuit en bondissant comme un lévrier, aussitôt qu'il suppose qu'on ne peut plus l'apercevoir [1]. »

Sa méfiance est excessive. Quand il flaire quelque piége, il se garde bien d'attaquer. Aussi lui arrive-t-il souvent de laisser, bien à contre-cœur, une proie qu'il juge trop facile pour ne pas être une amorce. Quelquefois cette conjecture se trouve fausse ; si bien que l'homme ou l'animal que sa mauvaise étoile avait placé sans défense sur la route du Lion, échappe ainsi miraculeusement à ses formidables mâchoires.

En voici un exemple. Un colon du cap de Bonne-Espérance rencontra tout à coup un Lion, et fut tellement effrayé à son aspect, qu'il tomba évanoui. Surpris d'un tel résultat, le Lion examine avec soin tous les environs, et n'aperçoit personne. Mais craignant quelque embûche, il s'esquive rapidement, sans toucher à l'homme, toujours évanoui.

On a de tout temps admiré le rugissement du Lion. Lorsqu'il retentit dans les forêts, dans le silence de la nuit, il remplit d'épouvante tous les êtres vivants, à une lieue à la ronde. Ces accents graves, profonds, caverneux, mêlés, par intervalles, de notes plus aiguës, ont quelque chose de terrifiant, qui glace le cœur. Lorsque cette grande voix se fait entendre, les bestiaux tremblent dans les fermes, et en suivent avec anxiété les diverses modulations, pour se rendre compte de la marche de l'ennemi qui s'approche. Si le

---

1. *Explorations dans l'Afrique australe.*

Lion vient rôder autour de l'enclos où ils sont renfermés, ils donnent des signes de la plus profonde terreur, et cherchent à s'échapper. L'odorat leur suffit pour le deviner, même à une distance assez considérable, attendu que ce carnassier envoie des émanations très-fortes.

Livingstone fait sur le rugissement du Lion quelques réflexions qui contrastent singulièrement avec le style emphatique de la plupart des auteurs qui en ont parlé. Il assure que le rugissement du Lion ressemble à s'y méprendre au cri de l'autruche. Le cri de l'autruche, dit-il, est tout aussi retentissant que celui du Lion, et il n'a jamais effrayé l'homme. Livingstone déclare avoir consulté à ce sujet plusieurs Européens qui ont entendu l'un et l'autre cri; tous lui ont répondu qu'ils n'y trouvaient pas la moindre différence. Les indigènes eux-mêmes s'y trompent très-souvent; ce n'est que d'après les premières notes et avec beaucoup d'attention qu'ils parviennent à distinguer la voix du carnassier de celle de l'oiseau. Livingstone convient qu'en général le cri de l'autruche a moins de profondeur que le rugissement du Lion; mais, ajoute-t-il, je n'ai pu, jusqu'à présent les distinguer avec certitude que parce qu'ils se font entendre, le premier pendant la nuit et le second pendant le jour. Peut-être le Lion de l'Atlas a-t-il la voix plus forte que celui de l'Afrique australe dont parle Livingstone : toutes les opinions seraient ainsi conciliées.

C'est au printemps que le Lion cherche une compagne et il se montre le plus dévoué des époux. Jusqu'à ce qu'elle mette bas, la Lionne le suit partout; et le plus souvent le mâle se charge de pourvoir à la subsistance commune. On dit qu'il pousse la galanterie jusqu'à refuser de manger le premier, et qu'il ne s'approche de la proie par lui conquise, qu'après que madame est rassasiée. Par contre, celle-ci le défend avec furie, quand il est attaqué.

La Lionne porte cent huit jours, et fait de deux à cinq petits, qu'elle soigne et protége avec une sollicitude très-remarquable. Son courage à les défendre est devenu proverbial. Malheur à qui prétend les inquiéter ou les lui ravir ! Il sentira le poids de sa colère, et ne pourra sauver sa vie que s'il parvient à exterminer cette mère furieuse.

Comme le mâle a la déplorable habitude de dévorer ses enfants lorsqu'ils viennent au monde, la Lionne recherche, dans un lieu écarté, quelque cachette inaccessible, pour mettre bas. Elle a soin, par surcroît de précautions, d'embrouiller ses voies aux alentours. Elle allaite les Lionceaux pendant six mois, né les quittant guère que pour aller se désaltérer ou pour se procurer sa nourriture quand le mâle n'a pu y pourvoir. Après le sevrage, elle les emmène à la chasse, en compagnie du père. Les ravages du couple léonin prennent alors des proportions inouïes ; car il tue, non-seulement pour nourrir ses petits, mais encore pour leur apprendre à étrangler et à déchirer une proie. Les populations du voisinage savent ce que leur coûte une pareille éducation. Cet état de choses dure jusqu'au moment où les Lionceaux, devenus assez forts pour trouver eux-mêmes leur subsistance, sont chassés par les parents.

La taille des Lionceaux naissants est celle d'un chat parvenu à la moitié de sa croissance ; à un an, elle égale celle d'un grand chien. Ils ne marchent pas avant le deuxième mois. Leur pelage diffère de celui des adultes. Ils est fauve, et strié de petites raies brunes, qui ne disparaissent complétement qu'à l'âge de cinq ou six ans. La crinière pousse chez le mâle vers l'âge de trois ans. La durée moyenne de la vie du Lion paraît être de 35 à 40 ans.

Un fait à noter dans les mœurs du Lion, c'est qu'en raison même de son régime carnivore, et de l'activité de son appétit, il est condamné à mener une existence solitaire, dans un canton dont il s'arroge l'exclusive propriété. Nul autre animal de la même espèce ou d'une espèce voisine ne peut mettre le pied sur le domaine qu'il s'est réservé, sans avoir à soutenir contre lui un combat acharné. Les voyageurs nous ont transmis le récit de ces luttes terribles, qui se terminent souvent par la mort des deux compétiteurs.

Une autre cause de guerre entre les mâles, c'est la possession des femelles dans la saison des amours. Il paraît que ces dames prennent un malin plaisir à exciter, par de perfides manœuvres, la jalousie de leurs soupirants, et qu'il ne leur déplaît pas de voir ces fiers champions s'entretuer pour leurs beaux yeux.

Le Lion est bien véritablement le roi des animaux, si l'on en juge par le chiffre énorme de sa liste civile. On reste confondu quand on songe à la quantité de bétail qu'il engloutit dans le cours de son existence. Le spahi Jules Gérard, surnommé le *Tueur de Lions*, célèbre par ses chasses en Algérie, porte à 6000 francs la valeur des chevaux, mulets, bœufs, chameaux et moutons, qu'un seul Lion emporte annuellement aux Arabes. En prenant la moyenne de sa vie, qui est de trente-cinq ans, chaque Lion

fréquentant leurs domaines, coûte donc aux Arabes 210 000 francs.
Jules Gérard ajoute que, de 1856 à 1857, soixante Lions ont enlevé,
dans la seule province de Bone, 10 000 pièces de bétail, grandes
et petites. La quantité de nourriture que ce carnassier absorbe
dans un seul repas est en effet prodigieuse : on l'a vu dévorer
sur place toute une génisse.

On comprend, d'après cela, que le Lion soit l'objet d'une haine
profonde de la part des peuples de l'Afrique, dont toute la richesse
consiste en troupeaux : haine d'autant plus violente, que les Arabes
ont rarement le courage d'exposer leur vie pour arrêter les déprédations de leur ennemi. Aussi existe-t-il un grand nombre de mé-
thodes pour chasser le Lion.

On peut d'abord employer la ruse. Ce procédé, qui a l'avantage
d'être exempt de tout danger, est le plus fréquemment pratiqué.
Les nègres du Soudan et les Hottentots creusent sur le passage du
Lion qu'ils veulent tuer une fosse profonde, parfaitement dissimulée sous un lacis de branchages recouvert de gazon, et qui
doit céder à la première pression. Sur ce terrain trompeur, ils
fixent un appât quelconque, soit un agneau vivant, soit un quartier
de bœuf ou de cheval fraîchement tué. Le Lion arrive, aperçoit cette
proie, bondit et tombe dans le piége. Ses ennemis viennent alors
insulter à sa rage impuissante, et le mitraillent à leur aise, des
bords de la fosse, au fond de laquelle il s'est couché dans un
morne silence et avec un calme plein de dignité.

Les Arabes creusent souvent cette fosse dans l'intérieur même
du *douar* (réunion de tentes), ce qui les dispense de s'ingénier à la
cacher et assure davantage encore le succès de l'artifice. Lorsque
le maraudeur nocturne vient à franchir la haie de clôture, il tombe
dans ce trou béant, où il trouve une mort obscure. Sa capture est
saluée dans le douar attaqué, et dans tous les douars voisins, par
des vivats frénétiques et des réjouissances de toutes sortes. Hommes, femmes, enfants, accourent contempler le colosse vaincu, et
lui prodiguent les injures et les coups de pierres.

La chasse à l'affût sous terre ou sur un arbre n'est pas non
plus bien dangereuse. Dans le premier cas, trois ou quatre hommes
se cachent dans un trou d'un mètre de profondeur à peu près,
creusé sur le bord d'un sentier fréquenté par le Lion. Au-dessus
d'eux, des troncs d'arbres, chargés de grosses pierres et d'une
grande masse de terre, forment un toit solide; d'étroites ouvertures sont pratiquées sur le côté, pour voir ce qui se passe au de-

hors, et placer les canons des fusils; une porte de derrière est fermée par de gros blocs de rochers; enfin un appât est jeté en face de l'affût, pour forcer le Lion à s'arrêter. Celui-ci arrive, en effet, et flaire la proie placée sur son chemin; au même moment il reçoit une décharge générale. Il est rare qu'il tombe mort immédiatement. Dès qu'il est frappé, il bondit du côté de l'affût, pensant trouver l'ennemi; mais, après d'inutiles recherches, il s'éloigne sans être poursuivi, et va mourir dans son repaire.

D'autres fois, les chasseurs se cachent au milieu d'un arbre, auquel ils ajoutent encore des branchanges, pour être mieux abrités. De ce poste, ils se comportent absolument de la même façon que de leur cachette souterraine. Ces deux sortes d'affûts sont très en usage chez les Arabes.

Mais la méfiance du Lion fait souvent échouer ces artifices. Aussi faut-il en venir bientôt à la guerre ouverte. Un certain nombre de cavaliers, accompagnés de chiens vigoureux, se réunissent, s'approchent du fourré qui sert de repaire à l'animal sauvage, et s'efforcent, par différents moyens, de l'en faire sortir, et de l'attirer dans la plaine. Si l'animal accepte le combat dans ces conditions, il est perdu. Les chasseurs lui lâchent successivement leur coup de fusil, et s'enfuient à toute bride hors de son atteinte; ensuite, ayant rechargé leur arme, ils reviennent tour à tour sur le Lion, et recommencent à tirer, jusqu'à ce qu'il succombe.

Les colons de l'Afrique australe ne procèdent pas autrement, et il est sans exemple qu'un seul d'entre eux ait trouvé la mort dans ce tournoi. Aussi pratiquent-ils cette chasse, non-seulement sans appréhension, mais avec plaisir, et recherchent-ils avec empressement toutes les occasions de s'y livrer. Dans ces contrées on chasse le Lion comme en Europe on poursuit le cerf.

Les choses ne se passent pas aussi simplement chez les Arabes. Lorsqu'un certain nombre d'entre eux se rassemblent pour aller traquer un Lion dans son repaire, il y a presque toujours mort d'homme. Il est vrai que les chasseurs arabes ne se sauvent pas, comme les Africains du Sud, lorsqu'ils ont tiré, et qu'ils attendent bravement le choc de l'animal, après l'avoir salué par une grêle de balles. Or le Lion n'est jamais plus terrible que lorsqu'il est dangereusement blessé et sur le point de mourir : alors, pas de quartier! tout ce qui tombe sous sa griffe est massacré; et comme il jouit d'une force vitale extraordinaire, on peut compter sur la terre ensanglantée les victimes de sa terrible et fiévreuse agonie.

Il est une dernière manière de chasser le Lion, qui demande du sang-froid, de l'intrépidité, et surtout un coup d'œil remarquablement juste : c'est la chasse à l'affût et à visage découvert, illustrée en Algérie par Jules Gérard et Chassaing. On s'enfonce seul dans les parages où habitent les Lions. On en prend un à partie, on étudie ses démarches, on l'épie, on le surveille pendant plusieurs jours, afin de se mettre bien au fait de ses habitudes. Ensuite, une belle nuit, on va l'attendre dans la position la plus favorable, et on le tire en face. C'est alors qu'il faut vaincre ou mourir. Si l'animal n'est pas atteint mortellement au premier ou au second coup de feu, c'en est fait du chasseur. Il est déchiré par les griffes et les dents de son redoutable adversaire.

Chassaing a obtenu de cette façon des résultats surprenants : il coucha à terre quatorze Lions, en quatre nuits, et il lui est arrivé d'en tuer quatre dans une seule nuit !

Les exploits de Jules Gérard, surnommé le *Tueur de Lions*, sont connus et ont été admirés de tout le monde. Ses chasses émouvantes ont été racontées bien des fois. Nous nous bornerons, pour en donner une idée générale, à choisir au hasard, dans l'ouvrage qu'il a écrit, le récit de l'une de ses chasses.

Jules Gérard raconte ce qui suit, au chapitre XVI de son ouvrage, ayant pour titre : *Le tueur de Lions* :

« A peine arrivé à Guelma, je reçus des plaintes nouvelles, motivées par la présence d'un grand Lion fauve qui était venu se fixer depuis mon départ chez mes amis de la Makouna.

« J'avais toujours la fièvre, mais je savais combien l'air et les eaux de ces montagnes étaient salutaires, et je partis dans les premiers jours d'août.

« De tous les indigènes du pays, celui qui avait le plus souffert était un nommé Lakdar, qui avait perdu pour sa part le chiffre énorme de vingt-neuf bœufs, quarante-cinq moutons et plusieurs mulets ou juments.

« Il est vrai de dire que ce pauvre diable avait choisi pour domicile le point le moins habitable de ce pays, qui semble avoir été fait plutôt pour les Lions que pour les hommes.

« Qu'on se figure, sur le versant de la montagne la plus boisée, la plus ravinée, la plus sauvage, un coin de terre ignoré où le soleil ne pénètre jamais, et on aura une idée de la retraite où Lakdar avait installé ses pénates.

« Je dois ajouter, par exemple, qu'il avait là, devant sa tente, un jardin planté d'arbres fruitiers ; un champ qu'il avait défriché et une fontaine qui donnait une eau délicieuse, ressources naturelles que pour tout l'or du monde il n'aurait peut-être pas trouvées ailleurs.

« Voilà pourquoi Lakdar supportait avec un courage vraiment stoïque les pertes que le Lion lui faisait éprouver. A mon arrivée chez mon hôte de la Makouna, je fus accueilli comme un sauveur.

« J'avais trouvé le parc entouré d'une haie de six pieds, épaisse d'un mètre, que le Lion franchissait presque toutes les nuits pour venir prendre son souper.

« Je passai plusieurs nuits de suite au milieu même du parc, sans voir le visiteur affamé.

« Le jour, je fouillai avec soin tous les repaires voisins, et je ne fus pas plus heureux.

« —Tu vois, me disait Lakdar, il a suffi que tu vinsses pour que l'ennemi

Fig. 140. Jules Gérard.

« disparût; mais dès que tu seras parti, il reviendra, et alors mes dernières « bêtes, mon enfant, mon frère, ma femme et moi *nous y passerons tous;* c'est « certain!

« — Il faut te marier parmi nous et ne plus nous quitter, me disait la femme « de Lakdar. Nous te ferons voir les plus jolies filles de la montagne; tu en « choisiras deux ou trois; la tribu te donnera une belle tente, un troupeau, « et nous aurons ainsi la paix chez nous. »

« Cet exemple de l'acharnement du Lion contre un même douar et une même tente n'est point rare....

« .... Le 26 août au soir, pendant qu'assis dans le jardin, j'observais un vieux sanglier se souillant non loin de là, Lakdar vint me prévenir que son taureau noir n'était pas rentré avec le troupeau, qu'il avait dû être la proie du Lion, et qu'à la pointe du jour il irait chercher ses restes.

« Le lendemain, en m'éveillant, je trouvai mon hôte accroupi près de moi. Sa figure était rayonnante de joie.

« — Viens, me dit-il, je l'ai trouvé ! »

« Un quart d'heure après, j'arrivais, à travers un bois inextricable, devant les débris du taureau : les cuisses et le poitrail avaient été dévorés, le reste était intact.

« Dès que Lakdar m'eut apporté une galette et une cruche d'eau, je le renvoyai ; puis je m'installai au pied d'un olivier, à trois pas des restes du taureau.

« Le bois au milieu duquel je me trouvais était tellement épais qu'il m'était impossible de voir à cinq ou six mètres autour de moi.

« J'eus soin de m'assurer, par les voies, de la direction que le Lion avait prise en se retirant, afin de faire face de ce côté.

« Ensuite je me débarrassai de mon turban, pour mieux percevoir le moindre bruit.

« Au coucher du soleil, tout ce qui peuplait mon voisinage commença à se mouvoir, et je dus me tenir sur le qui-vive, tantôt pour un lynx, tantôt pour un chacal, quelquefois pour moins encore.

« Autant de bruits, autant d'émotions diverses ; et je puis dire que dans l'espace d'une demi-heure j'en éprouvai assez pour satisfaire un coureur d'aventures.

« Vers huit heures du soir, au moment où la nouvelle lune éclairait à demi le point où je me trouvais, j'entendis une branche craquer au loin.

« Cette fois il n'y avait pas à s'y méprendre, le poids du Lion pouvait seul occasionner ce bruit.

« Peu après, un rugissement sourd, comprimé, retentit sous la futaie.

« Enfin je pus distinguer son allure sourde et lente, comme toujours, quand il vient de quitter son repaire.

« J'attendais le fusil à l'épaule, le coude sur le genou et le doigt sur la détente, le moment où sa tête m'apparaîtrait.

« Je ne l'aperçus que lorsqu'il arriva près du taureau, sur lequel il se mit incontinent à promener son énorme langue, sans me perdre un instant des yeux.

« J'ajustai tant bien que mal au front, et je fis feu.

« Le Lion tomba en rugissant, et presque aussitôt se leva sur ses pieds de derrière, comme un cheval qui se cabre.

« Je m'étais levé de mon côté, et faisant un pas en avant, je tirai mon coup à bout portant.

« Cette fois il culbuta, comme foudroyé.

« Je me retirai de quelques pas pour recharger mon fusil ; puis, voyant que l'animal remuait encore, je m'avançai mon poignard à la main.

« Après avoir bien cherché la place du cœur, je levai le bras et frappai.

« Mais au même instant, l'avant-bras du Lion fit un mouvement en arrière, et la lame de mon poignard se brisa sur une côte.

« Comme il relevait son énorme tête, je reculai de deux pas et lui donnai le coup de grâce.

« Mon premier lingot, entré à un pouce au-dessus de l'œil gauche et sorti derrière la nuque, n'avait point suffi pour le tuer.

« Pendant que j'examinais mes coups, en réfléchissant de nouveau à la difficulté de mettre un Lion à mort *sur place*, j'entendis un grand bruit derrière moi.

« C'était Lakdar qui perçait sous bois comme un sanglier dans son fort.

« — C'est moi, cria-t-il hors d'haleine en s'efforçant de se frayer un chemin « à travers le fourré. J'étais là, près d'ici, j'ai tout entendu. Il est mort « l'infidèle! il est mort, l'ogre! il est mort, le fléau, le mal incarné! »

« Puis il riait et se parlait tout seul.

« — Voilà un jour heureux! » disait-il en disputant un pan de son burnous aux épines qui le retenaient.

« Puis il appela son frère, son fils, sa femme, comme s'ils avaient pu l'entendre, en criant à tue-tête : « — Venez à moi! à moi! amenez les « chiens! il est mort! il est mort!!! »

« Enfin il vint trébucher auprès de la victime, en me disant : « — Merci, « frère, de ce que tu viens de faire aujourd'hui. Désormais je t'appartiens « corps et biens; tu peux disposer de tout; tout est à toi.

« — Regarde, lui dis-je, si c'est bien là ton ami. »

« Il s'accroupit en silence auprès du Lion, l'examina attentivement, puis essayant de soulever sa tête :

« — Tout ce que tu m'as pris, lui dit-il, tout le mal que tu m'as fait n'est « rien, puisque tu as trouvé ton maître, puisque tu es mort, brigand, vo- « leur, assassin! et que je puis te frapper de mon poing. »

« Et joignant l'action aux paroles, il n'y allait pas de main morte.

« Bientôt après, le frère et le fils de Lakdar, attirés par les coups de feu, arrivèrent de leur côté, et ce ne fut pas sans peine que je les décidai à venir avec moi sous la tente pour y attendre le jour.

« Le lendemain, tout ce qu'il y avait d'hommes, de femmes, d'enfants et de chiens dans la montagne s'acheminait vers la demeure de Lakdar.

« Malgré ce renfort de bras, l'épaisseur du bois et le poids de ce Lion étaient tels qu'il nous fut impossible de le sortir de l'endroit où il était tombé, et qu'il fallut le dépouiller sur place.

« Lakdar me demanda comme une faveur de m'accompagner à Guelma afin d'y faire son entrée avec moi, portant lui-même ces dépouilles opimes. J'y consentis, et pour mieux goûter dans toute leur plénitude les jouissances du triomphe, il étendit la peau de l'animal sur le mulet qu'il montait, ayant bien soin que la tête fût en avant et *sous ses yeux*.

« Il va sans dire que la bête chargée d'un pareil fardeau s'en souciait beaucoup moins que le maître, et qu'une fois en route mon compagnon faillit être démonté plus d'une fois.

« Pour donner une idée de la taille que ce Lion pouvait avoir, je citerai le fait suivant :

« M. le général Bedeau, qui se trouvait de passage à Guelma au moment où j'y arrivais, témoigna le désir de voir sa dépouille.

« Je m'empressai de choisir parmi les Français un des hommes les plus forts de l'escadron, afin de porter la peau de l'animal avec sa tête, que je n'en fais jamais séparer.

« A peine cette peau fut-elle placée sur l'épaule du spahi qu'il plia sous le poids, et il fallut la transporter dans une brouette d'écurie, où elle avait peine à tenir.

« Lakdar revint la voir dans la soirée, et le lendemain il était encore là au moment où on l'emportait chez l'apprêteur.

« Ce Lion était aux plus beaux Lions que l'on nous montre dans les ménageries ou au Jardin des Plantes, *ce qu'un cheval est à un baudet.* »

Le célèbre tueur de Lions a péri en 1866, mais non sous la griffe d'un de ses terribles ennemis. Il a trouvé une mort accidentelle et obscure, en traversant une rivière, pendant une excursion qui n'avait pas même la chasse du Lion pour objet.

Nous terminerons cette rapide histoire du roi des animaux, en parlant des efforts que l'on fait quelquefois pour dompter ses instincts carnassiers.

En général, on se fait une fausse idée des grands animaux carnassiers. On regarde comme une tâche presque surhumaine de dominer leur naturel féroce et de les apprivoiser complétement. De là l'admiration de la foule pour ces dompteurs qui entrent dans des cages remplies de Lions, avec lesquels ils prennent des libertés assez étendues. De pareils faits n'ont rien de bien étonnant quand on sait que le Lion, loin d'être rebelle à l'éducation, se soumet très-facilement, à la condition d'être pris suffisamment jeune. On en a eu de fréquents exemples dans les divers établissements zoologiques de l'Europe.

Vers 1825, la ménagerie de la Tour de Londres possédait deux jeunes Lions, mâle et femelle; on les avait reçus de l'Inde, où ils avaient été pris, âgés seulement de quelques jours. Une chèvre avait été chargée de les allaiter pendant les premiers mois de leur existence. Ils étaient d'une telle docilité, qu'on les laissait errer dans la cour, où les visiteurs pouvaient les caresser et jouer impunément avec eux. Plus tard, on jugea à propos de les enfermer, pour éviter tout accident; mais cette captivité plus rigoureuse ne changea en rien le caractère du mâle. Quant à la femelle, elle devint intraitable lorsqu'elle eut des petits, circonstance qu'on s'explique parfaitement quand on connaît l'amour violent de cet animal pour sa progéniture.

Dans les ménageries, le gardien qui soigne les bêtes féroces fait chaque jour, et sans se croire un prodige, ce que nous admirons si fort chez les dompteurs de profession. Il entre dans la cage du Lion, et obtient, non-seulement l'indifférence, mais encore l'affection de son pensionnaire. C'est entre l'homme et l'animal un échange de caresses vraiment curieux.

On a gardé le souvenir de la profonde intimité qui unit deux Lions mâle et femelle, amenés au Jardin des Plantes, en 1799, et le gardien de la ménagerie à cette époque, nommé Félix. Ce Félix étant tombé malade, on dut le remplacer par un autre homme; mais le mâle refusa constamment de recevoir ses soins et ne lui permit pas de l'approcher. Lorsque Félix reparut, le Lion se précipita à sa rencontre, accompagné de sa femelle. Il lui léchait le visage et les mains en rugissant de plaisir, et lui montrait par tous ses mouvements la joie qu'il avait de le revoir.

On a vu en Angleterre une Lionne se laisser monter sur la tête par un gardien, qui, ne bornant pas là sa familiarité, tirait l'animal par la queue et lui fourrait la tête entre les dents.

Les anciens, plus adroits ou moins pusillanimes que nous, apprivoisaient beaucoup mieux les bêtes féroces. Hannon, de Carthage, employait un Lion pour porter une partie de son bagage. Marc Antoine se faisait souvent traîner dans un char attelé de Lions. Les princes indiens des derniers siècles connaissaient l'art de dresser à la chasse des autres animaux les Tigres et les Lions. Aujourd'hui encore, les Orientaux réduisent fréquemment le Lion en domesticité. Ainsi le fameux négus, ou roi d'Abyssinie, Théodóros, dont l'existence se termina, en 1868, d'une manière si tragique, sous les coups de toute une armée anglaise, possédait dans son palais plusieurs Lions, qui figurent maintenant parmi les hôtes du Jardin zoologique de Londres.

Ces faits suffiraient à prouver la puissance de l'éducation sur le Lion.

Le Lion s'est reproduit maintes fois en captivité, aussi bien à Paris et à Londres qu'à Naples et à Florence; mais il est très-rare qu'on puisse élever les jeunes lionceaux qui en proviennent: ils meurent presque tous à l'époque de la dentition. Si l'on parvenait à les conserver, on réussirait sans aucun doute à rendre le Lion domestique; car les quelques individus que l'on a pu faire vivre un certain temps dans nos climats, se sont montrés d'une docilité exemplaire. C'est au point que l'un d'eux figura plusieurs fois dans l'opéra *Alexandre et Darius*, représenté au théâtre de Covent-Garden, à Londres.

En 1824, un croisement bien remarquable s'effectua entre une Tigresse et un Lion de la ménagerie de Windsor. De cette union sortirent deux petits, d'humeur très-pacifique, et très-différents du père et de la mère.

Les Lions étaient autrefois fort nombreux, même en Europe. Suivant Hérodote, Aristote et Pausanias, il y en avait beaucoup en Macédoine, en Thrace, en Thessalie : ils ont disparu de ces contrées depuis des siècles. L'Arménie, la Syrie, la Babylonie, en recélaient également un grand nombre. Aujourd'hui ils sont extrêmement rares en Asie : on n'en trouve plus que quelques-uns en Arabie et sur les confins de la Perse et de l'Inde.

On peut se faire une idée de leur nombre dans l'antiquité par la quantité qu'en absorbaient les combats du cirque, chez les Romains. Sylla fit battre cent Lions dans un court intervalle, Pompée six cents et César quatre cents.

Actuellement, l'espèce léonine ne se rencontre guère qu'en Afrique, où elle diminue tous les jours, et d'où elle disparaîtra bientôt complétement, si l'on continue à la décimer avec le même acharnement. Nos petits-fils ne connaîtront guère le Lion que par nos récits.

On distingue plusieurs variétés de Lions. Le plus redoutable est le *Lion brun du Cap*, à côté duquel en vit un autre, beaucoup moins dangereux, le *Lion jaune du Cap*. Viennent ensuite le *Lion du Sénégal* ou *de Numidie*, le *Lion de Barbarie* et le *Lion de Perse et d'Arabie*.

Un voyageur a signalé une variété de Lion sans crinière, dans le nord de l'Arabie; mais son seul témoignage n'est pas suffisant pour qu'on ajoute une foi entière à l'existence de cette variété.

Tigre. — Le Tigre est aussi grand et plus terrible encore que le Lion. Il est également plus svelte, plus élancé, plus souple, et rappelle mieux, par ses formes comme par ses allures, le Chat domestique, qui sert de type au genre tout entier. Sa robe, très-élégante, est d'un jaune fauve en dessus et d'un blanc pur en dessous; elle est partout irrégulièrement striée de bandes brunes transversales. Sa queue est annelée de noir, assez longue et ne contribue pas peu à son ornement. Il a également du blanc autour des yeux et sur les joues. Bref, c'est une des figures les plus remarquables de la création.

Le Tigre est particulier à l'Asie. Il habite Java, Sumatra, une grande partie de l'Hindoustan, la Chine et même la Sibérie méri-

Fig. 141. Tigre royal.

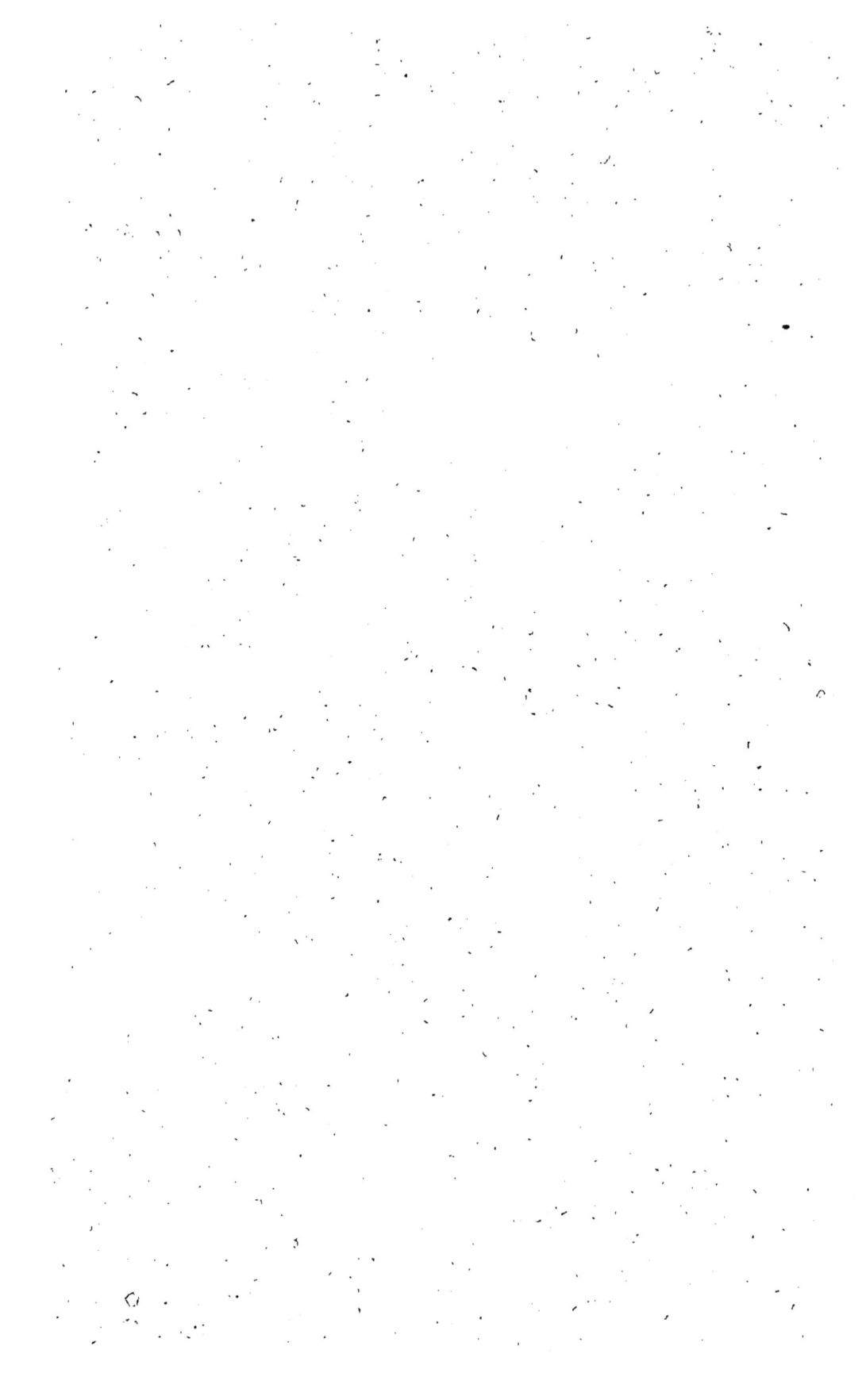

dionale jusqu'à l'Obi. Il s'égare quelquefois jusque dans le voisinage de l'Europe; car, d'après M. Nordmann, un de ces animaux fut tué près de Tiflis en 1835.

C'est surtout dans les *jungles*, c'est-à-dire dans les parties boisées qui avoisinent les cours d'eau, que le Tigre aime à s'établir. Comme le lion, il a un repaire, au fond duquel il se retire pour prendre du repos. Dès que la faim se fait sentir, il se met en campagne. Il s'installe dans un fourré, sur le bord d'un sentier fréquenté; et là, caché à tous les regards, il attend une victime. Dès qu'il l'aperçoit, son œil lance des éclairs, tout son être exprime une joie sauvage; il la laisse s'approcher et, lorsqu'il la juge à portée, il s'abat sur elle d'un bond prodigieux. S'il a éventé une proie à quelque distance, il se glisse dans les hautes herbes avec des ondulations de serpent et, sans lui donner le temps de se reconnaître, il se précipite sur elle, et l'étrangle.

Le Tigre a depuis longtemps une réputation de cruauté aussi peu méritée que celle de générosité que l'on avait faite autrefois au lion. Les anciens naturalistes prétendaient que le Tigre ne se plaît que dans le sang, qu'il ne saurait voir une créature vivante sans vouloir la dévorer. Rien n'est plus faux que cette assertion. Le Tigre ne tue pas pour le plaisir de tuer; il tue pour assouvir sa faim, et comme son appétit est grand, il fait de nombreuses victimes. En cela, il subit la nécessité de sa nature; mais lorsqu'il est repu, il ne montre aucune intention hostile et se borne à se défendre lorsqu'on le menace. Voilà l'exacte vérité. L'expression « Tigre altéré de sang » est une figure de rhétorique qu'il ne faut accepter que dans un sens fort restreint.

Ce qui a pu faire attribuer au Tigre un haut degré de férocité, c'est son incroyable audace. Il diffère en cela du lion. Lorsqu'il a faim, aucun obstacle ne l'arrête. Il ne temporise pas ; il n'use pas de subterfuges pour s'emparer de sa proie; il ne l'abandonne pas, la trouvant trop redoutable; il n'attend pas d'être réduit à la dernière extrémité pour braver tous les dangers. Non; il se jette sans hésiter sur la première proie, homme ou animal, qui s'offre à lui, dût-il affronter mille fois la mort pour la saisir et l'emporter. Sa témérité est souvent couronnée de succès.

Une troupe nombreuse de cavaliers indiens traverse une forêt. Un Tigre s'élance des taillis qui bordent la route, se précipite sur l'un d'eux, le tire à bas de son cheval, l'étreint de ses terribles mâchoires, et rentre dans le bois, où il va le dévorer à son aise. Ces divers mouvements se sont accomplis avec une telle rapidité, qu'à peine a-t-on eu le temps d'apercevoir l'animal (fig. 142).

Le Tigre ose davantage encore. Il vient saisir les soldats jusqu'au milieu de leur campement, sous les yeux des sentinelles. Un fait de ce genre a été rapporté par un officier anglais, digne de toute confiance, et qui en fut témoin.

On a vu un Tigre venir choisir une victime au milieu d'une immense agglomération d'hommes. Le fait s'est passé à la foire d'Hurdwar, qui réunit une population considérable, accourue de toutes les parties des Indes. L'animal s'élança d'un buisson situé au milieu d'un champ de blé, et, presque sous les yeux d'une foule frappée de stupeur, terrassa un indigène, paisiblement occupé à faucher quelques épis.

Ces faits et bien d'autres encore qu'il serait trop long d'énumérer, justifient pleinement la terreur qu'inspire le Tigre en Asie. Chaque année, il marque sa présence par des hécatombes humaines. D'après une statistique, publiée récemment dans un journal anglais, 148 personnes ont été dévorées par les Tigres à Java durant une seule année, et 131 dans une autre année.

La chasse au Tigre tient une grande place dans l'existence des nababs indiens et des officiers supérieurs anglais qui commandent dans l'Inde. Cette chasse se fait avec des Éléphants dressés *ad hoc*, sur lesquels prennent place les tireurs. Les Éléphants entrent dans les jungles, les battent en tous sens, et forcent le Tigre à se montrer. Les armes à feu font alors leur office.

Il arrive souvent que le féroce carnassier saute en croupe sur un éléphant, et cherche à enlever l'homme qui le monte.

L'Éléphant ne trouve alors rien de mieux à faire que de se secouer violemment pour se débarrasser de cet importun. Il y réussit presque toujours; seulement dans sa formidable secousse, il jette quelquefois l'homme avec le Tigre. Quelquefois le Tigre se jette dans les jambes de l'éléphant, mais alors malheur à lui! il est écrasé sur place, ou va rouler au loin, dans le plus triste état.

Comme la lionne, la Tigresse ressent pour ses petits une véhémente affection, et les défend contre tous au péril de sa vie. Elle les cache de même pour les soustraire à la voracité du mâle. Les portées se composent généralement de trois à cinq petits.

Quoi qu'on en ait pu dire, le Tigre est éducable et s'apprivoise

Fig. 142. Cavaliers indiens surpris par un Tigre.

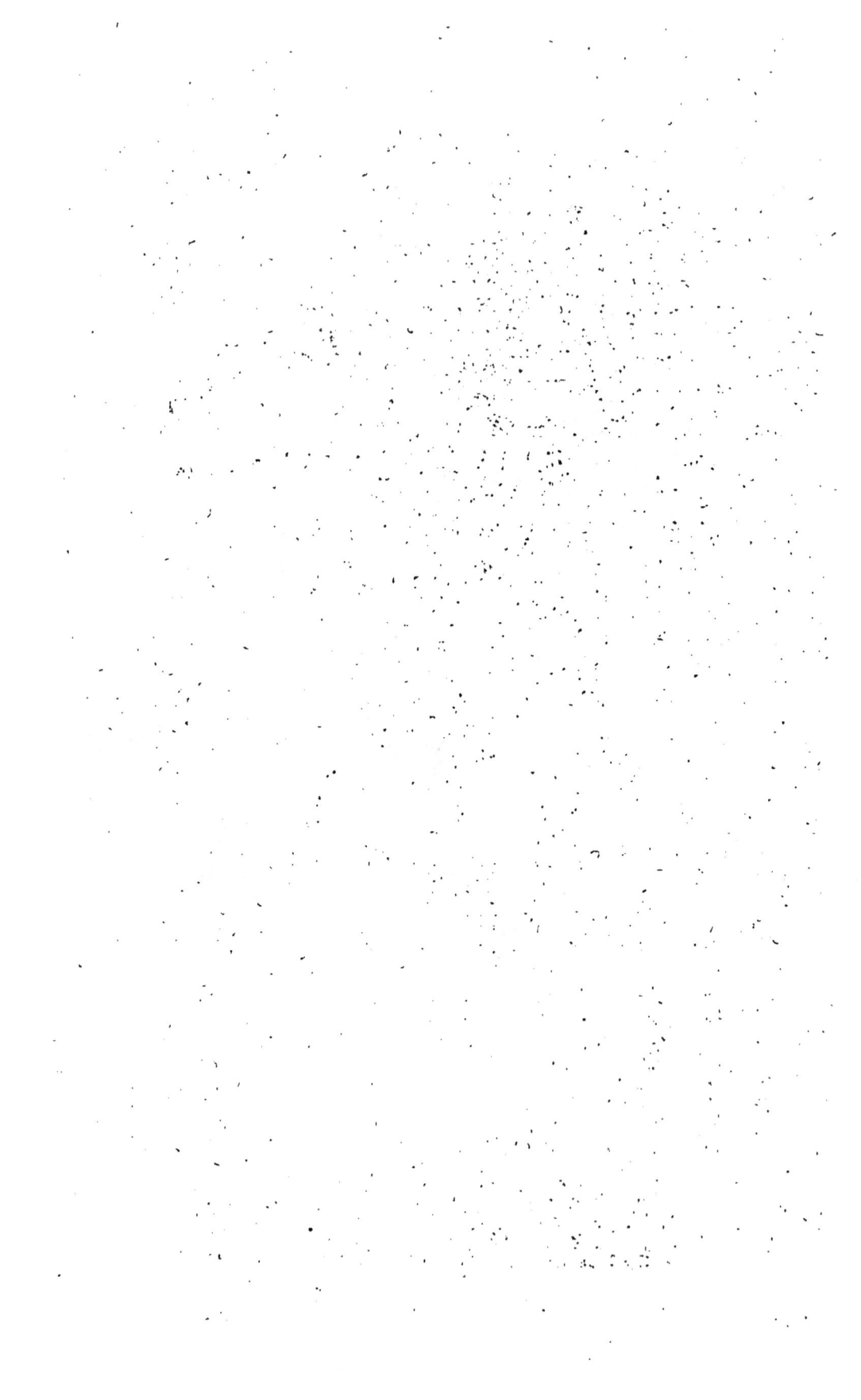

parfaitement; il est même susceptible d'un certain attachement. Celui qui vivait, en 1835, à la ménagerie du Jardin des Plantes de Paris, avait été amené de l'Inde sur un vaisseau, où il errait en toute liberté. La confiance qu'il inspirait était telle, que les mousses se couchaient entre ses jambes, et dormaient en appuyant la tête sur ses flancs.

Une Tigresse qui avait été transportée en Angleterre dans les mêmes conditions, et qui n'avait montré sur le navire aucune mauvaise disposition, devint morose lorsqu'elle fut enfermée à la ménagerie de la Tour de Londres. Mais, à quelque temps de là, un de ses compagnons de voyage, un matelot, étant venu visiter la ménagerie, et ayant sollicité la permission d'entrer dans la loge de la Tigresse, celle-ci le reconnut immédiatement, lui fit mille caresses, et pleura tout le jour, après que son ami l'eut quittée.

Néron possédait une Tigresse, nommée Phœbé, qu'il gardait souvent auprès de lui, dans ses appartements, et qu'il chargea même plus d'une fois de ses vengeances particulières. A la fin d'une de ces orgies où, pour lui complaire, les plus illustres patriciens dépouillaient toute dignité, l'empereur désignait un de ses convives à l'animal; et bientôt une victime sanglante roulait aux pieds du monstre à face humaine. Ici, le véritable Tigre, c'était Néron.

Lorsqu'il fut élevé à l'empire, Héliogabale fit son entrée à Rome sur un char attelé de quatre tigres et de quatre panthères, qu'il laissa ensuite se promener librement dans son palais.

Qui n'a vu, de nos jours, plusieurs dompteurs, entre autres Martin, Carter et Van Hamburg, manier des Tigres comme d'inoffensifs caniches? On raconte, à ce sujet, qu'un Anglais ne manquait pas une seule des représentations de Martin, espérant, disait-il, le voir croquer un jour par ses Tigres. Cet amateur d'émotions violentes n'obtint pas la satisfaction bien due à tant de constance : Martin et ses animaux se refusèrent à la lui donner. Après avoir amassé une fortune considérable, le fameux dompteur se défit de sa ménagerie et se retira en Hollande, sans avoir laissé la plus petite partie de lui-même entre les dents de ses anciens compagnons.

Panthère. — La Panthère est un joli animal, de trois pieds de long environ, non compris la queue, qui se distingue des Féliens précédents par son pelage d'un fauve jaunâtre foncé, semé de taches nombreuses. Ces taches, complétement noires sur la tête, sont disposées en rose sur le reste du corps, c'est-à-dire qu'elles sont formées de cinq ou six petites taches noires, groupées circulairement autour d'une partie de même couleur que le fond de la robe.

On a confondu pendant longtemps, et l'on confond souvent aujourd'hui, la Panthère avec le Léopard, qui, en effet, lui ressemble beaucoup. De là de grandes contradictions dans son histoire et beaucoup d'"incertitude sur les limites de son habitat. Il paraît démontré maintenant que la véritable Panthère ne se trouve pas en Afrique, mais seulement dans l'Inde, au Japon, et dans les îles voisines, telles que Java, Sumatra, etc. L'île de Java en pos-

Fig. 143. Panthère d'Asie (*Leopardus Japonicus*).

sède une variété complétement noire. C'est la fameuse *Panthère noire*, le terreur de Java et de Sumatra.

Nous représentons ici (fig. 143) la *Panthère d'Asie*, qui porte le nom scientifique de *Léopard du Japon* (*Leopardus Japonicus*).

La Panthère grimpe aux arbres avec agilité; elle y poursuit les singes et autres animaux dont elle se nourrit. C'est un animal farouche, indomptable, qui n'habite que les forêts les plus sauvages. Nul carnassier, pas même le tigre, n'est plus redoutable pendant le combat, et sa chasse est beaucoup plus dangereuse que celle du lion. Il est rare qu'elle se jette sur l'homme sans y être provoquée; mais elle s'irrite d'un rien, et sa colère se traduit par une rapidité foudroyante dans l'attaque, suivie d'une prompte mort pour l'imprudent qui l'a mise en fureur. Sa souplesse, sa légèreté, sa perfidie, dépassent tout ce qu'on peut imaginer; c'est là ce qui la rend si redoutable.

Malgré sa férocité native, la Panthère s'apprivoise très bien lorsqu'on la prend jeune. Elle se montre aussi douce, aussi affectueuse que le chien le plus soumis, et vague en liberté dans la maison de son maître, sans qu'il en résulte le moindre accident.

Léopard. — Le Léopard est plus grand que la Panthère; sa taille égale presque celle de la lionne. On en a vu qui mesuraient 3^m,20, depuis le bout du museau jusqu'à l'extrémité de la queue (celle-ci représentant le tiers de la longueur totale), et qui pesaient plus de 200 kilogrammes.

En disséquant un de ces animaux on a trouvé une différence qui indique bien que les deux espèces sont distinctes : la queue du Léopard n'a que 22 vertèbres, tandis que celle de la Panthère en a 28. Le Léopard diffère encore de la véritable Panthère par sa robe, qui est d'un fauve plus clair, tandis que ses taches sont moins rapprochées et que le centre en est plus foncé. Il habite toute l'Afrique et une grande partie de l'Asie; on le trouve jusque dans les pays qui avoisinent le Caucase.

Dans beaucoup d'ouvrages récents d'histoire naturelle et dans plusieurs récits de chasses ou de voyages, le Léopard d'Afrique est désigné sous le nom de *grande Panthère*, ce qui est conforme à l'opinion de Temmink, et contraire à celle de Buffon et de Cuvier. Nous conserverons au Léopard d'Afrique le nom de *grande Panthère*, appellation qui, au fond, a sa raison d'être, puisque les seuls caractères qui distinguent le Léopard de la vraie Panthère résident dans les plus fortes proportions du premier et dans le nombre des vertèbres de sa queue. Quand nous appellerons *grande Panthère* et *Panthère d'Afrique* le Léopard, il n'y aura donc pas d'erreur possible : on saura de quel animal nous voulons parler. Nous ne nous servirons d'ailleurs de cette expression que pour nous conformer à l'usage général.

Le Léopard (*grande Panthère, Panthère d'Afrique*) est plus terrible encore que la Panthère ; car, avec un naturel aussi féroce, il possède une plus formidable puissance. Il fait des bonds de douze mètres avec une aisance surprenante, et tombe sur sa proie avec la vitesse d'un boulet de canon. Il se tient de préférence dans les lieux couverts de broussailles, à proximité d'un cours d'eau ou des rivages de la mer ; rarement on le trouve sur les hautes montagnes. On croit généralement qu'il grimpe sur les arbres ; il n'en est rien. Il lui arrive parfois de *sauter* sur un arbre bas et incliné, mais c'est par exception. Ce qui est vrai, c'est que tous les jours, avant d'entrer en chasse, il vient aiguiser ses griffes le long d'un arbre, contre lequel il se dresse de toute sa hauteur ; et les empreintes qu'il laisse sur l'écorce sont un indice de sa présence dans le voisinage. C'est exceptionnellement aussi qu'il se réfugie dans des anfractuosités de rochers ; ordinairement son repaire est situé au sein d'un épais fourré.

La grande Panthère ne chasse jamais dans le milieu de la journée, parce qu'à ce moment elle distingue à peine les objets ; mais, la nuit venue, sa lucidité est parfaite. C'est alors qu'elle part à la recherche de sa subsistance. Lorsqu'elle a connaissance d'une proie, elle rampe, avec des ondulations de serpent, jusqu'à ce qu'elle juge pouvoir l'atteindre d'un seul bond ; alors, prenant son élan, elle la terrasse en un clin d'œil. En Algérie, où elle est commune, elle commet des brigandages sans nombre parmi les troupeaux des indigènes et n'est pas moins redoutée que le lion. Bœufs, chevaux, chameaux, chèvres, moutons, telle est la composition ordinaire de son menu. Elle n'attaque pas l'homme sans provocation, à moins toutefois qu'elle ne le voie à portée d'un bond ; car, dans ce cas, elle s'élance sur tout ce qui remue, sans même avoir conscience de ce qu'elle trouvera. Elle n'est pas toujours respectueuse envers les enfants : témoin le fait rapporté par les journaux dans les derniers mois de 1850. Une femme travaillait dans un champ des environs de Baraki (Algérie) ; pour vaquer à ses occupations en toute liberté, elle avait déposé sa petite fille à terre, tout près d'elle. Tout à coup un Léopard, entendant l'enfant crier, sort d'une broussaille voisine et l'emporte. Lorsque la pauvre mère se retourne, elle voit la bête féroce rentrer sous bois, avec son enfant dans la gueule. Elle s'élance à sa poursuite, jusqu'à ce que, n'entendant plus rien, elle s'évanouit. L'enfant était perdu pour elle !

Une autre fois, un garçon d'une dizaine d'années, qui gardait un troupeau de chèvres, fut assailli par un énorme Léopard qui le mit dans un état affreux. Après quoi, l'animal s'enfuit, effrayé par l'arrivée de plusieurs Arabes qu'avaient attirés les cris de l'enfant. La victime mourut après deux jours de souffrances atroces.

Fig. 144. Bombonnel.

Si la chasse aux Lions a immortalisé Jules Gérard, la chasse à la Panthère a illustré l'un de ses rivaux dans cette courageuse carrière. Nous voulons parler de Bombonnel, libraire de Dijon. Cet homme audacieux s'est voué à la chasse au Léopard, en Afrique, chasse qui ne peut se pratiquer qu'à l'affût, comme celle que faisaient Gérard et Chassaing contre les lions, et qui s'environne même de plus de dangers encore.

Bombonnel a publié, en 1862, un ouvrage plein d'intérêt contenant le récit de ses expéditions émouvantes. Nous reproduisons ici le chapitre dans lequel il raconte la lutte épouvantable qu'il eut à soutenir contre une Panthère, blessée par lui : combat terrible et dramatique, qui se passa au-dessus d'un ravin profond, et qui faillit mettre un terme à sa vie. La figure du courageux chasseur porte encore les tracés de cette lutte, comme on le voit par son portrait.

Bombonnel raconte ainsi cet événement :

« Il était huit heures du soir ; nous dînions fort tranquillement, en causant de nos projets pour le lendemain, lorsque arriva tout essoufflé un Arabe de la tribu des Ben-Assenat. Il me dit qu'au coucher du soleil la Panthère venait d'enlever une chèvre en présence du berger ; que ce dernier l'avait vue entrer dans un ravin où j'étais sûr de la trouver encore. J'en voulais trop à cette damnée bête pour hésiter un seul instant. Je ne pris pas le temps d'achever mon dîner et sautai sur mes armes, malgré les représentations de ces messieurs qui cherchaient à me retenir, me faisant observer que la nuit était très-obscure et le temps mauvais ; mais sachant que la lune se lèverait à dix heures et que je devais arriver avant cette heure-là à la tribu, je partis.

« L'homme qui me conduisait, pour abréger la route, me faisait passer par des sentiers étroits et souvent à travers la broussaille. Mon couteau de chasse me battait dans les jambes et s'accrochait aux branches ; pour m'en débarrasser, je fis faire un quart de tour au ceinturon, de sorte que la poignée, au lieu d'être sur mon côté, se trouva derrière moi. Je consigne ici ce fait qui semble de peu d'importance, parce que ce fut, comme on le verra par la suite, la première circonstance à laquelle je dus la vie.

« En arrivant à la tribu, je trouvai les Arabes qui m'attendaient et m'avaient préparé une chèvre et un piquet pour l'attacher. Ils me conduisirent à quatre cents mètres environ du douar, sur le bord d'un grand et profond ravin, et me dirent : « La Panthère est là dedans ; voici un petit buisson dans lequel il faut te mettre ; nous allons planter le piquet. » Je fus très-étonné de voir qu'ils m'avaient choisi une position aussi convenable, ce que souvent moi-même je n'avais pu trouver sans grandes difficultés. Le terrain était un plan incliné qui descendait par une pente assez rapide jusqu'au ravin, sur le bord duquel je me postai, lui tournant le dos. Les Arabes plantèrent le piquet sur la partie haute du sol, à six mètres de moi, et, entendant crier la chèvre, ils se hâtèrent de l'attacher, puis s'éloignèrent au plus vite en me souhaitant bonne chance ; ils se doutaient bien que la bête n'était pas loin, et ne voulaient point s'exposer à me servir d'appât.

« Quelques minutes à peine s'étaient écoulées depuis leur départ ; je venais de m'asseoir dans mon buisson ; je n'avais pas encore tiré du fourreau mon couteau de chasse pour le planter à terre à portée de ma main ; j'écartais de menues branches qui pouvaient me gêner dans mes mouvements, lorsque, plus prompte que la foudre, et avant qu'il m'eût été possible de le prévoir, la Panthère tombe sur ma chèvre qui pousse le râle de la mort. Je retiens ma respiration et attends pour tirer que la lune vienne m'éclairer ; affaire de quelques secondes, car ses rayons brillent à la cime d'un arbre voisin.

« Mais quel n'est pas mon étonnement en voyant passer à mes côtés la Panthère qui traîne la chèvre avec la légèreté d'un chat emportant une souris. Elle est à trois mètres de moi et en plein travers ; je ne distingue ni la queue ni la tête ; je ne vois qu'une masse noire qui passe, qui va disparaître.... Le souvenir de mes trente-quatre nuits me traverse l'esprit comme un éclair ; la colère me transporte, et, oubliant tous serments de prudence, je serre le doigt sur la masse que je suis avec le bout de mon fusil.

« J'avais sur ce coup vingt-quatre gros grains de plomb moulés, ainsi que cent dix grains de poudre dans une cartouche de calibre douze. La bête tombe en se ruant sur la chèvre et en poussant des cris rauques et effrayants. Je lui avais brisé les deux pattes de devant ; elle n'avait pas vu d'où lui venait le coup, et pouvait penser que la chèvre lui avait éclaté dans les griffes.

« Le moindre mouvement de ma part pouvait attirer son attention et me perdre ; la raison me commandait l'immobilité la plus complète ; mais redoutant une surprise, je veux me dresser dans mon buisson pour la dominer et lui envoyer mon second coup. Une branche accroche le capuchon de mon caban et me le fait tomber sur l'épaule. Ce fut encore là un des hasards providentiels auxquels je dus la vie. Je fus obligé de me rasseoir.

« Au léger bruit produit par cette branche, ma rusée bête ne poussa pas un cri, pas un souffle ; elle fixait son attention sur le buisson et écoutait. Un instant se passe ; n'entendant plus rien, ne voyant rien, je la crois morte.

« Courbé avec le plus de précautions possibles, je sors de mon buisson, tenant mon fusil les canons bas et ayant le doigt sur la seconde détente. Je ne m'étais pas encore redressé, quand la Panthère, m'apercevant, se double, se pousse à l'aide de ses pattes de derrière et fait une glissade de trois mètres sur son poitrail. Je dirige mon second coup sur la tête ; mais la rapidité avec laquelle elle m'arrive est si grande, et l'ombre en cet endroit si épaisse, que je la manque ; ma balle entre dans la terre, et la flamme de mon fusil lui brûle le poil du cou.

« La terrible bête en devient plus furieuse ; elle se jette sur moi, et me culbute comme aurait fait une locomotive. Je tombe sous elle, renversé sur le dos et les épaules prises dans le buisson qui m'a servi d'affût. Elle cherche à m'étrangler, et s'acharnant à mon cou, elle le mord avec une rage indescriptible. Il était heureusement garanti et par le collet de mon paletot, que j'avais relevé à cause du froid de la nuit, et par le capuchon épais de mon caban qui faisaient matelas.

« De la main gauche, je tâche de me défendre et de repousser la Panthère, tandis que de la droite je fais des efforts inouïs pour avoir mon couteau de chasse engagé sous moi. Elle me saisit cette première main et la perce de part en part malgré la manche de laine qui la recouvre ; elle me mord horriblement la figure : un des crocs de sa mâchoire supérieure me laboure le front, me perce le nez ; l'autre croc m'entre au coin de l'œil gauche et me brise l'os de la pommette. Incapable de contenir d'une main la terrible bête, j'abandonne la recherche inutile de mon couteau, et, de mes deux mains crispées, je la prends par le cou. Elle me saisit alors la figure en travers, et, m'enfonçant dans les chairs ses dents formidables, me fait craquer toute la mâchoire. Ce bruit retentit si douloureusement dans mon cerveau, que je crus avoir la tête complétement broyée. Ma figure est prise dans sa gueule, d'où sort une haleine brûlante et infecte qui m'étouffe ; je tiens son cou qui est gros comme un chapeau et dur comme un tronc d'arbre, et, le serrant avec la force que donne le désespoir, j'éloigne son horrible tête de la mienne. Elle se jette sur mon bras gauche et me le perce au coude de quatre énormes trous. Sans la grande quantité de vêtements qui le recouvraient, il était brisé comme verre.

« J'étais toujours renversé sur le dos, au bord extrême du ravin, les jambes en haut et la tête en bas, et je tenais au-dessus de moi, me surplombant et les pattes de derrière dans les jambes, la Panthère, dont les rugissements épouvantables faisaient trembler comme la feuille les Arabes et leur bétail à quatre cents mètres de distance.

« Elle cherche à me reprendre la figure ; je la repousse ; mais on ne peut pas se crisper indéfiniment. Dans un moment où je fléchis un peu, elle me saisit la tête et l'emboîte tout entière dans sa large gueule. Réunissant alors tout ce qui me reste de force et de rage dans un effort suprême, je me dégage, ses dents me glissent sur le crâne qu'elles labourent affreusement ; ma toque de drap ouaté lui reste dans la mâchoire. Je l'avais soulevée si vigoureusement, qu'elle glisse sur moi sur la pente rapide. Ses deux pattes de devant sont brisées ; elle ne peut se retenir et roule en rugissant jusqu'au fond du ravin.

« Libre enfin, et il n'était pas trop tôt, je vous assure, je me relève en crachant quatre de mes dents et une masse de sang qui me remplit la bouche ; mais je ne songe pas à mon mal. Tout entier à la fureur qui me transporte, je tire mon couteau de chasse et, ne sachant pas ce que la bête est devenue, je la cherche de tous côtés pour recommencer la lutte (car je ne croyais pas survivre longtemps à mes blessures). C'est dans cette position que les Arabes me trouvèrent en arrivant.

« Ils me dirent qu'ils avaient parfaitement entendu la Panthère, dont les rugissements les avaient fait frissonner ; que leur bétail et leurs chiens ne savaient où se fourrer ; qu'ils ne se doutaient pas qu'elle se battît avec moi, mais que chacun croyait qu'elle se plaignait de ses blessures, et qu'on n'avait osé sortir que lorsqu'on n'avait plus rien entendu.

« La soif de la vengeance et surtout le dépit de n'être pas le vainqueur dans une bataille que j'avais tant désirée, me dominaient à ce point que je voulais à toute force retrouver ma bête, l'achever, ou me faire achever moi-même. Les Arabes m'entraînèrent à leur douar ; ils se disposaient à me laver la figure et à bander mes plaies ; mais je m'y opposai et me fis conduire à la ferme du Corso. J'arrivai à minuit. Jugez de la stupéfaction de tous ses habitants, qui, le soir même, m'avaient vu partir frais et dispos,

Fig. 145. Un duel, de nuit, au bord d'un ravin

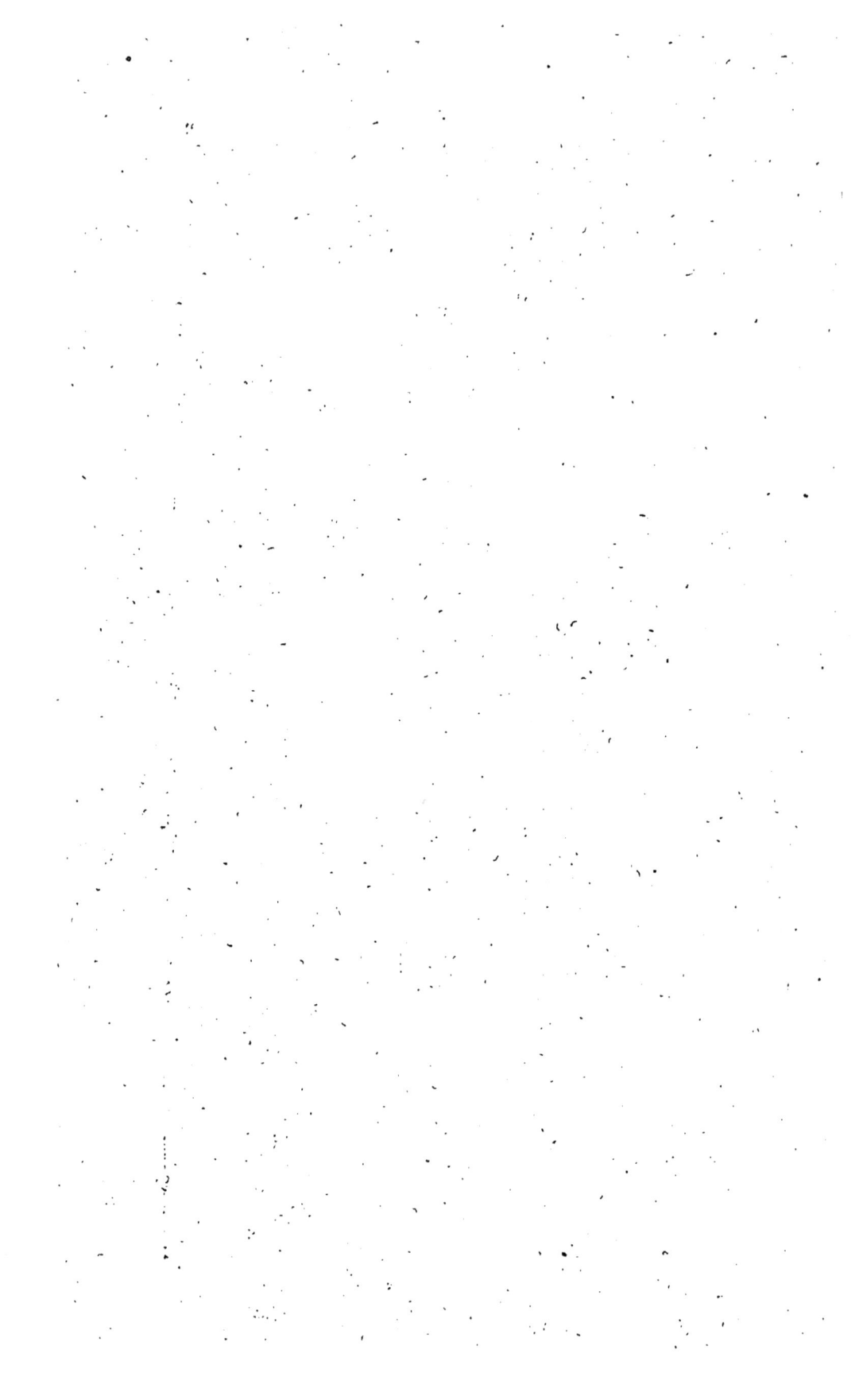

et qui me voyaient revenir avec une tête ressemblant plutôt à un quartier de viande sanglante qu'à une face humaine !

« L'homme qui m'avait transporté sur sa mule partit de suite, selon mon désir, pour aller chercher à Alger le docteur Bodichon, un de mes bons amis, dans la science duquel j'avais une entière confiance.

« Pendant que les personnes présentes à la ferme me prodiguaient leurs soins, avec une intelligence et une bonté dont je leur serai toute ma vie reconnaissant, je demandai un miroir, désirant juger par moi-même de mon état. Mais on craignait que je ne fusse trop effrayé en me voyant, et on feignait de n'en point trouver. Je pris alors une bougie et, malgré tout ce que l'on put me dire, j'allai me placer devant une glace. Ma joue gauche était arrachée et me tombait sur la bouche, laissant l'os de la pommette brisé et à découvert ; l'os frontal se voyait également sur une longueur de huit centimètres ; quant à mon pauvre nez, autrefois aquilin, il était aplati, déchiré et brisé d'une manière affreuse ; j'étais hideux.

« Ceux qui m'entouraient étaient fort tristes et moins calmes que moi. Je lisais sur leurs physionomies qu'ils me croyaient un homme mort. Je cherchais à les rassurer, disant que le cœur était toujours bon et solide ; que la bête ne m'avait même causé aucun effroi ; que souvent j'avais dit et répété que le plus beau jour de ma vie serait celui où j'aurais un abordage avec une panthère ou un lion blessés, tant je comptais sur la vigueur de mon poignet, armé de mon couteau de chasse. O saint Hubert ! pardonne-moi cette prière insensée !

« Maintenant, lorsque je lis ou que j'entends raconter quelqu'une de ces chasses où l'on tue toutes sortes de bêtes féroces avec des haches et des poignards, je ne puis m'empêcher de rire. Est-il possible d'attaquer, avec une arme autre qu'un fusil, une bête aussi forte et aussi agile qu'une Panthère ? une bête qui pèse de deux à quatre cents livres, et dont le poids est plus que quadruplé par la longueur et l'impétuosité du bond ? une bête qui vous tombe ainsi sur le corps, plus prompte que la foudre, et avant que vous ayez pu faire un mouvement ? Quel est donc l'hercule capable de résister à un choc pareil ?

« Malgré le hasard providentiel qui m'avait placé sur le bord glissant du ravin, malgré les autres circonstances favorables qui me protégèrent, si ma Panthère avait eu une griffe de libre, j'étais perdu indubitablement. Dans l'état même où elle se trouvait, si j'avais pu m'armer de mon couteau, je n'aurais plus voulu m'en dessaisir : d'une main je n'aurais pas eu la force de la repousser, de l'autre je n'aurais pas pu la tuer assez vite, et sa redoutable mâchoire m'eût broyé la tête. J'ai eu de la chance, on le voit. Si d'une aussi terrible lutte je me suis tiré la vie sauve, c'est que j'ai mis autant d'acharnement dans la défense que la bête mettait de rage dans l'attaque ; mais je le dois surtout à la protection de Dieu et de saint Hubert. »

Le portrait de Bombonnel que nous avons donné plus haut (fig. 144), est accompagné de la tête du terrible carnassier dont on vient de lire les exploits et la mort.

Once, Serval. — L'Once (fig. 146) est intermédiaire, pour la taille,

entre la panthère et le léopard. Le fond de son pelage est, non pas
fauve, mais grisâtre; ses taches sont beaucoup plus irrégulières que

Fig. 146. Once.

celles des deux Féliens précédents. Il habite les régions septentrionales de l'Asie. On ne sait rien de particulier sur ses mœurs,
qui doivent être d'ailleurs celles de tous les grands carnivores.

Le *Serval*, appelé aussi *Chat-pard* ou *Chat-tigre*, n'a que 75 centimètres de long; il est répandu dans les forêts de l'Afrique méridionale; on le trouve aussi dans la Sénégambie, l'Abyssinie et l'Algérie. Il se nourrit de petits mammifères, particulièrement de singes
et de rongeurs qu'il poursuit sur les arbres. L'éducation n'a pas le
pouvoir d'adoucir son humeur sauvage; il reste toujours farouche.
On estime beaucoup sa fourrure, qui est variée de raies et de taches noires sur un fond fauve.

Chat sauvage et Chat domestique. — Le *Chat sauvage* (fig. 147) est un
animal d'un roux brun, marqué de raies noires plus ou moins distinctes, suivant les diverses parties du corps. Sa longueur égale à

peu près 60 centimètres. Il ne diffère pas, par les habitudes, des plus
grands Féliens. Il grimpe sur les arbres et se nourrit d'oiseaux, d'écu-

Fig. 147. Chat sauvage.

reuils, de lièvres, de lapins, etc. Très-commun en France autrefois,
on ne l'y trouve plus guère aujourd'hui que dans les grandes forêts.
Il habite presque toute l'Europe et une grande partie de l'Asie.

On doit ranger à côté du Chat sauvage une foule d'espèces qui
ne s'en séparent que par des dispositions différentes dans le pelage
et qu'on peut considérer comme ses représentants dans les régions où il n'existe pas. Tels sont : le *Chat du Bengale*, le *Chat ganté*,
qui habite l'Égypte, le *Chat de la Cafrerie*, le *Chat obscur*, indigène
du Cap, etc.

Certains auteurs inclinent à penser que les nombreuses variétés
de Chats domestiques descendent, non pas seulement du *Chat sau-*
vage, mais encore de son croisement avec le *Chat ganté*. Quoi qu'il
en soit, on compte plusieurs races de Chats domestiques bien caractérisées ; ce sont le *Chat tigré*, le *Chat d'Espagne*, le *Chat des Char-*
treux, le *Chat rouge de Tobolsk*, le *Chat de Chine à oreilles pendantes*,
le *Chat malais*, sans queue.

Le Chat (fig. 148) est un des rares animaux qui aient su rester
indépendants dans la-domesticité; il vit à côté de l'homme; mais il
n'est pas asservi. S'il nous rend quelques services, c'est parce qu'il
y trouve son compte. On ne trouve pas chez lui le désintéressement
qui distingue le chien. Quoi qu'en aient dit Buffon et beaucoup
d'autres, il est capable d'affection, mais cet attachement ne se traduit pas par autre chose que par de rares caresses, et ne s'élève

Fig. 148. Chat domestique.

jamais jusqu'au dévouement. Vit-on jamais un Chat sacrifier sa vie
pour défendre son maître? On a dit qu'il s'attache plus aux maisons
qu'aux personnes; ajoutons pourtant, à son honneur, qu'on constate de nombreuses exceptions à cette règle.

Le Chat a des défauts qui lui aliènent presque toutes les sympathies : il est méfiant, poltron et voleur. La méfiance est ce qu'on
lui pardonne le moins. L'homme s'indigne du soupçon comme

d'une offense à sa loyauté, comme d'une injure à ses bonnes intentions. D'ailleurs le chien, ce modèle de fidélité et de confiance, sert de repoussoir au Chat. Lorsqu'on compare ces deux êtres, si différents l'un de l'autre, on s'écarte d'autant plus du premier que le second vous attire davantage. Aux regards obliques du Chat, on oppose l'œil doux et franc du chien; et l'on trouve dans les solides qualités de celui-ci de nouvelles raisons de haïr celui-là.

Rien de plus terrible que le Chat, lorsque, menacé d'une correction ou d'un danger quelconque, il ne voit d'autre issue que le combat pour échapper à sa position critique; il devient alors véritablement dangereux. La fuite lui étant fermée, il se défend avec une énergie sans égale. Tant que son ennemi se tient à une distance respectueuse, il se borne à une résistance passive; seulement, il suit ses moindres mouvements et se tient prêt à toute éventualité. L'adversaire fait-il un pas pour le saisir, ce sont des bonds désespérés, des coups de griffe terribles et des miaulements affreux. Presque toujours il sort victorieux d'une pareille lutte, car son agilité le rend insaisissable.

Le Chat est moins ennemi du chien qu'on ne le dit généralement. Ils ont peu de sympathie l'un pour l'autre quand ils ne se connaissent pas; mais lorsqu'ils ont vécu quelques mois ensemble, ce sont les meilleurs amis du monde. Ils se lèchent mutuellement, dorment l'un sur l'autre, savent se faire l'un à l'autre des concessions pour continuer à vivre en paix; bref, la plus parfaite harmonie ne cesse de régner entre eux. Toutes les personnes qui possèdent à la fois chien et chat, pourront attester l'exactitude de ces assertions.

Nous passons aux *Chats du nouveau continent.*

Le *Jaguar* (fig. 149), appelé aussi *Tigre d'Amérique,* est le plus grand des carnassiers du nouveau monde. Il égale presque le tigre en taille, en force et en violence; il mesure près de 2 mètres, depuis le bout du museau jusqu'à l'origine de la queue, qui elle-même est longue de 60 centimètres. Il n'est pas zébré comme le tigre, mais tacheté comme la panthère. Ses taches sont pleines sur la tête, les cuisses, les jambes et le dos, mais toujours assez irrégulières; sur les flancs elles sont en rose, avec un point noir au milieu. Le fond du pelage est d'un fauve vif en dessus et blanc en dessous.

Le Jaguar est répandu dans presque toute l'Amérique méridionale, et dans l'Amérique du Nord jusqu'au Mexique. Il habite

les grandes forêts traversées par des fleuves, et chasse activement divers Mammifères aquatiques, particulièrement les loutres. Comme le tigre, il nage parfaitement, et va passer les heures
du jour dans l'inaction, au milieu des îlots qui parsèment les
fleuves. Le soir, il se met en quête de sa nourriture. Il prélève un
large tribut sur les immenses troupeaux de buffles et de chevaux
sauvages qui paissent dans les pampas de la Plata. D'un seul coup
de patte, il brise la colonne vertébrale de ses victimes et les

Fig. 149. Jaguar.

emporte. Il pêche, dit-on, fort adroitement, et ne craint pas
d'attaquer les plus grands caïmans. L'homme lui-même ne l'arrête pas ; il en fait sa proie toutes les fois qu'il peut le surprendre.

Le Jaguar grimpe avec agilité sur les arbres, au grand désespoir
des singes qu'il poursuit. C'est toujours la nuit qu'il fait ses expéditions ; et malgré les feux qu'entretiennent les voyageurs perdus dans ces solitudes, tant pour se chauffer que pour éloigner
les bêtes féroces, ceux-ci n'échappent pas toujours à ses atteintes.
Il fait entendre, au lever et au coucher du soleil, deux cris, bien
connus des indigènes et des chasseurs. C'est ainsi qu'il annonce
à la nature vivante l'ouverture et le terme de ses opérations té-

ñébreuses, et qu'il excite successivement la terreur et la joie.
Dans certaines contrées de l'Amérique, les Jaguars sont si nombreux, qu'au dire d'Azara on en tuait, au dix-septième siècle, deux
mille par an au Paraguay. Aujourd'hui on en trouve encore beaucoup dans ce pays, bien que le nombre en soit notablement diminué.

Le *Cougouar* ou *Puma*, autrefois fort improprement appelé *Lion
d'Amérique*, est un animal de 1ᵐ,30 de long environ et d'une couleur

Fig. 150. Couguar.

fauve uniforme, sans aucune tache. Il habite le Paraguay, le Brésil,
la Guyane, le Mexique et les États-Unis. Il a l'apparence générale
de la lionne, sans en avoir les dimensions. Le mâle ne possède pas
de crinière.

Cet animal est très-lâche : il fuit devant l'homme et devant les
chiens. Il fait de grands ravages dans les troupeaux, et diffère des
autres chats en ce qu'il égorge de nombreuses victimes avant d'en

dévorer une. Il s'approche des habitations pendant la nuit, et s'efforce d'y pénétrer pour enlever les petits animaux domestiques. Il se tient de préférence dans les pampas. Il monte aux arbres, non en grimpant, mais en sautant et d'un seul bond.

Le Couguar s'apprivoise avec une grande facilité; il connaît son maître et reçoit ses caresses avec plaisir. Il n'y a pas d'inconvénients à le laisser courir librement dans les maisons. Le célèbre acteur anglais Kean possédait un Couguar qui le suivait comme un chien, et se tenait très-convenablement devant la société la plus nombreuse.

L'*Ocelot* est un joli carnivore, d'un mètre de long environ; le fond de son pelage est d'un gris fauve, sur lequel se dessinent de grandes taches d'un fauve vif, bordées de noir. De mœurs complétement nocturnes, il ne sort que le soir, pour faire la chasse aux singes, aux rongeurs et aux oiseaux. Il grimpe d'ailleurs sur les arbres avec une merveilleuse agilité. On le trouve dans diverses parties de l'Amérique méridionale, notamment au Paraguay.

Comme le Couguar, il devient promptement le commensal de l'homme. Azara en a vu un qui ne chercha jamais à quitter son maître, bien qu'il jouît de la plus grande liberté.

Genre Lynx. — Les animaux appartenant au genre *Lynx* diffèrent des Chats par leur pelage plus long, leur queue plus courte et leurs oreilles, que terminent des pinceaux de poils; leur denture n'est pas non plus tout à fait la même. On connaît un assez grand nombre d'espèces de Lynx, tant dans l'ancien que dans le nouveau monde. Les deux principales sont le *Loup-cervier* et le *Caracal*.

Le *Lynx vulgaire*, ou *Loup-cervier* (fig. 151), est commun dans les grandes forêts du nord de l'Europe et de l'Asie; on en trouve encore quelques-uns dans les Alpes et les Pyrénées; les sierras de l'Espagne en possèdent également. Ce carnivore mesure de 80 à 90 centimètres, non compris la queue qui est longue de 10 centimètres. Il a les parties supérieures d'un roux clair, avec de petites taches brunes, tandis qu'il est blanc en dessous. Il porte, de chaque côté de la face, une touffe de poils blanchâtres qui simule assez bien la barbe.

Le nom de Loup-cervier lui vient probablement de ce qu'il hurle à la manière du loup, pendant la nuit, et de ce qu'il se jette volontiers sur les jeunes cerfs ou faons. Il grimpe lestement aux arbres, égorge les oiseaux dans leur nid, et poursuit les écureuils, ainsi que les petits carnassiers, tels que les martes, les hermi-

nes, etc. Il fait également entrer dans son alimentation les lièvres
et les lapins. Il ne mange pas la chair des grandes proies, à moins
que sa faim ne soit extrême. Ordinairement il se contente de leur
sucer la cervelle, par un trou qu'il leur fait derrière le crâne.

Pris jeune, il s'habitue à la captivité, et se montre même caressant; mais il retourne à la vie sauvage dès qu'il en trouve
l'occasion. Il ne s'attache donc pas réellement à son maître. Il

Fig. 151. Lynx, ou Loup-cervier.

est d'une exquise propreté, et, comme le chat, il passe une bonne
partie de son temps à se nettoyer et à se lisser.

Le *Caracal* (fig. 152) est à peu près de même taille que le Loup-cervier. Son pelage est roux en dessus, sans aucune tache; sa
poitrine est fauve, avec des taches brunes. C'est le lynx des anciens. Il habite le nord et l'est de l'Afrique, l'Arabie et la Perse.
Ses mœurs ne diffèrent pas beaucoup de celles du précédent. Il
attaque les antilopes, les gazelles, pour leur sucer le sang et leur
dévorer la cervelle. Il conserve toujours une certaine sauvagerie
et un vif désir de liberté, au sein de l'esclavage.

Les Grecs l'avaient consacré à Bacchus, et Pline a débité sur son compte des contes absurdes. Il lui accorde, entre autres, la faculté de voir à travers les murs : de là l'expression d'*œil de lynx*, qui est

Fig. 152. Caracal.

passée dans notre langue, pour désigner une vue très-perçante.

A la suite de ces deux espèces, nous citerons le *Lynx des marais*,

Fig. 153. Lynx des marais.

à cause de ses habitudes tout exceptionnelles parmi les Féliens. Cet animal, qui habite le Caucase et l'Afrique orientale, est essentiellement aquatique. Il se plaît dans l'eau, nage très-bien, fait la chasse aux oiseaux de marais, et saisit même les poissons en plongeant.

Nous ne dirons rien des Lynx de l'Amérique, dont les mœurs ne présentent aucune particularité remarquable.

Genre Guépard. — Le Guépard établit la transition des Féliens aux Caniens, en d'autres termes du chat au chien. Par l'organisation physique et par le caractère, il tient, en effet, de l'un et de l'autre. Il a les ongles faibles, non rétractiles et impropres à déchirer une proie ; mais par sa denture il fait bien partie des chats. Il a aussi les jambes plus hautes, la colonne vertébrale moins flexible et le corps plus élancé que les autres Féliens ; d'où résulte une plus grande facilité pour la course. Sa queue se contourne sur elle-même à l'extrémité, disposition très-commune chez les chiens, mais qui ne se retrouve parmi les Féliens que chez le chien et le Guépard. Sa douceur, son obéissance et son attachement dans la domesticité marquent naturellement sa place sur les confins de la famille féline, immédiatement avant la gent canine.

Le Guépard habite l'Asie méridionale et diverses parties de l'Afrique. Il a 1^m,10 de longueur et 0^m,65 de hauteur. Sa robe est très-élégante ; d'un fauve clair en dessus, parfaitement blanche en dessous, elle est partout semée de petites taches noires. Douze anneaux, alternativement blancs et noirs, décorent la dernière moitié de sa queue. Des poils plus longs que les autres, sur le derrière de la tête et le cou, lui forment une espèce de crinière peu abondante.

Le Guépard ne monte pas sur les arbres ; il saisit sa proie au saut et à la course. De là est venue, dans l'Inde et la Perse, l'idée de le dresser à la chasse de certains animaux, son naturel docile se prêtant d'ailleurs à ce genre de service. La coutume d'employer à la chasse la femelle du Guépard remonte à une époque assez éloignée, car l'Arabe Rasès en parle au dixième siècle.

Voici comment se fait cette chasse dans la Mongolie. On part, à cheval, portant le Guépard en croupe, ou sur une charrette spécialement construite pour cet usage. L'animal est enchaîné et a les yeux bandés. On parcourt les sites qu'affectionnent les gazelles, dans l'espérance de découvrir quelques-uns de ces charmants animaux. Dès qu'ils en ont aperçu un, les chasseurs font halte, détachent le Guépard et le lui désignent du doigt. Aussitôt l'astucieux carnassier se glisse insidieusement sous le couvert des hautes herbes et à l'abri des buissons, profitant avec une habileté sans égale des moindres accidents de terrain pour voiler ses manœuvres. Lorsqu'il juge qu'il s'est suffisamment rapproché de sa victime, et qu'elle ne peut plus lui échapper, il se démasque soudainement, s'élance avec une impétuosité terrible, l'atteint en quelques bonds prodigieux, l'immole, et se met incontinent à lui sucer le sang.

Son maître, qui a suivi les péripéties du drame, entre alors en scène. Pour le détacher de sa proie, il lui jette un morceau de viande, lui parle doucement, le caresse; après quoi, il lui couvre de nouveau les yeux, et le replace en croupe ou sur la charrette. En même temps, des domestiques enlèvent la gazelle. Un peu plus loin, la même opération se reproduit à peu près identiquement, et le jeu ne prend fin que par la lassitude des chasseurs.

Ce genre de chasse est extrêmement goûté dans la Mongolie. Aussi un Guépard bien dressé atteint-il chez les Mongols un prix extraordinaire.

En Perse, on ne procède pas tout à fait de la même manière. Des hommes et des chiens fouillent les bois et rabattent le gibier vers le chasseur, qui lâche le Guépard au moment convenable.

Ces faits prouvent suffisamment que le Guépard diffère essentiellement, par le naturel, des autres Féliens. Il s'apprivoise presque aussi bien que le chien, connaît et aime son maître, entend sa voix et accourt à son appel. A l'égard des autres personnes, il se montre d'une telle douceur, qu'on peut lui accorder la plus grande liberté. Dans les ménageries européennes, il n'est jamais renfermé comme les autres Féliens. On le laisse se promener dans un parc, comme les animaux les plus inoffensifs; il est très-soumis à son gardien et reçoit, avec la meilleure volonté, les caresses des visiteurs.

La ménagerie du Jardin des Plantes de Paris en possédait un, il y a quelques années, qui avait été amené du Sénégal. Il était d'une humeur charmante. Un jour, il aperçut, parmi les curieux, un petit nègre qui avait fait la traversée du Sénégal sur le même vaisseau que lui; aussitôt il témoigna, par ses caresses empressées, tout le plaisir qu'il éprouvait à retrouver une ancienne connaissance.

FAMILLE DES CANIENS. — Les *Caniens* sont des animaux digitigrades, dont les ongles ne sont ni tranchants, ni rétractiles, et ne peuvent par conséquent servir ni à l'attaque, ni à la défense. Ils sont assez élevés sur pattes, ont le museau allongé, et ne possèdent que quatre doigts en arrière; en avant, on en compte cinq.

Leur langue est douce, au contraire de celle des chats; leur queue, assez longue et plus ou moins touffue.

Ce sont les plus intelligents des Carnivores; leur cerveau présente des circonvolutions assez profondes. Ils ont les sens fort développés, principalement celui de l'odorat. On les trouve répandus sur toute la surface du globe, depuis les plus hautes jusqu'aux plus basses latitudes.

Les Caniens comprennent les trois genres, *Renard*, *Chien* et *Hyénoïde*.

Genre Renard. — Ce genre comprend, outre le *Renard vulgaire*, un certain nombre de carnassiers qui en diffèrent peu, et qui sont répartis sur les deux continents. Ils ont tous la pupille nocturne, le museau extrêmement effilé et la queue très-touffue. Ils exhalent, en général, une odeur très-désagréable, par laquelle ils trahissent leur présence.

Nous décrirons les mœurs du *Renard vulgaire*, comme étant le plus connu, et celui qui a été le mieux étudié. Le même récit s'applique d'ailleurs aux autres, avec de très-légères variantes.

Le *Renard vulgaire* (fig. 154) est aujourd'hui encore très-répandu en Europe. Il jouit, depuis un temps immémorial, d'une réputation de finesse qui a été célébrée sur tous les tons : *rusé comme un Renard*, est un des plus communs adages de la sagesse des nations.

Le Renard ne se jette jamais sur des animaux capables de lui résister. C'est au crépuscule qu'il se met en quête. Il parcourt alors silencieusement la campagne, rôde autour des buissons et des haies, espérant surprendre quelque oiseau niché très-bas. S'il aperçoit des lapins ou des lièvres broutant innocemment, il se glisse sans bruit auprès d'eux, et tombant tout à coup au milieu de la troupe, il fait presque toujours une victime. A défaut de mets aussi succulents, il mange des mulots; des lézards, des grenouilles et autres petits batraciens. Il ne dédaigne même pas certains fruits, et montre une prédilection particulière pour le raisin.

C'est un terrible destructeur de volailles. Lorsque au milieu de sa promenade nocturne le chant du coq vient frapper son oreille, il se dirige, en toute hâte, vers l'origine de ce son délicieux. Il fait et refait sans cesse le tour de la ferme, examine, scrute, observe, sonde les points faibles de la place, et médite un plan pour y pénétrer. S'il existe quelque part un passage qui lui soit accessible, soyez sûr qu'il le trouvera; si cette ouverture est trop étroite pour sa corpulence il saura s'allonger, se faire petit, ou bien il travail-

lera à l'agrandir. Quand il a enfin réussi à s'introduire dans la
basse-cour, il fait un carnage épouvantable de tout ce qu'elle renferme, et cela non pour le plaisir de verser le sang, mais par prévoyance. En effet, il emporte une à une les pièces de son butin, et
va les cacher en lieu sûr, dans le bois où il a établi sa retraite. Il
n'a pas toujours le temps d'enlever la totalité de ses victimes; on
dit alors qu'il tue inutilement, et on l'accuse de cruauté. Mais c'est
bien à regret qu'il abandonne une part, souvent importante, de ses
rapines; la prudence seule peut l'obliger à s'éloigner définitivement à l'approche du jour.

Tous ses efforts pour pénétrer dans le poulailler restent quelquefois infructueux; il entreprend alors de le ruiner en détail, et
d'égorger en un ou plusieurs mois ce qu'il ne peut mettre à mort
en un jour. Dans ce but, il s'installe toute la journée sur la lisière
du bois, à proximité de la ferme, et suit les moindres mouvements
de la volaille. Si sa proie s'écarte dans les champs, il redouble d'attention; saisissant le moment où le chien de garde s'est éloigné, il
rampe sur le ventre, et s'approche sans être vu du volatile qu'il a
marqué pour son repas. Il l'étrangle prestement et regagne aussitôt le bois, avec précaution toutefois, afin de ne pas éveiller la défiance. Là seulement il dévore sa victime en toute sécurité. Lorsque
ces manœuvres lui ont réussi une fois, ils les renouvelle fréquemment; si bien qu'au bout de l'année la basse-cour se trouve
dépeuplée.

Deux Renards savent très-bien s'entendre pour chasser le lièvre,
dans les cantons où abonde ce rongeur. L'un se met en embuscade dans le bois, sur le bord d'un chemin; l'autre fait lever le
lièvre, le lance et le poursuit avec ardeur, sans se laisser prendre
à ses ruses. Il s'arrange de façon à amener son gibier dans le chemin gardé par son associé, qu'il avertit de temps à autre, en donnant de la voix. Celui-ci terrasse la proie au passage, et tous deux
la dévorent d'un parfait accord.

Cependant il arrive parfois que le guetteur calcule mal son élan
et manque le lièvre, lorsqu'il vient à passer rapidement devant lui.
Il reste d'abord tout saisi; puis, comme pour étudier la cause de
sa maladresse, il vient reprendre son poste, saute sur le chemin,
et recommence ce manége un certain nombre de fois. Son cama-
rade, arrivant au beau milieu de cet exercice, comprend ce que
cela veut dire; irrité de s'être fatigué en pure perte, il malmène,
de quelques coups de griffes, son maladroit associé; mais un

Fig. 154. Renard.

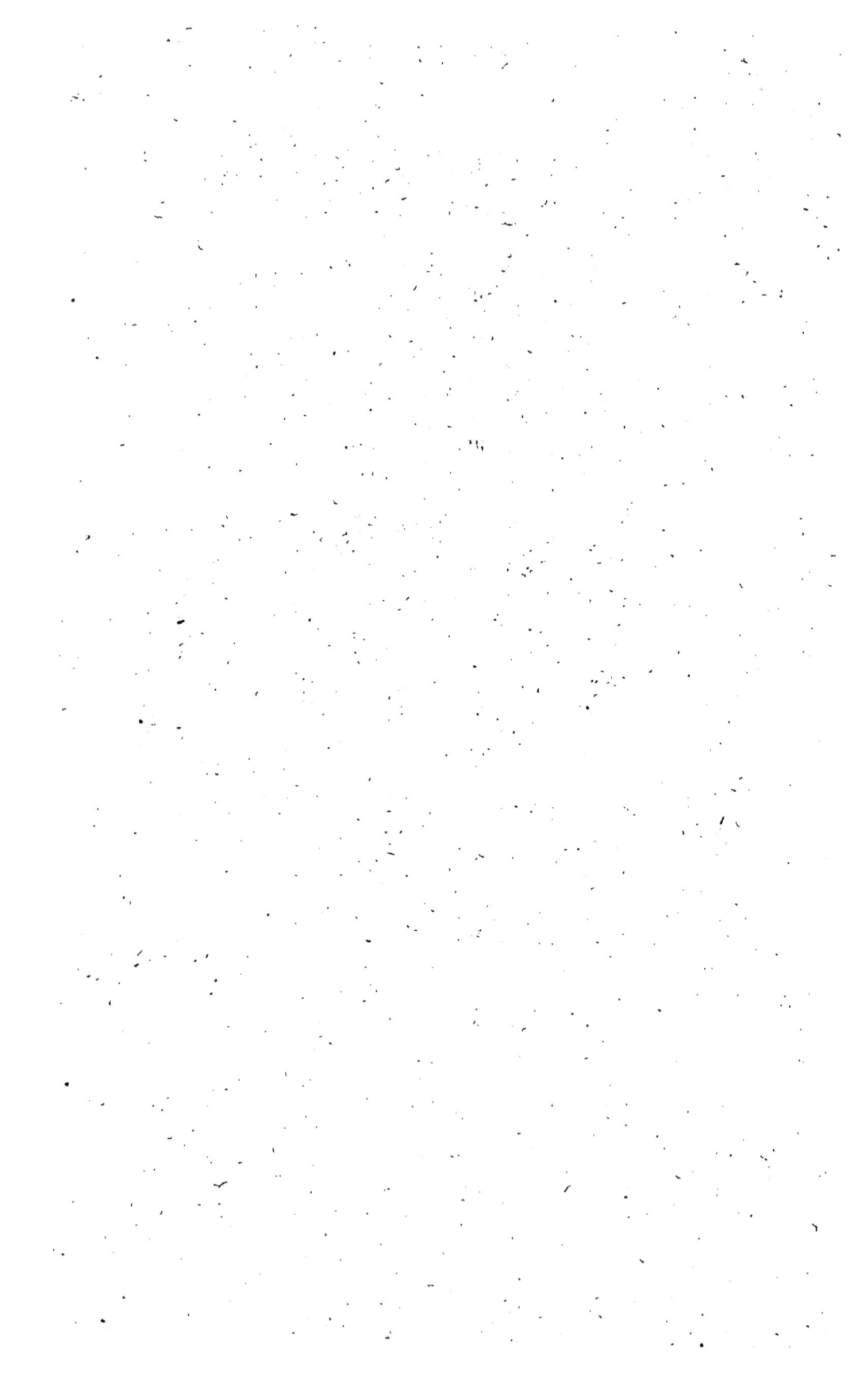

combat de quelques minutes suffit pour épuiser sa mauvaise humeur, et l'entente cordiale ne tarde pas à se rétablir.

Le Renard se fait aussi aider par ses petits, lorsqu'ils commencent à être assez forts pour se procurer eux-mêmes leur nourriture. Il les emmène avec lui, les place aux endroits les plus favorables et leur rabat le gibier.

Il se hasarde quelquefois, pour y happer des oiseaux aquatiques, au milieu des joncs et des roseaux qui garnissent les marécages et les bords des étangs. Dans ce cas, il procède toujours avec une extrême prudence, et prend bien garde de ne pas s'aventurer où il n'a pas pied. Dans l'hiver, lorsque l'eau est gelée à la surface, il essaye la force de la glace, avant de s'y engager. Quand elle lui paraît trop mince pour le supporter, il va tenter plus loin le passage.

Dans son ouvrage sur *La Chasse à courre*, M. La Vallée rapporte un exemple très-remarquable de l'adresse singulière que le Renard met au service de ses rapines. Le Renard dont il s'agit avait été pris fort jeune, par un pharmacien de Château-Thierry. Il était parfaitement apprivoisé, se montrait caressant, plein de docilité, venait à l'appel de son maître, et le suivait à la chasse, où il remplissait l'office du meilleur chien. Mais la domesticité ne lui avait rien fait perdre de son goût pour la maraude. Quoiqu'il ne manquât de rien au logis, il volait à droite et à gauche, uniquement pour satisfaire ses penchants naturels.

Il fut le héros d'une aventure qui intrigua longtemps la bonne ville de Château-Thierry. La maison située à l'encoignure de la place du Marché avait sur la rue deux soupiraux de cave excessivement étroits, devant lesquels se rangeaient d'habitude les marchands qui achetaient les œufs des paysans des environs, pour les expédier à Meaux ou à Paris. Avant d'être emballés, les œufs étaient visités, et ceux qui présentaient quelque fêlure étaient mis de côté. Or une brave femme, ayant posé un jour derrière elle deux douzaines d'œufs fêlés, fut bien étonnée de ne plus les trouver, lorsque, quelques instants après, elle se retourna pour les ramasser. Elle accusa sa voisine de les lui avoir dérobés, et peut-être la discussion se fût-elle terminée par des voies de fait, sans l'intervention de quelques commères.

Au marché suivant, le même larcin se renouvela. On crut à une espièglerie d'un gamin du voisinage, et l'on soupçonna même les jeunes clercs de l'huissier qui occupait le rez-de-chaussée de la maison.

Au marché qui vint ensuite, on plaça un observateur devant la marchande, pour surveiller les alentours ; mais celui-ci ne vit rien, ce qui n'empêcha pas la moitié des œufs cassés de disparaître.

Le cas devenait grave. La marchande imagina alors de déposer les produits avariés sous sa jupe, entre ses pieds, certaine qu'ils y seraient en sûreté. Mais, ô prodige ! les œufs disparaissaient presque aussi vite. Il y avait décidément du sortilége.

Ce ne fut que longtemps après qu'on découvrit la vérité. Le Renard du pharmacien se tenait blotti dans les soupiraux, percés en forme de profondes meurtrières, et où l'on n'aurait jamais cru qu'il pût s'introduire, tant ces fentes étaient étroites. Dès qu'un œuf était posé sur le sol, il avançait la tête, le confisquait et rentrait dans son trou. Il pouvait d'ailleurs se livrer à cet exercice en toute sécurité, caché qu'il était, non-seulement par les pieds et les jupons de la marchande, mais encore par les paniers qu'elle avait devant elle.

Une des ruses les plus fréquentes de ce fin matois, et qui dénote une rare intelligence, est celle qui consiste à s'étendre négligemment et à faire le mort, lorsqu'il est surpris à l'improviste par des chasseurs ou des promeneurs, et que tout espoir de fuite lui est enlevé. On peut alors le remuer, le pousser en tous sens, même le soulever par la queue, le balancer dans le vide, le jeter sur son épaule, sans qu'il donne le moindre signe de vie. Mais dès qu'on s'éloigne ou qu'on cesse de l'observer, il décampe au plus vite, à la grande stupéfaction de celui qu'il a si bien dupé.

Le Renard habite un terrier, qu'il se creuse à la lisière des bois, le plus souvent parmi les pierres, les rochers ou sous les troncs d'arbre ; d'autres fois dans la terre meuble, mais alors sur un terrain élevé et en pente, afin d'être protégé contre l'humidité et les inondations.

Parfois il trouve commode de s'approprier le terrier d'un lapin ou d'un blaireau, et de le disposer à sa convenance Dans le premier cas, il étrangle simplement le propriétaire ; dans le second, il infecte de son urine l'antre qu'il convoite, et force ainsi le légitime possesseur à s'éloigner.

Il divise toujours sa demeure en trois parties : en premier lieu, la *maire*, c'est de là qu'il observe les environs avant de sortir, et qu'il épie le moment favorable pour échapper à ses persécuteurs, lorsqu'une vive poursuite l'a contraint de chercher un asile dans sa retraite souterraine. Vient ensuite la *fosse*, pièce à plusieurs issues, où sont entassées les provisions du compère : c'est le garde-manger de la famille. Enfin derrière la fosse, tout au fond du terrier, se trouve l'*accul*, chambre à coucher et véritable habitation de l'animal. C'est là qu'il sommeille, met bas et allaite ses petits, et que la femelle se réfugie dans les cas pressants. Toutefois le renard ne se tient guère dans son terrier qu'à l'époque où il élève sa progéniture. Hors de ce temps, il dort presque toujours dans un buisson, quelquefois à deux ou trois lieues de sa demeure, près de l'endroit où il a reconnu un coup à faire.

L'instinct maternel est très-développé chez la Renarde. Elle veille sur ses *Renardeaux* avec sollicitude, pourvoit à leurs besoins, et les défend avec courage contre leurs ennemis.

La portée se compose de trois à cinq petits, qui naissent vers le mois d'avril. Le mâle et la femelle habitent ensemble, jusqu'à ce que leur famille soit élevée ; après quoi, ils se séparent, et vivent solitairement. La durée de la vie du Renard est de treize à quatorze ans.

Les déprédations du Renard l'ont fait classer parmi les animaux les plus nuisibles. Aussi le poursuit-on à outrance dans tous les lieux où il exerce ses ravages. Différents moyens sont mis en œuvre pour le détruire.

Les Anglais de la classe riche le chassent à courre avec passion ; ils consacrent à ce divertissement des sommes considérables. Cet exemple est peu suivi en France.

Pour pratiquer ce genre de chasse, on doit avoir soin de boucher, pendant la nuit qui précède le lancer, tous les terriers des environs ; on ôtera ainsi à l'animal la faculté de s'y réfugier, ce qui arriverait infailliblement dès qu'il se sentirait faiblir. Cette précaution prise, maître Renard est presque à coup sûr condamné ; car il laisse après lui une odeur si forte, que les chiens les plus novices gardent sa trace. Au reste, cet animal, si fécond en ruses pour trancher la vie des autres, n'en déploie presque aucune pour défendre la sienne. Il se borne à repasser de temps à autre exactement sur sa voie, et à se faufiler dans les endroits les plus fourrés. Il est donc atteint au bout de quelques heures. Alors il se retourne et combat en désespéré ; mais la meute vorace l'a bientôt mis en pièces.

Il existe pourtant de vieux routiers qui déconcertent toutes les poursuites en se jetant dans des endroits inaccessibles aux chiens et aux chasseurs. C'est affaire au veneur de connaître ces localités et d'empêcher le gibier d'y entrer. On y parvient en les défendant par une simple corde, tendue horizontalement et garnie de plumes ou de morceaux d'étoffes de couleur éclatante. Le Renard voit cet engin, soupçonne un piége et rebrousse chemin; il périt ainsi par excès de prudence.

La chasse au fusil est beaucoup plus facile. Un certain nombre de tireurs se réunissent, et occupent les passages les plus favorables d'un bois que l'on sait contenir des Renards. L'animal, lancé par des chiens bassets, vient alors de lui-même s'offrir aux coups des chasseurs, qui ne peuvent accuser que leur maladresse, s'ils le laissent échapper.

Lorsque le Renard s'est terré et s'obstine à ne pas sortir, on peut lui envoyer, avec succès, de petits bassets à jambes torses, qui, se coulant dans son fort, ne tardent pas à l'en chasser, à moins toutefois qu'il ne soit trop fatigué. Les chasseurs l'attendent tout près, dans le plus grand silence, et le tirent dès qu'il se montre.

Quelquefois il résiste aux provocations des chiens et se retire dans son *accul*, bien résolu à n'en pas bouger tant que ses ennemis seront présents. Il ne reste alors que la ressource de l'enfumer dans son terrier, ou de défoncer sa retraite à coups de pioche. La première opération étant plus simple s'emploie préférablement. On bouche toutes les gueules du terrier, à l'exception de celle qui reçoit le vent; on introduit dans cette dernière, aussi profondément que possible, une mèche soufrée, puis on amasse devant le trou des broussailles et des feuilles auxquelles on met le feu. La fumée, poussée par le vent, pénètre jusqu'au fond du terrier, entraînant avec elle les vapeurs sulfureuses. La cavité souterraine étant complétement envahie, la fumée revient contre le vent; on bouche alors hermétiquement la dernière entrée, et on laisse les choses en cet état jusqu'au lendemain. On trouvera sûrement le Renard tout près de l'un des orifices, où il sera venu mourir.

Lorsque les Renards pullulent dans une contrée, on a recours à des mesures plus énergiques pour les détruire : on emploie alors les piéges et le poison.

Les temps de neige sont les plus favorables pour l'application de ces moyens extrêmes; car, outre que l'animal, pressé par la faim, se relâche plus facilement de sa défiance ordinaire, et se laisse mieux prendre à l'appât pendant l'hiver que dans toute autre saison, il est très-aisé de suivre sa trace sur la neige, et de relever le cadavre empoisonné, qu'il importe de ne pas abandonner à la merci des chiens et des chats du pays.

On a vu, par l'histoire du Renard de Château-Thierry, que ce carnivore est susceptible de s'apprivoiser aussi bien que le chien. Il y a cependant une réserve à faire. Les instincts sanguinaires sont chez lui invincibles ; le goût du meurtre est une nécessité de sa nature. On pourrait peut-être faire disparaître sans retour ces instincts sanguinaires en domestiquant l'animal, en le soumettant à une servitude prolongée durant plusieurs générations, mais on ne saurait y parvenir par une éducation de quelques années. C'est pourquoi il est difficile de conserver un Renard adulte; les désastres qu'il ne cesse de commettre sont une source d'embarras continuels pour son maître, qui, de guerre lasse, se résout à s'en défaire.

La chair du Renard exhale une odeur si repoussante, qu'elle répugne même à beaucoup d'animaux. Certaines gens s'en contentent pourtant, principalement dans les pays vignobles, où l'animal se gorge de raisins. Il paraît qu'on se débarrasse assez bien de cette mauvaise odeur en l'exposant à la gelée.

L'*Isatis*, ou *Renard bleu*, habite toute l'étendue de l'ancien continent, au delà du 69ᵉ degré de latitude, c'est-à-dire la Scandinavie, la Russie, la Sibérie. Le pelage de cette espèce est très-long, très-abondant, très-moelleux, tantôt blanc, tantôt d'un gris ardoisé tirant sur le bleuâtre. Il fait l'objet d'un commerce considérable.

L'Isatis diffère un peu par ses mœurs du Renard ordinaire. Loin d'habiter les bois, il affectionne les collines découvertes, et il creuse son terrier sur leur penchant. Il ne craint pas l'eau, et souvent il traverse des bras de rivières, pour aller surprendre les oiseaux aquatiques, ou dévorer leurs œufs, parmi les joncs des îlots.

Un trait qui caractérise bien le Renard bleu, parce qu'il est exceptionnel dans l'ordre des Carnivores, c'est l'habitude qu'il a d'émigrer en masses, lorsque le gibier vient à manquer dans le pays où il a vécu jusqu'alors. Il reste trois ou quatre ans absent; après quoi, jugeant que la campagne a dû redevenir giboyeuse, il y retourne.

La femelle de l'Isatis met bas sept ou huit petits, vers le mois de mai. C'est une bonne fortune pour un chasseur lorsqu'il peut s'emparer de quelques Renards bleus en bas âge. Il les élève et tire profit de leur fourrure, dès qu'elle a atteint toute sa beauté.

Des voyageurs racontent qu'il est assez fréquent de rencontrer dans les pays scandinaves de pauvres femmes partageant leur lait et leur sollicitude entre leur enfant et plusieurs Renards bleus.

Diverses autres espèces de Renards habitent l'Asie et l'Afrique. Nous citerons particulièrement le *Renard Zerdo*, ou *Fennec*, le plus petit du genre, qui doit à ses énormes oreilles une grande finesse d'ouïe. On le trouve dans le Sahara algérien, la Nubie, l'Abyssinie et à Dongola.

Parmi les Renards du nouveau monde, les deux principales espèces sont le *Renard argenté* et le *Renard tricolore*.

Le premier habite le nord de l'Amérique. Sa fourrure, quoique moins estimée que celle de l'Isatis, est cependant précieuse. Le second est répandu aux États-Unis et au Paraguay. Le *Renard tricolore* est très-hardi; il ose s'approcher, pendant la nuit, des bivacs des voyageurs, pour s'emparer des sangles et des courroies de cuir, qu'il dévore.

Genre Chien. — Tous les carnassiers du genre Chien ont la pupille ronde, et non fendue verticalement, comme les Renards; ils n'exhalent pas de mauvaise odeur et ne se creusent pas de terriers. Ils sont sociables, et se réunissent en troupes nombreuses, pour attaquer leur proie, ou défendre leur vie contre de plus puissants qu'eux. En domesticité, ils aboient tous, sans exception; à l'état sauvage, au contraire, ils hurlent, sauf les instants où ils poursuivent le gibier et pendant lesquels ils lancent des notes brèves, en rapport avec la rapidité de leur course.

On comprend comme espèces distinctes dans le genre Chien le *Chacal*, le *Loup* et le *Chien proprement dit*.

Chacal. — Ce carnivore, dont on connaît cinq ou six variétés, est commun dans toute l'Afrique, dans toutes les régions chaudes de l'Asie, enfin dans la Grèce méridionale. Il est à peu près de la longueur du renard, mais un peu plus haut sur pattes. Son pelage, gris jaunâtre en dessus, est blanchâtre en dessous; sa queue est marquée de noir à l'extrémité.

Les Chacals (fig. 155) vivent par troupes, quelquefois composées de plus de cent individus. Quoiqu'ils aient les yeux organisés pour la vision diurne, ils dorment ordinairement pendant le jour, et ne sortent que la nuit, pour chercher leur pâture. Ils poussent alors, pour se rallier dans l'ombre, des hurlements aussi lugubres que retentissants, auxquels il faut être bien habitué pour n'en pas perdre le sommeil. Leur voracité et leur audace sont sans pareilles.

Ils s'approchent des habitations, y pénètrent lorsqu'ils les trouvent
ouvertes, et font table rase de tous les comestibles qu'ils peuvent
atteindre. Ils dévorent jusqu'aux souliers, aux harnais des chevaux et autres objets de cuir. Dans le désert, ils suivent les caravanes, viennent rôder la nuit autour des campements, et s'efforcent
d'enlever quelque chose, sans pourtant trop s'aventurer. Après le

Fig. 155. Chacals.

départ de la caravane, ils se précipitent sur le lieu de la halte, et
engloutissent tous les débris qui jonchent le sol.

Enfin, comme les hyènes, ils déterrent les cadavres dans les cimetières. On est obligé, pour protéger les sépultures contre leurs
profanations, de recouvrir les tombes de grosses pierres et d'é-
pines.

Les Chacals ne bornent pas là leurs moyens d'existence; ils exploitent aussi la nature vivante. Ils tuent, pour se nourrir, quantité de petits Mammifères, et se rassemblent pour chasser l'antilope, la gazelle, etc. Quand ils sont en grand nombre, ils ne
craignent pas de se jeter sur les bœufs et les chevaux. Quant à
l'homme, ils le respectent, bien qu'ils ne paraissent pas le redouter beaucoup, si l'on en juge par leurs allures tranquilles,

lorsqu'ils se trouvent inopinément en présence de notre espèce. Les récits de femmes et d'enfants dévorés par des Chacals sont donc de pure invention.

Une autre fable est celle qui veut que le Chacal soit le pourvoyeur du lion. Les anciens disaient que le Chacal marche devant le lion, pour découvrir et lui signaler sa proie, et que le carnassier reconnaissait les bons services du petit animal en lui abandonnant les bribes du festin. Cette histoire, tirée par Aristote d'un apologue indien, fut empruntée à cet écrivain de l'antiquité par les naturalistes du dix-huitième siècle, et pendant quelque temps elle a joui d'une certaine faveur, bien qu'elle ne repose absolument sur rien.

Le Chacal s'apprivoise complétement. Pris jeune, il est doux, caressant, connaît bien son maître et toutes les personnes qui l'entourent; il se lie aussi facilement avec celles qui lui sont étrangères. Mais il est timide et capricieux; il passe souvent, sans cause apparente, d'un sentiment à un autre tout opposé. Il a donc beaucoup du caractère du chien. Il lui ressemble également au physique. Il produit d'ailleurs parfaitement avec lui. C'est pourquoi on a pu soutenir, avec assez de raison, que le Chacal est l'origine et la souche de toutes les races aujourd'hui existantes de chiens domestiques.

Ce n'est pas là toutefois l'avis unanime des naturalistes. Fr. Cuvier objecte contre cette opinion, l'odeur désagréable que répand le Chacal; il ajoute que rien n'autorise à penser que la domesticité ait pu le modifier au point de lui faire perdre cette odeur. On pourrait répondre que cette odeur est un fait accidentel, et probablement due aux chairs corrompues dont se nourrit en partie le Chacal, et que d'ailleurs elle disparaît à la deuxième ou troisième génération chez l'animal apprivoisé. Il est néanmoins difficile de rien affirmer dans un sens ou dans l'autre : les questions d'origine des espèces animales sont pleines de ténèbres, qu'on ne peut jamais se flatter de dissiper.

Loup. — Le Loup ne se distingue, pour ainsi dire, pas du chien par les caractères zoologiques; il a seulement les yeux situés plus obliquement et un peu dans la direction du nez. Son pelage est d'un fauve grisâtre, sa taille très-variable, suivant les contrées. Certains Loups ne mesurent que 75 centimètres de longueur, non compris la queue; d'autres atteignent le double. Le Loup est d'une grande force et résiste longtemps à la faim et à la fatigue.

On le trouve dans toute l'Europe, excepté dans la Grande-Bretagne et les îles voisines, où il a été détruit. Il habite également les régions froides et tempérées de l'Asie et de l'Amérique.

Le Loup habite, au milieu des bois, quelque excavation naturelle. Il dort le jour et fait ses expéditions la nuit. Très-circonspect, il marche à petit bruit, — à pas de loup, c'est le cas de le dire, — et, pour s'emparer de sa proie, il unit la perfidie à la vigueur. Il a la vue, l'ouïe et surtout l'odorat très-développés. Ces qualités lui sont d'un grand secours pour trouver sa nourriture, apercevoir le danger et le fuir. Il se contente de petits animaux, rongeurs, oiseaux et reptiles, lorsqu'ils suffisent à son alimenta-

Fig. 156. Vieux Loups et Louvards.

tion: Il ne lui répugne même pas beaucoup de dévorer des cadavres et des immondices. Certains fruits, principalement les raisins et les pommes pourries, ont aussi quelques charmes pour lui.

Mais que toutes ces victuailles lui fassent défaut, que la faim lui serre l'estomac, et il oublie toute prudence! Il devient alors la terreur des bergeries et l'effroi de l'homme lui-même! En plein jour, il s'approche, sans être vu, d'un troupeau de brebis paisibles; trompant la vigilance des chiens, il s'élance, saisit une victime qu'il a marquée d'avance, l'enlève et s'enfuit d'un pied léger, narguant toute poursuite.

Ce premier exploit accompli, il revient plusieurs fois à la charge, jusqu'à ce que la surveillance incessante dont il est l'objet le contraigne d'aller exercer ses talents sur un autre théâtre.

Lorsqu'il a réussi à s'introduire, la nuit, dans la bergerie, c'est bien une autre affaire : il fait un massacre général, une Saint Barthélemy de moutons. Quand cette tuerie est terminée, il emporte un mouton et le mange. Ensuite il en emporte successivement un second, un troisième, un quatrième, qu'il cache dans les fourrés du voisinage, à des endroits différents, sous des amas de feuilles et de branchages. Il ne se retire qu'à l'aube du jour, laissant la place jonchée de cadavres inutiles pour lui.

Cette fureur d'égorgement précédant l'action de mettre les

Fig. 157. Loup emportant une brebis.

corps en lieu sûr dénote plus de prévoyance que de férocité; le Loup n'est donc pas tout à fait ce monstre de cruauté qu'a dépeint Buffon. Mais pourquoi ne touche-t-il pas aux provisions qu'il a pris tant de soins de soustraire aux regards indiscrets? Sans doute, il les oublie, ou bien il craint de tomber dans quelque guet-apens, en retournant près des lieux mêmes où il a excité de terribles colères.

Le Loup jette souvent son dévolu sur le chien, son ennemi le plus acharné; il n'est pas de ruses qu'il n'emploie pour en faire sa proie. S'il avise quelque chien novice se prélassant dans la cour d'une ferme, il s'en approche, l'attire par des cabrioles, des gambades de toutes sortes et l'invite à jouer. Lorsque le jeune innocent, séduit par ces dehors trompeurs, vient répondre à ses avances, il le terrasse et l'emporte pour le dévorer à son aise. Contre un chien vigoureux et susceptible de se défendre avec succès, le stratagème est différent. Deux Loups s'entendent entre eux pour le circonvenir; l'un va se montrer au mâtin, et l'attire sur ses traces dans une embuscade, où le second se tient coi. Tous deux l'assaillent alors de concert et ils en ont raison facilement.

Dans les circonstances ordinaires, le Loup n'attaque pas l'homme, et même il fuit sa présence. Dans le cas de faim extrême, au contraire, il se jette sur lui, ou, s'il ne l'attaque pas ouvertement, il le suit longtemps, attentif à profiter de ses moindres faiblesses pour l'assaillir. Si l'homme est à cheval ou accompagné d'un chien, il cherchera d'abord à étrangler la monture ou le chien.

C'est dans les grandes plaines de l'Allemagne, dans les vastes steppes de la Russie et de la Pologne, pendant l'hiver, alors que la terre est couverte de neige, que les Loups se montrent féroces et redoutables. « La faim fait sortir le Loup du bois, » dit un proverbe. En effet, ils font à ce moment irruption de leurs forêts, par bandes considérables. Ils descendent des montagnes, parcourent la campagne dans toutes les directions, et leurs troupes affamées prennent les proportions d'un véritable fléau.

Un voyage en traîneau dans les plaines de la Sibérie infestées par des Loups n'est pas un voyage d'agrément. Souvent une bande de ces ennemis féroces s'acharne à la poursuite des hommes et des chevaux, et s'approche au point de les toucher. Si le traîneau s'arrête seulement une seconde, hommes et bêtes sont perdus : le salut est dans la fuite la plus rapide. Il s'établit donc une lutte furieuse de vitesse. Les chevaux, fous de terreur, semblent avoir des ailes; ils volent, comme les ombres de la ballade allemande. Les Loups leur tiennent pied; leurs yeux ardents sont pleins d'éclairs et de convoitise. C'est un spectacle terriblement fantastique que celui de ces spectres noirs courant sur le blanc linceul de neige, avec la rapidité vertigineuse que donne le désespoir. De temps en temps, un coup de feu retentit; un loup tombe. Plus audacieux que les autres, il a voulu escalader le traîneau, et l'un des voyageurs l'a foudroyé. Cet incident donne quelque avance aux fugitifs; car la bande carnassière s'arrête un instant pour dévorer le corps de leur compagnon; en quelques secondes, il est dépecé et englouti, et tout aussitôt la poursuite recommence. Mais on touche enfin au but de cette course échevelée : le village ou le château se dessine sur le ciel gris; les Loups n'auront pas leur proie ! D'autres fois pourtant l'aventure se termine d'une façon tragique : après une course de quelques heures, l'attelage, surmené, incapable de lutter plus longtemps, se laisse devancer et arrêter par des ennemis de plus en plus nombreux; le traîneau est cerné et pris d'assaut : on devine le reste!

Certains individus, parmi les Loups, — fort heureusement, ils sont rares, — ont un faible très-prononcé pour la chair humaine. Telle était la bête redoutable qui désola le Gévaudan, dans la seconde moitié du dix-huitième siècle, et dont la réputation est parvenue jusqu'à nous. Ce Loup, d'une taille prodigieuse pour la contrée (1m,86 du bout du museau à l'extrémité de la queue), tint plusieurs années en échec tous les efforts dirigés contre lui. Il ne fallut pas moins d'une petite armée, recrutée parmi les gardes-chasse du roi, des ducs d'Orléans et de Penthièvre et du prince de Condé, pour réduire ce loup phénoménal; encore n'y parvint-on qu'au bout de plusieurs mois. Les chroniques du temps portent à cinquante ou cinquante-cinq le nombre des femmes et enfants qui périrent sous la dent cruelle de la *bête du Gévaudan*. Il faut ajouter à ce nombre ving-cinq personnes qui lui furent arrachées, avec des blessures plus ou moins graves.

Dans l'Inde, où les Loups sont rangés au nombre des animaux sacrés, ils prélèvent sur l'homme un ample tribut. Les Loups enlèvent chaque année bon nombre d'enfants, principalement dans les districts où il y a peu d'Européens, parce que dans ces lieux ces animaux sont plus respectés.

En avril ou mai, la Louve met bas cinq ou six petits, soit dans une anfractuosité naturelle, soit dans un terrier abandonné, qu'elle agrandit, soit au sein d'un fourré, ou même en rase campagne, au milieu des blés. Elle leur a préparé d'avance une couche moelleuse, faite de mousse et de poils qu'elle s'est arrachés. Elle les allaite pendant deux mois, et leur donne ensuite des substances animales, et surtout du menu gibier, fruit de ses rapines. Elle ressent pour eux un amour ardent, les quitte le moins possible, veille constamment sur leur sûreté, et sacrifierait sa vie pour les défendre. Si elle s'aperçoit qu'on les a touchés en son absence, ou seulement qu'on est venu rôder autour d'eux, elle les emporte à une distance considérable. Dès qu'ils commencent à marcher, vers l'âge de trois mois, elle les emmène avec elle et leur apprend à chasser.

Pour mettre un frein aux ravages des Loups, les anciens rois de

France organisèrent la *Louveterie*, institution qui subsiste encore aujourd'hui, mais singulièrement modifiée et réduite. Il y avait dans l'ancienne cour de France une charge de *grand louvetier*. Cet officier étendait sa juridiction sur tous les louvetiers des provinces. Les louvetiers préposés à la destruction des Loups sur toute la surface de leur circonscription percevaient une taxe sur chaque habitant résidant dans un rayon de deux lieues autour de l'endroit où l'un de ces animaux était tué. La Révolution emporta la *Louveterie* avec tant d'autres institutions. On la remplaça, en 1797, par une ordonnance prescrivant de faire, tous les trois mois au moins, dans les forêts et dans les campagnes, des chasses et battues aux Loups, renards et autres animaux nuisibles. On fixa de la manière suivante les primes accordées pour la destruction des Loups : 50 francs par chaque tête de Loup, et 20 francs par tête de Louveteau. L'ordonnance de 1797 régit encore aujourd'hui la matière, mais elle est rarement appliquée. Les battues sont ordonnées par le préfet, sur la demande des agents forestiers, quand les circonstances l'exigent. Les maires nomment dans chaque commune les habitants qui doivent y prendre part; et une amende de 16 à 100 francs est prononcée contre les contrevenants à ces mesures d'utilité publique.

En 1818, les chiffres des primes ont été abaissés à 15 francs pour une Louve non pleine, à 12 francs pour un Loup, et à 6 francs pour un Louveteau.

Suivant un auteur cynégétique autorisé, M. d'Houdetot, on détruirait annuellement en France 1200 Loups, répartis comme suit: Vieux Loups, 300; Louves, 200; Louveteaux, 700.

On ne force pas le Loup à la course; l'entreprise ne serait possible qu'avec des lévriers. La poursuite d'un animal doué de jarrets d'acier, et qui peut faire jusqu'à 40 lieues dans une seule nuit, pour chercher sa nourriture, serait vaine. On dispose donc des tireurs autour du bois, où l'on connaît l'existence d'un Loup. On peut aussi placer, dans les plaines où l'on suppose qu'il débuchera, des compagnies de chiens robustes, qui le saisiront ou l'arrêteront au passage. Ces mesures prises, on fait, de très-bon matin, une battue générale dans le bois, pour forcer la bête fauve à sortir, ou, si l'on a d'avance reconnu son gîte, on la met sur pied avec des limiers spécialement dressés pour cette chasse. Le Loup file en ligne droite, et ne tarde pas à franchir l'enceinte où il doit être abattu si la ligne des tireurs a été bien formée.

Contre cette bête malfaisante, tous les moyens sont bons : on peut aussi employer avec succès les piéges, les chausse-trappes, les panneaux, les filets, même le poison. Tous ces procédés, qui seraient réputés traîtres et indignes d'un chasseur, employés à l'encontre d'un cerf, d'un chevreuil ou d'un lièvre, sont admis et déclarés légitimes lorsqu'il s'agit du Loup. Il importe de protéger les campagnes contre les ravages de ce pillard qui n'a nul souci des propriétés et qui ne respecte pas toujours les personnes.

Quoique le chien et le Loup éprouvent l'un contre l'autre une haine instinctive et profonde, on constate quelquefois des accouplements féconds entre ces deux espèces, sans qu'aucune contrainte ait amené le rapprochement. L'union du chien avec la Louve est plus rare que celle du Loup avec la chienne; cependant on en a des exemples.

Buffon a écrit que le Loup n'est pas capable d'affection, et qu'il est impossible de l'apprivoiser; mais il est tombé à cet égard dans une erreur profonde. Fr. Cuvier rapporte l'histoire d'un Loup qui vécut à la Ménagerie du Jardin des Plantes de Paris, après avoir été élevé par une personne qui dut s'en séparer au moment d'un long voyage. Le chien le plus dévoué n'aurait pas montré pour son maître une affection aussi passionnée, un attachement aussi solide que celui que manifestait pour le sien l'animal-sauvage. Et ce n'est pas là un fait unique, isolé! Bien des personnes pourraient témoigner de la toute-puissance de l'éducation sur le Loup. Lorsqu'il est pris suffisamment jeune, on pourrait arriver à le dresser à la chasse, comme un chien.

Parmi les variétés du Loup ordinaire, il faut citer le *Loup noir*, qui habite surtout le nord de l'Europe, et ne se trouve qu'exceptionnellement en France, sur les hautes montagnes; — le *Loup odorant* et le *Loup des prairies*, qui vivent par troupes dans les immenses plaines de l'Amérique septentrionale, où ils font la chasse aux cerfs, aux daims et même au bison isolé de son troupeau; — le *Loup rouge*, qui habite solitairement les pampas de la Plata, dans les lieux marécageux et sur les bords des rivières; — enfin le *Loup du Mexique* et le *Loup de Java*. Dans les régions glaciales des deux continents, on trouve des Loups blancs comme des renards blancs.

Entre le *Chien proprement dit*, le Loup et le Chacal, les différences physiques sont si minimes, qu'il est permis de se demander si ces

trois types de carnassiers ne sont pas simplement trois variétés
d'une même espèce, au lieu de constituer, comme le veulent la
plupart des naturalistes, trois espèces distinctes. Certes, il y a
plus loin de quelques races de Chiens à certaines autres, du Mâtin
au King's Charles ou au Chien havanais, par exemple, que du Mâtin au Loup et au Chacal. Et cependant le Mâtin, le King's Charles,

Fig. 158. Chiens danois.

le Chien havanais sont considérés comme des variétés de l'espèce
Chien, tandis qu'on refuse le même degré de parenté au Mâtin, au
Loup et au Chacal. Il en résulte que les naturalistes sont réduits,
pour caractériser le Chien domestique, à dire qu'il a constamment
la queue plus ou moins recourbée; disposition qui lui est exclusive.
Or, cette distinction non-seulement est puérile, mais se trouve

fausse dans bien des cas; car on a vu des loups apprivoisés, cédant à l'influence de l'exemple, s'habituer à porter la queue en trompette, comme les Chiens.

Si l'on admet que le Chacal, le Loup et le Chien sont trois races, dérivant d'une même espèce, la question de l'origine du Chien domestique devient relativement facile à résoudre; tout au moins peut-on hasarder à ce sujet quelques hypothèses assez vraisemblables. On ne dira plus alors, avec Buffon, que nos nombreuses

Fig. 159. Lévrier.

variétés de Chiens domestiques proviennent d'un type unique; on ne recherchera pas si ce type est le Loup, le Chacal, ou bien s'il est depuis longtemps perdu. On se bornera à constater qu'il existait, avant l'apparition de l'homme sur la terre, diverses variétés de chiens correspondant à quelques-unes de nos races domestiques. Cette certitude acquise par la paléontologie, on pensera tout naturellement que, de toutes les combinaisons possibles entre les différentes variétés de Chacals, de Loups et de Chiens, sont sorties des races bien tranchées, sur lesquelles l'homme a étendu sa domination, qu'il a ensuite modifiées à son gré, et dont il a graduellement augmenté le nombre par des croisements successifs. Telle est l'opinion qui nous semble la mieux fondée.

Quoi qu'il en soit, l'époque de l'asservissement du Chien à l'homme est impossible à fixer. Les traditions les plus lointaines, les documents historiques les plus anciens, nous montrent le Chien réduit à l'état domestique. Le Chien fait, pour ainsi dire, partie intégrante de l'homme. C'est ce qui a fait dire spirituellement à Toussenel : « Ce qu'il y a de meilleur dans l'homme, c'est le Chien. »

Le Chien a toutes les qualités du cœur et toutes celles de l'intelligence. Où trouver une amitié plus sûre, plus constante, plus dévouée, une mémoire plus fidèle, un attachement plus fort, une abnégation plus sérieuse, une âme plus loyale et plus franche? Le Chien ne connaît pas l'ingratitude. Ce n'est pas lui qui abandonnerait son bienfaiteur dans le danger ou l'adversité! Il offre avec joie le sacrifice de sa vie à celui qui l'a nourri. Il pousse le dévouement jusqu'à ne vouloir point s'appartenir; il est tout entier à son maître, et pratique sans cesse l'oubli de soi-même. Il ne se souvient pas des corrections, des mauvais traitements qu'on lui a infligés dans un moment de colère; il a soif de caresses, et l'indifférence des êtres qui lui sont chers le plonge dans une morne tristesse. Caresses de la main, de la voix ou du regard, lui causent un bonheur inouï. Il faut alors le voir frétiller et remuer la queue, faire mille sauts, mille gambades; tandis que dans son œil limpide et doux se peint la joie la plus vive. Bon animal! distraction du riche, consolation du pauvre, inébranlable compagnon de la mauvaise fortune! grâce à toi, le misérable qui meurt isolé au sein de la société, compte, du moins, un ami derrière son triste convoi; il ne descend pas seul dans le froid sépulcre; tu viens répandre sur sa tombe les larmes sincères de l'affection et des regrets; et tel est l'excès de ta douleur, que l'on ne peut t'arracher de ce lieu où dort la dépouille de celui que tu aimas!

Et quelle intelligence! quelle pénétration! quelle finesse dans cet admirable compagnon de nos joies et de nos douleurs! Comme il sait lire sur les visages! comme il sait démêler les sentiments intimes sous les gestes et les paroles contradictoires! En vain vous le menacez, en vain vous prétendez lui faire peur! Votre œil vous a trahi, ce sourire, qui effleure à peine vos lèvres, a dévoilé votre indulgence, et loin de s'enfuir, il accourt, pour solliciter vos caresses.

On écrirait des volumes, si l'on voulait relater tous les faits extraordinaires dont les Chiens furent les héros. Tous les jours, dans la vie ordinaire, nous en voyons se produire, qui, pour être communs, n'en sont pas moins curieux. Faut-il rappeler le Chien d'Ulysse, modèle de fidélité; le Chien de Montargis, ce vainqueur

Fig. 160. Chien de berger.

du crime; Munito, brillant joueur de dominos? Faut-il évoquer le Chien de Terre-Neuve et le Chien du mont Saint-Bernard, tous deux sauveurs d'existences humaines, l'un dans les eaux de la mer ou des fleuves, l'autre dans les neiges des montagnes? Faut-il parler du Chien commissionnaire, allant aux provisions pour son maître et s'acquittant de ces fonctions avec habileté; du Chien du décrotteur, dressé à courir poser ses pattes souillées de boue sur les

chaussures les plus brillantes, afin d'amener des pratiques à
l'homme de la brosse? Nous n'en finirions pas si nous voulions en-
registrer tous les exploits de ce précieux compagnon de l'homme.

Le Chien est sujet à une terrible maladie, qui atteint également
le loup : c'est la rage. Cette affection se développe spontanément
ou par contagion. Les symptômes les plus caractéristiques, au début, sont la tristesse et l'inappétence. L'animal a l'œil enflammé,
brillant; la lumière l'importune; une soif ardente le tourmente,
mais il se garde bien de la satisfaire, non parce que les liquides

Fig. 161. Chien des Esquimaux.

lui font horreur, comme on le croit généralement, mais parce qu'il
éprouve une grande douleur en avalant. Ce dernier symptôme,
cette prétendue horreur de l'eau, n'a d'ailleurs presque aucune
importance; car on voit des Chiens enragés boire comme à l'ordinaire jusqu'au moment qui précède immédiatement les accès. Un
caractère plus significatif de la rage, c'est le changement qui se produit subitement dans le caractère du Chien : il devient indocile,
maussade, et pousse un cri rauque et tout particulier, mélopée
lugubre, qui est toute une révélation de son déplorable mal. En-

fin un état indescriptible de fureur, se traduisant par des actes offensifs, marque la dernière période de la maladie. L'animal court çà et là, comme un insensé, mordant tout ce qu'il rencontre sur son passage, chats, chiens, hommes, femmes et enfants, et communiquant à toutes ses victimes le virus dont sa bave est imprégnée. Il est assez rare qu'il se jette sur son maître, et c'est pro-

Fig. 162. Épagneul français.

bablement pour éviter ce malheur qu'il disparait de la maison dès qu'il ressent les premières atteintes de ce mal horrible.

Les mesures les plus énergiques doivent être prises contre la rage. Tout Chien qui mord, sans être attaqué ni inquiété d'aucune façon, doit être abattu ; même inflexibilité vis-à-vis des animaux sur lesquels s'est exercée sa furie.

En ce qui concerne l'homme, aussitôt après l'accident, il faut débrider la plaie, la nettoyer avec soin, et la cautériser profondément

par le fer rouge ou un violent caustique. On ne connaît encore aucun autre remède efficace, quoi qu'en disent tous les inventeurs de
spécifiques prétendus souverains.

En 1868, les journaux ont fait un certain bruit d'un breuvage
composé de plantes insignifiantes, remède parfaitement ridicule
ressuscité d'un recueil suranné de médecines de bonne femme, et
qui n'avait en sa faveur, pour le recommander à l'attention publique, que d'avoir été prôné par un homme politique du moment,
M. de Saint-Paul, secrétaire général au ministère de l'intérieur.

Fig. 163. Griffon.

On ne peut pas dire de ce remède que « s'il ne fait pas de bien, il
ne peut pas faire de mal. » Il ferait grand mal, au contraire, en
endormant le malade et ses proches dans une sécurité fatale, en
empêchant de recourir, sur l'heure, au seul moyen efficace de traitement : nous voulons parler de la cautérisation immédiate et profonde.

Insistons sur ce point : on ne doit pas craindre de pousser très-
profondément la cautérisation ; faute de quoi, elle se trouverait
dans certains cas insuffisante, et l'on pourrait voir survenir des
accidents au bout de plusieurs mois.

C'est un phénomène bien extraordinaire, que le virus inoculé soit quelquefois si lent à produire ses effets! Quelquefois un homme est mordu par un Chien en apparence très-sain; on traite cette blessure comme une morsure ordinaire, ou l'on se borne à la cautériser légèrement; et au bout d'un temps très-long, après plusieurs mois, alors qu'on pense n'avoir plus rien à craindre, l'homme atteint de la maladie rabique expire dans des souffrances horribles.

Quelle est la cause de la rage? Sur ce point, les avis sont divisés.

Fig. 164. Bichons havanais.

Elle ne doit être attribuée ni aux grandes chaleurs de l'été, explication vulgairement adoptée, ni aux froids rigoureux de l'hiver, ni à la faim, ni à la soif, ni à la mauvaise qualité des aliments. On a pensé quelque temps qu'elle tenait à une continence trop prolongée du mâle. Mais il est prouvé que les Chiennes sont tout aussi sujettes que le Chien à cette épouvantable affection. La statistique prouve que la rage n'est pas plus fréquente durant l'été que dans toute autre saison; et d'ailleurs, cette maladie est absolument inconnue dans tous les pays chauds, où les Chiens jouissent cependant d'une grande liberté; par exemple, en Turquie, en Syrie, en Égypte, dans

la Cafrerie, au cap de Bonne-Espérance, dans l'Amérique méridionale. Dès lors, la coutume qui inflige aux Chiens la muselière pendant l'été, à l'exception des autres saisons, ne peut se justifier.

Outre la rage, qui se trouve heureusement limitée à quelques
individus, les Chiens subissent une affection qui les frappe tous
indistinctement, et qui en emporte plus de la moitié : c'est celle
qu'on nomme plus spécialement *la maladie*, et qui accompagne ordinairement le travail de la dentition chez les jeunes Chiens. C'est
une inflammation des voies respiratoires, compliquée d'accidents

Fig. 165. Chiens bassets à jambes torses.

nerveux, et qui dure de vingt à quarante jours. L'homme qui tient
à son Chien ne doit pas hésiter, lors de la maladie, à le remettre
entre les mains d'un vétérinaire, ou d'un individu possédant une
longue pratique de la gent canine. Qu'il se garde surtout de lui appliquer ces remèdes empiriques, réputés infaillibles, et qui, la plupart du temps, laissent quelque défaut grave à l'animal, si toutefois ils n'amènent pas la mort.

La durée de la gestation chez la Chienne est de 63 jours, à peu
près comme chez la louve. Les petits, dont le nombre varie de
six à douze, naissent les yeux fermés, et ne les ouvrent que vers le

dixième jour. A l'âge de deux ans, ils ont atteint toute leur croissance.

La durée de la vie du Chien est d'environ vingt ans.

Le merveilleux odorat du Chien a permis de l'employer à la
chasse des animaux sauvages. Dans certains pays, on s'en est même
servi pour traquer des hommes comme des bêtes fauves. Ainsi faisaient les barbares Espagnols, compagnons de Pizarre et de Fernand Cortez, contre les malheureux indigènes du Pérou et du Mexique. Ainsi agissaient, il y a peu de temps encore, dans l'Amérique

Fig. 166. Grand Barbet ou Caniche.

du Nord, les propriétaires d'esclaves vis-à-vis des nègres *marrons*,
c'est-à-dire ceux qui se sauvaient dans les bois pour se soustraire
à leurs brutalités.

Les Chiens de chasse forment deux catégories : les *Chiens cou-*
rants et les *Chiens couchants*, ou *Chiens d'arrêt*. Les premiers suivent
rapidement une piste, en donnant de la voix, et ne s'arrêtent que
lorsqu'ils ont pris ou perdu le gibier. Les seconds sont plus rete-
nus dans leur poursuite; ils s'attachent silencieusement aux traces
du gibier, démêlent avec sagacité tous ses détours, toutes ses ru-

ses, et ne cessent d'avancer que lorsque des émanations abondantes leur annoncent le voisinage de l'animal. On dit alors qu'ils
tombent en arrêt. Certains Chiens d'arrêt se couchent sur le ventre
en attendant le chasseur; d'autres se tiennent immobiles et fixes,
la patte levée, les narines dilatées, cherchant à fasciner le gibier
de leur regard de feu.

Parmi les *Chiens courants*, il faut citer le *Lévrier*, les *Chiens de*

Fig. 167. Chien de Terre-Neuve.

Saintonge et de Poitou, les *Chiens anglais*, les *Bassets à jambes droites
et à jambes torses*. On se sert aussi du Dogue, du Mâtin et du Griffon
pour la chasse de la grosse bête.

Les principaux types de Chiens d'arrêt sont le *Braque*, l'*Épa-*

gneul, le *Barbet* et le *Griffon*, qui ont donné lieu, par leur croise
ment, à un grand nombre de variétés.

L'éducation des Chiens de chasse exige des soins et des préparations que le cadre de cet ouvrage ne nous permet pas d'examiner. Disons seulement que c'est vers l'âge de quatre ou cinq mois
qu'il faut commencer à les instruire. On doit laisser reposer leur
intelligence, à l'époque de leur maladie, qui survient du septième

Fig. 168. Chiens courants anglo-gascons.

au huitième mois. Aussi n'est-ce généralement qu'à partir du
dixième mois qu'on peut les dresser d'une façon suivie.

Depuis que le Chien a été conquis par l'homme sur la nature
sauvage, sa taille, sa force, son pelage, ont subi des variations à
l'infini. Il est donc très-difficile de classer en un petit nombre de
groupes, suffisamment homogènes, toutes les races et sous-races
aujourd'hui existantes. Fr. Cuvier et Desmarets ont divisé toutes

les variétés de Chiens en *Mâtins*, *Épagneuls* et *Dogues*. Nous adopterons cette méthode. Elle n'est pas sans défauts, mais elle est la plus aisée à fixer dans l'esprit.

C'est parmi les *Mâtins* que se rencontrent les plus grandes espèces de Chiens. Citons le *Mâtin ordinaire;* — le *Grand Danois* (fig. 158, page 379), dont la taille atteint celle d'un âne, et auquel il faut probablement rattacher ces redoutables Molosses d'Épire si célèbres dans l'antiquité; — le *Danois moucheté;* — le *Petit Danois;* — les

Fig. 169. Braques français.

différentes variétés de *Lévriers* (fig. 159, page 380), — le *Chien de berger* (fig. 160, page 382), si affectionné et si intelligent; — le *Chien de montagne;* — le *Chien du mont Saint-Bernard.*

Les *Épagneuls* comprennent le *Chien-loup,* — le *Chien de Chine,* — le *Chien des Esquimaux* (fig. 161, page 383), — le *Chien de Sibérie,* ces deux derniers employés, dans leur pays natal, à tirer des traîneaux sur la neige avec une extrême rapidité; — les *Épagneuls français et anglais* (fig. 162, page 384), — le *Petit Épagneul,* souche d'un

grand nombre de variétés dites Chiens de salons ou Chiens de dames, remarquables par leur petitesse, et souvent aussi par leur
laideur, ce qui ne les empêche pas de trouver place dans le man-
chon ou sur les jupes de nos élégantes. Les principaux Chiens de
salon sont le *Pyrame*, le *Cocker*, le *King's Charles*, le *Bleinheim*, le
Bichon, le *Petit Griffon* (fig. 163, page 385), le *Petit chien blanc de
Cuba* ou *Havanais* (fig. 164, page 386), le *Chien-Lion*. Viennent ensuite le *Basset à jambes droites*, le *Basset à jambes torses* (fig. 165,
page 387), le *Basset de Saint-Domingue*, employé avec avantage con-

Fig. 170. Bull-Dogs.

tre les rats qui infestent les Antilles; le *Barbet*, ou *Caniche* (fig.
166, page 388), le plus fidèle et le plus intelligent de tous les
Chiens; le *Petit Barbet*, le *Griffon*, le *Chien de Terre-Neuve* (fig.
167, page 389); les *Chiens courants, anglais et français* (fig. 168, page
390), le *Limier*, le *Braque* (fig. 169, page 391).

Parmi les *Dogues*, prennent place le *Grand Dogue*, ou le *Mastiff* des
Anglais, très-courageux, très-robuste et très-propre au combat
lorsqu'il y a été dressé; — le *Dogue du Thibet*, qui en diffère très-
peu; — le *Doguin*, — le *Carlin*, excessivement petit et devenu très-
rare en France; — le *Boule-dogue*, ou *Bull-dog* des Anglais (fig.

170); le *Terrier* et le *Bull-Terrier* (fig. 171). Le premier est très-commun en France, depuis que la mode s'en est emparée : il porte le plus affreux masque de quadrupède qu'on puisse imaginer; mais il est excessivement habile à trouver et étrangler les rats; — le *Dogue anglais*, métis du Mâtin et du Grand Dogue; — le *Roquet*, — le *Chien turc*, très-remarquable par sa peau presque entièrement nue, et fort improprement nommé, puisqu'il est originaire de l'Amérique; il fut découvert par Colomb aux Antilles, en

Fig. 171. Bull-Terriers.

1492, et ne passa que plus tard dans l'Europe orientale et en Afrique; — enfin, le *Chien de rue*, qui n'a pas de caractères distincts et qui résulte de toutes les combinaisons qu'amène le hasard entre les Chiens de différentes races errant sur la voie publique.

Dans cette longue nomenclature, nous avons omis à dessein de parler de quelques races de Chiens qui vivent, soit entièrement sauvages, soit demi-sauvages, demi-domestiques, dans diverses contrées du globe. On s'accorde généralement à les considérer comme provenant d'individus retournés à la vie sauvage, après

avoir été les compagnons de l'homme ; on ne possède pourtant aucune certitude à cet égard. Par leurs proportions, leur audace et
leur vigueur, ils peuvent être incorporés dans le groupe des Mâtins.
Ce sont le *Dingo*, ou *Chien de la Nouvelle-Hollande*, fort dangereux
pour les animaux domestiques, même pour le gros bétail ; — le
Dhole où *Chien des Indes orientales*, qui poursuit en meute les daims,
les gazelles, etc., et qui, ainsi rassemblé en troupes nombreuses,
ne craint pas d'accepter le combat avec le lion et le tigre ; — le
Chien de Sumatra, — le *Chien du cap de Bonne-Espérance*, — le *Chien
marron d'Amérique*, — enfin le *Chien crabier*, qui vit par petites
bandes dans la Guyane, où il se nourrit principalement de crabes
et d'écrevisses.

Genre Hyénoïde. — Nous ne dirons qu'un mot de ce genre, qui se
compose d'une seule espèce, l'*Hyénoïde peinte*.

Le nom imposé à cet animal indique qu'il a quelques points de
ressemblance avec l'hyène. En effet, il a, comme ce carnassier,
quatre doigts à tous les membres, et tient dans le même état de
flexion, non pas seulement le train de derrière, mais aussi celui
de devant, s'il faut en croire Is. Geoffroy, qui rapporte ce fait d'a-
près un voyageur très-digne de foi. Il s'en rapproche, en outre, par
son goût pour les charognes et les cadavres.

L'*Hyénoïde peinte* habite le midi de l'Afrique. Sa taille égale presque celle du loup, mais sa force est moins grande. Son pelage,
d'un fond grisâtre, est très-irrégulièrement parsemé de taches de
couleurs diverses. Elle a les oreilles grandes et dressées, la queue
longue et fournie.

Quoiqu'elles aiment beaucoup les chairs corrompues, les Hyé-
noïdes n'en font pas leur nourriture exclusive ; elles se repaissent
aussi de proies vivantes, telles que gazelles, antilopes, etc. Pour
les atteindre et les égorger, elles se réunissent en troupes quelquefois très-nombreuses, sous la direction d'un chef, et chassent
avec un ensemble que ne surpassent pas les meutes les mieux
dressées. Lorsque le gibier est forcé, elles le dépècent en commun
avec la même entente ; mais si quelque carnassier, plus fort qu'elles
individuellement, s'approche pour prendre sa part du festin, elles
se coalisent contre lui, et ne craignent pas de lui résister. C'est ce
qui arrive souvent à l'égard du léopard et même du lion.

FAMILLE DES VIVERRIENS. — Cette famille comprend des mammifères assez différents les uns des autres par les formes générales et

les caractères extérieurs, ceux-ci plantigrades, ceux-là plus ou moins digitigrades, mais qui tous ont pour trait commun d'être en possession de deux paires de dents molaires tuberculeuses à la mâchoire supérieure et d'une seule à la mâchoire inférieure. Elle tire sa dénomination du mot *viverra*, nom latin de la *Civette*.

Les principaux genres de cette famille sont les genres *Mangouste, Civette, Genette, Cynogale, Ictide, Coati, Raton* et *Kinkajou*.

Genre Mangouste. — Les *Mangoustes* sont de petits animaux propres aux contrées les plus chaudes de l'Afrique et de l'Asie. Elles ont le corps peu élevé et d'apparence vermiforme, en même temps qu'une grande vivacité de mouvements, de sorte qu'elles semblent plutôt ramper que courir sur le sol. Leur queue est longue, épaisse à la base, très touffue. Leur pelage, généralement soyeux, est marqué d'anneaux diversement colorés, ce qui lui donne un aspect tiqueté. Leurs doigts, au nombre de cinq à tous les membres, se terminent par des griffes, variables pour la longueur et peu rétractiles. Elles ont le museau effilé et la langue hérissée de papilles cornées. Chez elles, l'orifice extérieur du tube digestif est entouré d'une plaque circulaire, à la surface de laquelle viennent déboucher les nombreux orifices de deux petites poches qui sécrètent une substance musquée.

Les Mangoustes sont semi-nocturnes; elles se tiennent le plus souvent à terre, dans les lieux marécageux, où elles trouvent en abondance des reptiles, dont elles se nourrissent plus particulièrement; mais elles attaquent aussi de petits mammifères et des oiseaux. Elles savent également trouver dans le sable les œufs des reptiles, sans plus négliger ceux des volatiles qui nichent sur le sol. Elles s'introduisent quelquefois dans les basses-cours et y mettent tout à mort, comme les fouines et les putois, ne prenant d'ailleurs de leurs victimes que le sang et la cervelle. Elles sont très-circonspectes, ne s'avancent qu'avec défiance et s'enfuient au moindre bruit. Elles ne manquent pas d'intelligence, et peuvent être rendues domestiques, à peu près comme les chats.

L'espèce type du genre est la *Mangouste Ichneumon*, ou *Rat de Pharaon*, qui habite l'Égypte et toute la région du Nil. Cet animal mesure 40 centimètres de longueur, non compris la queue, qui en a 45, et ses formes sont très-déliées. Il excelle à découvrir les œufs des crocodiles. Une fable, qui fut en grand crédit autrefois, affirmait qu'il pénétrait dans le corps de ces énormes reptiles pour leur dévorer les viscères. C'était en raison sans doute de l'intimité de ces relations que les anciens Égyptiens avaient déifié l'ichneumon en même temps que le crocodile. On utilise aujourd'hui cet animal, en Égypte, pour faire la chasse aux souris dans les maisons.

La *Mangue* est une espèce de mangouste qui diffère de toutes les autres par son museau plus allongé et mobile comme un groin. On la trouve sur la côte occidentale d'Afrique et surtout à Sierra-Leone.

A côté des Mangoustes, il convient de placer de jolis petits animaux ayant à peu près les mêmes formes et les mêmes mœurs, et qui habitent Madagascar ; ce sont la *Galidie* et la *Galidictis*. M. Coquerel, qui les a observés dans cette île, dit qu'ils sont d'une grande gentillesse et d'une légèreté remarquables. On les apprivoise assez bien, et on en retire les mêmes services que de l'ichneumon.

Genre Civette. — Les *Civettes* sont les plus grands des Viverriens ; néanmoins leur taille ne dépasse pas celle du renard. Comme les mangoustes, elles vivent de petits mammifères et d'oiseaux ; mais elles n'ont pas le même goût pour les reptiles. Elles jouissent depuis longtemps d'une grande célébrité, à cause du parfum qu'elles fournissent en abondance, et qui porte leur nom. La matière odorante est sécrétée par une multitude de petites glandes, qui la versent dans une double poche très-développée, située sous l'anus, et communiquant avec l'extérieur par une fente longitudinale. Depuis qu'on connaît le musc et l'ambre gris, l'usage de la *Civette* s'est restreint ; mais on en faisait autrefois une énorme consommation. Chaque année l'Afrique et l'Inde en expédiaient en Europe des quantités considérables, que se partageaient la médecine et la parfumerie ; car on l'utilisait beaucoup comme antispasmodique, dans les maladies nerveuses.

Pour se la procurer et en tirer profit, les peuples de l'Orient élèvent la Civette en captivité, dans des cages, et par une nourriture appropriée ils parviennent à rendre la sécrétion plus abondante. Des oiseaux, des volailles, des œufs, des poissons et du riz, tels sont les aliments les plus convenables pour activer cette sécrétion chez l'animal. Deux ou trois fois par semaine on vide la poche au moyen d'une cuiller, et l'on enferme la matière dans un vase hermétiquement clos. Les mâles en donnent plus que les femelles, et cette différence est encore plus sensible à l'époque des amours. L'odeur de ce produit est tellement intense, qu'elle persiste longtemps dans les peaux de Civettes après qu'elles ont été préparées Le squelette lui-même en garde des traces malgré de nombreux lavages.

Certaines villes d'Abyssinie élèvent la Civette sur une très-grande échelle et vivent presque exclusivement des profits qu'ils retirent de cette exploitation. Le P. Poncet dit avoir vu à Enfrar des marchands qui conduisaient plus de trois cents Civettes.

Ces animaux sont d'un naturel irritable et farouche ; aussi ne peut-on les rendre véritablement domestiques. Leur vision étant nocturne, ils dorment presque toute la journée.

On trouve assez fréquemment des Civettes dans nos ménageries. Les Hollandais en amenaient autrefois de l'archipel Indien, pour les élever dans leur pays, et en extraire directement le parfum.

Fig. 172. Civette.

Comme ils n'altéraient pas ce produit commercial, la Civette d'Amsterdam avait acquis une grande réputation.

On distingue deux espèces de Civettes : la *Civette d'Afrique* ou vraie Civette (fig. 172), et la *Civette de l'Inde*, qu'on désigne ordinairement sous le nom de *Zibeth*. Celle-ci habite non-seulement le continent indien, mais encore les îles voisines, Java, Sumatra, Bornéo, Amboine, les Célèbes. Elle diffère de la première en ce qu'elle a le pelage moins long et plus raide. Toutes deux portent la robe fauve semée de raies ou de taches brunes.

Genre Génette. — Les *Genettes* sont d'élégants animaux, très-voisins des précédents par les formes et les habitudes ; elles ont seulement le corps plus mince, la tête plus fine et la taille notablement moindre, car elles n'atteignent pas les dimensions du chat sauvage. Leurs ongles sont presque entièrement rétractiles, et leur fourrure, marquée de taches noires sur un fond fauve pâle, est d'un fort bel aspect; aussi fait-on un assez grand commerce de cette fourrure.

Les Genettes répandent, comme les civettes, une odeur musquée; mais leur sécrétion est trop minime pour qu'on puisse la

Fig. 173. Genette.

recueillir. Elles se tiennent de préférence sur les bords des ruisseaux ou aux environs des sources.

On en trouve une espèce dans certaines parties de l'Europe occidentale et méridionale : c'est la *Genette vulgaire* (fig. 173), assez commune dans le sud de la France, principalement aux environs

Fig. 174. Paradoxure.

de Perpignan. Les autres espèces appartiennent à l'Afrique, à Madagascar et à l'Asie méridionale, ainsi qu'à l'archipel Indien.

On peut rattacher aux civettes et aux genettes les *Paradoxures* (fig. 174), animaux de l'Inde et des îles voisines, gros à peu près comme des chats. Ils grimpent sur les arbres et se nourrissent à la fois de chair et de substances végétales. Celui que Fr. Cuvier examina à la ménagerie du Jardin des Plantes, avait la queue constamment enroulée sur elle-même et toujours du même côté ; c'est pourquoi il lui imposa le nom de *Paradoxure*, voulant rappeler que ce mammifère a une queue extraordinaire, paradoxale! Les ouvrages d'histoire naturelle énumèrent de nombreuses espèces de Paradoxures dont quelques-unes font certainement double emploi.

Genre Cynogale. — Le *Cynogale* représente la loutre parmi les Viverriens. Comme la loutre, il a les pieds palmés, quoique moins complétement, et des mœurs essentiellement aquatiques. Son corps est allongé, bas sur pattes et sa queue de longueur médiocre; sa taille égale celle du zibeth. Il a été rapporté de Bornéo par M. Bennett; jusqu'à présent on ne l'a pas trouvé ailleurs.

Genre Ictide. — Les *Ictides* sont des animaux de Java et de Sumatra, auxquels des bouquets de longs poils, placés sur les oreilles, donnent une physionomie très-singulière. Ils utilisent leur queue, longue et prenante, pour assurer leurs mouvements sur les arbres. On n'en connaît qu'une espèce toute noire, sauf quelques points gris sur la face et les membres.

Fig. 175. Coati.

Genre Coati. — Les divers genres de Viverriens que nous venons de passer en revue sont tous particuliers à l'ancien continent; le genre Coati appartient à l'Amérique. Les Coatis habitent les parties chaudes du nouveau monde : le Mexique, la Colombie, le Pérou, la Guyane, le Brésil, le Paraguay. L'ensemble de leurs caractères permet de les reconnaître facilement. Ils ont la tête étroite, terminée par un mufle nu saillant et mobile comme celui de la mangue; de plus, leur langue est douce et extensible. Leur démarche, franchement plantigrade, donne à tous leurs mouvements quelque chose de lourd. Leurs ongles sont très-robustes, et ils s'en servent pour porter les aliments à leur bouche. Ils sont à peu près de la taille du chat domestique, et exhalent une odeur peu agréable; quant à leur fourrure, elle est rude, terne et sans valeur.

Ils grimpent aisément sur les arbres et en redescendent, la tête en bas, sans la moindre difficulté. Leur régime alimentaire se compose de petits Mammifères et d'oiseaux, d'œufs, d'insectes et de fruits. L'odorat est leur sens le plus étendu; aussi est-ce surtout en flairant qu'ils se rendent compte de la nature des objets. Quand la nuit tombe, ils vont furetant çà et là, le nez à terre ou le long des branches feuillues, pour chercher leur nourriture.

D'un naturel facile, ils se familiarisent très-promptement. Celui que MM. Quoy et Gaimard conservèrent pendant quelque temps, à bord du vaisseau l'*Uranie*, se montrait très-attaché aux personnes qui lui donnaient à manger, et accourait les caresser dès qu'elles l'appelaient. Il avait abandonné ses habitudes nocturnes et s'était bien vite accoutumé au bruit et au mouvement du navire. Il aimait à se coucher dans les hamacs des matelots, et entrait dans une grande colère lorsqu'on voulait l'en chasser. Il mangeait de tout indifféremment, jusqu'à du pain trempé dans le vin ou l'eau-devie. Il poursuivait et attrapait fort adroitement les souris et les rats.

Genre Raton. — Comme les Coatis, les Ratons appartiennent en propre à l'Amérique; ils habitent le nord et le sud de cette partie du monde. Ils ont une certaine analogie, pour les formes et pour les mœurs, avec le blaireau; ils sont pourtant moins disgracieux, quoiqu'ils laissent beaucoup à désirer sous le rapport de la légèreté. Leur tête, très-développée vers la région frontale, se termine par un museau effilé, mais non mobile; leurs pattes, qui reposent entièrement sur le sol pendant la marche, sont armées d'ongles robustes et quelque peu aigus; leur pelage est abondant et leur queue longue et touffue.

Les Ratons sont omnivores; toutefois les substances végétales prédominent dans leur alimentation. Les racines, les fruits tombés à terre, sont le fond de leur nourriture. Quelquefois ils montent sur les arbres, pour prendre les œufs et même les jeunes oiseaux dans les nids. Ils sont assez intelligents, et s'apprivoisent aisément. Les bateleurs les instruisent dans divers exercices, et les exhibent ensuite à la curiosité publique. En captivité, ils sont aussi faciles à nourrir que les Coatis; il est bien peu d'aliments qu'ils dédaignent.

On connaît deux espèces de Ratons : le *Raton laveur* (fig. 176), répandu dans l'Amérique septentrionale, et ainsi nommé parce qu'il a la singulière habitude de tremper préalablement dans l'eau, pour les laver, les substances dont il se nourrit; et le *Raton crabier*,

Fig. 176. Raton laveur.

indigène de l'Amérique méridionale, notamment de la Guyane, où il recherche des crabes sur les rivages des lacs et des mers.

Genre Kinkajou. — On a été longtemps incertain sur la place qu'il fallait assigner à ce genre dans la série zoologique. Quelques naturalistes le placent dans l'ordre des Quadrumanes, tandis que d'autres ont créé pour lui une famille spéciale parmi les Carnivores, voulant ainsi marquer qu'ils le considèrent comme transitoire entre les Carnivores et les Quadrumanes. On ne doit pas cependant hésiter à le placer dans la famille des Viverriens, avec lesquels il a des affinités incontestables.

On ne peut nier que le Kinkajou ait quelque ressemblance avec certaines espèces de singes, en particulier avec les sapajous. Sa tête est à peu près de même forme que celle du Sapajou, sa queue est longue et prenante, et son pelage est de contexture laineuse, ce qui est un autre point de rapprochement; mais ces caractères ne sont pas suffisants pour en faire un quadrumane. Il est plantigrade, et ses ongles crochus lui permettent de grimper avec une extrême agilité; il passe presque toute son existence sur les arbres; sa taille est inférieure à celle du chat. Pendant le jour, il dort enroulé sur lui-même. Il ne manque ni de douceur, ni de grâce, ni d'intelligence.

On trouve ce petit carnivore dans la Guyane, au Brésil, au Pérou.

FAMILLE DES OURS. — Les derniers genres de la famille précédente ont préparé le passage des véritables carnivores, digitigrades et vivant exclusivement de chair, aux *Ours*, c'est-à-dire à des animaux plantigrades et omnivores au plus haut degré. Chez tous les Ours, les dents carnassières sont rudimentaires, tandis que les dents tuberculeuses sont très-développées. On compte trois paires de dents tuberculeuses à chaque mâchoire, tandis qu'il n'existe qu'une paire de carnassières à la mâchoire supérieure, et que l'inférieure en manque totalement. Si l'on se rappelle ce que nous avons dit de la dentition des carnivores, avant d'aborder l'étude des familles, on conclura de ce qui vient d'être établi, que les Ours préfèrent les substances végétales à toute autre nourriture, et que la nécessité seule peut les pousser à dévorer des proies vivantes ou mortes. Voilà sur leur compte l'exacte vérité, telle qu'elle résulte de leur organisation. Il y a donc beaucoup à rabattre de la férocité qu'on prête généralement à ces animaux. Il est vrai que lorsqu'on les attaque, ils se défendent vigoureusement; mais depuis quand peut-on appeler cruauté le soin de veiller à sa conservation ?

Les Ours sont de grands Mammifères, à formes trapues, à fourrure épaisse, et à queue presque nulle. Leurs doigts, au nombre de cinq à tous les membres, sont armés d'ongles puissants, mais non rétractiles. Ils ont la plante des pieds d'une largeur excessive, et la posent tout entière sur le sol pendant la marche. Leur tête est large à la partie potérieure, et terminée par un museau assez fin. Leurs yeux sont petits, brillants et doux; leurs oreilles courtes et velues. Leur cerveau est volumineux et sillonné de nombreuses circonvolutions, qui dénotent une certaine intelligence.

Malgré leur apparente lourdeur et la lenteur ordinaire de leurs mouvements, les Ours sont plus agiles qu'on ne le pense. Ils dépassent sans peine un homme à la course, et en général ils grimpent fort bien sur les arbres. Ils peuvent se dresser debout sur leurs pieds de derrière; c'est ordinairement dans cette attitude qu'ils chargent leurs ennemis; mais ils n'avancent alors que lentement. Leur vigueur est énorme : ils étouffent un homme dans leurs bras, sans le moindre effort. Tschudi, dans son ouvrage sur le monde alpestre, rapporte que l'Ours des Alpes est capable d'enlever une vache par le toit d'une étable, et d'emporter un cheval à travers un ruisseau profond.

Pour manger, les Ours s'assoient sur leur derrière, à la manière des chiens; ils prennent les aliments entre leurs mains, et tandis qu'ils les soulèvent pour les porter à leur bouche, ils abaissent en même temps le museau, de sorte que la rencontre se fait à mi-chemin.

L'Ourse fait annuellement une seule portée, de deux ou trois petits, qu'elle soigne avec tendresse et protége contre tous les dangers, même au péril de sa vie. Elle empêche le mâle de s'en approcher, pendant les premiers mois de leur existence; car celui-ci les dévorerait, sans le plus léger scrupule. Elle n'abandonne sa progéniture que lorsqu'une nouvelle portée réclame ses soins. Elle a l'habitude de lécher ses petits Oursons, pour les nettoyer.

Quand la nourriture ne lui fait pas défaut, le corps de l'Ours est enveloppé, sous la peau, d'une abondante couche de graisse. On accordait autrefois à cette graisse de merveilleuses propriétés curatives contre diverses maladies. On est revenu aujourd'hui de pareilles idées; mais on sait que la graisse d'Ours peut remplacer le beurre sans désavantage dans les préparations culinaires, pourvu qu'on la débarrasse, au préalable, d'une odeur qui lui est propre. On atteint ce résultat en la faisant fondre, y jetant du sel lorsqu'elle est très-chaude et l'arrosant ensuite d'eau froide. Dans bien des contrées, on mange la chair de l'Ours, dont le goût ressemble, dit-on, à celui du porc. Enfin on utilise sa fourrure, assez grossière, il est vrai; mais chaude, et propre à faire des manteaux de voyage et des descentes de lit.

Pris jeune, l'Ours s'apprivoise aisément, et sa docilité permet de lui apprendre divers exercices. On le dresse à danser en cadence sur ses pieds de derrière, à faire des culbutes et autres manœuvres du même genre. Ce n'est toutefois qu'en grognant qu'il se prête à ces fantaisies; et comme il est capricieux, il se fâche quelquefois lorsqu'on veut l'y contraindre. Il est donc prudent de ne pas trop se fier à lui, et de le tenir constamment muselé, surtout quand il est devenu adulte.

On peut assez bien juger de la bonhomie et de la douceur de son caractère dans les ménageries où on l'élève, par exemple, dans les fossés de Berné, au Jardin Zoologique de Londres et au Jardin des Plantes de Paris. Dans ce dernier établissement l'Ours, de temps immémorial, s'appelle Martin, on n'a jamais su pourquoi. Martin se tourne de vingt façons, salue lourdement à droite et à gauche, se tient debout, monte à l'arbre, uniquement pour mériter le gâteau dont l'affriande une agaçante bonne d'enfants ou un troupier généreux. On l'a accusé d'avoir dévoré un factionnaire qui était descendu dans sa fosse, pour lui dérober un gâteau que des enfants lui avaient jeté. Mais Martin était incapable d'un tel acte d'indélicatesse.

Les Ours n'aiment pas la chaleur; ils sont fort communs dans les régions septentrionales du globe, et si l'on en rencontre dans les pays chauds et tempérés, c'est seulement sur les hautes chaînes de montagnes. L'Europe, l'Asie et l'Amérique en possèdent plusieurs espèces, ou variétés; mais on n'est pas certain qu'il en existe en Afrique. On peut ranger tous les Ours connus dans les cinq espèces suivantes : l'*Ours brun* d'Europe, — l'*Ours gris* d'Amérique, — l'*Ours blanc*, — l'*Ours labié*, — l'*Ours malais*.

L'*Ours brun*, ou *Ours des Alpes* (fig. 177), a les ongles courts et recourbés; sa tête est très-grosse, et son front forme au-dessus de ses yeux une saillie bien prononcée. On n'en compte pas moins de dix ou onze variétés, cantonnées chacune dans des régions spéciales de l'Europe, de l'Asie et de l'Amérique, et différant beaucoup les unes des autres par la taille, comme par le pelage. Sa longueur varie de 1m,30 à 1m,60; cependant certains individus dépassent de beaucoup ces dimensions, témoin celui dont la dépouille orne le musée de Lausanne, en Suisse, et qui, suivant Tschudi, ne mesure pas moins de 2m,30. L'Ours brun pèse ordinairement de 100 à 150 kilogrammes; mais on en a tué qui atteignaient jusqu'à 250 kilogrammes. Sa coloration varie du fauve clair au gris et au brun; on en trouve accidentellement de blancs ou de noirs, mais ce sont là des cas exceptionnels d'*albinisme* ou de *mélanisme*.

L'Ours brun vit solitairement, dans les sombres forêts de sapins, au milieu des gorges les plus profondes et au plus haut des montagnes. Il établit son domicile dans des cavernes, des fentes de rochers, souvent aussi dans les vastes trous des vieux arbres. Quelquefois il se construit avec des branches et de la mousse une espèce de cabane. En généra il se repose pendant le jour, et cherche sa pâture dans les ténèbres; mais cette habitude n'a rien d'absolu. Il se nourrit des fruits du hêtre, du sorbier, de l'épine-vinette et d'autres baies sauvages, surtout de celles qui sont un peu acides, de différentes graines, de légumes et de racines. Il aime beaucoup le miel, les fraises, les poires, le raisin, et fait volontiers plusieurs lieues pour s'en procurer. Les fourmis sont encore pour lui un mets très-agréable, à cause de leur saveur acide, et il remercie la fortune que lui fait rencontrer une république de ces insectes.

Lorsque ces divers aliments lui font défaut, dans les hautes ré-

gions qu'il habite, il descend sur les plateaux inférieurs, et ravage
les champs d'avoine, de blé et de maïs. Il n'est pas rare que, poussé
par la faim ou la gourmandise, il s'éloigne à huit ou dix lieues de
sa tanière; mais il est toujours de retour a l'aube dans son canton. .

L'Ours est fort bien doué sous le rapport de la vue, de l'ouïe et
de l'odorat. S'il faut en croire Tschudi, il ne manque presque jamais, avant de se mettre en chasse, de monter sur un grand arbre,
afin d'explorer, du nez et du regard, tous les environs. Il est très-

Fig. 177. Ours brun.

prudent, et tombe rarement dans les piéges qu'on lui tend; il se
défie de tout objet nouveau pour lui, et ne s'en approche qu'avec
une circonspection extrême. S'il s'agit d'un cadavre, il n'y touche
qu'après l'avoir dûment regardé, senti et retourné.

Il ne s'engourdit pas durant l'hiver, comme on le croit généralement; seulement il dort quelquefois plusieurs jours sans inter-
ruption, parce que son appétit est moindre dans cette saison. A
l'époque des froids, il ne trouve plus une nourriture suffisante
parmi les végétaux; c'est alors que le goût de la chair lui vient, et
qu'il prélève un sérieux tribut sur les troupeaux de chèvres et de

moutons. Il chasse de préférence les moutons, parce que la capture de ce ruminant est facile. Quant aux chèvres, leur agilité lui interdit de les poursuivre et de les forcer à la course; aussi s'en empare-t-il ordinairement, soit en les précipitant par surprise du haut des rochers, soit en s'introduisant la nuit dans leur étable. Il attaque rarement le gros bétail. Il va attendre les vaches près de l'abreuvoir, leur saute sur le dos, et les prenant par les cornes, leur déchire la nuque, jusqu'à ce que mort s'ensuive. Par les temps de brouillard, il ose s'approcher du pâturage, parce qu'alors il peut impunément, et sans être vu du troupeau, tomber sur une bête écartée, en dévorer une partie à son aise et emporter ou enterrer le reste. Il n'inquiète pas beaucoup les chevaux, attendu qu'ils lui lancent des ruades, dont il se trouve quelquefois fort mal.

En somme, l'Ours brun est un animal assez débonnaire, sanguinaire seulement par nécessité, franc d'allures, et absolument inoffensif pour l'homme, lorsqu'il n'est pas provoqué. Il faut pourtant avouer qu'il devient de plus en plus carnivore en vieillissant, parce que le goût de la chair s'accroît chez lui en proportion du nombre de fois qu'il lui a été donné de s'en repaître : l'appétit vient en mangeant.

Lorsqu'il est attaqué et blessé, ou dérangé dans son sommeil, ou encore lorsque ses petits sont en péril, l'Ours est vraiment dangereux. D'un caractère intrépide et confiant dans sa force, il accepte toujours le combat. Il se retourne vers son adversaire, marche contre lui, dressé sur ses pattes de derrière, et cherche à l'étreindre de ses bras puissants. Si, dans cette lutte corps à corps, un coup de poignard en plein cœur ne l'étend pas immédiatement sur la place, c'en est fait du chasseur. L'Ours lui laboure le crâne à belles dents, ou lui dévore le visage; après quoi il le lâche, à demi brisé, le flaire, le retourne, et s'il lui trouve quelque reste de vie, d'un vigoureux coup de griffe il lui ouvre le ventre et en fait sortir les entrailles palpitantes. Lorsqu'un Ours a été blessé par un ou plusieurs coups de feu, mais non abattu, et qu'il parvient à saisir son ennemi, il faut que l'un ou l'autre succombe; dans ce duel terrible, les deux adversaires s'entre-déchirent, si bien que ni l'homme ni l'animal ne se relèvent plus.

Un détail curieux dans l'histoire de l'Ours, c'est l'extraordinaire petitesse des jeunes, comparée au volume imposant de l'animal adulte. Les Oursons, en venant au monde, ne sont pas plus gros que des rats; mais ils se développent assez rapidement. A cinq

ans, ils sont aptes à se reproduire. On ne connaît pas bien positi-
vement la durée de leur vie. Tschudi rapporte qu'on a conservé un
Ours à Berne pendant quarante-sept ans, et qu'une Ourse y mit bas
encore à l'âge de trente et un ans.

Nous avons dit que l'espèce de l'Ours brun comporte dix ou onze
variétés, localisées dans certaines régions des deux continents. Ces
variétés sont : l'*Ours noir* d'Europe, qui est une variété très-brune,
mais non réellement noire ; — l'*Ours des Pyrénées* ou des *Asturies* ;

Fig. 178. Ours de Syrie.

— l'*Ours de Norvége*, qui se trouve aussi en Pologne et en Russie ;
— l'*Ours à collier* ou *de Sibérie* ; — l'*Ours de Syrie*, qui habite les
montagnes du Liban et celles du Taurus, dans l'Asie Mineure ; —
l'*Ours du Thibet* ; — l'*Ours isabelle*, indigène des monts Himalayas ;
— l'*Ours noir*, l'*Ours gris* d'Amérique, propres aux États-Unis, et
l'*Ours orné*, confiné dans les Andes du Chili et du Pérou, ainsi

nommé parce que son pelage, d'un noir brillant, est marqué de blanc ou de fauve à la gorge et à la poitrine, tandis qu'un demi cercle fauve est dessiné au-dessus de l'œil. Nous nous bornons à représenter ici l'*Ours de Syrie* (fig. 178).

L'*Ours à collier* et l'*Ours d'Amérique* ayant une nature et des habitudes particulières, nous en dirons quelques mots, pour donner une idée de leur manière d'être.

L'*Ours à collier*, ou de *Sibérie*, doit son nom à un large collier blanc qui lui recouvre les épaules, et vient mourir sur la poitrine. Mais ce caractère n'a pas grande valeur scientifique, car tous les Ours en bas âge le présentent d'une manière plus ou moins marquée, et il est à peu près certain qu'il disparaît au bout de quelques années. Quoi qu'il en soit, l'*Ours de Sibérie* est beaucoup plus redoutable que l'Ours d'Europe, et cela se conçoit facilement. Dans les tristes et froides contrées qu'il habite, la végétation est tout à fait impuissante à satisfaire son robuste appétit : il doit donc, de toute nécessité, se rejeter sur la nature animale. Il se nourrit de poissons, qu'il pêche habilement, et de cadavres laissés par la mer sur les rivages. Il poursuit le renne et se jette, sans provocation, sur l'homme. Les Kamtschadales lui font une guerre à outrance.

L'*Ours d'Amérique*, au contraire, est l'animal le plus bénin qu'on puisse imaginer. Il n'a aucun goût pour la chair, et même, lorsqu'il est affamé, s'il a à choisir entre une proie et des fruits, il n'hésite pas à choisir les matières végétales. Cependant il nage fort bien, aime le poisson et le saisit avec adresse. Quelle que soit la nécessité où il se trouve réduit, il ne se jette jamais sur l'homme; bien mieux, il ne se défend pas lorsqu'il est attaqué, et ne cherche qu'à fuir. Il se loge dans les cavités des pins et des sapins, choisissant de préférence celles qui sont situées le plus haut; c'est ainsi qu'il est quelquefois perché à 12 ou 13 mètres de hauteur. Dans cette circonstance, les Américains s'en emparent en mettant le feu au pied de l'arbre. On le poursuit très-activement, non-seulement pour mettre un terme à ses déprédations dans les champs de céréales, mais aussi pour sa chair, sa graisse et sa fourrure, qui sert à fabriquer chez nous les bonnets des grenadiers. Les jambons de l'Ours d'Amérique, salés et fumés, ont une grande réputation aux États-Unis et en Europe, où on en exporte une certaine quantité.

La seconde espèce américaine, l'*Ours gris*, appelée encore *Ours terrible* ou *féroce*, habite les grandes forêts des États-Unis. S'il faut en

Fig. 179. Ours blancs.

croire les récits des voyageurs, l'*Ours féroce* serait le plus redoutable
des carnassiers, sans en excepter même le lion ni le tigre. Il ne se
plairait que dans le carnage; il ne craindrait pas d'attaquer les
immenses troupeaux de bisons qui peuplent les vallées où il descend quelquefois, et il y ferait toujours une victime, tant est grande
la terreur qu'il inspire aux animaux qui l'entourent! Ces assertions
sont exagérées. Que l'*Ours gris* soit plus fort, plus carnivore que
l'Ours brun, cela n'a pas lieu de surprendre; mais il n'est pas probable qu'il ait toute la férocité qu'on lui prête. Il ne se nourrit
sans doute de proies vivantes que lorsque les baies, les graines,
les racines viennent à lui manquer.

L'*Ours blanc* (fig. 179) jouit d'une réputation tout aussi grande de
hardiesse et de voracité, mais il la mérite davantage. Sans doute le
fonds de sa nature n'est pas cruel, mais l'aridité des régions qu'il
habite l'oblige nécessairement à se jeter sur les autres animaux,
qui sont d'ailleurs incapables de lui résister. Son domaine comprend toutes les solitudes qui avoisinent le pôle arctique : le
Groënland, le Spitzberg, la Nouvelle-Zemble, etc. C'est dans ce
vaste champ de glacés qu'il règne en souverain. Il poursuit les
morses, les phoques, et s'en saisit assez facilement, car il nage et
plonge avec une adresse extraordinaire.

Les Ours blancs se nourrissent aussi de tous les débris que la
mer rejette sur les rivages, tels que cadavres de poissons, d'amphibies, de cétacés, etc. L'été, lorsqu'ils habitent les forêts, dans
l'intérieur des terres, ils attaquent les rares mammifères propres
à cette région, particulièrement les rennes. Tout en se nourrissant
de ces débris animaux, ils s'accommodent parfaitement d'un régime
végétal, et mangent des fruits, des graines ou des racines.

Tous les marins qui ont été arrêtés par les glaces dans la mer
polaire ont eu maille à partir avec les Ours blancs, qui les pour-
suivaient jusque dans leurs barques, ou tentaient de s'introduire
la nuit dans leurs cabanes, par le tuyau de la cheminée.

L'Ours blanc est terrible dans ses attaques. Habitué à ne rencontrer jamais aucune résistance, ne soupçonnant pas même le
danger, il se précipite avec une rage aveugle contre l'homme, s'il
le rencontre à terre, ou dans ses embarcations s'il le rencontre en
mer (fig. 180).

Il n'est pas rare de voir une troupe d'Ours blancs monter sur un
glaçon flottant, s'y endormir, et se laisser aller à la dérive, sans
prendre souci des lieux vers lesquels ils seront conduits par le

vent ou les courants. Quelquefois ils sont portés de cette manière
en pleine mer ; et ils se trouvent alors réduits à la plus affreuse

Fig. 180. Matelots attaqués par des Ours blancs.

détresse. Fatalement cloués à leur plancher de glace, dénués de
toute subsistance, ils en viennent bientôt à se jeter les uns sur les
autres, et à s'entre-dévorer. Le dernier survivant meurt de faim
sur le cadavre de ses compagnons. On voit assez souvent arriver sur
les côtes de l'Islande, et même de la Norvége, quelques-uns de ces
Ours affamés. Ils sont alors terribles et se précipitent indistinctement sur tout ce qui se trouve devant eux, hommes ou animaux.
Cette circonstance a certainement contribué à leur faire une réputation de férocité indomptable.

Vivant toujours au milieu des glaces, l'Ours blanc craint beau
coup la chaleur. Pallas qui en observa un retenu captif à Krano-
jack, en Sibérie, rapporte que cet animal ne pouvait séjourner
longtemps dans la maison. Bien que le climat fût très-rude, il se
roulait avec délices dans la neige. Les Ours blancs du Jardin des
Plantes de Paris sont également incommodés par les chaleurs de
l'été ; aussi ne peut-on les conserver longtemps. Cuvier dit pour-

tant que l'on réussit à en garder un pendant quinze ans, grâce à
la précaution que l'on avait de lui jeter chaque jour sur le corps,
en hiver comme en été, soixante à quatre-vingts seaux d'eau, pour
le rafraîchir.

L'Ours blanc ne se familiarise jamais avec l'homme. Réduit en
servitude, il reste toujours sauvage, taciturne, et se montre également incapable d'attachement et d'éducation.

L'*Ours labié*, ou *jongleur*, est caractérisé par ses lèvres exten-
sibles et par sa langue, d'une longueur remarquable. Il habite
l'Inde, ne se nourrit que de végétaux et est susceptible d'éducation. On lui apprend à exécuter divers exercices.

Enfin l'*Ours malais* (fig. 181), désigné quelquefois sous le nom
d'*Ours du Japon*, est une espèce plus petite que les précédentes.

Fig. 181. Ours malais.

Il habite la Malaisie, le Japon et les îles de la Sonde. Il grimpe aisément sur les arbres et se nourrit surtout de fruits. On le dresse
comme l'Ours labié.

ORDRE DES RONGEURS.

Cet ordre, l'un des plus longs de la classe des Mammifères, comprend des animaux de petite ou de moyenne taille, qui ont pour caractère distinctif de ne posséder que deux sortes de dents : des incisives et des molaires. Les incisives, au nombre de deux à chaque mâchoire, et situées en avant, sont fort remarquables. Leur rôle est de couper, à la façon des cisailles, les racines et les branches des différentes pousses végétales, et elles sont merveilleusement conformées pour ce résultat. Grandes, arquées et robustes, elles ne sont garnies d'émail que sur leur face antérieure; aussi s'usent-elles plus en arrière qu'en avant, en frottant l'une contre l'autre, et se taillent-elles naturellement en biseau. Cette disposition est très-avantageuse en ce que les dents présentent ainsi constamment un bord tranchant, très-dur, puisqu'il est constitué par l'émail, et par conséquent très-propre à scier ou à ronger des matières résistantes. Par un phénomène qu'on ne saurait trop admirer, les incisives conservent toujours la même longueur, malgré leur usure continuelle : c'est qu'elles n'ont pas de racines, et qu'elles repoussent par la base, à mesure qu'elles se détériorent par le haut. On s'explique ainsi pourquoi, lorsqu'une des incisives vient à se briser, celle qui lui est opposée, ne supportant plus aucun frottement, croît indéfiniment et se contourne.

Les molaires sont séparées des incisives par un espace vide, appelé *barre*. Il n'y a jamais moins de trois paires ni plus de six paires de dents molaires à chaque mâchoire. Dans la plupart des cas, l'émail forme à leur surface des replis, de figure variée, qui leur donnent un aspect raboteux, et les constituent, pour ainsi dire, à l'état de râpes qui facilitent la division des aliments.

Les Rongeurs se nourrissent de graines, de fruits, de feuilles, d'herbes, et plus rarement de racines ou d'écorces. Quelques-uns, comme les rats, sont omnivores, et mangent même de la chair putréfiée. Mais c'est là une exception. Aussi les Rongeurs, comme tous les animaux herbivores, ont-ils le canal intestinal très-développé. Chez le cochon d'Inde, il mesure 3ᵐ,03; chez le lapin domestique, 4ᵐ,65; chez l'agouti, 5ᵐ,47; chez le porc-épic, 7ᵐ,64.

Les organes de la locomotion sont très-diversement organisés chez ces animaux. Ils sont disposés pour courir, sauter, grimper, voler, nager ou fuir, suivant les genres. Les doigts sont ordinairement au nombre de cinq et ne portent sur le sol que par leur extrémité, circonstance favorable à la légèreté des mouvements. Ils sont armés de griffes acérées qui leur servent à grimper sur les arbres ou à fouiller la terre.

La plupart des Rongeurs ont le corps couvert d'un poil fin, moelleux, abondant, très-agréablement nuancé quelquefois, et dont l'homme a su tirer bon parti. L'écureuil petit-gris et le chinchilla nous fournissent des fourrures fort appréciées; le castor, le lièvre, le lapin, donnent leurs poils pour la confection du feutre.

L'ordre des Rongeurs ne comporte pas, comme les autres ordres de la classe des Mammifères, de grandes divisions, basées sur des caractères naturels facilement saisissables. Ce n'est que sur des subtilités organiques que les naturalistes ont établi ces distinctions. Nous n'adopterons donc pas, pour cette fois, le classement par familles; nous nous bornerons à présenter les genres les uns à la suite des autres; en groupant et désignant sous une rubrique commune les genres que rapprochent des affinités réelles.

L'ordre des Rongeurs s'ouvre par un groupe très-nombreux, celui des *Rats*, qui comprend, outre les *Rats proprement dits*, les *Campagnols*, les *Ondatras*, les *Hamsters*, les *Loirs* et les *Gerbilles*. Tous ces animaux ont un air de famille, et ne se différencient point aux yeux du vulgaire, qui les confond sous la même dénomination générale. Ce sont les *Muriens* des naturalistes (de *mus*, rat).

Rats. — Les vrais Rats sont caractérisés par une tête oblongue, garnie de soies raides de chaque côté du museau; par des oreilles bien développées et couvertes de poils très-courts; par un corps allongé, auquel succède une queue également longue, presque nue, écailleuse, cylindrique, et qui va s'amincissant depuis la base jusqu'à l'extrémité. Ils n'ont que quatre doigts aux membres antérieurs, et le nombre de leurs mamelles varie de quatre à douze. Ils sont, en général, de couleur fauve ou brune.

Ces petits animaux pullulent d'une manière effrayante : les femelles font plusieurs portées par an, composées chacune de dix à douze petits, qui sont bientôt en état de se reproduire eux-mêmes. Les mâles sont polygames et ne s'occupent nullement de l'éducation des petits.

Ce sont les plus redoutables des Rongeurs. Ils se nourrissent plus particulièrement de grains et de racines, mais ils sont réellement omnivores et engloutissent tout ce qu'ils peuvent atteindre. Ils s'insinuent, se glissent partout; rien n'est à l'abri de cette horde destructive. Ils s'établissent dans les champs cultivés, les jardins, les plantations, et anéantissent le travail de l'homme. Ils s'introduisent dans les habitations, les granges, les greniers à fourrages, les magasins d'approvisionnements, et y commettent d'incalculables ravages. Les égouts, les abattoirs, tous les lieux de voierie, les boucheries, les charcuteries, les restaurants, etc., en regorgent. On n'est jamais assuré de dormir tranquille avec de pareils hôtes.

Lorsque des Rats, établis dans une localité, n'y trouvent plus de suffisantes facilités d'existence, ils émigrent par grandes troupes, la nuit, et vont à la conquête d'un autre pays. Ils accomplissent quelquefois ainsi de grands trajets. Les rivières, les fleuves, même les plus larges, ne les arrêtent pas; ils les traversent à la nage, non sans y laisser quelques-uns des leurs; mais ils continuent imperturbablement leur route, jusqu'à ce qu'ils rencontrent un endroit propice. C'est dans ces occasions que se montre leur esprit de confraternité. Bien loin d'abandonner les vieux et les infirmes, ils leur viennent en aide, et leur aplanissent les difficultés du voyage.

Le docteur Franklin assure qu'on a vu un vieux Rat, privé de la vue, tenant dans sa bouche l'extrémité d'un petit bâton, dont l'autre bout était dans la bouche d'un autre Rat, qui conduisait ainsi le pauvre aveugle.

Les Rats seraient un véritable fléau pour l'humanité, sans les puissantes causes destructives qui limitent leur multiplication. Non-seulement les chouettes, les hiboux, les buses, et autres oiseaux de proie, ou animaux terrestres, en font un carnage effroyable, mais ils prennent soin eux-mêmes de s'entre-détruire et de se dévorer mutuellement, soit pour la possession des femelles, soit (et c'est le cas le plus ordinaire) par suite de la rareté des subsistances.

Parent-Duchâtelet raconte à ce propos le trait suivant, dont fut témoin Magendie. Le célèbre physiologiste avait fait prendre douze surmulots pour ses expériences, et il les avait enfermés dans une boîte; mais lorsqu'il arriva chez lui, il n'en trouva que trois. Ceux-ci avaient dévoré les neuf autres : quelques os et autres vestiges épars attestaient seulement qu'ils avaient existé.

Dans les villes, il faut nécessairement faire la guerre à cette incommode et pullulante engeance. Aux Souris on oppose les chats; contre les Surmulots et Rats noirs, les chiens terriers et les bouledogues; contre tous, les piéges et le poison. Malgré cette incessante poursuite, le nombre des Rats ne diminue pas; il augmente même dans certaines localités d'une façon inquiétante.

Les Rats nous inspirent tant de répulsion par leurs habitudes dégoûtantes et par les dommages qu'ils nous causent, que nous ne songeons pas à les apprivoiser, que nous n'entrevoyons même pas la possibilité de nous en faire des amis. L'entreprise serait pourtant réalisable. On rencontre, sur les places publiques de Paris, un saltimbanque qui exhibe au milieu d'un cercle de badauds une troupe de rats savants. Ces animaux connaissent la voix de leur maître, exécutent divers mouvements à son commandement, comme de rentrer dans un panier, de saluer la société, etc.; et à l'appel de leur maître ils viennent se blottir sur la poitrine du bonhomme, entre sa chemise et son gilet.

Le chevalier de Latude, célèbre par sa longue captivité à la Bastille, était fort incommodé dans son cachot par des Rats, qui, durant son sommeil, lui couraient sur le visage et lui faisaient parfois de cruelles blessures. Ne pouvant les chasser, il résolut de s'attacher ces importuns voisins. Il commença par en amorcer un avec du pain, prenant soin de ne pas l'effrayer par des mouvements trop brusques. Au bout de trois jours, l'animal était devenu si familier qu'il prenait sa nourriture entre les doigts du prisonnier. Le plus difficile était fait. Ce premier sujet en amena d'autres, qui ne se montrèrent pas plus farouches; et en moins de quinze jours, la société se composa de dix Rats, qui reçurent chacun un nom. Lorsque Latude les appelait, ils accouraient auprès de lui, et se laissaient prendre sans crainte, paraissant même trouver du plaisir à être grattés sous le cou; mais ils ne voulaient pas se laisser toucher sur le dos. « Ils venaient manger avec moi dans le plat ou sur mon assiette, dit le malheureux détenu; mais je me trouvai assez mal de cette licence, et je fus forcé de leur mettre un couvert à table, pour éviter leurs malpropretés. » Au bout d'un an, la famille des Rats comptait vingt-six membres.

Le chat et le chien sont les ennemis naturels du Rat. Cependant

27

l'éducation peut rapprocher ces animaux, en apparence irréconci-
liables.

Le docteur Franklin a possédé un Rat blanc, qui lui était très-
attaché, et faisait très-bon ménage avec une chienne de l'espèce des
terriers. Le Rat et la chienne s'amusaient ensemble dans le jardin ;
ils buvaient le lait côte à côte dans la même soucoupe, et partageaient en frères les morceaux dus à la libéralité du maître ou aux
rapines du Rat, qui ne se gênait nullement pour grimper sur la
table et emporter, si l'on n'y prenait garde, le sucre, la pâtisserie
ou le fromage. Lorsqu'un étranger entrait dans la chambre, *Scugg*
(c'était le nom du Rat) se retirait dans un coin, et se mettait sous
la protection de son amie, la chienne *Flora*, qui aboyait avec fureur jusqu'à ce que les intentions pacifiques du nouveau venu
lui parussent évidentes. Il était curieux de voir *Scugg* dormant
au coin du feu, entre les pattes de *Flora*. A la suite d'un assez long
voyage entrepris par le docteur, ce Rat tomba malade, du chagrin
d'être séparé de son maître. Cependant le docteur revint. Il caressa
le sensible animal, et après l'avoir retiré à grand'peine de son sein,
il le réintégra dans sa cage. Le lendemain le Rat était mort: Il est
évident que la joie l'avait tué : *la joie fait peur* aux Rats comme aux
hommes.

Les Rats sont répandus par toute la terre ; ils semblent s'accommoder de tous les climats, et beaucoup d'espèces sont cosmopolites. Ce fait s'explique quand on sait que tous les navires en portent un certain nombre dans leurs flancs, et que ces détestables
animaux peuvent ainsi passer d'un hémisphère à l'autre.

Nous allons faire connaître les principales espèces du genre,
en commençant par celles d'Europe.

Ce sont d'abord le *Rat noir* et le *Surmulot*, qui habitent nos villes.

Le *Rat noir* (fig. 182) a 20 centimètres de long environ, la queue
non comprise ; il est originaire de l'Asie Mineure, et n'habite pas
depuis longtemps l'Europe. Il construit, avec de la paille ou des
feuilles, un nid pour sa progéniture. Il se retire progressivement
devant le *Surmulot*, le plus gros, le plus méchant et le plus vorace
de tous les Rats européens, lequel lui fait une guerre à mort partout où il le rencontre. C'est ainsi qu'en Angleterre le Rat noir
est devenu excessivement rare depuis l'invasion du surmulot
dans ce pays. Fr. Cuvier assure pourtant que ces deux espèces de
Rats vivent en bonne intelligence quand les aliments abondent.

Le *Surmulot* (fig. 183) n'existe en Europe que depuis le milieu du

dix-huitième siècle; il paraît avoir été amené de l'Inde par des navires. Certains Surmulots atteignent jusqu'à 30 centimètres de lon-

Fig. 182. Rat noir.

gueur et sont parfaitement capables de lutter contre des chats. Ils se
sont substitués aux Rats noirs dans presque toutes les grandes villes.

Fig. 183. Surmulot.

Le *Mulot*, appelé aussi *Rat sauterelle*, habite les bois et les champs;
en hiver, il se réfugie dans les meules de blé et fréquente même
les habitations. Sa taille varie de 10 à 12 centimètres.

La *Souris* (fig. 184) est un peu moins grande que le Mulot. Inutile
de décrire ses mœurs, qui sont bien connues. Hôte incommode de
nos demeures, ce petit animal s'introduit jusque dans nos meubles. Quoique timide et inoffensif, il effraye beaucoup de personnes,
principalement les femmes, qui poussent à sa vue des cris perçants, et s'enfuient dans le plus grand émoi. Cependant la terreur
fait place à la curiosité, lorsque la Souris appartient à la variété
blanche. Aussi élève-t-on quelquefois des Souris blanches en cage.

Les Souris n'habitent pas exclusivement les maisons ; on les trouve

Fig. 184. Souris.

également dans les jardins et dans les champs. On croit cette
espèce originaire d'Europe ; elle est aujourd'hui répandue partout.

Le *Rat nain*, ou *Rat des moissons* (fig. 185), est le plus petit, le plus
gracieux et le plus joli des Rats de France. Sa taille égale à peu près
la moitié de celle de la Souris, et son pelage, fauve en dessus, plus
clair sur les flancs, tout à fait blanc au dessous de la tête, sur
la poitrine et le ventre, est des plus élégants. Ses mœurs sont fort
intéressantes. Le nid qu'il confectionne pour recevoir sa progéniture est une petite merveille. Ce mignon chef-d'œuvre a beaucoup
de ressemblance avec le nid de certains oiseaux, celui de la Mé-
sange par exemple. Il a la forme d'une sphère, et n'est pas plus
gros qu'une de ces balles avec lesquelles jouent les enfants. Composé d'herbes et de feuilles artistement tressées, il se balance mol-
lement au milieu de deux ou trois tiges de blé entrelacées à la

moitié de leur hauteur. C'est dans ce berceau douillet que la mère dépose sept ou huit petits ; seulement, on se demande comment elle s'y prend pour les allaiter, l'étroitesse du nid ne lui permettant pas de s'installer au milieu d'eux. L'ouverture du logis est si habilement dissimulée, qu'il faut une extrême attention pour la découvrir. La femelle grimpe à son nid avec la plus grande facilité ; elle en descend de même, en roulant sa queue autour d'une

Fig. 185. Rat des moissons et son nid.

tige de blé, et se laissant glisser avec rapidité. Durant l'hiver, le Rat des moissons se retire dans une meule, ou se creuse un terrier, qu'il garnit d'herbes et de feuilles.

Telles sont les principales espèces d'Europe. Les autres parties du monde en possèdent aussi quelques-unes qui leur sont propres. Les plus importantes sont : en Afrique, le *Rat du Nil*, le *Rat de Barbarie* et le *Rat d'Alexandrie* ; —en Asie, le *Rat géant*, la plus grosse espèce du genre, qui mesure 40 centimètres de long, le *Rat Caraco* et le *Rat Perchal;*—en Australie, l'*Hydromys* ou *Rat aquatique*, qui est de la grosseur du Surmulot et qui vit dans l'eau; — en Amérique, le *Rat brésilien* et le *Rat Piloris*, plus gros que le Surmulot, et qui occasionne d'immenses dégâts dans les plantations, aux Antilles.

Genre Campagnol.—Tandis que les véritables Rats ont, en général, la queue nue et aussi longue que le corps, les Campagnols l'ont beaucoup plus courte et velue. C'est là le seul caractère important qui distingue ces deux genres.

On trouve parmi les Campagnols des espèces très-intéressantes, mais aussi très-nuisibles. Comme ils habitent les campagnes, ce qu'indique assez leur nom, et que d'ailleurs ils pullulent avec une

Fig. 186. Campagnol.

prodigieuse rapidité, ils peuvent devenir une véritable calamité pour l'agriculture. Aussi les cultivateurs les poursuivent-ils à outrance.

Le *Campagnol ordinaire,* ou *petit Rat des champs* (fig. 186), est répandu dans toute l'Europe, excepté en Italie; il se trouve aussi en Sibérie. De la taille de la Souris, il habite des terrains élevés, où il se creuse des galeries irrégulières, aboutissant à une petite chambre. C'est là que, deux ou trois fois par an, sur un lit d'herbes sèches, la femelle met bas 8 à 12 petits. On peut juger par ce chiffre de la rapidité de leur multiplication et de l'étendue des désastres qui en résultent parfois dans les campagnes. On a vu des provinces entières réduites à la misère par ce fléau. En 1816 et 1817 le seul département de la Vendée éprouva, par le fait de ces misérables rongeurs, une perte estimée à 3 millions de francs. On ne put s'en débarrasser qu'en les empoisonnant en masse.

Le *Campagnol économe* diffère peu du précédent, si ce n'est qu'il est un peu plus gros. Il habite exclusivement la Sibérie, entre la Daourie et le Kamtchatka. Le nom qu'on lui a donné fait allusion à l'une de ses habitudes caractéristiques, celle d'amasser pendant la bonne saison des provisions pour l'hiver. Les travaux et la prévoyance de ce chétif animal sont une source constante d'admiration pour les amants de la nature. Son domicile est des plus compliqués. Il consiste en une chambre principale, de 30 centimètres de diamètre sur 10 de haut environ, d'où partent dans tous les sens de nombreux boyaux communiquant avec la surface du sol par des puits d'un pouce de diamètre, convenablement espacés. Trois ou quatre galeries sinueuses, s'enfonçant plus avant dans la profondeur du sol, conduisent, en outre, à autant de magasins spacieux, où les hôtes du logis, le mâle et la femelle, entassent des racines de toutes sortes, préalablement raclées, séchées au soleil et disposées ensuite par tas séparés, suivant la nature de la plante. Si, malgré ces précautions, l'humidité gagne ses provisions, l'Économe les remonte à la lumière, et les fait sécher une seconde fois. En présence de tels actes d'intelligence, peut-on sérieusement parler encore de l'*instinct* des animaux?

Les quantités de racines que le *Campagnol économe* amasse ainsi pendant les temps d'abondance sont quelquefois très-considérables; elles s'élèvent jusqu'à 50 livres, et constituent alors une précieuse ressource pour les misérables populations de la Sibérie orientale. Les habitants de cette contrée recherchent les terriers de l'Économe, pour les mettre au pillage; mais ils ont bien soin d'y laisser quelque chose, afin de ne pas pousser le petit Rongeur au désespoir.

Comme les Lemmings, dont nous allons parler, les Économes émigrent en masse, à des époques indéterminées. Réunis en grandes troupes, au printemps de certaines années, ils vont droit devant eux, franchissant tous les obstacles, fleuves, bras de mer, montagnes, laissant derrière eux nombre de traînards et de noyés, suivis par une foule d'animaux carnassiers, qui trouvent dans ces bataillons d'émigrants une proie abondante et facile. Après les traversées, ils sont si fatigués qu'ils peuvent à peine se mouvoir. Au commencement de l'hiver ils rentrent dans leurs foyers, et les Kamtchadales célèbrent leur retour comme une fête.

Le *Rat d'eau* est une autre espèce de Campagnol, un peu plus

grosse que le Rat noir, et qui habite-le bord des ruisseaux. Il nage
avec facilité, et se nourrit des racines de diverses plantes aquatiques. Il se creuse à une petite profondeur un terrier, pourvu
de nombreuses issues. On le trouve dans toute l'Europe, en Asie
et aussi, dit-on, en Amérique. En France, on ne dédaigne pas toujours ce gibier. J'ai vu des chasseurs de mes amis manger des *Rats
d'eau*, tués sur les bords de la Garonne, à Castel-Sarrazin, mais je
dois convenir que je ne pris point part au festin.

Il existe différentes autres espèces de Campagnols, tels que le
Campagnol destructeur, le *Campagnol souterrain*, le *Campagnol de Savi*;
mais leur histoire ne nous apprendrait aucune particularité nouvelle.

Lemming. — Les Lemmings, la plus curieuse espèce de ce groupe,
habitent les montagnes de la Laponie, où ils se nourrissent de
mousses et de lichens. Ils ont la queue très-courte, ainsi que les
pattes et les ongles. Leur taille est celle du Rat; leur pelage, varié
de noir, de jaune et de blanc, est des plus jolis. Pendant le jour,
ils se retirent dans leur terrier, pour se livrer au repos; mais la
nuit leur activité est très-grande. Lorsqu'on les attaque, ils se
défendent des dents et des griffes, et si l'on veut les saisir, ils
poussent des cris perçants.

A des époques fort irrégulières, les Lemmings se réunissent en
nombre immense, et se dirigent vers le Sud, par colonnes serrées.
Il semble qu'une puissance invincible les attire vers un point déterminé, tant ils montrent de rectitude dans leur marche. Le
boulet de canon ne va pas plus droit au but qu'il doit atteindre.
Ils ne tournent les obstacles que lorsqu'il y a impossibilité radicale
à les surmonter; et dès que les empêchements sont franchis, ils
reprennent leur direction première. Dans tout autre cas, ils ne se
dérangent pas. Une meule de foin se trouve-t-elle sur leur route,
ils la percent de part en part, et passent au travers. Un bateau
leur barre-t-il le chemin sur un fleuve, ils escaladent le bateau, le
franchissent et continuent à nager de l'autre côté. Ils ne voyagent
que la nuit et le matin. Malheur au champ sur lequel ils s'arrêtent
pour camper : il est rasé complétement.

Les Lemmings descendent quelquefois ainsi jusqu'en Allemagne.
Durant le trajet, il en périt des quantités incalculables ; à peine un
centième revoit-il la patrie.

On a beaucoup discuté sur la cause qui porte ces Rongeurs,
ainsi que les Économes, à entreprendre ces migrations. On a dit

qu'ils pressentaient les hivers rigoureux, et qu'ils voyageaient pour s'y soustraire. Mais l'hypothèse la plus probable est que ces

Fig. 187. Lemming.

déplacements sont dus à une surabondance de leur population, qui a déterminé une grande rareté des subsistances.

Genre Ondatra. — Les Ondatras (fig. 188) sont beaucoup plus gros que les Rats et les Campagnols; leur taille égale celle du lapin. Très-répandus dans toute l'Amérique du Nord, spécialement au Canada, ils sont organisés en vue d'une existence aquatique. Leurs pieds de derrière sont à demi palmés et bordés de poils raides à chaque doigt; de plus leur queue, presque aussi longue que le corps, est comprimée et couverte d'écailles. Grâce à ces dispositions, ils s'élancent et se jouent avec une aisance extrême dans l'eau, leur élément naturel.

Les Ondatras possèdent une glande qui sécrète un liquide laiteux, d'une odeur musquée excessivement pénétrante: de là le nom de *Rats musqués* qu'on leur donne quelquefois.

Ces animaux ont l'esprit de construction très-développé; en cela ils se rapprochent des castors, que nous étudierons plus loin. Ils savent mettre en pratique le principe d'association pour la garantie et le bien-être de chacun. Ils réunissent leurs efforts pour édifier des villages, où ils trouvent un abri assuré contre le froid et contre leurs ennemis. La manière dont ils procèdent et les résultats qu'ils obtiennent méritent certainement de fixer l'attention.

Lorsqu'une colonie d'Ondatras s'est formée, elle se transporte sur le bord d'un lac ou d'une rivière tranquille, et cherche un endroit dépourvu d'escarpements, pour y fonder le futur village. Le choix fixé, chacun se met à l'œuvre, et les huttes s'élèvent rapidement. Elles ont extérieurement la forme d'un dôme, et se composent de joncs, préalablement enfoncés en terre comme des pieux, puis réunis les uns aux autres par d'autres joncs solidement entrelacés. Les interstices sont ensuite remplis avec de la terre glaise, pétrie au moyen des pattes de devant et appliquée à l'aide de la queue, d'une façon très-satisfaisante. Une dernière tresse de joncs couvre ce revêtement, et porte l'épaisseur de la muraille à 35 centimètres environ.

Contre la crue des eaux et l'envahissement possible de son domicile, l'Ondatra ne néglige pas les précautions. Il dispose des

Fig. 188. Ondatra, ou Rat musqué.

gradins dans l'intérieur de sa cahute, et peut ainsi s'élever progressivement selon le niveau de la rivière. Cet animal est doué, d'ailleurs, d'un degré d'observation bien remarquable; car les gradins supérieurs ne sont jamais atteints par les eaux, excepté dans les crues tout à fait extraordinaires.

La grandeur des cabanes varie suivant le nombre de leurs habitants. En général, elles ont de 60 à 70 centimètres de diamètre intérieur, et peuvent abriter sept ou huit individus; mais on en trouve de beaucoup plus vastes. Diverses galeries les font communiquer, par-dessous la rivière, avec la rive opposée. Ces galeries sont destinées, soit à servir de refuge en cas de danger, soit à permettre aux Ondatras d'aller chercher, durant l'hiver, les racines dont ils se nourrissent. Dans cette saison, en effet, l'entrée de leur demeure est obstruée par l'eau, et ils vivent dans une obscurité complète.

Les huttes des Rats musqués sont quelquefois réunies en nombre considérable ; elles présentent, ainsi agglomérées, le singulier aspect de maisons en miniature. C'est là que les industrieux Rongeurs se confinent pendant les mois rigoureux.

Dès les premiers jours du printemps, les Rats musqués sortent de leurs demeures souterraines, se répandent dans les terres et s'accouplent. Aussitôt qu'elles ont été fécondées, les femelles regagnent le logis ; mais les mâles continuent à vagabonder dans les champs. A la fin de l'été, mâles et femelles se réunissent de nouveau, en plus ou moins grand nombre, et vont fonder une nouvelle colonie ; car on affirme que ces animaux n'occupent jamais deux années de suite le même campement.

Genre Hamster. — Les Hamsters sont à peu près de la grosseur du Rat noir ; mais ils ont le corps plus ramassé et la queue beaucoup plus courte. Ils sont surtout caractérisés par la présence de vastes sacs, pratiqués dans l'épaisseur des joues, et qui s'étendent jusque sur le dos, en arrière de la tête. Ces sacs, nommés *abajoues*, jouent un grand rôle dans leur existence. Le pelage de ces animaux est gris roussâtre en dessus et noir ou brun en dessous, avec des taches blanches et jaunes çà et là. On en fait des fourrures assez estimées, et d'un prix peu élevé.

Les Hamsters, qu'on appelle aussi *Marmottes d'Allemagne*, et *Cochons de seigle* (fig. 189, sont très répandus en Sibérie, en Russie, en Pologne et dans toute l'Allemagne ; l'Alsace est la seule province de France qui en possède. Leurs mœurs ressemblent beaucoup à celles des Économes ; mais au lieu d'être, comme ceux-ci, une source de profits pour les populations des pays qu'ils habitent, ils portent avec eux la dévastation et la ruine. Les champs cultivés sont le théâtre ordinaire de leurs déprédations ; c'est là seulement qu'ils trouvent en abondance les grains dont ils se nourrissent. A la vérité, ils vivent bien aussi d'herbes, de racines, lorsqu'il le faut ; ils attaquent même, à l'occasion, d'autres Rongeurs plus faibles qu'eux, tels que souris, mulots, etc. ; mais leur régime est, avant tout, granivore.

Ils se creusent des terriers, composés d'une chambre principale, garnie de paille, qui leur sert de logement, et de diverses autres cavités, situées à trois ou quatre pieds sous terre. Ces différentes

pièces communiquent entre elles et avec la chambre centrale;
deux galeries y donnent accès : l'une, oblique, sinueuse, sert à
l'animal dans les circonstances ordinaires; l'autre, verticale, est
réservée pour les cas d'alerte. Ce sont autant de magasins où le
Hamster entasse des grains de toutes natures : grains de blé, de
seigle, fèves, pois, vesces, graines de lin, etc. Le matin et le soir,
peut-être aussi pendant la nuit, il emplit ses abajoues de grains,
après les avoir séparés de leurs enveloppes, et les transporte dans
ses souterrains, où il s'en débarrasse en pressant ses joues avec
ses pattes de devant. Il pousse, dit on, l'esprit d'ordre jusqu'à
ranger, dans des chambres séparées, les grains de diverses prove-
nances.

Fig. 189. Hamster.

Les quantités de semences qu'amasse ainsi le Hamster sont quelquefois prodigieuses : elles peuvent s'élever jusqu'à cinquante
kilogrammes et ne descendent jamais au-dessous de cinq kilogrammes. Ces chiffres donnent un aperçu des ravages qu'on doit
craindre d'un animal dont la multiplication est d'ailleurs excessivement rapide. Les femelles produisent trois ou quatre fois par
an : la première portée est de trois ou quatre petits, les suivantes
de six à neuf, parfois de quinze à dix-huit.

A une certaine époque, le nombre de ces Rongeurs fut tel dans
quelques parties de l'Allemagne, que le gouvernement de Gotha
crut devoir offrir une prime pour leur destruction; on en tua cette
année-là quatre vingt-mille aux seuls environs de la ville de Gotha.

D'après ce qui précède, on conçoit que les Hamsters ne soient pas précisément les amis des paysans. Ceux-ci les poursuivent avec acharnement, autant pour les anéantir, que pour s'emparer de leurs provisions, et rentrer ainsi dans leur bien. Du reste, on découvre facilement leurs terriers, bien reconnaissables à une éminence placée près d'une galerie oblique et qui provient de la terre rejetée par l'animal en fouissant. Lorsque les paysans veulent en faire un bon massacre, ils répandent dans les champs des boulettes empoisonnées; mais cet usage peut aboutir aux plus graves conséquences, et l'on devrait absolument le proscrire.

Vers le milieu de l'automne le Hamster se retire dans son fort, en bouche toutes les avenues, et s'y confine jusqu'au printemps.

Fig. 190. Loir.

Durant cet intervalle, il consomme les provisions qu'il a mises en réserve, et devient très-gras. Si la température s'abaisse d'une façon exceptionnelle, il s'enroule sur lui-même, et tombe dans le sommeil léthargique.

Genre Loir. — Les Loirs sont de jolis petits animaux qui rappellent les Écureuils par leurs caractères extérieurs et par leurs habitudes. Ils ont le poil doux et abondant, la queue longue et touffue, le regard vif, les mouvements rapides. Une belle paire de moustaches accompagne leur museau. Ils grimpent avec facilité, grâce à des ongles aigus et recourbés qui leur permettent de s'accrocher aux objets. Ils passent leur existence sur les arbres, et se nourrissent essentiellement de fruits et de baies sauvages; cependant ils mangent aussi les œufs des petits oiseaux, et peut-être bien les oiseaux eux-mêmes lorsqu'ils peuvent les surprendre. C'est le soir et la nuit seulement qu'ils se mettent en quête de leur nourriture. Pendant le jour ils dorment, retirés sur un lit de mousse, dans les arbres creux ou les fentes des murs et des rochers. De là le proverbe : *paresseux comme un Loir*. Il est à remarquer que leurs abris sont presque toujours tournés au midi.

C'est là qu'ils élèvent leur famille; c'est là aussi qu'ils passent l'hiver dans un état d'engourdissement. L'hibernation est, en effet, un état très-accentué de leur nature. Dès les premiers froids, ils se pelotonnent dans leur cachette, et tombent en léthargie. S'il arrive que la température s'élève accidentellement, ils se réveillent et grignotent les fruits qu'ils ont amassés pendant l'été en vue de cette éventualité.

Une petite espèce de Loir, le *Muscardin*, prend les précautions les plus ingénieuses pour se préserver du froid ou d'une curiosité indiscrète pendant son engourdissement. Il enroule autour de lui des herbes sèches et des brins de mousse, de manière à former une sphère habilement feutrée, dont il occupe le centre, caché à tous les regards et à l'abri de l'air froid du dehors.

Les Loirs sont susceptibles de s'apprivoiser, et l'on peut les élever en cage dans un but d'utilité, car leur chair est agréable. C'est ce que faisaient les Romains : ils les engraissaient et les mangeaient.

Ce genre a des représentants en Europe, en Asie et en Afrique. Les espèces d'Europe comprennent le *Loir proprement dit*, le *Lérot* et le *Muscardin*.

Le *Loir proprement dit* (fig. 190) est à peu près de la taille du Rat noir ou, pour être tout à fait exact, un peu plus petit; le *Muscardin* ne dépasse pas la Souris en grosseur.

Tandis que ces deux espèces vivent dans les forêts de l'Europe centrale et méridionale, le *Lérot* préfère le voisinage des lieux habités. Il s'installe souvent dans les parcs, les jardins, les vergers, et fait de grands ravages parmi les arbres fruitiers.

Genre Gerbille. — Les Gerbilles (fig. 191) sont des espèces de Rats dont les membres postérieurs sont plus longs que les antérieurs; d'où résulte un mode particulier de locomotion. Ce n'est ni en marchant, ni en courant, que les Gerbilles progressent sur le sol, c'est en sautant, et elles sont très-habiles à ce manége. Elles habitent les plaines de l'Europe orientale, de l'Asie, de l'Afrique et s'y creusent des terriers, dans lesquels elles amassent des provisions de blé. La taille de ces rongeurs varie depuis celle de la Souris jusqu'à celle du Rat noir.

Fig. 191. Gerbille.

Avec les Gerbilles, se termine la grande famille ou groupe naturel des Rats. Nous avons à parler maintenant d'un autre groupe de Rongeurs qui, se rapprochant des Rats par la dentition, sont spécialement organisés en vue d'une existence souterraine, et qui, pour cette raison, ont reçu la dénomination générale de *Rats-Taupes*.

Ces animaux sont armés d'ongles robustes, et ils se creusent de profondes galeries à travers les terrains meubles, coupant, à l'aide de leurs puissantes incisives, les racines qu'ils rencontrent sur leur chemin. Ils vivent absolument, en un mot, à la manière des Taupes, dont nous parlerons en traitant des Insectivores. Leurs formes sont lourdes, leur corps ramassé, leur queue courte ou nulle; ils ont de plus la tête grosse, le crâne aplati, la conque auditive peu développée et les yeux très-petits. Chez le *Spalax*, ces organes manquent même complétement; ou, s'ils existent, ils ne peuvent servir à la vision, étant presque imperceptibles et entièrement recouverts par la peau.

Les Rats-Taupes se nourrissent de racines et de grains, mais surtout de racines. Ils habitent l'est de l'Europe, l'Asie et l'Afrique. On les a partagés en plusieurs genres, dont les principaux sont les *Spalax*, les *Bathyergues* et les *Rhyzomys*.

Le *Spalax* (fig. 192) est le type du groupe : il a la tête très-longue, anguleuse et s'en sert vraisemblablement en manière de coin, pour fouiller la terre. Il est dépourvu de queue, et diffère peu, quant à la taille, du Rat noir. On le trouve décrit dans Buffon sous le nom de *Zemni*. Il est répandu dans l'Asie Mineure, la Russie méridionale, la Hongrie et même la Grèce.

Les *Bathyergues* appartiennent à l'Afrique. Ils s'établissent dans les terrains sablonneux, particulièrement dans les dunes qui bordent les rivages de la mer. L'espèce la plus remarquable est la *Grande Taupe du Cap*, dont les galeries sont si profondes que les chevaux y trébuchent et s'y enfoncent parfois jusqu'aux genoux ; elle est de la taille du lapin. Une espèce d'Abyssinie, le *Bathyergue*

Fig. 192. Spalax.

brillant, est ainsi appelée à cause de son pelage roux à reflets métalliques ; celle-ci n'est pas plus grosse que le Rat.

Les *Rhyzomys* habitent les épaisses forêts de bambous de la presqu'île de Malacca ; ils se nourrissent des racines et des jeunes pousses de ce végétal ; leur taille est un peu inférieure à celle du Bathyergue du Cap.

Les animaux du groupe suivant sont caractérisés par l'énorme disproportion de leurs membres antérieurs et postérieurs. Ils sont répartis en deux genres principaux : les *Gerboises* et les *Pédètes*, ou *Hélamys*.

Genre Gerboise. — Les Gerboises (fig. 193) sont de jolis Rongeurs à la tête grosse, aux yeux saillants, aux amples oreilles. Leurs pattes antérieures sont très-courtes et ne comportent que quatre doigts, munis d'ongles propres à creuser; celles de derrière sont cinq ou six fois plus longues et se terminent par trois ou cinq doigts, suivant les espèces. Une pareille organisation rappelle celle des gerbilles, mais d'une manière beaucoup plus accentuée. La queue est longue, couverte de poils ras, et floconneuse à l'extrémité; le pelage est moelleux et abondant.

Les Gerboises habitent les vastes solitudes de l'Afrique et les steppes de la Tartarie et de la Russie. Elles s'y creusent des terriers, et y passent tout le jour à dormir sur un lit d'herbes et de mousse. Mais le soir elles sortent de leurs retraites, et vont à la

Fig. 193. Gerboise.

recherche de leur nourriture, qui se compose de racines et de grains. Elles se servent de leurs pattes de devant pour porter les aliments à leur bouche.

Dans les circonstances ordinaires, lorsque rien ne les presse ni ne les inquiète, les Gerboises marchent à l'aide de leurs quatre membres; mais lorsque la rareté des subsistances ou la nécessité d'échapper à quelque danger les oblige à parcourir un grand espace en peu de temps, elles se servent uniquement de leurs pattes de derrière, et progressent par sauts, comme les gerbilles; mais l'amplitude de leurs bonds est beaucoup plus considérable, puisqu'elle atteint souvent jusqu'à trois mètres. La manière dont s'accomplissent ces mouvements est fort curieuse. L'animal s'accroupit d'abord sur ses tarses, en étendant et raidissant sa queue, de manière à prendre un autre point d'appui sur le sol; puis tout à coup il s'élance, comme mû par un ressort, et va tomber à une certaine distance, où la même manœuvre se renouvelle, presque sans intervalle appréciable. Les Gerboises peuvent ainsi, dit-on, lutter de vitesse avec un bon cheval. Considérant ce mode particulier de progression, les anciens avaient été amenés à penser que les pattes de devant de ces Rongeurs étaient absolument impropres à la marche; c'est pourquoi ils leur avaient donné le nom de *Dipus*, qui signifie *à deux pieds*.

Les Gerboises s'apprivoisent difficilement; cependant on peut les garder en cage, et la ménagerie du Jardin des Plantes de Paris en a possédé plusieurs. C'est dans des cages en fil de fer qu'il faut les placer, car les bois les plus durs ne résisteraient pas à leurs mâchoires. Leur taille varie depuis celle de la souris jusqu'à celle du surmulot.

Parmi les nombreuses espèces qu'on en connaît, nous citerons le *Gerbo*, qui est commun en Algérie, notamment dans la province d'Oran, et l'*Alactaga*, désignée aussi sous le nom significatif de *Flèche*, qui habite la Russie méridionale et certaines parties de l'Asie.

Genre Pédète. — Les *Pédètes*, ou *Hélamys*, sont les représentants des gerboises dans l'Afrique méridionale. Ils ont les mêmes mœurs que ces dernières, et habitent le cap de Bonne-Espérance. Les colons hollandais les appellent *Lièvres de montagne* et encore *Lièvres sauteurs*.

A la vérité, ils ressemblent aux lapins par la taille, quoiqu'ils soient plus élancés. On n'en connaît qu'une seule espèce, le *Pédète du Cap*.

Sous le nom de *Rats à bourse*, nous réunirons un certain nombre de Rongeurs américains, caractérisés par la présence de profondes abajoues. Ce sont les *Saccomys* et les *Saccophores*.

Genre Saccomys. — Les *Saccomys* se rapprochent des gerboises par la longueur de leurs membres postérieurs et par leurs habitudes sauteuses. Ils habitent pour la plupart le golfe du Mexique, et sont à peu près de la grosseur du rat d'eau. On possède peu de renseignements sur leur manière de vivre. Il paraît que le *Saccomys Anthophile* aime les fleurs et qu'il s'en nourrit. Cependant les fleurs ne doivent entrer dans son alimentation qu'à titre de hors-d'œuvre; car elles seraient insuffisantes à soutenir ses forces, sans le secours d'aucune autre substance.

Genre Saccophore. — Les *Saccophores* (fig. 194) habitent les mêmes régions que les Saccomys. Leur nom signifie *porte-sacs.* Ils ont des abajoues immenses; ces poches pendent quelquefois jusqu'à terre, et prennent un développement extraordinaire. Elles servent aux Saccophores à ramasser des provisions, consistant en racines et en bulbes, qu'ils portent ensuite dans leurs terriers. Ces Rongeurs sont, en effet, des animaux fouisseurs, armés d'ongles

Fig. 194. Saccophore.

puissants, et qui se creusent des galeries. De là le nom de *Géomys*, ou *Rats de terre* (γῆ *terre*, μῦς *rat*) que leur ont donné quelques auteurs.

Le nouveau continent nourrit également un groupe de Rongeurs qui se distinguent par les caractères suivants : ongles robustes pouvant servir à fouiller la terre, yeux saillants, oreilles développées, pelage moelleux et abondant, queue longue ou moyenne, assez bien fournie, taille et, jusqu'à un certain point, habitudes des lapins. Ce groupe actuel est celui des *Chinchilliens*, qui comprend les trois genres *Chinchilla*, *Lagotis* et *Viscache*.

Genre Chinchilla. — Les *Chinchillas* ont les oreilles arrondies, évasées, la queue assez longue et en pinceau, comme celle des écureuils; de longues soies raides, en guise de moustaches, décorent leur lèvre supérieure. Leur fourrure est douce, d'un beau gris lustré, et fait l'objet d'un commerce considérable entre l'Amérique et l'Europe.

Les *Chinchillas* (fig. 195) habitent les montagnes du Chili et du Pérou. Leur nourriture se compose surtout de plantes bulbeuses, auxquelles ils adjoignent des herbes desséchées et des graines. Ils sont sociables, et leurs terriers sont parfois si rapprochés qu'ils nuisent à la solidité du sol et à la facilité de la circulation. Ils pullulent très-rapidement : les femelles font par an deux portées de trois ou quatre petits chacune.

Ils sont d'un naturel fort doux et s'apprivoisent aisément. Suivant un auteur chilien, l'abbé Molina, on peut les prendre dans la main et les placer sur soi, sans qu'ils tentent de mordre ni même

Fig. 195. Chinchilla.

de s'échapper ; bien mieux, ils paraissent très-sensibles aux caresses. Aussi les élève-t-on volontiers dans les maisons, où d'ailleurs ils se comportent très-civilement, vu leurs habitudes de propreté.

Les Chinchillas constituent une source abondante de revenus pour une partie des populations chilienne et péruvienne. Le prix élevé de leur fourrure les met en butte à toutes les convoitises. On leur donne la chasse à l'aide de chiens qui sont conduits par des enfants et qui ont été dressés à les prendre délicatement, de manière à ne pas endommager leur précieuse peau.

Au commencement de notre siècle, la fourrure du Chinchilla fut tellement recherchée en Europe, et la quantité qu'on en expédia d'Amérique fut si considérable, que le gouvernement chilien dut prendre des mesures énergiques pour préserver l'espèce d'une destruction complète. De 1828 à 1832 il s'est vendu, à Londres seulement, plus de dix-huit mille peaux de Chinchillas. Aujourd'hui cette fourrure, quoique un peu moins goûtée, est loin cependant d'être tombée en discrédit.

Genre Lagotis. — Tandis que les Chinchillas ont cinq doigts aux pieds de derrière, les *Lagotis* (fig. 196) n'en offrent que quatre, comme à ceux de devant. Leurs oreilles et leur queue sont aussi plus longues, leurs formes plus élégantes. Tels sont les principaux traits qui justifient leur place dans un genre particulier.

Ils habitent les Andes de la Bolivie, du Pérou et du Chili, et par

Fig. 196. Lagotis.

leurs mœurs ils ne diffèrent pas des Chinchillas. Leur pelage est aussi doux que celui de ces derniers, mais il est d'une nuance moins uniforme. Malgré cette cause d'infériorité, il n'en possède pas moins une certaine valeur.

Genre Viscache. — Les *Viscaches* (fig. 197) sont caractérisées par un mufle très-large, orné de moustaches noires très-fortes ; par une queue médiocre, en balai, par quatre doigts aux pieds de devant, trois à ceux de derrière, ceux-ci armés d'ongles puissants, particulièrement celui du milieu. De plus, elles ont les membres postérieurs plus longs que les antérieurs, et sautent à la façon des gerboises. Toutefois ce dernier caractère est beaucoup moins exagéré chez les Viscaches que chez les gerboises.

Ces animaux se tiennent dans les grandes plaines ou *Pampas* de l'Amérique du Sud; le bassin de la Platà en renferme un grand nombre. Ils vivent en société et se creusent des terriers profonds. Les graminées et les légumineuses constituent le fonds de leur nourriture. Leur posture habituelle est celle qu'affectionnent les lapins : la station, sur le train de derrière. Ils se servent de leurs pattes de devant pour porter les aliments à leur bouche. Leurs mouvements sont très-agiles, et, lorsqu'on fait mine de les inquié-

Fig. 197. Viscache.

ter, ils s'enfuient rapidement. On les chasse pour s'emparer de leur fourrure, dont les Américains font des casquettes.

A la suite des Chinchilliens se place un groupe de Rongeurs analogues aux rats sous le rapport de la forme et de la taille, mais qui s'en distinguent par le système dentaire et la contexture des poils. Tandis que les rats ne présentent que trois paires de molaires à chaque mâchoire, ceux-ci en possèdent quatre; en outre, leur pelage est généralement plus ou moins épineux. Toutefois, ce dernier caractère n'est pas d'une fixité absolue, et quelques espèces sont revêtues d'une robe assez douce. Nous n'en appliquerons pas moins la dénomination de *Rats épineux* à tous les animaux qui composent ce groupe. Cela nous évitera d'entrer dans les détails d'une nomenclature barbare et difficile à retenir.

Ces Rongeurs sont exclusivement propres au nouveau continent, principalement à l'Amérique méridionale. Ils courent à la surface du sol, se nourrissant de substances végétales. Leur queue est longue, le plus souvent écailleuse, quelquefois garnie de poils courts. Les naturalistes les appellent *Échymis* (fig. 198).

Fig. 198. Échymis épineux.

A côté de ces Rongeurs prennent rang les *Capromys*, qui ont les mêmes allures, mais sont aussi gros que des lapins. Les Capromys habitent Cuba ; ils grimpent facilement et montent volontiers sur les arbres. Leur régime alimentaire consiste en légumineuses, fruits et plantes aromatiques dont ils sont très-friands ; les substances animales leur répugnent très-fort. Ils sont intelligents et s'apprivoisent promptement.

Le groupe précédent nous a servi de transition pour arriver aux *Porcs-Épics*, singuliers animaux, doués d'une propriété très-curieuse : celle de hérisser leur corps, couvert d'épines, et de se constituer ainsi une cuirasse offensive et défensive. Avant d'aller plus loin, disons que la petite famille des Porcs-Épics se partage en quatre genres : *Porcs-Épics proprement dits*, *Sphiggures*, *Aulacodes* et *Sinéthères*.

Genre Porc-Épic. — L'espèce type du genre et la plus répandue est le *Porc-Épic à crêtes*, qui habite l'Italie, la Grèce, l'Espagne, l'Afrique septentrionale et diverses parties de l'Asie. C'est celle que nous décrirons et qui nous servira à caractériser le genre tout entier.

Le Porc-Épic est l'un des plus gros rongeurs connus : sa longueur totale dépasse 60 centimètres. Des incisives supérieures très-fortes ; des doigts courts, épais, armés d'ongles robustes ; une tête volumineuse, renflée à la région frontale ; des yeux petits ; des oreilles peu développées ; une gueule faiblement fendue ; des formes trapues ; une démarche lourde et embarrassée : tels sont, en dehors du pelage, les principaux traits de la physionomie de ce rongeur (fig. 199).

Le dos, les cuisses et la croupe sont revêtus de baguettes piquantes, de 20 à 22 centimètres de longueur, annelées de noir et de blanc, et fixées à la peau au moyen d'une sorte de pédicule. Ces épines peuvent se hérisser et rayonner dans tous les sens, sous l'action d'un muscle énorme, qui entre en action à la volonté de l'animal. Elles paraissent alors comme autant de javelots menaçants qui en imposent à tout agresseur, et permettent à notre rongeur de se soustraire à un péril imminent. La queue est rudimentaire, et garnie, non d'épines comme le dos, mais de tubes blancs entièrement creux, et qui produisent un bruit sec en s'entre-choquant. Le museau est orné de longues et fortes moustaches ; la tête et le cou sont recouverts de poils flexibles, susceptibles de se dresser en aigrette, mais non piquants. Quant aux parties inférieures du corps, elles sont complétement dépourvues d'épines, et le pelage en est assez doux. De longues soies se voient aussi sur les parties supérieures, où elles sont entremêlées aux poils raides.

Dans les circonstances ordinaires, les piquants du Porc-Épic sont rabattus sur le corps, et rien ne pourrait faire supposer qu'ils deviendront, à un moment donné, des armes redoutables. Mais que la colère ou la peur saisisse l'animal, et l'on voit jaillir soudain une forêt de baïonnettes, agitées par de violentes secousses, et dont le froissement se traduit par une espèce de cliquetis. Si c'est un ennemi qui cause tout ce mouvement, le Porc-Épic lui tourne le dos, cache sa tête entre ses pattes de devant, et faisant entendre un sourd grognement, attend ainsi son attaque, espérant le déconcerter. Mais l'assaillant s'avance quelquefois, malgré ces dispositions hostiles ; alors le Porc-Épic se rue sur lui, en marchant de côté ou à reculons, de manière à ne pas présenter de parties vulnérables, et lui enfonce ses épines dans le corps. Les blessures qu'il fait ainsi, peuvent avoir les conséquences les plus fâcheuses. Il arrive parfois que le Porc-Épic, en se secouant, laisse tomber quelques-uns de ses piquants, qui se détachent par

l'effet du choc, ou même que la séparation se fait au moment où
ces piquants pénètrent dans la chair d'un ennemi. C'est probablement là l'origine de la fable, d'après laquelle le Porc-Épic pos-
séderait le pouvoir de darder ses épines à distance contre ses adversaires, comme les javelots des anciens.

Le Porc-Épic est un animal farouche, solitaire et nocturne. Il
habite les lieux arides et se creuse des terriers profonds, à plusieurs issues, où il se retire pendant le jour. Il ne sort que la nuit,
pour se procurer sa nourriture, laquelle consiste en herbes et en
fruits. Il est inoffensif et n'attaque jamais les autres animaux; il se
borne à se défendre lorsqu'il est menacé. Il n'est pas essentiellement hibernant, et s'il s'endort durant la saison froide, c'est d'un

Fig. 199. Porc-Épic.

sommeil assez léger, qui se dissipe aux premiers beaux jours. La
femelle met bas, une seule fois par an, trois ou quatre petits, qui
naissent déjà couverts de piquants.

La chair du Porc-Épic est assez bonne à manger, elle rappelle
le goût de la viande du porc. C'est sans doute à cette analogie, et
aussi au grognement de ce rongeur qu'il faut attribuer son nom de
Porc-Épic. On utilise non-seulement la chair, mais les épines de
cet animal; elles reçoivent diverses destinations; on en fait, par
exemple, des porte-plumes.

Les îles de la Sonde nourrissent une espèce de Porc-Épic, qui se
distingue de la précédente par une queue longue et terminée en

pinceau. C'est le *Porc-Épic de Malacca*, ou *Athérure en pinceau.* (fig. 200). Elle est plus petite que l'espèce commune, et vit à Java, Sumatra et Malacca.

Fig. 200. Athérure.

L'Amérique a également ses Porcs-Épics. Le plus remarquable est l'*Ourson* (fig. 201), qui se trouve dans différents États du Nord.

Fig. 201. Ourson.

Cet animal est aussi gros que son représentant d'Europe. Il habite les forêts de pins et mange l'écorce de ces arbres. Son gîte est pratiqué sous les racines des arbres vermoulus. Lorsqu'on l'attaque, il se roule en boule, hérisse ses piquants et se rend ainsi presque insaisissable.

Les sauvages le chassent pour sa chair qui n'est pas mauvaise, ainsi que pour sa peau dont ils se font une fourrure, après en avoir arraché les épines; ses piquants leur servent d'épingles.

Genre Sphiggure.—Les Sphiggures sont caractérisés par une queue prenante, en partie nue, et par des ongles, arqués, très-aigus, leur permettant de grimper sur les arbres. Leurs piquants ne sont pas longs et se trouvent souvent cachés sous les poils : circonstance très-dangereuse pour qui ne la connaît pas; car si l'on passe la main sur le dos de quelqu'un de ces animaux, on peut se blesser assez grièvement. Ils ont le front déprimé, et non proéminent comme les vrais Porcs-Épics. On les rencontre dans une grande partie de l'Amérique méridionale.

Le *Sphiggure Couiy* a été observé au Paraguay par le naturaliste espagnol Azara. La longueur de son corps est de 50 centimètres; celle de la queue est de 25 centimètres. Il vit sur les arbres, et tous ses mouvements sont d'une lenteur excessive. Les déplacements paraissent même lui répugner au plus haut point; Azara en a vu un rester parfois dans la même posture durant quarante-huit heures. En un mot, c'est un animal paresseux, indifférent et

Fig. 207. Aulacode.

apathique, qui ne sort de son immobilité que pour manger. Azara en posséda cinq, qu'il nourrissait d'herbes, de feuilles, de fruits de toutes sortes, de manioc, de maïs et de pain.

Genre Synéthère. — La seule espèce connue est le *Coendou*, qui a le corps entièrement recouvert de piquants. On le trouve dans les forêts de la Guyane, du Brésil et du Mexique.

Genre Aulacode. — Nous ne mentionnons les Aulacodes (fig. 202) que parce que leurs formes diffèrent essentiellement de celles des autres Porcs-Épics. Ils ont la tête et le corps beaucoup plus allongés, les pattes plus courtes. Leur queue est assez développée, et garnie partout de poils épineux. Ces animaux sont gros comme des lapins et habitent l'Afrique occidentale.

Le groupe des *Caviens*, qui vient après celui des Porcs-Épics, comprend un certain nombre de Rongeurs assez différents les uns des autres en apparence, mais que des caractères communs d'une certaine valeur rapprochent incontestablement. Leurs molaires sont dépourvues de racines ; leurs doigts, au nombre de quatre en avant et de trois seulement en arrière, sont terminés par des ongles arrondis et analogues à des sabots ; la queue est nulle ou tout à fait rudimentaire. Les Caviens appartiennent exclusivement à l'Amérique méridionale, et ils se partagent en quatre genres principaux : les *Cabiais*, les *Cobayes*, les *Pacas* et les *Agoutis*.

Cabiai. — Les Cabiais, appelés encore *Hydrochères*, et *Cochons*

Fig. 203. Cabiai.

d'eau (fig. 203), sont les plus gros de tous les Rongeurs. La seule espèce que l'on ait observée jusqu'ici, mesure 1 mètre de longueur

sur 50 centimètres de hauteur, et atteint la taille d'une brebis ordinaire. C'est un animal au corps massif, à la tête forte, aux oreilles courtes et arrondies, aux jambes assez longues, aux doigts
semi-palmés, au poil rude et rare, généralement de couleur brune.
Il vit en société, sur les bords des lacs et des rivières, se nourrit
d'herbes et se creuse des terriers. A la moindre apparence de
danger, il se précipite dans l'eau, où il nage avec aisance. Les
animaux carnassiers, tels que le jaguar, le couguar, etc.; en détruisent beaucoup. L'homme chasse aussi le Cabiai, pour sa chair
qui est, dit-on, fort bonne.

Ce Rongeur est d'un naturel docile, et il s'apprivoise bien lorsqu'on le prend jeune. Il est très-répandu à la Guyane et dans la
plupart des régions baignées par les affluents du fleuve des Amazones.

Cobaye. — Sous le rapport du volume, les Cobayes contrastent
singulièrement avec les Cabiais; car leur taille n'est pas supérieure à celle du rat. Ces jolis animaux sont généralement connus
sous le nom de *Cochons d'Inde.* Leur domestication remonte à une
époque très-ancienne. C'est au moins ce qu'il faut inférer de leur
coloration par grandes plaques noires et jaunes sur un fond blanc,
genre de coloration qu'ils présentaient déjà avant leur introduction
en Europe, dès le milieu du seizième siècle, et qui ne peut être
attribué à l'action de la nature, puisqu'aucun Mammifère sauvage
ne se montre peint de façons différentes sur chaque côté du
corps.

Les Cochons d'Inde ne manifestent aucune intelligence en captivité. Ils sont uniquement absorbés dans la satisfaction de leurs
besoins matériels, et semblent n'avoir pas conscience des soins
qu'on leur donne. Comme la lumière les incommode, ils dorment
souvent pendant le jour, et ne déploient quelque activité que le
soir ou la nuit. Comme les femelles produisent beaucoup à
chaque portée, et que les jeunes sont aptes à la production dans un
âge très-tendre, il en résulte qu'ils se multiplient avec une grande
rapidité. Buffon disait qu'avec un seul couple on pourrait en avoir
un millier dans un an.

C'est une particularité assez rare parmi les Mammifères, que les
petits présentent presque tout leur développement en venant au
monde, taille à part, bien entendu. Ainsi sont les Cobayes. Ils peuvent, en naissant, suivre leur mère; ils peuvent manger et teter
tout à la fois, car leurs dents sont déjà très-fortes. Rien dans leur

aspect extérieur, si ce n'est la taille, ne les différencie de leurs parents.

Les Cochons d'Inde (fig. 204) sont faciles à nourrir; ils mangent du pain, des racines, des choux, de la salade et des herbes de toutes sortes. On croit vulgairement qu'ils ne boivent jamais; c'est là une erreur. Lorsque leurs aliments sont de nature sèche et qu'ils ont de l'eau à leur portée, ils n'ont garde de s'en priver. Ils ne sont pas d'un grand rapport, et l'on ne voit pas bien les raisons

Fig. 204. Cobaye ou Cochon d'Inde.

qui ont pu déterminer l'homme à les élever en domesticité. Leur faible volume et la fadeur de leur chair leur assignent un rang assez infime parmi les animaux comestibles. C'est donc par curiosité, plutôt que par intérêt véritable, que le Cochon d'Inde a été naturalisé en Europe, et que nous lui réservons quelquefois une place auprès de nos animaux domestiques.

On trouve les Cobayes à l'état sauvage dans l'Amérique méridionale, principalement au Brésil, à la Guyane et au Pérou. Ils mènent une existence nocturne, suivant les espèces, se creusent des terriers ou se cachent parmi les herbes. Leur fécondité est beaucoup moins grande que celle de l'espèce domestique. On pense que celle-ci descend du *Cobaye Apéréa*, espèce du Brésil et de la Guyane.

Genre Paca. — Les Pacas (fig. 205) sont intermédiaires, pour la taille, entre les Cabiais et les Cobayes. Ils ont le corps ramassé, la tête grosse, munie d'abajoues, les jambes assez basses, mais un peu plus longues en arrière qu'en avant; les doigts armés d'ongles fouisseurs, le poil rude et peu abondant.

Ils habitent les forêts du Brésil, de la Guyane et du Paraguay, et se creusent des terriers à trois issues, dans le voisinage des eaux. Leur chair est excellente; aussi les chasse-t-on très activement. On pourrait les acclimater en Europe et les élever en domesticité;

Fig. 205. Paca brun.

car leur naturel est doux, et ils s'apprivoisent facilement. De plus, ils sont aisés à nourrir, puisqu'ils mangent de toutes les substances végétales et même de la viande; enfin, leur tempérament robuste résisterait parfaitement à notre climat.

Genre Agouti. — L'Agouti (fig. 206) a de la ressemblance avec le lièvre; mais ses jambes sont plus fines, plus hautes, et ses formes plus élégantes; ses oreilles sont aussi beaucoup moins développées. Il en diffère peu par la taille. Son poil, raide et court, est susceptible de se hérisser, sous l'influence de la colère ou de la crainte.

Les Agoutis sont des rongeurs de l'Amérique méridionale et des Antilles. C'est dans les bois qui couvrent les coteaux et les montagnes qu'ils s'établissent d'ordinaire; les fentes de rochers, les trous d'arbres, etc., leur servent de gîte. Faute d'abris naturels, ils se creusent des terriers. Ils sont nocturnes, et se nourrissent principalement de fruits et de racines. Mais en captivité ils sont réellement omnivores, et se montrent même d'une voracité insupportable ; car ils rongent tout ce qu'ils peuvent atteindre.

L'Agouti est traqué en Amérique, comme le lièvre et le lapin en

Fig. 206. Agouti.

Europe. On le chasse au chien courant, à l'affût, on lui tend des piéges, des lacets. C'est qu'il constitue, en effet, un excellent gibier.

Ce rongeur s'apprivoise très-facilement.

Castors. — Nous avons à décrire maintenant des Mammifères célèbres dans le monde entier par leurs mœurs et leur intelligence : nous voulons parler des Castors.

Faisons d'abord le portrait de ces intéressants rongeurs.

Le Castor ne possède aucune des qualités qui séduisent l'œil. Ses formes trapues, sa grosse tête, percée de petits yeux, et d'une bouche dont la lèvre supérieure, fendue, laisse saillir de puissantes incisives ; sa longue et large queue, aplatie en forme de spatule et recouverte d'écailles, tout cela contribue à lui donner une certaine apparence de stupidité. Ses pieds de derrière sont plus longs que ceux de devant ; ils sont, en outre, parfaitement palmés ; tandis que ceux de devant sont aptes à saisir les objets, grâce à la profonde séparation des doigts et à la présence de tubercules charnus, qui, par leur position sur la face inférieure des extrémités, remplissent, en quelque sorte, le rôle de pouces opposables. Le museau se prolonge quelque peu au delà des mâchoires, et les narines sont d'une remarquable mobilité. Pareille mobilité est dévolue aux oreilles, qui sont peu apparentes, et que l'animal a la faculté d'appliquer sur sa tête lorsqu'il plonge, de manière à interdire à l'élément liquide l'accès du conduit auditif. Le pelage, de couleur généralement brune, est fort bien approprié aux nécessités de la vie aquatique. Il se compose d'une bourre fine, serrée et douillette qui recouvre immédiatement la peau, et est imperméable à l'eau. Cette première assise disparaît sous de longs poils soyeux et lui-

Fig. 207. Castor.

sants. Le Castor est de taille assez forte : il mesure un pied de haut environ, sur deux pieds de long, sans compter la queue, qui elle-même est longue d'un pied.

Nous avons vu les Ondatras se réunir pour se construire des habitations à proximité les unes des autres. Les Castors vont nous donner un exemple plus frappant encore de la force de l'association et des prodiges qu'elle enfante parmi les animaux.

Les Castors sont essentiellement aquatiques ; ils nagent très-bien, car ils possèdent dans leurs pieds de derrière de larges rames, et dans leur queue un excellent gouvernail. C'est donc dans les pays entrecoupés de lacs et de cours d'eau qu'on doit s'attendre à les rencontrer. Telles sont les solitudes de l'Amérique du Nord, principalement du Canada, où se voient presque exclusivement aujourd'hui les dernières colonies de Castors.

C'est vers le mois de juin ou de juillet que les Castors se réunissent, au nombre de deux ou trois cents, pour fonder un village. Après avoir choisi un lieu convenable sur le bord du lac ou de la rivière, ils commencent leurs opérations. Si c'est un lac, ils peuvent procéder immédiatement à la construction de leurs cabanes, parce qu'ils n'ont pas à craindre de variations dans le niveau des eaux. Si c'est une rivière ou un fleuve, une digue est indispensable pour réaliser en aval un niveau constant, et mettre leurs demeures à l'abri de l'inondation. Pour mener à bonne fin cette colossale entreprise, on fait appel à tous les efforts de la communauté.

La troupe industrieuse commence par choisir un arbre assez élevé sur le bord de la rivière. Plusieurs Castors l'attaquent par la base, le scient littéralement, au moyen de leurs tranchantes incisives, et le font tomber en travers du courant. Cet arbre, qui est souvent plus gros que le corps d'un homme, constitue la base, et, en quelque sorte, la clef de voûte de l'ouvrage tout entier. Lorsqu'il est abattu, d'autres Castors l'ébranchent, pour le faire porter solidement sur les deux bords de la rivière par ses deux extrémités. En même temps, le reste de la bande se disperse sur les deux rives, scie des arbres plus petits, les ébranche et les débite en pieux, puis les met à l'eau et les amène jusqu'à l'emplacement de la digue. Cela fait, d'autres travailleurs enfoncent les pieux dans le lit de la rivière : les uns, à l'aide de leur bouche et de leurs pattes de devant, les maintiennent verticalement, tandis que d'autres creusent les trous qui doivent en recevoir le bout effilé. Ces pilotis, fort rapprochés les uns des autres et fixés contre le gros arbre jeté en travers du courant d'eau, sont ensuite reliés entre eux, de manière à former une digue présentant de nombreux interstices.

Jusqu'ici nous avons vu les charpentiers à l'œuvre; le rôle des maçons va commencer. Les Castors montent sur la rive, gâchent de la terre avec leurs pieds, la battent avec leur queue, puis transportent cette espèce de mortier jusqu'à leur digue, et en remplissent tous les trous. La bouche et les pattes de devant sont les véhicules qui servent à effectuer ces transports.

Après ce maçonnage, la digue est achevée. Elle a quelquefois jusqu'à 30 ou 35 mètres de longueur, sur 3 ou 4 mètres d'épaisseur

Fig. 208. Les architectes du Canada.

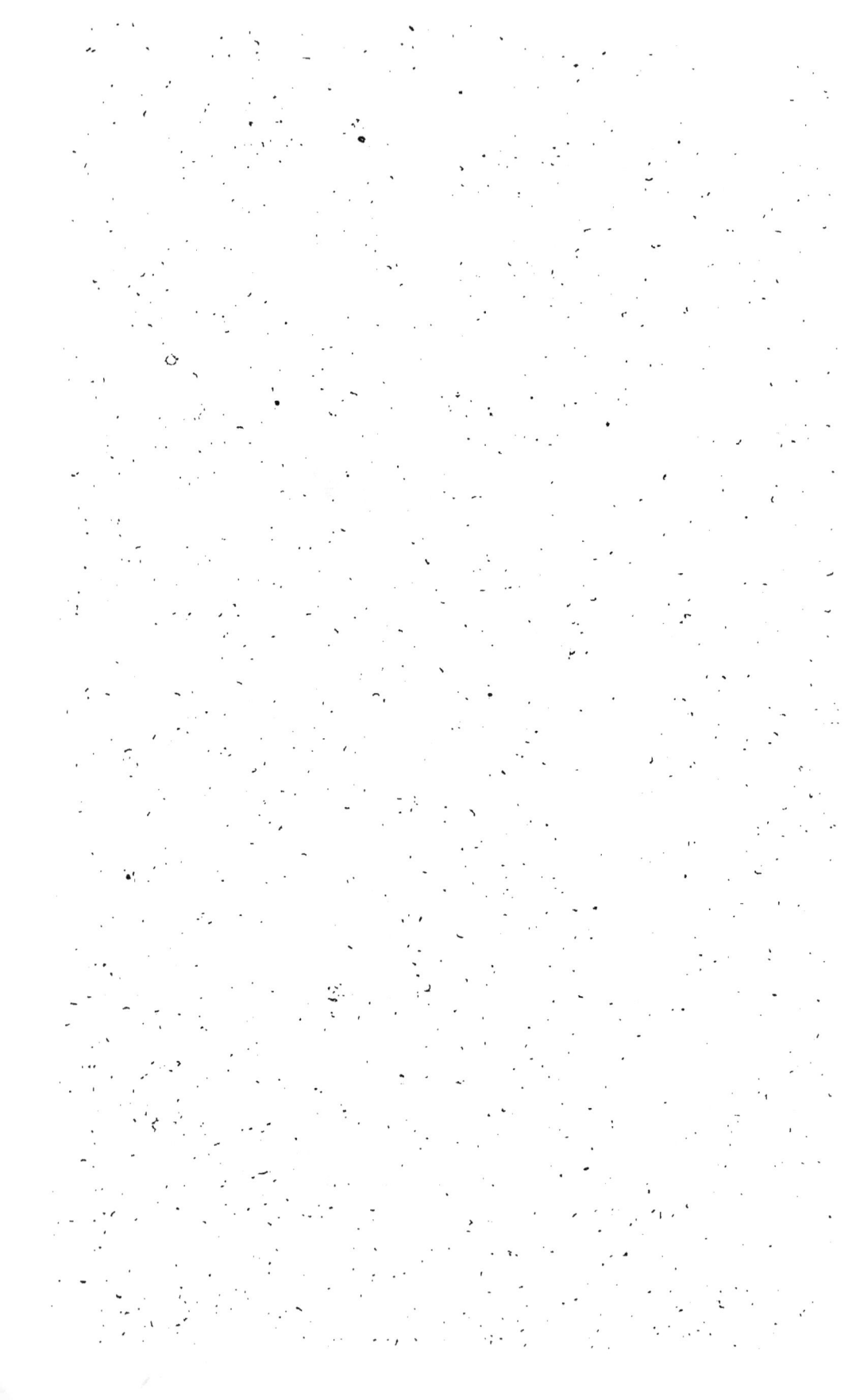

à la base. Au sommet, l'ouvrage n'a guère plus de 1 mètre de largeur, car il est coupé obliquement en amont, disposition la plus convenable pour amortir le choc du courant et supporter le poids de l'eau. On dit même que cette face de la digue est quelquefois de forme convexe, et cela dans le même but.

Ces préliminaires terminés, la masse des Castors se fractionne en petites compagnies, qui procèdent, isolément et chacune pour son compte, à l'édification d'une cabane commune. Ces intelligents animaux déploient dans ce nouveau travail la même adresse et les mêmes facultés que dans le précédent ouvrage. Leurs maisonnettes sont bâties sur pilotis, près du bord de l'eau. De forme ronde ou ovale, elles ont de 2 à 3 mètres de diamètre intérieur. Elles se composent de deux, quelquefois même de trois étages, dont le plus bas sert de magasin; les autres sont plus spécialement consacrés à l'habitation. Les murs ont jusqu'à 60 centimètres d'épaisseur et se terminent par un plafond en forme de dôme. Le tout, murs et dôme, soigneusement maçonné, est impénétrable à l'eau, en même temps qu'il peut résister aux vents les plus forts. Le bois, la pierre, le sable, le limon en sont les éléments constitutifs, cimentés par un mortier que le Castor applique au moyen de sa queue, comme avec une truelle. Il y a deux issues à la maison : l'une qui s'ouvre dans le magasin et donne accès à la rivière, l'autre qui est percée dans la paroi de l'étage supérieur, au-dessus de la surface de l'eau, et par laquelle les habitants peuvent entrer et sortir.

Le nombre des propriétaires d'une même cabane varie beaucoup; il est ordinairement de quatre ou six, accouplés deux à deux, mais il peut aller jusqu'à quinze ou vingt. Quelquefois chaque ménage se retranche dans un compartiment particulier, isolé par des cloisons; mais le plus souvent les différents couples vivent côte à côte, sans la moindre séparation. Le magasin est commun à tous les habitants de la hutte, mais interdit à ceux des huttes voisines. Il renferme des écorces et des branches de bois tendres, tels que aunes, saules, peupliers, dont les Castors font leur nourriture favorite. Ce n'est que dans l'hiver, bien entendu, qu'on entame ces provisions. Comme le magasin n'en pourrait contenir une quantité suffisante pour alimenter la compagnie pendant toute la mauvaise saison, les Castors en entassent aussi dans l'eau, autour de leur demeure.

La plus grande concorde, une harmonie parfaite, règnent dans la colonie. Lorsque l'un des associés soupçonne quelque danger, il avertit la petite république, en frappant l'eau de sa queue à plusieurs reprises. Il en résulte un bruit qui, grâce à la prompte transmission du son dans les ondes liquides, se propage rapidement dans toutes les habitations. Aussitôt chacun prend ses mesures pour se soustraire au péril : les uns plongent, les autres se renferment dans leurs maisons, où nul autre ennemi que l'homme ne saurait les atteindre.

La femelle du Castor porte quatre mois, et met bas, au mois de janvier, de deux à cinq petits. Elle les soigne avec sollicitude. Au bout de quelques semaines ils sont assez forts, non pour se passer de protection, mais pour suivre la mère au dehors. Pendant ce temps, le mâle a disparu; il est allé courir les bois, à la recherche des pousses tendres, des écorces fraîches, des racines de nénufar et autres plantes aquatiques. La fin de l'été ramène à l'établissement ces amateurs de villégiature, et tous se mettent à l'œuvre pour réparer la digue et leurs cabanes, qui ont souvent souffert des inondations du printemps.

Une circonstance à noter dans les habitudes du Castor, c'est son extrême propreté. Il ne souffre pas la moindre ordure sur le plancher de sa chambre. Il agit de même en captivité. Buffon, qui en posséda un, dit que lorsqu'on le tenait trop longtemps renfermé, il déposait ses excréments près de la porte, et que, dès qu'on ouvrait cette porte, il se hâtait de les pousser dehors. Cette horreur de la malpropreté paraît tenir à l'exquise sensibilité de son flair, qui ne lui permet pas de supporter les mauvaises odeurs.

Il est de doctes gens, comme Buffon, Frédéric Cuvier, Isidore Geoffroy Saint-Hilaire, Flourens, etc., qui prétendent expliquer par l'*instinct* les merveilleuses actions que nous venons de raconter. Ces naturalistes déclarent tout d'une voix que le Castor bâtit *par instinct*, pour le plaisir de bâtir : c'est une machine à construire. Frédéric Cuvier et Flourens invoquent à l'appui de cette considération ce fait, que le Castor captif s'amuse quelquefois à bâtir « sans aucune utilité, » ajoutent ces doctes penseurs. Si l'on eût enfermé dans une prison Paganini, il aurait joué du violon, pour se distraire; si l'on eût mis au cachot Rubens, il aurait peint, pour passer le temps. Ceux qui partagent l'opinion des savants ci-dessus nommés, devraient conclure que Paganini était une machine à jouer du violon, et Rubens une machine à peindre. Une réfutation plus sérieuse de la doctrine qui refuse l'intelligence au Castor, nous paraît superflue.

Le Castor cesse de bâtir lorsque les conditions d'existence en vue desquelles il a été créé, lui sont, par une cause ou par une autre, rendues impossibles. C'est ce qui explique pourquoi les derniers Castors d'Europe, au lieu de se réunir pour travailler et vivre en commun, comme leurs frères d'Amérique, se tiennent dans l'isolement et habitent des terriers. On les appelle, pour cette raison, *Castors terriers*. On comprend facilement, en effet, que le voisinage de l'homme, ses incessantes persécutions, le va-et-vient continuel qui trouble, chez les peuples civilisés, la tranquillité des cours d'eau, soient autant de causes puissantes qui agissent dans le même sens pour modifier les habitudes de ces rongeurs.

C'est une chose triste à constater, mais le Castor disparaît de plus en plus, aussi bien en Amérique qu'ailleurs. On a gardé si peu de mesure dans la chasse qu'on lui fait, que le nombre en a considérablement diminué depuis un siècle, et qu'on peut prévoir le moment où l'espèce aura cessé d'exister. L'homme abuse de tout; il se prive volontairement de jouissances qu'avec un peu moins d'avidité il eût pu éternellement goûter.

« Les sociétés de Castors, dit M. Ernest Menault, dans un article que nous aurons encore à citer plus loin, se sont maintenues sur notre sol jusqu'à la fin du moyen âge, malgré les attaques de l'homme. Mais à mesure que celui-ci perfectionnait ses armes et ses procédés de chasse, les Castors redoublaient de prudence, de ruse, de sagacité; enfin ils durent céder devant les armes à feu. La vie en commun entraînait de trop grands dangers, il fallut renoncer aux douceurs de l'association. Les familles se dispersèrent et ne trouvant plus de sécurité dans leurs huttes qui attiraient les regards de l'homme, les Castors ont cherché un refuge dans les crevasses des rochers escarpés qui bordaient les cours d'eau. C'est ainsi que cet animal a renoncé à la vie sociale, qu'il a adopté des mœurs, des habitudes toutes nouvelles, qu'il a créé une nouvelle industrie et que le maçon est devenu mineur. Faisant ainsi l'inverse de l'homme, qui caché d'abord dans les cavernes, s'est construit plus tard des cabanes au grand jour alors qu'il n'avait plus à craindre les bêtes féroces. »

Beaucoup de personnes ignorent que la France possède des Castors. Rien n'est pourtant plus exact. A la vérité, ils ne se trouvent qu'en petit nombre dans notre pays; mais leur existence ne saurait être contestée. Le cours méridional du Rhône, et accidentellement l'entrée de ses principaux affluents, tels que l'Isère, le Gardon, la Durance, sont les seuls points où vivent les rares Castors français. Malheureusement tout porte à croire qu'ils ne jouiront pas longtemps de ce privilège; l'avidité qu'excitent chez l'homme les dépouilles de ces animaux amènera infailliblement leur disparition complète du sol français.

C'est principalement dans les îles que s'établissent les Castors du Rhône. Comme elles sont, pour la plupart, inhabitées, ils y trouvent une plus grande sécurité que sur les rives du fleuve. Leur terrier communique avec le Rhône par une longue galerie, qui s'ouvre toujours au-dessous du niveau de l'eau, afin de soustraire leur demeure aux regards malveillants. Ce terrier est parfois très-vaste et donne asile à plusieurs individus. Dans une propriété du département du Gard, une digue étant venue à s'écrouler mit à découvert un de ces terriers. Il mesurait 15 mètres de long et était partagé en plusieurs compartiments.

Il subsiste pourtant encore en Europe des colonies de Castors constructeurs. Le fait fut constaté en 1827, par un observateur allemand, non loin de Magdebourg, sur un des affluents de l'Elbe. Des Castors s'étaient rassemblés en ce lieu, et y avaient édifié des ouvrages absolument semblables à ceux des Castors d'Amérique. De pareilles colonies sont, comme on le pense, excessivement rares, et excitent au plus haut point la curiosité.

Le Castor supporte parfaitement la captivité, et bien que l'eau soit son élément naturel, on peut l'en sevrer sans inconvénient. Celui que possédait Buffon, et qui avait été pris tout jeune au Canada, manifestait même de la crainte à la vue de l'eau, et refusait d'y entrer ; mais après qu'on lui eut fait prendre un bain forcé de quelques minutes, il s'en trouva très-bien, et retourna barbotter, chaque fois qu'il en eut le loisir. Il était familier, mais indifférent. Pour demander à manger, il agitait les pattes de devant en poussant de petits cris.

On a fait l'expérience intéressante d'élever le Castor en domesticité, en le plaçant dans des conditions où pussent se développer ses instincts naturels, en facilitant même par divers moyens la manifestation de ces instincts. Un essai de ce genre a été tenté par M. Exinger, de Vienne, sur les bords d'un vaste étang situé aux environs de Modlin (Pologne); le *Bulletin de la Société d'acclimatation* en a rendu compte[1].

Les Castors de M. Exinger étaient de ceux qui se creusent des terriers. L'observateur put les étudier pendant six ans. Ils étaient très-timides, et ne sortaient guère que le soir de leurs retraites. A

1. Janvier 1866.

l'approche de l'hiver, M. Exinger faisait abattre des saules et des peupliers, qu'on déposait sur la berge de l'étang, le tronc dans l'eau. Dès les premiers froids, les Castors entraînèrent ces arbres au fond de l'étang, et les rangèrent à côté les uns des autres, en les enchevêtrant de manière à en former un tout solide et résistant. Lorsque l'hiver se prolongeait, M. Exinger faisait casser la glace, et introduire dans l'eau quelques troncs d'arbres frais, afin de renouveler les provisions des prisonniers.

M. le docteur Sacc a fait remarquer, à ce propos, qu'il y aurait un excellent moyen d'utiliser les immenses marais de l'Est et du Nord de l'Europe : ce serait d'y favoriser l'établissement et la multiplication des Castors. Il suffirait, pour cela, de planter les abords de ces marais des arbres favoris du Castor : saules, peupliers, aunes, bouleaux, etc. L'entreprise se ferait à peu de frais, et deviendrait bientôt une source de richesses pour l'Europe, qui trouverait désormais en elle-même les précieuses fourrures qu'elle achète aujourd'hui si cher à l'Amérique.

En 1868, des Castors ont été amenés d'Amérique au Jardin des Plantes de Paris, et là ils ont donné lieu aux observations les plus curieuses, quant à leur intelligence. M. Ernest Menault a décrit en ces termes les merveilles de ces petits architectes transportés dans notre climat.

« Ces animaux, dit M. Ernest Menault, sont au nombre de quatre. Deux ont été donnés par le capitaine Laynel qui les a rapportés de Terre-Neuve, ils sont âgés d'un an ; les deux autres ont été achetés à M. Douenel. Tous sont logés dans une grande caisse en bois dont l'ouverture est placée sur le bord de l'eau. Aussitôt que ces Castors ont reconnu qu'ils étaient là dans des conditions d'existence assez favorables, ils se sont mis à l'œuvre pour consolider leur habitation, pour la défendre contre les injures du temps et sans doute pour être mieux à l'abri. Et, fait remarquable qu'on n'attribuera pas à l'habitude, au pur instinct, ces Castors se sont mis à enlever le gazon de la petite pelouse de leur domaine ; ils l'ont porté sur leur cabane, de façon à la couvrir complètement, à lui former comme une sorte de toit sur lequel l'eau peut couler et qui tient les castors à l'abri du froid et du bruit. Ils ont, en un mot, exécuté un travail spécial qui n'était pas dans leurs habitudes.

« Autre trait de leur intelligence. On avait pratiqué à l'extrémité opposée de l'entrée de leur cabane une ouverture par laquelle on leur donnait leur nourriture, pain et carottes. Cela leur parut inutile, peut-être aussi craignaient-ils pour leur sécurité. Ils se mirent en devoir de murer cette ouverture, ils la couvrirent de terre. Chaque jour le gardien défaisait leur travail, chaque jour ils le recommençaient. On résolut enfin de les laisser tranquilles. M. Milne Edwards, qui leur porte le plus grand intérêt, fit met-

tre à leur disposition des branches d'arbres : ils s'amusent à les ronger et
ils en portent les débris dans leur cabane qui est tenue fort proprement ;
ces intelligents animaux ont soin de rejeter au dehors leurs excréments.
Cet hiver, ils eurent l'idée de boucher l'entrée de leur cabane pour se mettre à l'abri du froid. De temps à autre ils vont se promener sur l'eau, car
il faut que vous sachiez que le Castor est le seul parmi les quadrupèdes qui
ait la queue plate couverte d'écailles, de laquelle il se sert comme d'un
gouvernail pour se diriger dans l'eau ; le seul qui ait des nageoires aux
pieds de derrière ; le seul qui, ressemblant aux animaux terrestres par les
parties antérieures de son corps, paraisse en même temps tenir des animaux aquatiques par les parties postérieures. Il fait, comme l'a dit Buffon,
la nuance des quadrupèdes aux poissons, comme la chauve-souris fait celle
des quadrupèdes aux oiseaux. Un jour donc nos Castors s'embarquèrent sur
leur petite rivière, ils allèrent rendre visite à un autre Castor qui vivait
solitaire dans une petite cabane située à l'extrémité de leur domaine. On
se vit, on se causa, l'accueil parut de part et d'autre très-cordial ; le lendemain, le pauvre solitaire alla rendre sa visite aux nouveaux venus. Vous
dire ce qui s'est passé dans cette entrevue m'est impossible. Toujours est-
il qu'on trouva le pauvre Castor étendu sans vie à la porte de ceux qu'il
avait pris pour ses amis. Est-ce qu'il aura demandé à vivre avec eux et
que, ne le connaissant pas, ils ont refusé d'accéder à sa demande, qu'on
en est venu aux mains et que finalement ils l'ont tué ?

« Il nous répugne de croire à un pareil acte de férocité de la part d'animaux qui éprouvent la plus grande répulsion pour la chair et le sang, qui
sont ennemis de la rapine et de la guerre, qui sont doués d'un caractère
doux et pacifique, qui sont essentiellement amis de la liberté. On a maintes
fois remarqué avec quelle patience et quel calme les Castors rongent la
porte de leur prison. Et l'on a pu voir dernièrement les Castors du Jardin
des Plantes profiter de la rupture d'une maille du grillage qui limite leur
domaine, pour agrandir l'ouverture et pour partir se promener librement
aux environs. Ce n'est pas sans peine qu'on a pu les ramener à leur domicile et s'opposer à leur évasion [1]. »

Ce n'est pas seulement la fourrure qu'on recherche dans le Castor ; c'est encore un produit particulier nommé *castoreum* et dont
la médecine fait usage comme antispasmodique. Ce produit n'est
autre chose qu'une substance odoriférante, sécrétée par deux
glandes situées à l'origine de la queue. Deux autres poches, voisines des précédentes, produisent l'huile qui imprègne la robe
du Castor et qui la rend imperméable à l'eau. On assure que la
chair du Castor n'est pas non plus à dédaigner, et que les peuplades indiennes de l'Amérique du Nord s'en accommodent fort bien.

Les Castors habitent les régions septentrionales des deux continents ; l'Europe, l'Asie et l'Amérique en possèdent. En Asie, on ne

---

1. L'*Année illustrée*, 12 mars 1868.

les trouvé que dans la Sibérie et la grande Tartarie; en Europe, dans la Russie, la Pologne, la Prusse, l'Autriche et le midi de la France. Il y en avait autrefois dans toutes les régions de notre pays.

On a retrouvé des restes fossiles du Castor jusqu'auprès de Paris, et la petite rivière de la Bièvre semble n'avoir été appelée ainsi qu'à cause des Castors qui vivaient autrefois sur ses bords (les Castors du Rhône sont appelés *Bièvres* par nos populations méridionales). L'Angleterre a possédé des Castors jusqu'à la fin du douzième siècle.

Myopotame. — Les Myopotames (*Rats de rivière*) ont beaucoup de ressemblance avec les Castors. Ils sont à peu près de même taille

Fig. 209. Myopotame.

et ont, comme les Castors, les pieds palmés; mais leur queue est cylindrique et écailleuse comme celle des Rats.

La seule espèce connue de Myopotame est le *Coypou*, très-commun au Chili et à la Plata, et qu'on trouve aussi, mais plus rarement, au Brésil et dans d'autres États de l'Amérique méridionale. Les indigènes lui font une guerre acharnée, pour s'emparer de sa peau. Cette chasse se fait la nuit avec des chiens, parce que le Coypou ne sort pas pendant le jour. Autrefois l'exportation des peaux de Coypous se faisait sur une échelle considérable. D'après M. d'Orbigny, il en fut livré, de 1827 à 1828, plus de cent cinquante mille douzaines, sous le nom de *Castors de la Plata*; et dans certaines années, le chiffre total des peaux présentées sur les divers marchés du monde a atteint trois millions.

Nous passons à l'intéressant groupe des *Écureuils*. Ce groupe comprend, outre les *Écureuils proprement dits*, les *Sciuroptères*, les *Ptéromys*, les *Anomalures* et les *Tamias*.

Genre Écureuil. — Les Écureuils sont de jolis petits animaux, aux formes élégantes, aux mouvements rapides, à la mine éveillée, à l'œil vif et saillant. Ils se reconnaissent facilement à leur longue queue, relevée en panache au-dessus de leur tête, et garnie de poils distiques, c'est-à-dire disposés comme les barbes d'une plume, à leurs oreilles, très-souvent terminées par un pinceau de poils; à leur fourrure moelleuse, abondante, propre et bien lustrée. Ils ont des ongles aigus, et grimpent avec une vélocité extraordinaire au sommet des plus grands arbres. La forêt est leur milieu naturel. Leur mobilité est extrême, leur pétulance étonnante. Se trouvent-ils ici, ils veulent être là. On les voit passer sans cesse de branche en branche, d'arbre en arbre. D'autres fois, ils s'élancent à terre d'une hauteur qui, certes en imposerait à beaucoup d'autres animaux. On croirait qu'ils vont se briser la tête dans leur chute. Point du tout; ils retombent sans aucun mal, tant ils ont de souplesse et d'élasticité dans les membres; puis ils se mettent à gambader dans tous les sens. Leur queue leur est d'un grand secours pour exécuter ces sauts périlleux, aussi bien que ceux par lesquels ils franchissent la distance de douze ou quinze pas qui sépare souvent deux arbres voisins. Raidie horizontalement pendant le saut, elle présente une large surface, et concourt, avec les membres étendus, à augmenter la résistance de l'air.

L'Écureuil se nourrit principalement de noisettes, de faînes, de glands, d'amandes, de châtaignes et de fruits. Lorsqu'il trouve un nid de petits oiseaux, il suce aussi fort bien les œufs et dévore même les habitants. Dans les pays septentrionaux, il mange les graines des pins et des sapins, après les avoir habilement extraites des cônes qui les renferment. Il brise d'ailleurs très-proprement les noyaux les plus durs, pour en dévorer l'amande. Lorsqu'il a saisi quelque fruit ou baie, il s'assied sur son derrière, et porte l'aliment à sa bouche avec les deux pattes de devant.

Il a l'instinct de la prévoyance, et fait des provisions pendant l'été, pour ne pas mourir de faim durant la mauvaise saison. Il pousse même la précaution jusqu'à cacher des subsistances en différents endroits, afin de n'être pas pris au dépourvu si l'un de ces magasins vient à lui faire défaut. C'est ordinairement dans les troncs d'arbres, quelquefois aussi dans la terre qu'il amasse des réserves ; et sa mémoire est excellente, car il sait parfaitement les retrouver, quand le moment est venu de les utiliser.

Il craint la grande clarté du jour, et ne sort guère de sa demeure qu'au coucher du soleil. Cette demeure est un nid, un véritable nid, élégant et confortable, établi la plupart du temps à l'enfour-chure des grosses branches. Il est fait de petites bûchettes solide-

Fig. 210. Écureuil de France.

ment entrelacées avec de la mousse, et affecte à peu près la forme sphérique ; il est assez grand pour loger le père, la mère et trois ou quatre petits. A la partie supérieure est pratiquée une étroite ouverture, tout juste suffisante pour l'entrée et la sortie; mais comme la pluie aurait ainsi beau jeu pour envahir son domicile, l'Écureuil suspend au-dessus une espèce de marquise oblique qui laisse écouler l'eau du ciel et préserve le cher logis de toute inondation.

Ces gentils rongeurs vivent par couples; leur union n'est pas passagère, comme chez beaucoup d'autres mammifères, car le mâle continue à vivre avec sa compagne après le temps des amours. La mère témoigne pour ses petits une très-vive tendresse qui lui suggère divers stratagèmes pour les soustraire aux périls qui les entourent. Ainsi elle a eu le soin, avant de mettre bas, de construire plusieurs nids, à de certaines distances les uns des autres; et il lui arrive fréquemment, même sans apparence de danger, par simple mesure de prudence, de prendre ses petits dans sa gueule et de les changer d'appartement. Le matin, aux premières lueurs de l'aube, elle les descend sur la mousse, pour leur faire prendre un peu d'exercice. Si quelque intrus survient alors, elle les transporte l'un après l'autre, et aussi prestement qu'elle peut, à l'enfourchure de la branche la plus voisine, puis se met en devoir de les rejoindre. Pour arriver à ses fins, elle adopte une tactique employée par tous ses pareils devant l'ennemi. Elle se tient cachée derrière le tronc de l'arbre, et tourne en même temps que son poursuivant, animal ou chasseur, de manière à rester toujours masquée. Tout en tournant, elle monte pourtant si bien qu'elle finit par atteindre le port, saine et sauve. Là, elle se tient immobile et invisible, jusqu'à disparition complète du péril. C'est pour cela qu'il est très-difficile à un chasseur isolé de tirer et d'atteindre l'Écureuil.

Cet animal nage très-bien, quoiqu'il n'ait pas souvent l'occasion de le faire; mais il ne se sert pas de sa queue en guise de gouvernail, comme plusieurs auteurs l'ont raconté. Il pousse la propreté jusqu'à la coquetterie : il emploie une grande partie de son temps à se lisser et à se peigner. Aussi n'exhale-t-il jamais aucune mauvaise odeur. Lorsqu'on l'irrite, il fait entendre une sorte de grondement; mais son cri habituel est une note perçante qui décèle souvent sa présence.

La douceur, la vivacité, la gentillesse de l'Écureuil lui ont rallié la sympathie de l'homme, et l'on aime à l'élever dans les maisons. Pris jeune, il s'apprivoise facilement; mais il ne montre jamais une bien grande reconnaissance à celui qui lui a rendu le service de le priver de sa liberté. Quand donc cessera-t-on d'enfermer les Écureuils dans ces horribles cages tournantes, dont ils entretiennent le mouvement, pour la plus grande joie des badauds? Croit-on combler ainsi leurs vœux les plus chers? Jusqu'à preuve contraire, nous nous permettrons d'en douter.

On trouve des Écureuils dans toutes les parties du monde, et partout ils ont les mêmes mœurs que notre espèce d'Europe (fig. 210), à laquelle se rapporte plus particulièrement ce que nous venons d'exposer.

Nous devons dire pourtant que, dans certains contrées, les Écureuils vivent, non pas isolés et par couples, mais par bandes nombreuses. C'est le seul point essentiel par lequel diffèrent entre elles les nombreuses espèces du genre. Nous ne parlons pas, bien entendu, des différences de taille et de costume, qui sont au contraire très-accusées. Ainsi les Écureuils de l'Inde et des îles Malaises sont remarquables par l'éclat et la variété de leurs couleurs; et l'un d'eux, le *grand Écureuil de Malabar*, est plus que double en grosseur de l'Écureuil d'Europe. Dans les régions tempérées de l'Europe, celui-ci est ordinairement d'un roux plus ou moins vif sur le dos, et blanc en dessous; quelquefois aussi il est très-brun et même noir.

Le pelage de l'Écureuil varie d'ailleurs suivant la saison : cet animal a pelisse d'été et pelisse d'hiver. En Suède, en Russie et en Sibérie, il devient d'un beau gris ardoisé, sous l'influence du froid. Sa fourrure, connue sous le nom de *petit-gris*, acquiert alors une très-grande valeur et s'exporte en quantités considérables.

Fig. 211. Polatouche Sciuroptère.

Genres Sciuroptère, Ptéromys et Anomalure.— Les animaux répartis dans ces trois genres sont connus du vulgaire sous le nom d'*Écu-*

reuils volants. Ils ont pour caractère commun d'être pourvus de membranes alaires, s'étendant sur les flancs entre les membres antérieurs et les postérieurs. Ces membranes, poilues comme le reste du corps, constituent de véritables parachutes qui permettent aux Sciuroptères et autres de se soutenir un peu plus longtemps en l'air que le commun des animaux, et par conséquent de franchir d'un seul bond d'assez grandes distances.

Ce ne sont donc pas des ailes ; et, en effet, elles ne leur peuvent servir à s'élever, comme chez les oiseaux, mais seulement à descendre et à se mouvoir dans le sens horizontal. Sauf ce trait caractéristique, ces trois genres de rongeurs ont absolument la physionomie et les habitudes des vrais Écureuils.

Les *Sciuroptères* (Écureuils à ailes) (fig. 211) sont les plus petits des Écureuils volants. Ils habitent les régions septentrionales du globe, spécialement la Russie, la Sibérie et l'Amérique du Nord. Il paraît cependant qu'il s'en trouve jusque sur le versant indien de l'Himalaya.

Les *Ptéromys* (Rats à ailes, de πτερόν, aile, μῦς, rat) sont de plus forte taille que les précédents. Ils sont propres à l'Asie méridio-

Fig. 212. Ptéromys éclatant.

nale et à l'archipel Indien. L'espèce la plus remarquable est le *Ptéromys éclatant* (fig. 212), dont le pelage est d'un roux brun fort brillant.

Les *Anomalures* (fig. 213) ne sont connus des naturalistes que depuis 1840, époque à laquelle M. Fraser en rapporta un de Fernando-Po. Ils habitent la côte occidentale de l'Afrique. Un de leurs plus singuliers caractères consiste dans la présence, à la base infé-

Fig. 213. Anomalure.

rieure de la queue, de grosses écailles emboîtées les unes dans les autres, et dont le rôle paraît être de leur fournir un point d'appui lorsqu'ils grimpent verticalement le long des arbres.

Genre Tamia. — Les *Tamias* ressemblent beaucoup aux vrais Écureuils; mais ils ont la queue un peu plus courte, et sont munis d'abajoues. Leur existence n'est pas exclusivement aérienne; ils courent aussi très-volontiers sur le sol; et, loin de nicher sur les arbres, ils se creusent des terriers, dans lesquels ils entassent les provisions préalablement recueillies à l'aide de leurs abajoues. Ils se nourrissent non-seulement de bois et de fruits, mais encore de graines. Ce sont des animaux exotiques; on ne les rencontre qu'en Afrique, dans l'Inde et dans l'Amérique septentrionale. Les principales espèces sont l'*Écureuil fossoyeur*, du Sénégal, et l'*Écureuil palmiste*, du continent indien, ainsi nommé parce qu'il se tient de préférence sur les palmiers.

Genre Spermophile. — Les *Spermophiles* n'appartiennent pas, en réalité, au groupe des Écureuils; mais ils les relient aux Marmottes par les Tamias. En effet, ils ont des abajoues comme ces derniers; mais tandis que ceux-ci sont semi-terrestres, semi-aériens, les Spermophiles sont essentiellement terrestres. Leur queue, quoique assez bien fournie, n'est cependant ni longue, ni touffue, ni panachée comme celle des Écureuils. Leur nom signifie qu'ils aiment les graines. C'est dire qu'ils peuvent devenir un fléau lorsqu'ils multiplient outre mesure dans les terres cultivées.

L'espèce type du genre est le *Souslik*, répandu dans l'Autriche, la Bohême, la Hongrie, la Pologne, la Russie, la Sibérie, la Tartarie.

Fig. 214. Spermophile à treize lignes.

Cet animal vit solitaire, et se creuse un terrier profond, à plusieurs issues, où il emmagasine des graines de toutes sortes. Ces réserves ne lui sont guère utiles, car il s'engourdit pendant l'hiver. Sa chair est, dit-on, assez agréable, et sa fourrure très-estimée.

On trouve diverses espèces de Spermophiles dans l'Amérique septentrionale. L'une d'elles porte un vêtement fort original : c'est le *Spermophile à treize lignes* (fig. 214), ainsi nommé parce qu'il a le dos sillonné par treize bandes longitudinales, alternativement claires et brunes, celles-ci semées de taches claires.

Genre Marmotte. — Entre les Écureuils vifs, gracieux, bien proportionnés, et les Marmottes au corps trapu, à la démarche embarrassée, la différence est certainement considérable. Cependant les Marmottes se rattachent à l'Écureuil par les Spermophiles.

Les Marmottes sont caractérisées par des incisives très-fortes et très-longues, par des ongles robustes, indiquant des habitudes fouisseuses, par une queue de moyenne longueur, garnie de poils assez abondants. Elles ont les membres courts, d'où résulte cette lourdeur d'allures qui leur est particulière. Leurs oreilles sont peu apparentes, et leur lèvre supérieure est fendue en son milieu, disposition qui leur est commune avec plusieurs autres rongeurs.

Les Marmottes habitent différentes chaînes de montagnes de l'Europe, de l'Asie et de l'Amérique septentrionale. Elles ont à peu

Fig. 215. Marmotte.

près partout les mêmes mœurs; il nous suffira donc de parler de l'espèce commune, la seule du reste qui ait été bien étudiée.

La *Marmotte vulgaire* (c'est-à-dire *très-répandue*, du mot latin *vulgus* ou *vulgaris*) vit sur les hautes cimes des Alpes de Suisse et de Savoie, dans le voisinage des glaciers. Elle forme de petites sociétés, composées de deux à trois familles, et se creuse des terriers sur les pentes exposées au soleil. Ces terriers ont la forme d'un Y; le sgaleries en sont fort étroites, et l'on peut à peine quelquefois y passer le poing. A l'extrémité d'un des boyaux obliques, se trouve une chambre spacieuse, de forme ovale, dans laquelle se retirent les associés, pour se reposer et dormir. Le conduit vertical n'aboutit à rien; il paraît être spécialement destiné à recevoir les ordures de la communauté. Peut-être aussi est-ce de là que sont tirés les matériaux nécessaires pour revêtir et consolider

les deux autres conduits qui servent de galerie principale et de
salle de réunion.

Les Marmottes se nourrissent exclusivement d'herbages, du
moins dans l'état de nature. Suivant Tschudi, elles broutent le
gazon le plus ras avec une extrême rapidité. Pendant la belle saison, elles aiment à s'étendre et à prendre leurs ébats sous les brûlantes caresses du soleil. Elles sont d'une prudence remarquable,
et ne sortent de leur demeure qu'avec de grandes précautions.
Les vieilles se hasardent d'abord, après avoir interrogé les environs de la vue, de l'ouïe et de l'odorat, sens que les Marmottes
ont extrêmement développés. Les jeunes viennent ensuite, et toute
la troupe à leur suite. Alors chacun mange, joue, paresse avec
délices. Elles ne perdent rien cependant de leur vigilance, et dès
que l'une d'elles a le sentiment de quelque danger, elle pousse
une sorte de sifflement aigu, bientôt répété par les plus proches;
à l'instant la bande détale et regagne le terrier, ou court se cacher dans quelque excavation.

Les Marmottes ont habitation d'été et habitation d'hiver, logement à la ville et à la campagne. L'été, elles se tiennent dans la
partie la plus élevée de la montagne. C'est le temps des amours et
de l'éducation des petits, dont le nombre varie de deux à quatre, et
qui restent avec leurs parents jusqu'à l'été suivant. Quand arrive
l'automne, elles descendent dans la région des pâturages, et se
creusent un nouveau terrier, situé plus profondément que le premier. C'est alors qu'elles vont faner. Elles coupent le gazon, le
retournent, le font sécher et transportent le foin ainsi préparé
dans la chambre ménagée au fond de leurs galeries obliques.

Pourquoi ces provisions? Parce que l'hiver va venir, et que nos
animaux vont tomber dans le sommeil léthargique. Dans cette
chaude litière d'herbes sèches, ils s'ensevelissent tout entiers,
après avoir soigneusement bouché l'entrée de leur gîte avec de
la terre et des pierres, pour se prémunir contre les rigueurs de
l'hiver.

On croit aussi que ce foin sert à leur subsistance dans les premiers temps de leur réveil, alors qu'aucune végétation ne se
montre encore sur la terre.

C'est ordinairement vers la fin de novembre que les Marmottes
s'engourdissent, et leur résurrection a lieu en avril; mais ces limites n'ont rien de fixe, car elles varient chaque année avec la
température.

« Quand on fouille l'habitation d'hiver des Marmottes, on y trouve, dit Tschudi, une température de 8 à 9° R. Tous les membres de la famille, en quelque nombre qu'ils soient, sont couchés les uns à côté des autres, enroulés la tête près de la queue, dans un engourdissement semblable à la mort. Cet engourdissement, qu'on a nommé avec raison une *léthargie conservatrice*, est en rapport avec les conditions climatériques de la région habitée par ces animaux. Les sept ou huit mois d'hiver de la haute région les feraient infailliblement périr, si ce sommeil ne les garantissait en les faisant vivre de la vie paisible de la plante [1]. »

D'un naturel doux et sociable, la Marmotte s'apprivoise facilement. Elle n'est pas incapable d'affection, et sous l'influence de bons traitements elle devient très-confiante et très-familière. Elle apprend à faire quelques petits exercices au commandement de son maître. Les jeunes Savoyards exploitent ce côté de leur caractère. Tous ceux qui descendent dans nos villes, à la belle saison, possèdent une Marmotte, avec laquelle ils amusent le public et en obtiennent des *petits sous*.

La Marmotte se nourrit de tout en captivité : fruits, herbes, insectes, pain, viande; mais le lait et le beurre ont pour elle un attrait sans pareil.

Si la Marmotte rend quelques services, de son vivant, aux populations pauvres des Alpes, grâce aux chétifs talents qu'elle acquiert, elle leur est bien plus utile encore après sa mort. Elle fournit une viande excellente, dont le seul tort est de répandre une odeur désagréable; mais cet inconvénient peut disparaître sous l'influence d'un assaisonnement bien combiné. Sa fourrure n'a pas grande valeur dans le commerce, vu son peu de finesse; elle n'en est pas moins appréciée des montagnards, qui en tirent bon parti. Il n'est pas jusqu'à l'abondante couche de graisse dont elles sont pourvues, lorsqu'elles s'endorment, qui ne trouve son emploi dans les ménages alpestres.

On comprend d'après ce qui précède que la Marmotte doive exciter de nombreuses convoitises. Il y a donc des chasseurs de Marmottes, comme il y a des chasseurs de chamois. La chasse au fusil n'est pas très-fructueuse, à cause de la prudence de ces rongeurs. C'est donc au commencement de l'hiver, lorsqu'ils viennent de tomber dans le sommeil hibernal, et sont par conséquent incapables de faire la moindre résistance, que les chasseurs s'en emparent.

1. *Le Monde des Alpes*, par F. de Tschudi, traduit de l'allemand par O. Bourrit, in-18, tome III, page 231.

Les terriers sont faciles à reconnaître, parce que le sol est, tout à l'entour, jonché de mousse et de foin. Il suffit alors de fouiller ces retraites, et tout est dit. En été, ce procédé est impraticable, d'abord parce que les Marmottes se défendent vigoureusement, des dents et des ongles, contre quiconque viole leur domicile; ensuite parce qu'elles creusent aussi rapidement que l'homme, qui est obligé de pratiquer une tranchée, et qu'ainsi à mesure que leur ennemi avance, elles s'enfoncent davantage dans la montagne. Dans certains cantons de la Suisse, l'autorité défend, et avec raison, de fouiller les habitations des Marmottes pendant l'hiver. Il est bon de protéger des animaux sans défense contre la cupidité et l'imprévoyance des hommes.

Après la Marmotte des Alpes, il faut nommer la *Marmotte de Québec* et la *Marmotte du Canada*, ou *Monax*, qui sont particulières à certaines parties de l'Amérique septentrionale.

Nous arrivons enfin au dernier groupe des Rongeurs, à celui des *Léporidés*, c'est-à-dire des *Lièvres* et *Lapins*.

Chez ces animaux, les incisives supérieures sont au nombre de quatre, placées deux à deux et parallèlement l'une derrière l'autre, les deux postérieures étant complétement cachées par celles de devant, plus longues et plus larges. Ce caractère a une grande valeur, puisqu'il ne se retrouve chez aucun des Rongeurs que nous avons étudiés précédemment, lesquels ne possèdent qu'une paire d'incisives à chaque mâchoire.

Outre les Lièvres et les Lapins, le genre *Lièvre* comprend d'autres animaux, appelés Lagomys, dont nous dirons un mot en terminant.

Genre Lièvre. — Les animaux qui composent ce genre ont vingt-deux dents molaires, formées de lames verticales soudées ensemble; les oreilles très-grandes, en cornet, poilues en dehors, presque nues au dedans; les yeux saillants et latéraux; la lèvre supérieure fendue (d'où le nom de *bec-de-lièvre* donné à la même conformation quand elle existe accidentellement chez l'homme); la queue courte, velue, ordinairement relevée; les pieds de derrière beaucoup plus longs que ceux de devant et pourvus de cinq doigts, tandis que ceux-ci n'en présentent que quatre; les ongles peu développés; les pattes entièrement recouvertes de poils, au-dessus comme au-dessous. Cet ensemble de traits leur constitue une physionomie bien distincte.

Nous parlerons d'abord du *Lièvre proprement dit.*

Il serait superflu de décrire en détail le Lièvre (fig. 216). Cet animal est trop connu pour qu'il soit nécessaire d'insister à ce sujet. Toutefois, comme on pourrait le confondre avec le lapin, qui lui ressemble beaucoup, nous ferons remarquer que le Lièvre a les oreilles et les jambes plus longues, le corps plus élancé, la tête plus fine et le pelage d'une nuance plus fauve que le lapin.

Le Lièvre habite la montagne ou la plaine, la forêt ou les champs; mais c'est dans les pays plats, ou peu élevés, qu'il est le plus répandu. Il ne se creuse pas de terrier; il se choisit un gîte, dont la situation varie avec la saison. L'été, c'est sur les coteaux exposés au nord, à l'ombre des bruyères et des vignes, qu'il vient se remiser; l'hiver, au contraire, il se tient dans les lieux découverts et

Fig. 216. Lièvre.

tournés au midi. On le trouve souvent blotti dans un sillon, entre deux mottes de terre, qui ont la même couleur que son poil; ainsi confondu avec le sol environnant, il n'attire pas le regard.

Pendant le jour, le Lièvre ne bouge pas de son gîte, à moins d'y être contraint; mais dès que le soleil s'abaisse au-dessous de l'horizon, il part, pour ne rentrer que le lendemain matin. C'est alors qu'il pourvoit à sa nourriture. Il mange des herbes, des racines, des feuilles. Les plantes aromatiques, telles que le thym et le serpolet, sont celles qui obtiennent sa préférence; en hiver, il ronge même l'écorce des arbres.

Aucun animal n'a autant d'ennemis que le Lièvre. Embûches et dangers le menacent de toutes parts. Les renards, les oiseaux de proie, diurnes et nocturnes, l'homme, qui a des chiens à son service et qui sait tuer à distance, sont autant de persécuteurs acharnés à sa perte.

Pour conjurer tant de périls, le pauvre rongeur n'a que des armes bien innocentes : des oreilles, douées, il est vrai, d'une mobilité extraordinaire, et qui perçoivent le moindre bruit à des distances considérables; quatre jambes vigoureuses, bien musclées, qui dévorent l'espace, et emportent rapidement leur propriétaire hors des atteintes de ceux qui le poursuivent. En un mot, toute sa défense est dans ce système : prévoir le danger, et le fuir.

Aussi l'existence du Lièvre n'est-elle qu'une longue suite de transes, d'inquiétudes de toutes sortes. Constamment sur le qui-vive, il ne goûte qu'un demi-repos, entrecoupé de continuelles alertes. Sa timidité lui fait voir partout la mort. La Fontaine l'a bien dépeint, lorsqu'il a dit de cet animal :

> Un souffle, une ombre, un rien, tout lui donnait la fièvre.

Il ne faut pas croire que le Lièvre, lorsqu'il est *lancé*, court à l'aventure, sans réflexion et sans but. Ses ruses sont, au contraire, très-nombreuses et très-variées. Il fuit presque toujours vent arrière, afin de mieux entendre les chiens et de ne pas leur porter d'émanations. Il coupe et entremêle ses voies, pour mettre ses adversaires en défaut et gagner du temps; souvent même il les double, en revenant précisément par le chemin qu'il vient de parcourir, puis se jette brusquement de côté par un bond puissant. S'il est vivement pressé, il ne craint pas de traverser une rivière. On en a vu se cacher au milieu d'une mare, ne laissant passer que le bout du museau pour respirer. On en a vu d'autres se réfugier au milieu d'un troupeau de brebis, entrer dans les villages, pénétrer dans les cours, faire cent tours et détours sur les fumiers, puis sauter sur un mur, et repartir après un temps de repos. Souvent ils parviennent ainsi à faire perdre leurs traces.

Lorsqu'ils habitent le pays, ils regagnent invariablement leur gîte, et l'on peut venir les y relancer le lendemain. Dans ce cas, ils s'éloignent peu, tournent dans un cercle assez restreint, et le chasseur sait à quoi s'en tenir. Si au contraire l'animal file droit et s'écarte beaucoup du canton où on l'a levé, on peut en conclure que c'est un lièvre de passage, et, qui plus est, un mâle, ou un *bouquin*, comme on dit en vénerie, le nom de *hase* étant donné à la femelle. A l'époque du rapprochement des sexes, c'est-à-dire de janvier à mars, il existe, en effet, beaucoup de ces mâles voyageurs, qui, manquant de femelles dans leur contrée, vont en chercher ailleurs, et parcourent ainsi quelquefois des espaces considérables.

On courait autréfois le Lièvre à la meute (fig. 217), mais cette

Fig. 217. Chasse du Lièvre à la meute.

chasse de luxe est devenue rare. On le chasse ordinairement au chien courant ou à l'affût (fig. 218).

La fécondité de la femelle du Lièvre (*hase*) est très-grande, et c'est à cette loi prévoyante de la nature que l'espèce doit de n'être pas détruite, ni même diminuée, par les nombreuses causes de destruction qui la menacent. La hase met bas trois ou quatre fois par an, et chaque portée se compose de trois à cinq petits, qui naissent les yeux ouverts et le corps velu. Pas de chaude litière, pas d'abri protecteur pour les recevoir : ils sont déposés sur la terre nue, au milieu de l'herbe ou dans un buisson Cependant la mère les soigne avec sollicitude et les défend même à l'occasion, sans grand succès, il est vrai, contre leurs ennemis. Elle les allaite pendant vingt jours; après quoi les *Levrauts* sont suffisamment robustes pour subvenir eux-mêmes à leurs besoins. Ils se retirent donc chacun dans la solitude, et sont bientôt en état de se reproduire. La vie moyenne du Lièvre est de huit ou dix années.

Si notre rongeur a l'ouïe remarquablement fine, il est bien mal partagé sous le rapport de la vue. En effet, non-seulement ses yeux ne sont doués que d'une faible puissance, mais encore, par leur position sur les côtés de la tête, ils dérobent à l'animal les objets placés directement devant lui. Aussi n'est-il pas rare qu'il se jette littéralement dans les jambes du chasseur lorsque celui-ci se trouve dans l'axe de sa route.

Quoique peureux et craintif à l'excès, le Lièvre est cependant susceptible de s'apprivoiser, et d'atteindre un certain degré de familiarité. Le docteur Franklin en a possédé un qui, durant l'hiver, s'asseyait devant le feu, entre un grand chat angora et un chien courant, avec lesquels il vivait dans les meilleurs termes. Il se mettait à table à côté de son maître, et lui grattait le bras avec sa patte de devant, pour en obtenir quelque morceau. On peut aussi apprendre au Lièvre divers exercices, par exemple à battre du tambour, à danser en mesure, et même à décharger un pistolet. Mais telle est la force de l'instinct de liberté chez cet animal, que, même rendu captif dès son âge le plus tendre, il retourne à la vie sauvage dès qu'il en trouve l'occasion.

On connaît le rôle important que joue le Lièvre dans l'art culinaire; un civet bien assaisonné est un mets de haut goût, qui fait la joie des amateurs de gibier. Les Lièvres de montagne, quoique maigres, ont plus de saveur, parce qu'ils se nourrissent principalement de plantes aromatiques. Ceux qui habitent les lieux bas et marécageux, et qu'on appelle *Lièvres ladres*, doivent être absolument rejetés, car leur chair est pâle et mauvaise. La loi de Moïse et le Coran défendent l'usage de la viande de Lièvre, sans doute parce qu'en raison de ses propriétés excitantes, elle pourrait avoir, dans les climats orientaux, quelques inconvénients.

La fourrure du lièvre a son emploi : le duvet qui en forme la base, est utilisé pour la confection du feutre.

Dans l'espèce du Lièvre comme dans celle des rats, des souris, etc., il existe des individus tout blancs : ce sont des *albinos*,

Fig. 218. Chasse du Lièvre au chien courant.

caractérisés par leurs yeux rouges. Il faut se garder de les confondre avec une autre espèce, dont le pelage, d'un gris fauve en été, passe au blanc pendant l'hiver, mais dont l'extrémité de l'oreille reste toujours noire. C'est le *Lièvre changeant*, ou *variable*, qui habite les sommets élevés des montagnes et les régions septentrionales des deux continents. C'est d'ailleurs un phénomène commun dans les contrées froides, que cette coloration blanche se substituant à une autre pendant la saison rigoureuse, pour mettre obstacle au rayonnement, et par suite à la déperdition de la chaleur de l'animal.

Le Lièvre est répandu sur toute la surface du globe et à toutes les altitudes, excepté dans l'Australie et à Madagascar. Il a à peu près partout les mêmes habitudes.

Passons maintenant au *Lapin*.

Très-voisin du lièvre par les formes, l'aspect extérieur, le La-

Fig. 219. Lapins dans une clairière.

pin en diffère cependant beaucoup par les mœurs. Il vit en société et se retire dans des terriers. On ne le trouve pas dans la plaine :

les lieux montueux, les coteaux boisés, sont les terrains qu'il affectionne pour s'établir. Pas plus que le lièvre, il ne sort pendant le
jour ; mais dès le soir il va gambader dans les clairières (fig. 219)
et tondre l'herbe fraîche. Il aime surtout à folâtrer en compagnie,
à la douce lueur de la lune (fig. 220).

Il a d'ailleurs beaucoup d'ennemis, les mêmes que le lièvre, et
sa seule ressource pour leur échapper, est d'aller se réfugier dans

Fig. 220. Lapins et Lapereaux, le soir.

sa demeure souterraine. Comme il n'a pas les merveilleuses aptitudes de son congénère pour la course, il serait bientôt vaincu
dans une lutte de ce genre. Sa frayeur s'exprime d'une singulière
façon : il frappe le sol de son pied de derrière. D'aucuns prétendent qu'il agit ainsi pour avertir ses frères du péril.

La fécondité de la femelle du lièvre, déjà bien remarquable,
n'est rien en comparaison de celle du Lapin, car une femelle peut

faire par an sept ou huit portées, de quatre à huit petits chacune.
Quelques jours avant de mettre bas, la Lapine creuse un terrier,
spécialement destiné à sa progéniture. Ce terrier, droit ou coudé,
suivant le cas, se termine invariablement par une chambre circulaire, garnie d'un lit d'herbes sèches, recouvert lui-même d'une
couche de duvet, que la bonne mère s'arrache de dessous le ventre.
C'est là que les petits sont déposés. Aussitôt qu'elle est délivrée,
la nourrice quitte le terrier, après en avoir soigneusement bou-

Fig. 221. Lapins de garenne.

ché l'entrée; et chaque jour elle vient allaiter sa jeune famille, en
renouvelant les mêmes précautions à son départ. Au bout d'une
vingtaine de jours, elle abandonne à eux-mêmes ses petits, devenus assez robustes pour se passer de sa protection. Ceux-ci restent
réunis et se creusent bientôt un souterrain, où ils vivent en commun.

Le Lapin sauvage, appelé aussi *Lapin de garenne* (fig. 221), est,
dit-on, originaire d'Afrique, d'où il passa en Espagne, puis en

France, en Italie, et successivement dans tous les pays chauds et
tempérés de l'Europe; on le trouve aussi dans l'Asie Mineure et
dans la Perse. Tout porte à croire que cette espèce est la souche
de notre Lapin domestique.

L'élève du Lapin domestique se fait aujourd'hui sur la plus vaste
échelle. Elle est devenue, dans les campagnes, le complément, pour
ainsi dire indispensable, de toute exploitation agricole, grande ou
petite. C'est qu'elle nécessite peu de frais, peu d'embarras, qu'elle
est, par cela même, à la portée de toutes les bourses, et qu'elle
donne, lorsqu'elle est bien conduite, des bénéfices certains. Nous
en avons pour garant l'opuscule célèbre ayant pour titre : l'*Art
d'élever les Lapins, et de s'en faire trois mille francs de revenu!*

Outre les grandes éducations qui se font dans les fermes importantes et qui peuvent devenir très-fructueuses, grâce à un ensemble
de soins et de précautions que l'expérience a reconnus nécessaires,
il y a pour le Lapin ce que l'on pourrait appeler l'éducation de famille, dont les proportions sont beaucoup plus restreintes, et qui
réussit généralement mal, parce qu'elle se fait dans des conditions
détestables. Les Lapins ainsi élevés, et qu'on appelle *Lapins de
clapier*, ou *Lapins de choux* (fig. 222), parce qu'en effet le chou est
la base de leur alimentation, sont souvent renfermés dans une
chambre, ou vaguent librement dans une cour malpropre. Ils sont
exposés à une foule de maladies, qui en emportent un grand nombre; et les survivants n'ont aucune des qualités comestibles du
Lapin de garenne. Leur chair est fade, insipide; les gens de goût
la dédaignent avec raison.

Dès le commencement du dix-septième siècle, Olivier de Serres
publia des instructions sur l'élevage du Lapin. Mais ce qu'il avait
surtout en vue, c'était le Lapin demi-sauvage, demi-domestique,
renfermé dans une garenne close, et de plusieurs hectares d'étendue. Tout le monde ne peut pas procéder ainsi. Le mode d'élevage le plus répandu est donc celui qui consiste à priver le Lapin
de sa liberté, à le renfermer dans des cases et à lui distribuer la
nourriture comme on l'entend. Voici les règles que l'on indique
pour arriver, dans ces conditions, aux meilleurs résultats.

Les Lapins sont placés dans une série de petites loges. Ces loges
doivent être de 2 mètres carrés environ, avec séparation à claire-
voie, afin que les Lapins puissent s'apercevoir les uns les autres,
et ne soient pas soumis au régime de la prison cellulaire. Autant
que possible, elles seront exposées au midi; il est indispensable

qu'elles soient sèches et bien aérées. Une litière abondante et fraîche, fréquemment renouvelée, recouvrira le sol, qui sera en bois ou en béton, et légèrement incliné, pour favoriser l'écoulement des eaux. Dès l'âge de six mois, on isolera les femelles dans des compartiments séparés, car dès ce moment elles sont capables de concevoir. On place un mâle successivement, et à intervalles

Fig. 222. Lapins de clapier.

de huit jours en huit jours, dans huit ou dix compartiments. Comme la durée de la gestation est d'un mois environ chez la Lapine, la femelle de la loge n° 1 aura déjà mis bas depuis un mois ou un mois et demi, lorsque le mâle sortira de la dernière cellule. On peut donc recommencer l'opération dans le même ordre. Mais on devrait renouveler le mâle de temps en temps, afin de lui donner du repos. Il est également indispensable de séparer les jeunes des parents, dès qu'ils seront sevrés. On les réunira dans une case commune, dont les proportions varieront avec le nombre des jeunes Lapins. La nourriture se donnera à heures réglées : le matin, à midi et le soir. Dans la belle saison, elle consistera en herbes fraîches et végétaux de toutes sortes; dans l'hiver, en vesces, pommes de terre, foin, etc. Recommandation expresse de

Fig. 223. Chasse du Lapin au furet.

ne point mêler aux aliments d'herbes mouillées. On n'oubliera pas l'eau, surtout lorsque leur subsistance sera de nature sèche.

En tenant compte des pertes qui se produisent nécessairement, sous l'influence de causes diverses, chaque Lapine pourra fournir annuellement trente Lapins, et donnera un bénéfice de 20 francs, tous frais déduits. Si l'exploitation est montée en grand, elle ne laissera donc pas que d'être assez fructueuse.

Parmi les différentes races de Lapins domestiques, il faut citer le *Lapin d'Angora*, originaire de l'Asie Mineure comme les chats et et les chèvres du même nom, et qui est célèbre par la longueur et la finesse de son poil. On l'élève surtout en vue de sa fourrure, qui a beaucoup de valeur. Chaque année, au printemps, on arrache au Lapin angora une partie de ses poils, pour les vendre à la chapellerie.

On utilise dans le Lapin non-seulement la chair et les poils, mais aussi la peau, qui sert à faire de la gélatine.

Le Lapin domestique est donc un animal précieux. Il n'en est pas de même du Lapin sauvage, qui, par sa multiplication rapide, ses habitudes fouisseuses et ses goûts herbivores, est, pour l'agriculture, un véritable fléau. Aussi la chasse-t-on partout avec rage. On a, pour l'atteindre au fond de son terrier, un auxiliaire, le furet, spécialement dressé à ce genre d'exercices (fig. 223).

Le Lapin n'est pas particulier à l'ancien continent: il existe aussi en Amérique; mais l'espèce de ce pays est différente de la nôtre.

Lagomys. — Les Lagomys (Lièvres-Rats, de λαγώς, *lièvre*; μῦς, *rat*) diffèrent des autres Léporidés par leurs oreilles exiguës et arrondies, leurs membres courts, leur queue nulle et leur petite taille. Par leurs habitudes, ils se rapprochent beaucoup des Lapins. Ils habitent les montagnes escarpées, et se creusent des terriers au milieu des rochers. La plupart des espèces connues sont propres à la Sibérie; une seule a été trouvée dans les montagnes Rocheuses, en Amérique.

La plus intéressante est le *Lagomys Pika*. Cet animal se rassemble en société, au mois d'août ou de septembre, et fait en commun des provisions pour l'hiver. Ces provisions se composent d'herbes, que les petits rongeurs font sécher au soleil, et qu'ils entassent ensuite à l'entrée de leur demeure. Ils forment ainsi des monticules qui ont jusqu'à 5 pieds de haut sur 8 de diamètre, et sont par conséquent faciles à trouver, bien qu'ils soient couverts de neige pendant la saison rigoureuse. Aussi les Pikas ne profitent-ils pas toujours de leurs réserves; car les sauvages habitants des steppes de la Sibérie s'en emparent avec bonheur.

ORDRE DES INSECTIVORES.

On a réuni dans cet ordre un certain nombre de Mammifères, qui, avec les formes générales des rongeurs, ont pour caractère commun de se nourrir à peu près exclusivement d'insectes. Sous ce rapport, ils se rapprochent, on le verra plus loin, des Chéiroptères. Leur système dentaire est constitué pour ce mode spécial d'alimentation : ils ont les molaires hérissées de pointes coniques, et les autres dents (canines et incisives) ordinairement très-aiguës.

En ce qui concerne leurs principaux traits extérieurs, ce sont des animaux de petite taille, à quatre membres onguiculés, qui sont disposés pour marcher, pour nager et pour creuser. Ils ont les mamelles placées sous le ventre, et ils posent, en marchant, toute la plante du pied sur le sol. Leur intelligence, très-peu développée, ne les rend guère susceptibles d'éducation, et ils échappent ainsi à la domination de l'homme, qui trouverait difficilement d'ailleurs à en retirer quelques services.

Les habitudes des insectivores sont extrêmement variées, ce qui ne doit pas surprendre quand on considère la diversité de conformation des organes locomoteurs chez ces animaux. Ainsi les uns, comme les hérissons, cherchent leur nourriture à terre; d'autres, comme les tupaias, la poursuivent sur les arbres. Les taupes, au contraire, la trouvent dans la profondeur du sol, et mènent une existence entièrement souterraine. Enfin, les desmans et quelques espèces de musaraignes sont essentiellement aquatiques. Plusieurs de ces animaux s'engourdissent lorsque la température s'abaisse à un certain degré, et ils passent l'hiver en état de léthargie. C'est surtout dans les pays froids que les insectivores tombent dans l'engourdissement hibernal; mais il paraît qu'on l'observe également sous les latitudes chaudes.

On rencontre des insectivores dans toutes les parties du monde, excepté en Australie, où ils sont représentés par les sarigues et

d'autres marsupiaux. L'Amérique en est moins abondamment
pourvue que l'ancien continent.

Nous diviserons cet ordre en trois familles, composées chacune
d'un certain nombre de genres qui viennent se grouper eux-mêmes
autour d'un genre type : les familles des *Taupes*, des *Musaraignes*
et des *Hérissons*.

FAMILLE DES TAUPES. — Cette famille comprend quatre genres
très-voisins les uns des autres : les *Taupes proprement dites*, les
Condylures, les *Scalopes* et les *Chrysochlores*. Nous nous étendrons
seulement sur le premier, qui est le plus connu; et nous nous
bornerons à faire ressortir les différences par lesquelles les trois
autres s'en séparent.

Genre Taupe. — La Taupe est l'animal fouisseur par excellence.
Toute son organisation témoigne de ses instincts de mineur. Ses

Fig. 224. Taupe.

membres antérieurs, très-courts et très-robustes, se terminent
par de larges mains, à bord interne tranchant, et dont la paume,
rude et calleuse, est tournée en dehors, de manière à permettre
à l'animal, quand il fouille, de rejeter les déblais à droite et à
gauche. Les doigts, au nombre de cinq, sont peu apparents; mais
ils supportent des ongles longs et puissants. Quant aux membres
postérieurs, dont l'action est moins immédiate et moins décisive,

ils sont plus faibles que les antérieurs, et sont armés d'ongles plus grêles.

Le corps de la Taupe a l'apparence d'une masse cylindrique, terminée en cône à l'une de ses extrémités. Point de trace de cou ; la tête succède brusquement au corps, sans dépression, sans amincissement. Au bout de cette tête, qui va diminuant en pointe, se voit une sorte de boutoir, soutenu par un petit os particulier, dans lequel sont percées les narines. Ce boutoir est tout à la fois un instrument de perforation, destiné à seconder l'action des pattes de l'animal, par un effet simultané, et un organe de tact très-délicat. Il est accompagné de moustaches. Le crâne, très-aplati, allongé et pourvu de muscles vigoureux, est parfaitement disposé pour soulever la terre après qu'elle a été divisée. Le corps tout entier est couvert d'un poil fin, soyeux, épais, court, hérissé, noirâtre.

On a longtemps admis que la Taupe est privée de la vision. Créant pour elle une exception bizarre, on prétendait que la nature avait refusé des yeux à cet individu souterrain, parce qu'il pouvait s'en passer. Il fallut pourtant revenir de cette erreur, lorsque Isidore Geoffroy Saint-Hilaire eut découvert chez la Taupe deux yeux noirs, presque imperceptibles, il est vrai, et profondément cachés sous la sombre fourrure de l'animal, ce qui les avait dérobés aux observateurs. Certains anatomistes, opiniâtres dans leur croyance, prétendirent alors que les yeux de la Taupe ne constituaient que des organes rudimentaires, tout à fait impropres à la vision. Mais des expériences ingénieuses ont démontré que la Taupe possède, à un certain degré, le sens de la vue. Ce sens s'exerce, il est vrai, fort imparfaitement chez cet animal, mais il existe, on ne peut plus en douter aujourd'hui.

Si la Taupe voit mal, en revanche elle a l'ouïe très-fine. La conque auditive externe lui manque complètement, mais l'oreille interne est très-développée. L'odorat est également excellent. La bouche, très-largement fendue, est admirablement garnie : on n'y compte pas moins de quarante-quatre dents, réparties en nombre égal, à chaque mâchoire. Quand nous aurons dit que cet animal, ami des ténèbres, porte une queue courte, peu fournie, et a dix mamelles sous l'abdomen, nous aurons achevé son portrait.

Tout le monde connaît les habitudes de la Taupe : on sait qu'elle passe sa vie sous terre, occupée à creuser des galeries, au sein desquelles elle court avec une étonnante vitesse. C'est dans les ter-

rains meubles et fertiles qu'elle s'établit de préférence. Les lieux
humides ou pierreux ne lui conviennent pas ; ils seraient un obstacle à son travail. Fouillant de la tête et des pattes, elle sillonne
rapidement et dans tous les sens son obscur domaine. Elle se crée
ainsi un système de voies de communication qui mérite d'attirer
un instant notre attention.

Ce système (fig. 225) se compose d'une chambre centrale, creusée en forme de dôme, autour de laquelle rayonnent sept ou huit

Fig. 225. Coupe d'un nid de Taupe.

boyaux, qui, rectilignes à l'origine, se ramifient ensuite en canaux tortueux, qui envoient des prolongements jusqu'à la surface
du sol. Les points où ces galeries affleurent le sol, sont marqués
par ces petites éminences de terre, nommées *taupinières*, qu'on rencontre si fréquemment dans les prairies, et qui ne sont autre chose
que les déblais rejetés par l'animal. La pièce centrale est le gîte
ordinaire de la Taupe. C'est là qu'elle vient se remiser, lorsqu'elle

veut prendre du repos. Pour y arriver, elle doit d'abord entrer
dans une galerie circulaire, située de plain-pied avec les galeries
rayonnantes; puis s'engager dans l'un quelconque des cinq conduits qui montent obliquement vers une autre galerie circulaire,
de circonférence moindre que la première et placée un peu plus
haut; enfin pénétrer dans la forteresse par l'unique entrée du
logis, laquelle s'ouvre sur cette dernière galerie. Nous disons l'u-
nique entrée, pour ce qui concerne la galerie supérieure; car il en
existe une autre diamétralement opposée. Celle-ci débouche à la
partie inférieure et au centre même de la chambre; elle est la tête
d'un tunnel qui s'infléchit fortement sous la ligne des autres travaux, et qui se relève ensuite pour venir aboutir à l'une des voies
principales qui se concentrent au gîte de l'animal.

Quelle est la raison de ce dédale compliqué? C'est là un point
qui n'a pas encore été éclairci. La supposition la plus probable,
c'est que la Taupe n'agit ainsi que pour se dérober plus facilement
aux poursuites de ses ennemis. Traquée en un point, elle peut
s'enfuir dans une direction opposée, et répétant plusieurs fois
cette manœuvre, déjouer longtemps les calculs de ses persécuteurs.

La Taupe travaille en toutes saisons; mais c'est au printemps
qu'elle déploie la plus grande activité. Durant une grande partie
de l'année, elle vit solitaire; mais aux mois de mars et de juillet
elle recherche un individu de l'autre sexe. La rencontre se fait,
soit dans l'intérieur de la terre, soit à la surface du sol. Ensuite
chacun se sépare, et reprend ses habitudes solitaires. La femelle
ne porte pas longtemps; elle met bas ordinairement quatre ou
cinq petits, quelquefois moins, qui naissent très-gros, eu égard
au volume de la mère et à celui qu'ils atteindront plus tard.

La Taupe soigne sa jeune famille avec beaucoup de sollicitude; elle
a disposé préalablement, pour recevoir ses petits, un asile confortable. C'est une chambre située dans la partie la plus élevée de son
domaine, et le plus souvent à la rencontre de plusieurs galeries.
Le toit de cette chambre, soutenu, de distance en distance, par des
espèces de piliers, forme une voûte assez vaste, dont la face intérieure a été vivement battue, et peut ainsi résister aux infiltrations
de l'eau. Le sol est recouvert d'une épaisse couche d'herbes et de
feuilles; c'est là que demeurent les petits, tant qu'ils sont incapables de chercher eux-mêmes leur nourriture.

La nourriture des Taupes se compose surtout d'insectes et de vers de terre; mais elles mangent aussi des mollusques, et même des cadavres de petits mammifères et d'oiseaux. Elles aiment également les grenouilles, et en prennent beaucoup dans les campagnes.

C'est qu'en effet la Taupe est éminemment carnàssière. Aucun animal, même parmi les bêtes fauves les plus redoutables, n'éprouve peut-être, au même degré, le besoin de détruire et de se repaître d'une proie vivante. « La Taupe, dit Étienne Geoffroy-Saint-Hilaire, n'a pas faim comme tous les autres animaux; ce besoin est chez elle exalté : c'est un épuisement ressenti jusqu'à la frénésie. » Elle attaque sa victime par le ventre, plonge sa tête tout entière dans les entrailles palpitantes, et s'y délecte avec une joie immense. Prenez deux Taupes de même sexe, et mettez-les en présence dans une chambre; bientôt la plus forte aura dévoré la plus faible.

Après avoir assouvi sa faim, la Taupe est prise d'une soif ardente et cherche tous les moyens de la satisfaire.

Les Taupes viennent rarement à la surface du sol, si ce n'est lorsqu'elles changent de canton ou lorsque les deux sexes se cherchent l'un l'autre. Elles changent de position suivant les saisons.

Durant la période pluvieuse, par exemple, elles se réfugient dans les lieux élevés, pour redescendre dans les vallons lorsqu'arrive la sécheresse. Malgré ces précautions, elles sont quelquefois victimes d'un redoutable fléau : l'inondation. Quand les rivières débordent, on en voit de grandes quantités fuir à la nage, et s'efforcer de gagner les terres que l'eau n'a pas envahies. Beaucoup périssent dans ces circonstances; quant aux jeunes, elles sont noyées dans leur nid.

Bien que les Taupes détruisent énormément de larves et d'insectes parfaits, on ne les considère pas moins comme très-nuisibles à l'agriculture, à cause des ravages qu'elles commettent en creusant leurs galeries parmi les plantes cultivées. Elles ne se nourrissent point des racines des végétaux, comme on l'a souvent prétendu; elles les coupent, pour se frayer un passage, et bouleversent aussi, d'une déplorable manière, plantations et semis. De plus, lorsqu'elles préparent leur nid, elles saisissent les plantes par la racine, et les tirent lentement sous terre, pour en faire une couche à leur progéniture. On a trouvé dans un seul nid de Taupe 402 tiges de blé tirées au dedans avec leurs feuilles. Enfin les taupinières qui parsèment le sol, créent une difficulté pour le faucheur, en empêchant de couper la plante aussi près du sol qu'on le voudrait.

Tels sont les griefs que l'agriculture formule contre notre fouisseur; ils ne manquent pas d'une certaine force, mais on peut y répondre : d'une part, en invoquant les services que rend la Taupe comme insectivore; de l'autre, en montrant que ces galeries, qui sont déclarées nuisibles, constituent des canaux naturels de drainage, incontestablement utiles.

Après avoir bien pesé le pour et le contre, peut-être reconnaîtra-t-on que la somme du bien l'emporte sur celle du mal, et qu'en résumé la Taupe doit être classée dans la catégorie des animaux sinon utiles, du moins inoffensifs.

Il faut dire pourtant que cette opinion est loin d'être générale parmi les agriculteurs, car ils poursuivent les Taupes à outrance. Il y a même dans les campagnes des hommes voués spécialement à cet office de destruction. Le *taupier* connaît sur le bout du doigt les habitudes de son gibier. Il le suit dans ses galeries, avec les yeux de l'expérience; il sait que telle motte, plus haute que les autres, abrite son nid; que telle autre recouvre son gîte. A-t-on requis ses services, il arrive de bon matin, heure où la bête travaille le plus volontiers; il se met en observation, et lorsqu'il voit remuer la terre, il coupe vivement avec une bêche, derrière l'animal, le boyau dans lequel il se trouve; il lui interdit ainsi la retraite, et peut la chercher à coup sûr dans la taupinière en voie de formation.

Pour les occasions difficiles, le taupier a des piéges, de divers genres, qu'il place dans la galerie la plus récente de la Taupe, après avoir pratiqué préalablement une coupure dans le terrain.

Le piége le plus usité est celui de Delafaille (fig. 226, A A'). Il consiste en un cylindre de bois creux, de 25 à 30 centimètres de long et d'un diamètre à peu près égal à celui des galeries de Taupe. A chaque extrémité se trouve une soupape qui s'ouvre de dehors en dedans, mais non du dedans au dehors. On comprend ce qui doit arriver, quand le piége est placé le long d'une des galeries. La Taupe, voulant réparer sa galerie endommagée, s'approche du tube, pousse la soupape, qui se referme derrière elle, et la tient prisonnière. L'inventeur de ce piége l'a perfectionné encore en le munissant d'une mince tige, placée verticalement dans le tube, et qui se termine au dehors par un peu de papier. Le taupier, averti

par l'agitation du papier de la prise d'une victime, accourt et relève le piége.

Deux autres dispositions de piéges à Taupes se voient sur la
figure 226 (B, C). Ce sont des espèces de souricières que l'on place,
non à l'intérieur des galeries, comme le piégé de Delafaille, mais
à l'extérieur, aux abords de la taupinière.

On choisit de préférence, pour chasser les Taupes, le moment où
les petits viennent de naître. Dès qu'on a reconnu l'existence du
nid, les taupiers se placent en nombre tout autour; ils coupent
avec une bêche les diverses galeries qui y aboutissent; puis on attaque le logement, et l'on anéantit la nichée.

On se débarrasse encore des Taupes par le poison, en introduisant dans leur terrier des insectes et autres matières animales im-

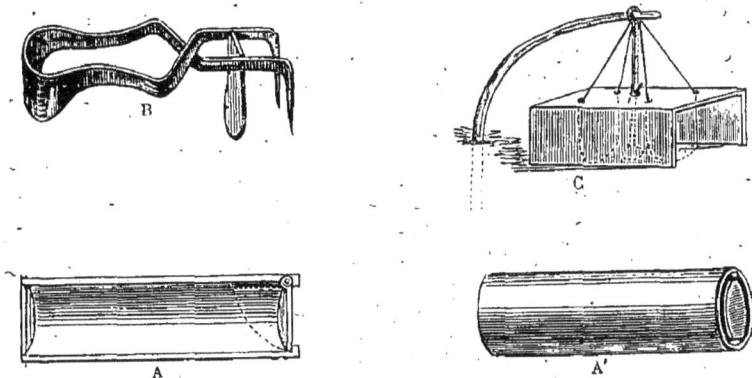

Fig. 226. Piéges à Taupe.

prégnées de substances vénéneuses. Quelquefois on se contente de
les chasser par de fortes odeurs, en arrosant leurs galeries d'une
infusion d'ail dans de l'huile de pétrole.

Il est fort difficile de conserver des Taupes en captivité, car on
ne se procure pas sans peine l'énorme quantité d'insectes que cet
animal absorbe quotidiennement. Ajoutons que la Taupe ne saurait s'accommoder d'un domaine restreint; l'enfermer dans une
boîte, ou même une chambre, c'est vouloir sa mort. Elle est bientôt prise de la nostalgie du sous-sol, et s'éteint, faute d'aliments à
sa fébrile activité.

Le docteur Franklin raconte pourtant qu'un Américain, M. Ti-
tian Peale, avait réussi à en apprivoiser une. Cette Taupe mangeait
et buvait beaucoup; son régime consistait en viande cuite ou crue.
D'un naturel assez gai, elle suivait la main de son maître, à l'odeur,

allait se promener quelque temps sous terre, puis revenait demander de la nourriture. Son boutoir, si remarquablement flexible, lui servait à fourrer les aliments dans sa bouche.

La chair de la Taupe n'est pas comestible; elle exhale une odeur répugnante, et se corrompt promptement. Sa fourrure ne peut être, vu sa petitesse, d'une grande utilité. Sous le règne de Louis XV, les femmes de la cour en firent pourtant une application imprévue : on les vit, pour corriger la parcimonie de la nature, remplacer leurs sourcils par des bandelettes de peau de Taupe. C'est un artifice auquel nos élégantes ne pensent pas, et que nous croyons devoir leur signaler.

Les Taupes habitent les régions tempérées de l'ancien et du nouveau continent; c'est en Europe qu'elles sont le plus répandues. On en connaît trois espèces : la *Taupe commune*, dont il existe plusieurs variétés; — la *Taupe aveugle*, ainsi nommée parce que ses yeux sont réduits à de petits trous, qui ne sont pas plus visibles qu'une piqûre d'épingle, elle habite l'Italie; — enfin la *Taupe woogura*, indigène du Japon.

Genre Condylure. — Les *Condylures*, animaux de l'Amérique méridionale, ont une grande ressemblance avec les Taupes; mais ils ont l'avant-train beaucoup plus développé, relativement à celui de derrière; leur queue est aussi plus longue et plus fournie, et leur boutoir est terminé par des appendices membraneux qui figurent une espèce d'étoile. Leurs mœurs sont les mêmes que celles des Taupes. La seule espèce connue est le *Condylure étoilé*.

Genre Scalope. — C'est surtout par le système dentaire que les *Scalopes* se distinguent des Taupes. Ils n'ont que trente-six dents, dont vingt à la mâchoire supérieure et seize à la mâchoire inférieure. Leur queue est très-courte et complétement nue. Ils aiment le voisinage de l'eau : on les trouve constamment dans les lieux marécageux, ou près des ruisseaux. Sous ce rapport, ils diffèrent beaucoup des Taupes; mais l'ensemble de leurs habitudes est le même.

Genre Chrysochlore. — Les *Chrysochlores* sont les représentants des Taupes dans l'Afrique australe. Leur aspect est très-singulier. Ils n'ont qu'un rudiment de queue, et leur boutoir, brusquement tronqué, est loin d'être aussi développé que celui de la taupe : aussi n'aperçoit-on tout d'abord, lorsqu'on abaisse le regard sur un de ces animaux, qu'une masse informe, à laquelle on ne sait attribuer une destination. Il faut voir cette masse se mouvoir, pour reconnaître qu'on a devant soi une créature, vivante. On aperçoit alors des membres qui dépassent à peine le corps, et qui se terminent, ceux de devant par trois doigts armés d'énormes griffes recourbées et tranchantes, ceux de derrière par cinq doigts, comme dans les autres genres de la famille ; les premiers doigts n'ont pas cette disposition en pelle particulière aux Taupes et aux Scalopes.

Le pelage des Chrysochlores présente ces reflets irisés et chatoyants qu'on ne rencontre que chez les oiseaux et les poissons. C'est cette circonstance qui leur valut, au dernier siècle, le nom de *Taupes dorées.*

Les Chrysochlores creusent comme les Taupes, et passent leur existence sous terre.

FAMILLE DES MUSARAIGNES. — Les animaux rangés dans cette famille ont une certaine ressemblance avec les rats; mais leur museau est une sorte de trompe, pointue ou aplatie, qui les sépare

Fig. 227. Musaraigne.

nettement de ces rongeurs. Ils ont des habitudes très-diverses, suivant les genres.

Ces genres sont au nombre de cinq : les *vraies Musaraignes,* les *Solénodontes,* les *Macroscélides,* les *Rhynchocyons* et les *Desmans.*

Genre Musaraigne. — Un observateur superficiel confondrait la *Musaraigne* (fig. 227) avec la souris. Ce sont à peu près les mêmes formes et la même taille; mais, chez la Musaraigne, la tête est plus effilée, les oreilles plus courtes et la queue un peu moins longue. De plus, les caractères tirés de la dentition mettent une barrière infranchissable entre le Rongeur et l'Insectivore. C'est parmi les Musaraignes qu'on trouve les mammifères les plus exigus : certaines espèces sont plus petites que la souris.

Ces animaux sont, comme les taupes, très-mal doués sous le rapport de la vue : leurs yeux sont si petits, qu'il est impossible d'en distinguer la pupille. De longues moustaches contribuent à l'ornement de leur museau. Leur poil est soyeux, épais, et d'une couleur qui varie entre le gris et le brun; il est très-court sur la tête, la queue et les pattes.

Les Musaraignes se nourrissent de vers, d'insectes, de petits mollusques, et de grains à l'occasion. Elles vivent solitairement, dans des trous qu'elles trouvent tout faits, ou qu'elles creusent elles-mêmes; et elles en sortent peu pendant le jour. Dans l'hiver, quand les vivres sont rares, elles s'introduisent dans les granges, les écuries, etc. Mais toutes les espèces ne se plaisent pas dans les mêmes lieux. Les unes affectionnent les bois et généralement toutes les régions sèches; les autres ne sont à l'aise que dans les prairies humides et sur les bords des ruisseaux. Quelques-unes nagent avec facilité, à l'aide de leur queue, aplatie en forme de rame, et cherchent leur subsistance au sein des eaux.

Les Musaraignes portent sur les flancs une glande, entourée de poils raides, sécrétant une matière grasse, dont l'odeur pénétrante rappelle le musc. Cette odeur est tellement forte, qu'elle répugne même aux autres animaux. Les chats poursuivent les Musaraignes et les tuent; mais ils ne les mangent pas. On a cru longtemps que la morsure faite par ces petits insectivores aux animaux domestiques des étables était venimeuse. C'est une erreur; leurs morsures sont complétement inoffensives.

On a retrouvé, mêlés aux momies égyptiennes, des os de Musaraigne, ce qui prouve que les habitants de l'ancienne Égypte la plaçaient au rang des animaux sacrés. Plutarque explique ce fait en disant que la Musaraigne est privée de la vue, et que, suivant les Égyptiens, les ténèbres étaient plus anciennes que la lumière. L'explication est aussi obscure que le fait.

Les Musaraignes sont répandues sur toute la surface du globe; on en rencontre sur les deux continents et à toutes les latitudes. Toutefois c'est en Europe, particulièrement en France et en Allemagne, qu'elles sont le plus nombreuses. Les principales espèces sont la *Musaraigne commune*, ou *Musette*, qui habite l'Europe centrale et méridionale;—la *Musaraigne étrusque*, propre au midi de la France et à certaines régions de l'Italie; c'est la plus petite es-

pèce du genre, elle ne mesure pas plus de six centimètres, tête et
queue comprises ; — la *Musaraigne à queue de rat*, ou *Musaraigne
géante*, la plus grosse du genre ; sa taille atteint celle du rat ; elle
habite l'Inde et l'archipel Indien ; l'odeur qu'elle exhale est, dit-
on, si forte qu'elle fait fuir les serpents et qu'elle suffit pour in-
fecter l'eau contenue dans un vase près duquel a passé l'animal ;
— enfin la *Musaraigne d'eau* et la *Musaraigne-porte-rame*, dont les
mœurs sont aquatiques, et qu'on trouve dans toute l'Europe, et
qui est connue aux environs de Paris.

Genre Solénodonte. — Les *Solénodontes* diffèrent très-peu des musaraignes ; c'est surtout la dentition qui les en distingue. Ils ont
la queue longue, nue et écailleuse, et habitent le nouveau
monde, c'est-à-dire les îles d'Haïti et de Cuba. On n'en connaît
qu'une seule espèce, le *Solénodonte paradoxal*.

A côté des Solénodontes, il convient de placer un petit animal
découvert au Japon il y a une vingtaine d'années, et pour lequel
quelques auteurs ont créé un genre nouveau. C'est l'*Ursiriche*,
dont les principaux caractères sont, avec les formes générales des
musaraignes, une trompe allongée, mobile, et une queue longue
et touffue.

Genre Macroscélide. — Des distinctions bien tranchées isolent ce
genre des précédents. Les Macroscélides sont des animaux essen-

Fig. 228. Macroscélide.

tiellement sauteurs ; c'est le type de la gerboise transporté parmi
les insectivores. Ils ont les membres postérieurs beaucoup plus
longs que les antérieurs ; de là leur nom qui, d'après l'étymolo-

gie grecque, signifie *grandes jambes* (μαχρός, grand, σχέλος jambe).
Leurs yeux sont plus apparents que ceux des musaraignes et des
taupes; leurs oreilles sont assez développées, et leur museau se
prolonge en trompe au-dessus de la mâchoire inférieure. Le corps
est gros et court, la queue longue et peu garnie. Leur taille est
très-petite : dix centimètres au plus lorsqu'ils sont debout. D'un
naturel aimable et d'allures gracieuses, ils savent se concilier la
sympathie de l'homme , et se soumettent volontiers à la domesticité. Ils sont d'ailleurs faciles à nourrir, leur régime étant à la
fois insectivore et herbivore.

Les Macroscélides habitent l'Afrique; ils se tiennent dans les
lieux arides et rocailleux. On en compte trois espèces, dont deux
particulières à la Cafrerie, et une aux États barbaresques. Cette
dernière est le *Macroscélide de Rozet*, assez commun en Algérie,
principalement aux environs de Bone et d'Oran, où il est connu
sous le nom de *rat à trompe*.

Genre Rhynchocyon. — Les Rhynchocyons sont des animaux sauteurs comme les macroscélides; ils ont également le train de derrière plus élevé que celui de devant, mais leur corps est plus
élancé, et leur taille plus forte. De plus, ils sont tétradactyles,
c'est-à-dire que leurs membres se terminent par quatre doigts
seulement.

La seule espèce du genre que l'on connaisse appartient au Mozambique; on ne sait rien de ses habitudes.

Genre Desman. — Les Desmans sont spécialement organisés en
vue d'une existence aquatique. Leurs pattes de derrière sont pal-
mées et leur queue est aplatie dans une certaine portion de sa
longueur, de manière à remplir l'office de rame. Leurs yeux sont
très-petits, et leurs oreilles presque nulles. Le corps est assez
allongé et recouvert de poils soyeux, à reflets irisés. A la base
de la queue existent de nombreuses glandes, qui laissent suin-
ter une odeur excessivement pénétrante. Le museau se termine
par une petite trompe comprimée; les pattes sont à cinq doigts et
munies d'ongles robustes.

Les Desmans vivent sur les bords des lacs et des rivières; ils
poursuivent dans l'eau des insectes, des mollusques, des grenouilles et même des poissons. On en connaît deux espèces qui sont
propres à l'Europe : le *Desman moscovite* et le *Desman des Pyrénées.*

Comme son nom l'indique, le *Desman moscovite* (fig. 229) se
trouve en Russie. Sa taille est à peu près double de celle de

notre rat d'eau; l'odeur qu'il exhale est telle, qu'elle se communique à la chair des poissons assez voraces pour se nourrir des cadavres de cette espèce.

Le *Desman des Pyrénées* est beaucoup plus petit que le précé-

Fig. 229. Desman moscovite.

dent; il est commun dans les petits cours d'eau du département des Hautes-Pyrénées.

FAMILLE DES HÉRISSONS. — C'est à cette famille qu'appartiennent les plus gros insectivores, et ceux qui présentent le moins de bizarreries dans les formes. Ils diffèrent beaucoup les uns des autres, par les habitudes; mais ils ont pour caractères communs de se nourrir de la même façon et de présenter la même dentition. Les principaux genres sont : les *Hérissons proprement dits*, les *Tanrecs*, les *Tupaias* et les *Gymnures*.

Genre Hérisson. — Les Hérissons doivent leur nom à la singulière contexture de leurs poils, véritables épines, susceptibles de se dresser à la volonté de l'animal. Ils ont le corps allongé; les membres très-courts, et leurs pattes comprennent chacune cinq doigts, armés d'ongles relativement faibles. Leur museau est pointu, et se termine par un mufle, sur lequel s'ouvrent les narines. Un petit appendice charnu, situé à l'extrémité, est sans doute destiné à donner plus de finesse au sens olfactif, qui est d'ailleurs excellent. Les yeux sont petits et la vue a peu d'étendue. La queue est

32

nue, grêle et fort courte. Les dents sont au nombre de trente-six,
dont vingt à la mâchoire supérieure et seize à la mâchoire inférieure; elles ne comprennent pas d'incisives.

Le trait le plus curieux de l'histoire du Hérisson consiste dans
la faculté que possède cet insectivore de se rouler en boule, et de
s'envelopper tout entier d'une forêt de baïonnettes lorsque quelque danger le menace. Est-il inquiété, soit par un bruit insolite,
soit par l'approche de l'homme ou d'un animal, il se pelotonne
aussitôt, se ramasse sur lui-même, et ramenant sous le ventre
sa tête, ses pattes et sa queue, il dresse ses poils, auparavant couchés en arrière, et ne présente plus au regard étonné, qu'une espèce de boule bardée de toutes parts de piquants, sur laquelle
l'assaillant n'a aucune prise. Il est très-difficile de le forcer à se
développer; le renard y parvient, mais après de longs efforts, et
non sans mettre en sang sa gueule et ses pattes. Pour arriver à
son but, le renard manœuvre contre la région ventrale de son ennemi, qui, étant défendue par un nombre moindre de piquants,
est, jusqu'à un certain point, vulnérable.

On dresse des chiens à ce genre de chasse. Mais il est un moyen
infaillible de vaincre la résistance de l'animal : c'est de le plonger
dans l'eau. On le voit alors reprendre son état normal, pour essayer de se sauver à la nage. Il n'éprouve, en effet, aucun embarras dans l'eau, et il n'hésite pas à s'y jeter, lorsqu'un danger
pressant l'exige. Il paraît même qu'il peut plonger pendant douze
ou quinze minutes, sans qu'il en résulte pour lui le moindre accident; circonstance d'autant plus remarquable que, chez presque
tous les animaux à sang chaud, l'immersion détermine l'asphyxie,
après un laps de temps très-court.

Une autre particularité singulière de la vie de cet insectivore
fut révélée, au dernier siècle, par le naturaliste Pallas; le Hérisson peut manger des centaines de cantharides sans en être incommodé le moins du monde, tandis que l'homme et la plupart
des animaux carnassiers ne peuvent manger deux ou trois de
ces insectes sans éprouver les effets d'un véritable empoisonnement.

L'observation faite par Pallas de la faculté qu'a le Hérisson de
dévorer les cantharides sans en être incommodé, a conduit un
naturaliste allemand, Lentz, à découvrir que le même animal est
inaccessible aux effets du venin de la vipère.

Lentz introduisit une vipère dans une caisse qui contenait un

Hérisson femelle, avec ses petits. La vipère, qui était grande et vigoureuse, s'enroula au fond de la caisse, loin du Hérisson. Mais celui-ci s'approcha lentement, flaira la vipère, et se retira tout d'abord quand elle se dressa, pour lui montrer les dents. Comme il approchait une autre fois sans précaution, il fut mordu au museau, et une goutte de sang sortit; il recula, lécha sa blessure, puis revint à la charge. Il reçut une seconde morsure à la langue; mais, sans se laisser intimider, il saisit le serpent par le corps. Les deux adversaires étaient devenus furieux; le Hérisson grognait,

Fig. 230. Hérisson commun.

se secouait; la vipère, de son côté, lançait morsure sur morsure, et de ses crochets se blessait aussi souvent qu'elle atteignait le Hérisson. Tout à coup le Hérisson lui saisit la tête, la broya et dévora de suite, sans autre signe d'émotion, la moitié antérieure du reptile, puis retourna tranquillement à ses petits pour les allaiter. Le lendemain, il mangea le reste de la vipère.

Cette expérience fut répétée maintes fois, et eut toujours le même résultat; ni le Hérisson, ni les petits, ne furent malades un seul instant.

Un journal de médecine, le *Courrier des familles*, qui rapporte ce fait d'après les conférences de M. Vogt, ajoute :

« Il est donc bon de ne pas tuer les Hérissons, surtout dans le Limousin, où ils abondent. Sur les bords de la Vienne, aux environs de Limoges, et dans les plus beaux parcs, si vous vous promenez à l'heure de midi, vous voyez une foule de queues rentrer dans des trous. Ce sont des vipères. Les allées sont des écumoires. A Fontainebleau, avant 1848, on payait des chercheurs de vipères qui recevaient 1 franc par tête de cet hôte incommode. Le Hérisson est bien plus économique. »

Les Hérissons sont des animaux nocturnes. Ils se tiennent cachés pendant une grande partie du jour, dans les trous qui leur servent d'abris, soit sous les pierres, soit aux pieds des arbres vermoulus, soit dans quelque autre refuge, œuvre du hasard ou de la nature. Ils sont alors plongés dans un état de somnolence, dont ils ne sortent que pour se livrer à la recherche de leur subsistance. C'est alors que commence leur vie active. Ils parcourent le sol, quêtant du nez et fouillant la terre avec leur mufle. Leur nourriture consiste principalement en insectes, en mollusques, en crapauds, en grenouilles et en petits mammifères. Lorsqu'ils ne trouvent pas autre chose, ils se contentent de racines et même de fruits tombés; car ils ne vont pas les chercher sur les arbres, comme l'ont dit certains naturalistes. Il faut regarder comme un conte ce fait que les Hérissons se serviraient de leurs piquants comme d'une broche pour transporter des fruits dans leur retraite, car, d'une part, on ne voit pas de quelle manière ils se débarrasseraient de leur fardeau une fois arrivés à destination, et il est reconnu, d'autre part, qu'ils ne font point de provisions.

Le Hérisson est un être prévoyant. Il sait fort bien qu'il n'a que sa cuirasse à opposer à ses ennemis, et qu'il aurait, par conséquent, de grandes chances d'être dévoré s'il était surpris sans défense par les putois, les martres et autres méchantes bêtes qui lui veulent du mal. Avant de s'endormir, il se met donc en boule pour parer à toutes les éventualités; en cet état, il peut goûter, sans inquiétude, le charme du repos.

Pendant l'hiver, les Hérissons tombent en léthargie. Dès que la température s'abaisse à 6 ou 7° au-dessus de zéro, ils se retirent dans leurs trous, et restent engourdis jusqu'au printemps suivant. Ils sont, à cette époque, entourés d'une épaisse couche de graisse qui sert à leur vie respiratoire pendant toute la durée du sommeil hibernal.

On ne connaît pas la durée de la gestation de ces animaux, mais on sait que les nouveau-nés ne se montrent pas avant la fin du mois de mai. La portée est de trois à sept petits. Sur leur peau blanche apparaissent des points noirs, qui indiquent la place des piquants.

Le Hérisson est d'une intelligence très-bornée et on ne parvient que difficilement à l'apprivoiser. Il paraît cependant que, sur les bords du Don et du Volga, on l'élève dans les maisons comme le chat. On le laisse courir dans les jardins, et il s'y emploie utilement, en détruisant un grand nombre de petits animaux nuisibles. Il n'y cause d'ailleurs aucun dégât.

On connaît deux espèces de Hérissons.

Le *Hérisson commun* (fig. 230) est fort répandu en Europe. C'est à cette espèce qu'il faut rapporter les détails qui précèdent. Cet animal n'a plus d'intérêt aujourd'hui; mais il recevait jadis des destinations assez diverses. Les anciens lui faisaient une chasse très-active, pour s'emparer de ses piquants, qui servaient à carder la laine. Plus tard, la médecine l'employa dans diverses maladies, notamment contre l'incontinence d'urine et l'hydropisie.

Le *Hérisson à longues oreilles* se distingue du précédent, non-seulement par une plus grande ampleur de la conque auditive externe, mais par des yeux plus grands, des jambes un peu plus longues, une queue plus courte et des piquants moins acérés. Il habite l'est de la Russie, la Sibérie occidentale et la Tartarie. Moins bien protégé que la première espèce, il tombe plus facilement au pouvoir de ses ennemis. Les oiseaux de proie en détruisent une grande quantité sur les bords de l'Oural.

Genre Tanrec. — Les Tanrecs sont des animaux de Madagascar, qui ont une grande analogie avec les Hérissons, tant sous le rapport des formes que sous celui des habitudes. On les distingue en *vrais Tanrecs* et *Tendracs*.

Les *Tendracs* ne diffèrent presque pas des Hérissons. Ils ont, comme ceux-ci, le corps très épineux, et se mettent également en boule; mais ils sont un peu plus petits.

Les *Tanrecs* (fig. 231) sont plus sveltes, plus élancés, leurs piquants sont moins raides et mêlés de poils soyeux, et ils n'ont pas la faculté de se rouler complètement en boule; leur queue est nulle. On les trouve non-seulement à Madagascar, mais aux îles Bourbon et Maurice. Quelques auteurs ont affirmé que les Tanrecs s'engourdissent pendant les grandes chaleurs, comme font les Hérissons sous l'influence du froid; mais c'est un fait qui n'a pas été prouvé. Ce qu'on peut assurer, c'est que ces animaux

Fig. 231. Tanrec soyeux.

dorment pendant le jour, et vont la nuit à la recherche de leur nourriture.

Genre Gymnure. — Les *Gymnures* s'éloignent d'une manière notable des Hérissons et des Tanrecs. Chez eux, point de trace d'épines; leur pelage est soyeux dans toutes ses parties. Leur museau est allongé, leur queue aussi longue que le corps, et leurs formes sont gracieuses. On n'en connaît qu'une seule espèce, le *Gymnure de Raffles*, qui habite Sumatra, et dont les mœurs n'ont pas été étudiées; il est à peu près de la taille du Hérisson commun.

Genre Tupaia. — Les Tupaias, qui habitent l'Inde et les îles de la Sonde, ressemblent beaucoup aux écureuils; ils ont leurs allures, et vivent également sur les arbres. Leur nourriture consiste en insectes et en fruits. Ils ont le poil doux, abondant, la queue longue et bien garnie. Leurs doigts se terminent par des griffes acérées, qu'ils enfoncent dans l'écorce des arbres, pour y grimper et s'y maintenir en équilibre. Ce sont les plus élégants des Insectivores.

A côté des Tupaias, il faut ranger les *Hylomys* et les *Ptilocerques*, qui habitent les mêmes régions, et qui s'en distinguent, les premiers par une queue rudimentaire et presque nue, les seconds par une queue également longue, mais garnie de poils seulement dans son dernier tiers.

ORDRE DES CHÉIROPTÈRES.

Les *Chéiroptères* sont ces singuliers animaux vulgairement désignés sous le nom de *Chauves-Souris*. On s'est fait pendant long-temps, et beaucoup de personnes se font encore aujourd'hui, les idées les plus fausses sur ces êtres bizarres. Aristote les définit des *oiseaux* à ailes de peau. Après lui, Pline, Aldrovande, Scaliger, sont tombés dans la même erreur. Les Chauves-Souris n'ont pourtant d'autre ressemblance avec les oiseaux, que la faculté de se mouvoir dans les airs.

Après bien des siècles, on est enfin parvenu à connaître, jusque dans leurs moindres détails, les différents caractères qui fixent le rang de ces animaux dans l'ensemble de la création. On sait aujourd'hui à n'en pas douter que ce sont des Mammifères.

La conformation toute particulière de leurs membres antérieurs, les transformations de leurs mains en ailes, constituent leur caractère tout à fait distinctif parmi les autres Mammifères. Aussi leur dénomination scientifique rappelle-t-elle cette disposition organique spéciale. Le mot *chéiroptère* veut dire *main ailée*, ou *main transformée en aile* (χεὶρ, main, πτερὸν, aile). Les Chéiroptères sont donc des Mammifères à *mains ailées*.

Comment la nature est-elle parvenue à réaliser ce nouveau type? Tous les doigts de la main, à l'exception du pouce, qui est court, onguiculé et complètement libre, sont démesurément allongés, dépourvus d'ongle, et réunis au moyen d'une membrane transparente, qui est dépourvue de poils. Cette membrane, qui recouvre aussi les bras et les avant-bras, n'est autre chose qu'un prolongement de la peau des flancs. Elle se compose de deux couches très-minces, l'une qui fait suite aux téguments du dos, l'autre qui continue ceux de l'abdomen. Elle s'étend également entre les membres postérieurs, où elle se développe plus ou moins, suivant les genres, et prend alors le nom de *membrane interfémorale*; mais elle n'atteint jamais les doigts des pieds, qui sont courts et onguiculés comme le pouce de la main.

C'est grâce à cette espèce de voile membraneuse que les Chauves-Souris peuvent se diriger dans l'espace, à la manière des oiseaux. Lorsqu'elles sont au repos, elles replient leurs ailes autour de leur corps, et s'en enveloppent, comme d'un manteau, de même. qu'on ferme son parapluie pour en diminuer le volume, lorsqu'il est devenu inutile. Cette comparaison est d'autant plus juste, que les longs doigts filiformes de l'animal figurent parfaitement les baguettes du parapluie.

D'après ce qui précède, on comprend que les Chauves-Souris soient peu propres à la locomotion terrestre : on peut dire, sans exagération, qu'elles se traînent, plutôt qu'elles ne marchent sur le sol. On a maintes fois observé leurs mouvements en cette circonstance, et voici ce qu'on a constaté. Lorsqu'elles veulent se déplacer, elles projettent aussi loin que possible l'ongle crochu qui termine l'un de leurs pouces supérieurs, et l'implantent en quelque endroit du terrain; puis, exerçant une traction sur ce point, elles rapprochent le corps dans le même sens, par le jeu des muscles du bras, en même temps que les membres postérieurs agissent d'arrière en avant, pour aider à ce mouvement. L'autre pouce exécute ensuite la même manœuvre, et le corps s'avance de la même quantité, mais non plus dans la même direction. Il est facile de voir, en effet, que l'animal se porte tantôt à droite, tantôt à gauche, suivant qu'il se cramponne par l'un ou l'autre pouce, et qu'ainsi la Chauve-Souris marche, non point en ligne droite, mais par une suite de zigzags, dont l'axe de l'animal représente la direction réelle.

Un naturaliste anglais, White, qui a étudié les Chauves-Souris en captivité, s'inscrit en faux contre l'opinion commune qui veut qu'elles ne puissent se mouvoir à terre qu'avec beaucoup de difficulté. Il prétend au contraire qu'elles courent assez vite, mais, ajoute-t-il, de la manière la plus grotesque et la plus risible. En dépit de cette affirmation, nous nous refusons à croire à l'agilité des Chéiroptères en tant que Mammifères marcheurs, et nous pensons qu'il y a exagération dans les dires du naturaliste anglais.

Il est certain que les Chauves-Souris ne descendent pas à terre dans l'état ordinaire. Outre le motif que nous venons d'indiquer, il y en a un autre qui les porte à agir ainsi : c'est qu'elles s'y trouvent placées dans une fort mauvaise situation pour prendre leur

essor. Leur cas est alors à peu près le même que celui des oiseaux
de haut vol, qui, pleins de grâce et d'assurance, lorsqu'ils s'élancent d'un point élevé, sont astreints aux plus pénibles efforts lorsqu'ils ont à s'élever d'un sol bas et uni.

Les Chéiroptères sont essentiellement nocturnes. Leurs yeux,
quoique peu volumineux, sont organisés pour voir, non dans des
ténèbres complètes, mais à la lumière affaiblie du crépuscule ou
à la douce lueur de la lune et des étoiles. Ils se retirent pendant

Fig. 232. Chauves-Souris suspendues aux parois d'une caverne.

le jour dans les cavernes, dans les carrières abandonnées, les
greniers, les clochers des églises, les vieilles ruines, les troncs
d'arbres, et y restent endormis jusqu'au soir. Ils se suspendent
aux parois de ces sombres demeures, par leurs pattes de derrière,
dont les ongles forts et recourbés, sont merveilleusement appro-
priés à cet usage, et reposent ainsi *la tête en bas* (fig. 232). Souvent ils s'accrochent les uns aux autres, et forment alors des
masses compactes, dont on ne peut se faire une idée lorsqu'on
n'en a pas eu le curieux spectacle. Dans certaines cavernes

souterraines, le nombre des Chauves-Souris est si considérable, qu'une couche épaisse de fiente couvre le sol de ces lieux ténébreux.

Si l'on en excepte la vue et le goût, qui ne paraissent pas très-développés, les sens des Chauves-Souris sont d'une étendue et d'une subtilité étonnantes.

En général, les oreilles sont grandes, largement ouvertes, et la perception des sons se fait parfaitement. Quant à l'odorat, il est d'une finesse sans égale. Dans un certain nombre d'espèces, l'entrée des narines est revêtue de feuilles membraneuses, dites *feuilles nasales*, qui communiquent une singulière vivacité aux impressions de l'organe olfactif. Enfin le toucher est d'une sensibilité exquise : ce qui ne pourra surprendre si l'on songe à la prodigieuse extension de la main chez ces Mammifères.

C'est à la délicatesse exceptionnelle du toucher qu'il faut attribuer l'aisance avec laquelle les Chauves-Souris volent dans leurs obscures retraites, sans jamais se heurter aux angles, aux saillies des rochers, ni aux autres obstacles qui peuvent se trouver sur leur chemin. Spallanzani fit à cet égard des expériences décisives. Le célèbre physiologiste arracha les yeux à des Chauves-Souris, et les ayant abandonnées à elles-mêmes, il les vit voler autour de la chambre, sans que rien dans leurs mouvements trahît la moindre hésitation, sans qu'elles allassent donner de la tête contre les meubles ou contre le plafond, en un mot, sans que la privation de la vue semblât rien changer à leurs conditions d'existence.

Il n'en fallut pas davantage à Spallanzani pour déclarer que les Chauves-Souris sont douées d'un sixième sens, qui leur révèle le voisinage des corps solides. Mais une telle explication n'est pas nécessaire. Quand on connaît la prodigieuse sensibilité des organes du tact chez ces animaux, on peut admettre qu'ils sont impressionnés par certains mouvements de l'air, imperceptibles pour nous, et que la Chauve-Souris peut ainsi se rendre compte de la proximité d'un corps par les remous et les courants d'air qu'elle occasionne en se déplaçant elle-même dans l'atmosphère.

Les Chauves-Souris sont des animaux hibernants. Dans les régions froides et tempérées, dès qu'arrivent les derniers jours d'automne, elles se confinent dans les lieux qui leur servent de retraite habituelle; et là, les pieds en l'air, la tête en bas, les ailes repliées autour du corps, comme lorsqu'elles se livrent au repos durant le jour, elles tombent dans un état d'engourdissement qui ne cesse qu'au retour du printemps. Elles sont alors absolument insensibles; la vie semble suspendue en elles. On peut les toucher, les secouer, et même les jeter en l'air, sans qu'elles fassent le moindre mouvement. Mais qu'on les garde quelque temps dans les mains, ou qu'on les approche du feu, et sous l'influence de la chaleur elles ne tarderont pas à se ranimer.

Pendant la durée de l'engourdissement, les fonctions vitales s'exécutent très-faiblement chez les Chauves-Souris hibernantes, mais elles ne sont pas tout à fait anéanties. Les Chauves-Souris ne sont pas dispensées de se nourrir pendant cette période de leur existence. Seulement, comme elles ne prennent aucun aliment, elles dévorent leur propre substance, c'est-à-dire la graisse qu'elles ont accumulée dans leur corps durant les jours d'activité. Ainsi s'explique l'état de maigreur auquel elles sont réduites au sortir de leur sommeil hibernal.

La plupart des Chéiroptères ont les molaires hérissées de pointes coniques, et sont par conséquent insectivores; seules les Roussettes ont des molaires à couronne plate, et se nourrissent de fruits. Il est aussi quelques Chéiroptères, tels que les Vampires, qui s'attachent aux autres animaux, et même à l'homme, pour sucer leur sang.

Dès que le soleil est descendu au-dessous de l'horizon, les Chéiroptères se précipitent à l'envi hors de leurs retraites, pour aller à la recherche de leur nourriture. On les voit alors poursuivre et happer au vol les insectes crépusculaires. Lorsqu'ils sont suffisamment repus, ils rentrent dans leurs ténébreuses demeures, pour recommencer à l'aube, le lendemain matin. Qui n'a observé, après une belle journée d'été, le vol circulaire et tremblotant de la Chauve-Souris en quête d'une proie? Qui n'a remarqué ses allures hésitantes? Le rôle de cet animal répond si bien, dans la nature, à la poésie du soir, qu'il nous semblerait que quelque chose manque à sa sombre harmonie, si la Chauve-Souris ne passait et repassait devant nos yeux, à intervalles réguliers.

Aux bords des rivières, on voit la Chauve-Souris raser avec constance la surface de l'eau, pour y saisir les insectes volants, et apporter une telle préoccupation à cette chasse fructueuse, qu'elle se laisse prendre aux pièges les plus grossiers. Un insecte fixé à un hameçon, et qu'on agite en l'air, suffit alors pour exciter sa convoitise, et la faire tomber entre nos mains. C'est là, du reste, la seule manière de s'emparer d'une Chauve-Souris, car il ne faut pas songer à la chasser au fusil, à cause des nombreux crochets dont elle accidente son vol.

La Chauve-Souris ne fait ordinairement qu'un seul petit. Dès qu'elle a mis bas, la mère nettoie son nourrisson, et l'enveloppant dans ses ailes, comme dans un berceau, elle le tient pressé contre son sein, où le nouveau-né trouve sa première nourriture. Au bout de quelques jours, celui-ci peut s'accrocher, par ses ongles de derrière, à la fourrure de sa mère, et il n'est pas rare de voir la mère s'élever dans les airs, portant cet étrange fardeau. Quand, par exception, la portée a été double, c'est deux jeunes au lieu d'un que la nourrice ailée emporte ainsi à travers les airs.

On a constaté, non sans surprise, que ces animaux ne sont pas insensibles au charme de la toilette. On les a vus, en captivité, nettoyer leur fourrure avec le plus grand soin, et en se servant de leurs membres inférieurs en guise de peigne, la partager comme le font nos gandins, en deux parties, par une raie droite s'étendant tout le long du dos.

Les Chéiroptères supportent difficilement la perte de leur liberté; réduits en captivité, ils meurent au bout d'un temps très-court. Il en est pourtant qui survivent à leur emprisonnement, et qui deviennent même très-familiers avec les personnes que des relations de chaque jour leur ont appris à connaître. Le docteur Franklin dit qu'il a vu des Chauves-Souris tout à fait apprivoisées dans plusieurs fermes de l'Angleterre. Ces petites créatures vivaient dans la même chambre que la famille du fermier. Si quelqu'un, tenant un insecte entre les lèvres, s'amusait à imiter le bourdonnement d'une mouche, elles venaient se poser sur ses joues, chercher au bord de sa bouche l'insecte désiré, et même le saisir entre ses lèvres.

En Orient, il est peu de maisons habitées dans lesquelles les Chauves-Souris n'aient droit de domicile. On en voit beaucoup accrochées, pendant l'été, aux arcades des caves de Bagdad, et vivant en bonne intelligence avec les indigènes, qui d'habitude se renferment dans les caves, pour éviter la chaleur torride de ces contrées. Un certain nombre de Chauves-Souris vont même se fixer au plafond, haut et voûté, des appartements du premier étage. Elles restent là toute la journée, sans s'effrayer du bruit et de l'activité des allants et venants.

Pour la plupart des personnes qui n'ont pas observé de près et

longtemps les Chauves-Souris, ces animaux sont un objet d'effroi.
Leur nature ambiguë, leurs allures mystérieuses, leurs habitudes
nocturnes, causent ce sentiment de répulsion. On les confond
avec les hiboux et les chouettes dans une haine commune; et
la superstition aidant, on leur attribue les mêmes propriétés malfaisantes. Du temps de Moïse, elles étaient déjà désignées à la
vindicte publique; car le législateur hébreu les met au nombre
des animaux impurs dont le peuple de Dieu ne doit jamais manger
la chair. L'antiquité paraît s'être inspirée de la Chauve-Souris
quand elle créa ses fabuleuses Harpies. Les Chauves-Souris per-
sonnifiaient au moyen âge l'esprit du mal, et étaient les compagnes inséparables des sorcières. On n'a plus aujourd'hui ces
idées ridicules sur les Chauves-Souris, mais on continue à les
détester, et le paysan qui peut en tuer une se fait gloire de la
clouer sur la porte de sa chaumière. Ces animaux ne méritent
pas une telle rigueur. Bien plus, notre haine contre eux n'est que
de l'ingratitude, car ils nous rendent des services inappréciables.
Comme les hirondelles, auxquelles elles succèdent chaque soir
dans les régions des airs, les Chauves-Souris empêchent la multiplication des insectes nuisibles à l'agriculture. Elles ont, à ce
titre, droit à nos respects. Que les hommes cessent donc de les
persécuter! Ils feront acte de bon cœur et de bonne politique.

Les Chauves-Souris sont répandues sur toute la surface du globe.
Certaines espèces ne se trouvent que dans des régions déterminées;
d'autres sont absolument cosmopolites. Conformément à ce qu'on
observe chez tous les autres animaux, et même chez les végétaux, ce sont les contrées les plus chaudes qui fournissent les
espèces les plus grandes et les plus fortes.

L'ordre des Chéiroptères peut se partager en trois familles : les
Vespertiliens, les *Roussettes* et les *Vampiriens*.

FAMILLE DES VESPERTILIENS. — Nous répartirons les Chéiroptères
appartenant à cette famille en trois groupes, d'après une distinction basée sur la conformation du nez. Dans le premier, sont les
espèces à nez simple, comprenant les genres *Taphien*, *Noctilion*,
Vespertilion et *Molosse*; dans le second, sont les espèces qui ont le
nez creusé d'une cavité : elles comprennent le seul genre *Nyctère*;
dans le troisième, les espèces dont le nez est surmonté d'une
feuille; elles forment les genres *Rhinolophe* et *Mégaderme*.

Genre Taphien. — Les *Taphiens* habitent l'Afrique et les parties chaudes de l'Asie. Ils sont caractérisés par un front excavé et par une queue assez courte, qui, au lieu de se confondre dans l'épaisseur de la membrane interfémorale, comme chez la plupart des Chéiroptères, se détache en saillie au-dessous. Ils ont, en général, 25 à 30 centimètres d'envergure.

Genre Noctilion. — Les *Noctilions* ont les lèvres grosses et fendues, en manière de *bec-de-lièvre* : ce qui donne à leur physionomie un aspect tout à fait repoussant. On n'en connaît que deux espèces, originaires de la Guyane, du Brésil et du Pérou.

Genre Vespertilion. — Le genre *Vespertilion* comprend les espèces plus spécialement désignées sous le nom de *Chauves-Souris*. Elles ont presque toutes la queue longue, et la membrane interfémorale très-développée. De petite taille en général, elles dévorent une grande quantité d'insectes. L'une des moins fortes, la *Pipistrelle*, n'engloutit pas moins de 70 mouches communes à son repas. Elles répandent, comme beaucoup d'autres Chéiroptères, une odeur musquée, qui décèle immédiatement leur présence. Elles sont très-nombreuses et comptent des représentants dans toutes les parties du monde.

Parmi les plus communes, nous citerons la *Noctule*, qui habite la France et presque tout le reste de l'Europe ; — la *Pipistrelle*, qui se trouve également dans toute l'Europe, en même temps qu'en Afrique et dans l'Inde : son envergure ne dépasse pas 23 centimètres ; — l'*Oreillard* (fig. 233), ainsi nommé à cause de ses oreilles

Fig. 233. Tête d'Oreillard.

énormes, et qui atteint 30 centimètres d'envergure ; on le rencontre dans toutes les parties de la France et dans quelques autres contrées de l'Europe, mais il est partout assez rare ; — le *Vespertilion murin*, qui vit par troupes nombreuses en Europe et en Algérie ; c'est le plus grand des Vespertilions : il mesure 45 centimètres d'envergure.

Genre Molosse. — Les *Molosses* sont des animaux à la tête grosse, aux lèvres épaisses et lippues, plus ou moins frangées, et dont la membrane interfémorale s'étend jusqu'à la moitié de la queue seulement. En résumé, leur aspect est hideux. Ils habitent les régions chaudes et tempérées des deux continents. On en connaît huit ou neuf espèces, dont une seule a été observée en Europe; la plus grande est le *Molosse à collier*, qui habite Bornéo et le royaume de Siam, et dont l'envergure est de 65 centimètres.

Genre Nyctère. — Chez les *Nyctères*, le nez est creusé d'une cavité dans laquelle la feuille nasale est cachée. Cette feuille existe donc, mais elle n'est pas visible au dehors. La queue, de grandeur moyenne, supporte dans toute sa longueur la membrane interfémorale. Ces animaux habitent différentes régions de l'Afrique, telles que l'Égypte, le Sennaar, le Sénégal, et se trouvent aussi à Java. Trois espèces seulement ont été constatées jusqu'ici. Leur envergure varie de 20 à 25 centimètres.

Genre Rhinolophe. — Les *Rhinolophes* sont parfaitement caractérisés par la présence et les dispositions de la feuille nasale, qui se compose de deux parties, à peu près comme chez les Vampires : l'une figurant un fer de lance, placée sur le bas du front, l'autre bordant la lèvre supérieure, et ressemblant plus ou moins à un fer à cheval; c'est entre ces deux membranes que s'ouvrent les narines. Les oreilles et la queue sont de grandeur moyenne; la membrane interfémorale embrasse celle-ci tout entière. On remarque, auprès des aines, deux glandes, ayant apparence de mamelles, et qui ont pour fonction de sécréter une matière odorante. Sous le rapport de la taille, les Rhinolophes diffèrent peu des Vespertilions; ils ont le poil long et fourni, d'une nuance pâle en général, élégant quelquefois.

Ces Chéiroptères sont très-répandus dans l'ancien continent, en Europe, en Afrique, en Asie et dans les îles de la Sonde, mais il n'en existe aucune espèce en Amérique. Ils vivent par bandes nombreuses, pendant une grande partie de l'année. Lorsque les femelles ont été fécondées, elles se séparent des mâles, et vont en quantité plus ou moins grande, s'établir dans d'autres lieux, pour mettre bas et élever leurs petits. Lorsque ceux-ci sont en état de pourvoir eux-mêmes à leurs besoins, les mères cessent de s'en occuper, et retournent vivre dans la société des mâles.

L'espèce la plus considérable du genre est le *Rhinolophe fameux*, qui habite Java et les Moluques; il mesure 53 centimètres d'envergure. La plus petite est le *Rhinolophe tricuspide*, qui n'a que 21 centimètres d'envergure.

L'Europe en possède en propre deux espèces ; ce sont le *Rhinolophe petit fer-à-cheval*, ou *Bifer*, dont le pelage est d'un beau blanc lustré, et l'envergure de 25 centimètres environ, et le *Rhinolophe grand fer-à-cheval*, ou *Unifer*, de 45 centimètres d'envergure ; elles sont communes en France.

Genre Mégaderme. — Les *Mégadermes* ont le nez surmonté d'une feuille très-ample et très-compliquée. Leurs oreilles sont très-grandes, et leur membrane interfémorale est très-développée ; ils sont dépourvus de queue. On les rencontre exclusivement en Afrique et en Asie. Des quatre ou cinq espèces que l'on connaît, les plus importantes sont le *Mégaderme feuille*, qui habite le Malabar, et le *Mégaderme lyre*, qui se trouve au Sénégal. Cette dernière mesure 35 centimètres d'envergure.

On range à côté des Mégadermes les *Rhinopomes*, qui s'en distinguent par une feuille nasale plus petite ; et par une queue longue et grêle, absorbée en partie seulement par la membrane interfémorale. Ils vivent en Égypte et au Bengale.

FAMILLE DES ROUSSETTES. — Les *Ptéropiens*, vulgairement appelés *Roussettes*, à cause de leur couleur généralement rousse, ou brune, sont les plus grands des Chéiroptères. Il en est qui atteignent la taille d'un écureuil, et qui ne mesurent pas moins de 1m,50 d'envergure. Dans la plupart des espèces, la membrane interfémorale est rudimentaire, ainsi que la queue ; quelques-unes manquent même complétement de ce dernier appendice.

Le caractère dominant des *Ptéropiens* réside dans leur dentition, et dans le régime alimentaire qui en est la conséquence : ils ont des molaires à couronne plate, ou simplement tuberculeuse, et se nourrissent de fruits. Leur face est totalement dépourvue de feuilles nasales, et leurs oreilles sont peu développées. Ils habitent exclusivement l'Afrique, l'Asie et les îles de l'Océanie. C'est surtout dans cette dernière région qu'ils sont répandus. La Polynésie, la Micronésie, la Malaisie, l'Australie et la terre de Van-Diémen, en possèdent des quantités innombrables ; mais il n'en faut point chercher en Europe ni en Amérique.

Les Roussettes ne sont pas ces animaux redoutables que nous ont représentés les premiers voyageurs auxquels il fut donné d'en voir dans les lieux mêmes où ils naissent et meurent. Ces explorateurs s'étaient laissé abuser par les dimensions extraordinaires de ces chauves-souris, et ils chargèrent leurs récits d'exagérations ridicules. La vérité est que les Roussettes n'attaquent aucun animal, même parmi les plus faibles, et qu'elles se nourrissent à peu près exclusivement de fruits. Elles peuvent, il est vrai, à défaut de leurs aliments ordinaires, manger des insectes et même de la viande crue, mais c'est là une rare exception.

Les Roussettes ne sont redoutées qu'à cause des incalculables dégâts qu'elles occasionnent dans les jardins et les plantations.

Fig. 234. Roussette d'Edwards.

Elles dévorent, en effet, toutes les espèces de fruits qui sont à leur portée, et deviennent ainsi une source permanente de dommages pour les indigènes. On est obligé d'avoir recours à divers artifices pour soustraire à leurs attaques les fruits les plus beaux et les plus savoureux. A Java, on entoure les arbres à fruits de filets ou de corbeilles tressées avec des lames de bambou.

Il est certaines espèces, parmi les Roussettes, qui, au lieu de se retirer, pendant le jour, dans des lieux obscurs, comme presque tous les Chéiroptérés, se suspendent, par centaines, aux branches d'un grand arbre, et attendent ainsi, le corps renversé, l'heure du crépuscule. Ce sont ces heures de repos qu'on choisit pour les massacrer. On chasse en effet ces animaux, non-seulement pour limiter leurs déprédations, mais encore pour leur chair, qui est estimée. Seulement on a la précaution, avant de les mitrailler, de les effrayer pour leur faire abandonner leur arbre; si l'on n'agissait pas ainsi, ils resteraient cramponnés à la branche, même après la mort, tant leur force de préhension est considérable.

Quoique les Roussettes soient, comme les autres Chauves-Souris, de mœurs essentiellement nocturnes, il n'est pas fort rare d'en voir voler en plein jour. Le docteur Forster, dans son voyage avec le capitaine Cook, en 1772, en observa un certain nombre dans les îles de l'Amitié. Il dit qu'elles effleurent la surface des eaux avec une aisance extrême; il assure même en avoir vu une nager. Elles se mettent d'ailleurs assez fréquemment à l'eau, dans le double but de se laver et de se débarrasser des insectes parasites qui les tourmentent.

Les Roussettes répandent dans l'air une forte odeur musquée, qui n'a rien d'agréable. Elles ont un coup d'aile si puissant que, lorsqu'elles partent en grand nombre d'un bambou, elles le font ployer jusqu'à terre. Elles font souvent entendre des cris aigus, soit parce qu'elles se disputent entre elles pour se placer, soit parce qu'on vient les déranger. Lorsqu'elles sont blessées et qu'on tente de les prendre avec la main, elles mordent très-vivement.

On a quelquefois réussi à amener des Roussettes en Europe, en les nourrissant de bananes et autres fruits pendant le voyage, et en ajoutant à ce régime végétal de la viande crue lorsque les bananes étaient épuisées. Sur le navire, elles se tenaient éveillées toutes les nuits, et paraissaient tourmentées du désir de sortir de leur cage. On a constaté également qu'elles sont susceptibles d'attachement pour la personne qui leur donne des soins.

Les naturalistes ont établi dans la famille des Ptéropiens un certain nombre de genres, auxquels nous ne nous arrêterons pas. Citons seulement, parmi de nombreuses espèces, la *Roussette édule*, la *Roussette d'Edwards* (fig. 231), la *Roussette vulgaire*, la *Roussette à cou rouge*. Une énumération plus longue serait fastidieuse.

FAMILLE DES VAMPIRIENS. — Les *Vampiriens* sont principalement caractérisés par deux feuilles nasales, l'une, en forme de fer à cheval, située sur le haut de la lèvre supérieure, l'autre, disposée en fer de lance, située au-dessus de la première. Ils ont la gueule extrêmement fendue, la langue hérissée de papilles cornées et, à chaque mâchoire, une paire de fortes canines qui font saillie en dehors des lèvres. Leur taille est moyenne, leur poil court et lustré, et leur membrane interfémorale plus ou moins développée, suivant les genres ; la queue varie en longueur ou manque selon les espèces.

Les Vampiriens, appelés aussi *Phyllostomiens*, de l'un des prin-

Fig. 235. Vampire suçant un homme endormi.

cipaux genres, le genre *Phyllostome*, sont les Chauves-Souris de l'Amérique centrale et méridionale. Elles sont très-redoutées, tant pour leur force et leur taille que pour leurs habitudes carnassières.

Les voyageurs et les naturalistes qui ont visité ces contrées, sont unanimes pour raconter que, non contents de dévorer des insectes, les Vampiriens s'attachent aux animaux domestiques, et même à l'homme, pour sucer leur sang. Les bœufs, les chevaux, les mulets, sont exposés à leurs atteintes, lorsqu'on n'a pas la précaution de les faire rentrer la nuit dans les étables. Il ne faudrait pas croire pourtant, comme on l'a quelquefois avancé, que de telles blessures soient assez dangereuses pour déterminer la mort; ce sont là des exagérations dont la raison fait justice. Seulement, l'hémorragie, plus ou moins prolongée, qui en est la suite, est une cause d'affaiblissement, et peut, dans certains cas, aboutir aux conséquences les plus désastreuses.

Le naturaliste Azara, qui a observé un grand nombre de ces Chauves-Souris d'Amérique, a donné sur leurs mœurs des renseignements précis. C'est ordinairement à la croupe, aux épaules ou au cou, qu'elles mordent les bêtes de somme, parce qu'elles trouvent un point d'appui dans la crinière ou dans la queue. Les plaies qu'elles font sont peu étendues et peu profondes; ce sont de petites incisions, pratiquées au moyen des papilles cornées dont leur langue est armée, et qui n'atteignent que la peau. Le sang dont se gorgent les Vampires provient donc, non des veines ou des artères, mais des vaisseaux capillaires de la peau. Ils attaquent quelquefois les volailles endormies, et les mordent soit à la crête, soit aux autres appendices charnus qui décorent la tête de certains gallinacés. Le plus souvent la gangrène se met dans la blessure, et la mort s'en suit.

Azara confirme pleinement leurs tentatives sur l'homme, il en a lui-même éprouvé plusieurs fois les effets. A quatre reprises différentes, ce naturaliste eut les doigts des pieds mordus, tandis qu'il dormait dans des cases, en pleine campagne. Mais la sensation était si peu pénible, qu'il ne se réveilla pas, et qu'il ne s'aperçut de sa mésaventure que le lendemain matin. Il jugea qu'il avait pu lui être soutiré, chaque fois, environ quinze grammes de sang, dont une partie coula après que la Chauve-Souris se fut éloignée. Azara souffrit pendant quelques jours de ces blessures, mais elles n'eurent aucune suite, bien qu'il n'eût pas jugé à propos de les soigner.

Le même voyageur ajoute que les Vampires ne se nourrissent de sang que lorsque les insectes leur font défaut. Il rapporte aussi, mais sans dire ce qu'il en pense, cette opinion, accréditée parmi les indigènes, que pour éteindre le sentiment de la douleur chez leurs victimes, ces animaux caressent et rafraîchissent par des battements d'ailes la partie qu'ils vont blesser.

Un naturaliste contemporain, M. de Tschudi, qui a voyagé au

Pérou, a étudié ces Chéiroptères. Il dit qu'il est assez commun de
trouver, le matin, dans un état très-fàcheux, des bestiaux qui ont
été piqués pendant la nuit par un Phyllostome. Ce n'est qu'à
grand'peine, et grâce à des frictions particulières sur l'endroit
malade, que M. de Tschudi parvint à sauver une de ses mules qui
avait été blessée de cette manière. Une autre nuit, un Indien ivre
fut atteint à la figure, et il en résulta une telle inflammation, que
ses traits devinrent méconnaissables.

Les Vampiriens ont été partagés en un certain nombre de

Fig. 236. Vampire spectre.

genres, à l'examen desquels nous ne nous arrêterons pas, attendu
qu'ils ne diffèrent les uns des autres que d'une manière très-peu
sensible.

Les principaux sont : les *Vampires* proprement dits, les *Phyl-
lostomes*, les *Glossophages*, les *Sténodermes* et les *Desmodes*.

A la première section appartient le *Vampire spectre* (fig. 236),
le roi des Vampiriens pour la taille. Il n'a jamais moins de
soixante-cinq centimètres d'envergure, et atteint quelquefois jus-

qu'à soixante-dix. A la deuxième section appartient le *Phyllostome
fer de lance* (fig. 237), décrit par Buffon, l'une des plus grandes

Fig. 237. Phyllostome fer de lance.

espèces, et qui mesure trente à trente-cinq centimètres d'envergure.

Les *Glossophages* sont reconnaissables à leur langue longue, déliée, extensible, garnie de poils à la surface; ils la sortent et la
rentrent avec une extrême rapidité : de là est venu leur nom, qui
signifie *mange-langue*.

Quant aux *Sténodermes*, il a été constaté que, dans certains cas,
ils se nourrissent de fruits; le fait est au moins vrai du *Sténoderme
à lunettes*. Suivant M. Ricord, ces animaux quittent tous les soirs,
environ deux heures après le coucher du soleil, les forêts vierges
qu'ils habitent pendant le jour, et se jettent sur les sapotillers dont
ils dévorent les fruits. Ils vont quelquefois ainsi par milliers. Ils
mordent indistinctement toutes les sapotilles, pour s'assurer si elles
sont mûres, et en font ainsi un grand dégât.

ORDRE DES QUADRUMANES.

Les Quadrumanes occupent le degré le plus élevé de l'échelle animale. Les Singes sont, en effet, de tous les Mammifères, ceux qui, par leur organisation physique et l'étendue de leur intelligence, présentent les plus grands rapports avec l'homme, dernière expression de la création animée. Cette analogie est si frappante chez certains d'entre eux, tels que l'Orang, le Gorille, le Chimpanzé, que plusieurs naturalistes, d'ailleurs très autorisés, ont fait de ces animaux de simples variétés de l'espèce humaine. C'est ainsi que l'illustre Linné confondait l'homme avec les Singes dans son ordre des *Primates*, autrement dit, des *premiers animaux*, et composait son genre *Homo*, non-seulement de l'espèce humaine (*homo sapiens*), mais encore du Chimpanzé (*homo troglodytes*), de l'Orang-Outang (*homo satyrus*) et du Gibbon (*homo lar*).

Cette mauvaise philosophie naturelle souleva de nombreuses protestations, parce que l'orgueil de l'homme souffrait de l'étrange parenté qu'on prétendait lui imposer.

L'opinion de Linné n'a joui d'ailleurs que d'une faveur passagère, et l'on s'accorde aujourd'hui à faire de l'homme un ordre particulier, celui des *Bimanes*, placé à la tête de la création organique.

Il est incontestable qu'au point de vue purement anatomique certains quadrumanes présentent assez de ressemblance avec l'homme, pour qu'on puisse les comprendre dans un même genre naturel. A l'instar de l'homme, ces quadrumanes peuvent se tenir debout; comme lui, ils sont pourvus de mains; comme lui, ils ont la face nue et les yeux dirigés en avant; enfin, par leurs formes générales, comme par leur structure intérieure, ils rappellent en petit le roi de la nature. Mais, comme l'a dit Buffon, cela prouve seulement que le Créateur n'a pas voulu faire pour le corps de l'homme un moule absolument différent de celui de l'animal, et qu'il a compris sa forme, comme celle de tous les êtres, dans un plan général.

D'ailleurs, quand on y regarde un peu de près, la ressemblance physique n'est pas aussi complète qu'elle le paraît tout d'abord, et l'on s'aperçoit bien vite que le Singe est loin d'atteindre à la perfection de l'homme, précisément dans les organes qui assurent la supériorité de l'être humain sur le reste de la création.

Ce n'est que par de grands et visibles efforts que le Singe parvient à se maintenir debout, uniquement appuyé sur ses membres postérieurs. La structure même de ses pieds, qui sont de véritables mains, comme celles qui terminent ses membres antérieurs, est, chez lui, un obstacle au mode de progression verticale, car elle lui interdit de les poser à plat sur le sol, et de conserver cet état d'équilibre stable, qui est la conséquence d'une disposition différente chez l'homme.

Le Singe a des mains, il est vrai, c'est-à-dire des organes composés de cinq doigts, dont l'un, le pouce, est opposable aux quatre autres : organes propres à la préhension et aux divers actes qui en dérivent. Il est même plus richement doté que l'homme sous ce rapport, car il possède quatre mains; d'où le nom générique de *Quadrumanes* (animaux à quatre mains) donné à l'ordre tout entier. Mais cette multiplication de mains, loin d'être un signe de puissance, est, comme nous venons de le voir, une marque d'infériorité, en ce sens qu'elle lui interdit le *status* vertical. En outre, la main du Singe, considérée en elle-même, n'est pas cet admirable instrument qui permet à l'homme d'accomplir les merveilles de l'industrie et de l'art. Le pouce y est court et très-écarté des autres doigts, auxquels il ne s'oppose qu'imparfaitement; de plus, les doigts sont dans une dépendance mutuelle les uns des autres, et ne peuvent agir isolément comme chez l'homme. En vérité, la comparaison est trop à notre avantage!

Enfin, ce qui met un abîme entre le singe et l'homme, c'est que le premier, quoique organisé pour produire les mêmes sons que l'homme, quoique possédant le même larynx et la même langue, est incapable de proférer une parole.

Un ingénieux philosophe, Joseph de Maistre, a parfaitement montré la distance qui sépare l'homme du Singe. « Les Singes, dit-il, s'approchent volontiers des feux allumés, la nuit, par les voyageurs, pour se chauffer, ou pour effrayer les bêtes féroces, mais ils n'en allument jamais. » Cet acte, qui nous semble si simple, faire du feu, dépasse la portée de leur intelligence. Prenez, au contraire, le sauvage le plus dégradé, un Hottentot, si vous voulez : il saura frotter deux morceaux de bois sec l'un contre l'autre, pour en tirer de la chaleur et de la lumière ; il fera acte d'homme.

Un autre caractère qui ne saurait laisser le moindre doute sur la place à assigner aux Singes dans la classification zoologique, c'est l'affaiblissement graduel de leurs facultés, à mesure qu'ils avancent en âge, affaiblissement qui correspond à une dépression croissante de la partie antérieure du cerveau, à l'allongement de la face et à une diminution considérable de l'*angle facial*[1]. De soumis et obéissants qu'ils étaient, ils deviennent, en vieillissant, méchants, querelleurs et rebelles aux habitudes de leur enfance ; tout en eux indique qu'ils se rapprochent de la véritable brute, dont ils avaient paru d'abord se distinguer sous quelques rapports. Chose digne de remarque, ces animaux tombent d'autant plus bas, qu'ils avaient montré primitivement des dispositions plus sociables et une plus grande facilité à s'assimiler les faits et gestes de l'homme. Ainsi, tout au contraire de ce qui se passe chez l'homme, le progrès de l'âge amène chez le Singe la décadence de l'intelligence et l'anéantissement des qualités qu'il avait apportées en naissant.

Nous ne pousserons pas plus loin ce parallèle entre l'homme et le Singe. De ces deux créatures, la première est infiniment supérieure à la seconde ; et aucun lien de parenté ne les rattache l'une à l'autre. Nous allons donc, sans plus tarder, indiquer les caractères généraux des Quadrumanes, et les grandes divisions que les naturalistes ont introduites dans cet ordre.

Nous avons dit que le trait distinctif des Quadrumanes est d'être pourvus de quatre mains. Cela n'est pas rigoureusement exact. Quelques espèces sont plus ou moins privées de pouces aux membres antérieurs : tels sont les Colobes, les Atèles et les Ériodes. D'autres, telles que les Ouistitis et la plupart des Makis, sont munies des cinq doigts réglementaires, mais n'ont le pouce opposable qu'aux membres postérieurs. Quoi qu'il en soit de ces excep-

---

1. L'angle facial est celui qui résulte de la rencontre de deux lignes droites, l'une menée du conduit auditif à la base du nez, l'autre tangente à la racine du front et à la partie la plus proéminente de la mâchoire supérieure. C'est le naturaliste Camper qui, le premier, a fait connaître ce moyen pratique de mesurer approximativement la capacité intellectuelle de l'individu. Suivant Camper, l'angle facial est d'autant plus ouvert que l'intelligence du sujet est plus développée.

tions, le caractère tiré du nombre des mains reste assez général pour qu'on puisse lui assigner le premier rang parmi ceux qui ont déterminé les naturalistes à former l'ordre des Quadrumanes.

Ainsi, les Quadrumanes sont des Mammifères pourvus de quatre membres, à doigts onguiculés, disposés pour grimper, et pouvant servir à la marche; ayant presque toujours le pouce des membres postérieurs, et fréquemment celui des membres antérieurs, opposable aux autres doigts. Ils portent le plus souvent deux mamelles pectorales. Leurs dents, en nombre variable, sont presque toujours de trois sortes : incisives, canines et molaires, et appropriées à un régime herbivore, quelquefois insectivore. Leur corps est partout couvert de poils, excepté à la face (cette exception ne persiste pas cependant pour les Galéopithèques et les Makis). Leur cerveau, sous le rapport de l'organisation et du volume, a la plus grande analogie avec celui de l'homme : il comporte trois lobes de chaque côté, le postérieur recouvrant le cervelet, et il présente, dans les espèces supérieures, de nombreuses circonvolutions.

Les Quadrumanes habitent toute la zone intertropicale des deux continents : on les trouve en Afrique, en Amérique, dans l'Inde et dans les îles de la Malaisie. Une seule espèce, du genre Magot, habite actuellement l'Europe; encore est-elle confinée sur le rocher de Gibraltar.

En général, les Quadrumanes se tiennent dans les terrains boisés et peu élevés; on en rencontre pourtant sur plusieurs chaînes de montagnes, telles que les Cordillères de la Nouvelle-Grenade, les monts Himalaya, l'Atlas, et la montagne de la Table, au cap de Bonne-Espérance.

Sauf quelques peuplades sauvages, qui font entrer la chair des Quadrumanes dans leur alimentation, l'homme tire peu d'utilité de ces animaux. Ils ne sont guère qu'un objet de curiosité et d'amusement pour les nations civilisées. On aime à suivre de l'œil leurs mouvements rapides et leurs burlesques pantomimes. Hors de là, on s'en inquiète peu.

L'ordre des Quadrumanes comprend cinq familles : les *Galéopithèques*, les *Chéiromys*, les *Makis*, les *Ouistitis* et les *Singes*.

FAMILLE DES GALÉOPITHÈQUES. — Cette famille ne compte qu'un seul genre, le genre *Galéopithèque*, ne renfermant lui-même qu'un très-petit nombre d'espèces.

Le *Galéopithèque* (fig. 238) a été longtemps rangé parmi les

Chéiroptères, que nous venons d'étudier. C'est un de ces animaux de transition, qu'on retrouve si fréquemment dans l'étude de la zoologie, et qui semblent destinés à relier entre elles les masses principales, de manière à former une chaîne non interrompue, qui va, par une suite de modifications insensibles, de la créature la plus grossière jusqu'à l'être parfait. Par l'ensemble de ses caractères, le Galéopithèque appartient à l'ordre des Quadrumanes, mais il participe des Chéiroptères par sa membrane interdigitale, et même quelque peu des Insectivores par son système dentaire. Ainsi, tan-

Fig. 238. Galéopitheque.

dis qu'il se rapproche des makis par la configuration du crâne et la complète similitude des organes reproducteurs, il reste voisin des chauves-souris par le fait d'une membrane qui l'enveloppe latéralement, depuis le cou jusqu'au bout de la queue, et qui, s'attachant aux extrémités des quatre membres, fonctionne à la manière d'un parachute, et lui permet de se soutenir en l'air, pendant quelque temps, comme les écureuils volants. Cette membrane est velue et de la même couleur que le corps; elle palme entièrement les doigts de l'avant et de l'arrière-train, qui sont tous dirigés dans le même sens, et par conséquent, impropres à la préhension. Les ongles sont comprimés, aigus, très-robustes, et donnent à l'animal une grande facilité pour grimper aux arbres. C'est de là sans doute que lui est venu le nom de *Chat-Singe*, traduction du mot latin *Galeopithecus*.

Chez la femelle, les mamelles sont au nombre de quatre, placées symétriquement de chaque côté de la poitrine. La portée est ordinairement d'un seul petit.

Les dents des Galéopithèques sont au nombre de trente-quatre : dix incisives, quatre canines et vingt molaires. Ils ont deux incisives de moins en haut qu'en bas le total des dents de la mâchoire inférieure s'élève donc à dix-huit. Les molaires sont hérissées de pointes comme celles des insectivores, et les incisives inférieures présentent ceci de particulier qu'elles sont dirigées en avant et profondément dentelées à leur sommet comme d'un peigne.

Les Galéopithèques sont essentiellement nocturnes; ils se cachent toute la journée dans les lieux les plus retirés des forêts, et n'en sortent que le soir, pour se mettre en quête de leur nourriture. On les voit alors parcourir les arbres avec agilité, grimpant ou volant, suivant leur fantaisie et les nécessités de leur chasse. A terre, ils ne sont pas aussi embarrassés qu'on pourrait le croire; ils marchent, et courent même, avec aisance. Ils volent bruyamment; mais bien que certains auteurs assurent qu'ils peuvent franchir ainsi une distance d'une centaine de mètres, il y a de fortes raisons de penser qu'ils emploient rarement ce mode de locomotion. Les insectes constituent le fond de leur alimentation; toutefois ils aiment aussi les fruits, et il paraît prouvé qu'ils dévorent quelquefois de petits oiseaux.

Pour se livrer au repos, ces animaux se suspendent par leurs pattes de derrière aux branches des arbres, à la manière des chauves-souris. Les naturels du pays qu'ils habitent, choisissent cet instant pour s'en emparer; et malgré l'odeur désagréable qu'exhale leur chair, ils les mangent sans répugnance.

Les Galéopithèques habitent les îles Moluques, les Philippines, les îles de la Sonde et quelques parties, dit-on, du continent indien. C'est à Java, Sumatra et Bornéo qu'ils sont le plus répandus. On n'en compte que quatre ou cinq espèces.

FAMILLE DES CHÉIROMYS. — Cette famille est moins nombreuse encore que la précédente : elle ne renferme qu'une seule espèce,

originaire de Madagascar, le *Chéiromys Aye-Aye*, que Sonnerat découvrit dans cette île, vers la fin du dix-huitième siècle. Ce singulier animal, fort rare du reste, n'était pas même connu, à cette
époque, du peuple madécasse, et le nom d'*Aye-Aye* que lui donna
Sonnerat, rappelle l'exclamation que poussèrent les naturels eux-
mêmes de l'île de Madagascar, quand ce voyageur le leur montra
pour la première fois.

On a été longtemps incertain sur la place qu'il fallait assigner au
Chéiromys parmi les Mammifères. Cette indécision était la consé-

Fig. 239. Aye-Aye.

quence du caractère d'ambiguïté organique de ce quadrupède, et,
en quelque sorte, de l'opposition mutuelle de ses principaux
traits, dont quelques-uns rappellent les rongeurs, et d'autres les
makis. A première vue, le Chéiromys, ou Aye-Aye (fig. 239), présente de grands points de ressemblance avec les écureuils : il
en a les formes générales et le volume, la queue longue et touffue, et surtout la dentition. En effet, il est dépourvu de dents
canines, et comme tous les Rongeurs, il possède, en avant des mâchoires, une paire de fortes incisives, isolées des molaires par un
espace vide, semblable à la barre qu'on remarque chez les écu-

reuils et tous les animaux de l'ordre des Rongeurs. Mais d'un autre côté la grosseur et la forme arrondie de la tête, indices d'un cerveau volumineux ; la conformation des membres; la longueur des doigts et le pouce opposable dans les membres postérieurs; l'état complet du cercle osseux de l'orbite, comme chez la plupart des Quadrumanes; l'existence de deux mamelles seulement chez la femelle, sont autant de caractères qui rapprochent l'Aye-Aye des Makis, et doivent le faire ranger définitivement auprès de ces derniers quadrumanes. Telle est l'opinion des principaux zoologistes de notre temps. Cuvier n'était donc pas tout à fait dans le vrai en classant cet animal parmi les rongeurs.

Les mœurs de l'Aye-Aye sont fort peu connues; Sonnerat dit qu'il se sert de ses longs doigts antérieurs pour fouiller sous les écorces des arbres, et y saisir les insectes dont il se nourrit. Toutefois quelques particularités de sa dentition donnent à penser qu'il joint des fruits à cette alimentation insectivore.

Sonnerat conserva deux Aye-Ayes vivants pendant deux mois :

« Je les nourrissais, dit-il, de riz cuit, et ils se servaient, pour le manger, des doigts grêles des pieds de devant, comme les Chinois se servent de leurs baguettes. Ils étaient comme assoupis, se couchant la tête placée entre leurs jambes de devant; ce n'était qu'en les secouant plusieurs fois qu'on parvenait à les faire remuer. »

On ne connaît l'Aye-Aye en Europe que par des exemplaires empaillés qui se trouvent dans la collection du Jardin des Plantes de Paris.

Famille des Makis. — Les Makis constituent, parmi les Quadrumanes, une famille assez naturelle, qui compte des représentants dans diverses parties de l'ancien monde. Ils sont caractérisés par une tête allongée, analogue à celle de certains carnassiers, d'où le nom de *Singes à museau de renard* qu'ont reçu quelques espèces; par des pouces opposables aux quatre extrémités, et surtout par l'ongle du doigt indicateur des pieds de derrière, lequel est long, comprimé, aigu, et contraste singulièrement avec ceux des autres doigts. Bien que leur cerveau soit peu développé, ils ont quelque intelligence, et sont susceptibles d'éducation. Ils sont, en général, de petite taille et munis d'une queue courte ou longue; pourtant quelques espèces sont complétement dépourvues de queue. Leurs yeux, très-saillants, dénotent des habitudes nocturnes : en effet, les Makis ne sortent que la nuit ou le soir, au coucher du soleil. Linné avait fait allusion à cette particularité en imaginant pour eux le nom de *Lemur*, qui veut dire *spectre*, en latin. Certains auteurs ont conservé cette désignation et classent les Makis sous le vocable de *Lémuriens*.

La famille des Makis comprend cinq tribus, dont quelques-unes se subdivisent en un certain nombre de genres; ce sont les *Makis proprement dits*, les *Indris*, les *Tarsiers*, les *Galagos* et les *Loris*.

Les deux premières appartiennent en propre à l'île de Madagascar, dont la faune diffère totalement de celle de l'Afrique; les trois autres sont réparties dans l'Inde et les régions brûlantes du continent africain.

Genre Maki proprement dit. — Ces animaux sont, de tous les Lémuriens, ceux dont la tête est le plus effilée; aussi est-ce surtout à ces animaux que s'applique la dénomination de *Singes à museau de renard*. Buffon les appelle aussi *Faux-Singes*. Ils sont assez hauts sur pattes et prennent rang, pour la taille, entre la fouine et le renard. Leur pelage est épais et moelleux, leur queue longue et touffue. Ils vivent dans les forêts, se nourrissant principalement de fruits. Leurs mouvements sont légers et gracieux; leur voix est un grognement sourd ou retentissant, suivant la nature de leurs émotions. Les femelles ne font qu'un petit à chaque portée, et lui témoignent la plus grande tendresse. Elles le tiennent caché sous leur corps et comme enseveli dans leur épaisse fourrure, jusqu'à l'époque où ses poils, ayant acquis une longueur suffisante, pourront efficacement le protéger contre les vicissitudes extérieures. Elles l'allaitent pendant six mois; après quoi, elles l'abandonnent à ses propres forces, et lui laissent le soin de trouver lui-même sa nourriture.

Ces animaux sont sociables; ils se réunissent souvent par bandes nombreuses. Ils choisissent, pour dormir, des endroits peu accessibles. Ils s'apprivoisent facilement, et se reproduisent même en captivité. Frédéric Cuvier en a étudié un qui se portait parfaitement au bout de dix-neuf ans de séjour en France, bien qu'il fût très-sensible au froid. Pendant l'hiver, il s'approchait du feu, au point de se roussir les moustaches, et étendait les mains devant le foyer, à la manière d'un homme. Les Makis sont d'ailleurs très-frileux, même dans l'état de nature : en toutes saisons, ils recherchent pour dormir les rayons du soleil.

Les naturalistes modernes ne comptent pas moins de 15 espèces de Makis; nous ne citerons que les plus connues. Ce sont : le *Maki vari*, dont le pelage est varié de taches blanches et noires; — le *Maki mococo* (fig. 240), bien reconnaissable à sa queue marquée d'anneaux alternativement blancs; — le *Maki brun*, ou *Mongous*; gris

Fig. 240. Maki mococo.

en dessus, blanc en dessous, avec le tour des yeux noir et les parties nues des extrémités de couleur brune; — le *Maki rouge*, très-remarquable par la vivacité de ses nuances : le corps est presque tout entier d'un beau roux; le museau, les mains, la poitrine, le ventre et la queue sont noirs; sur la nuque, une large tache blanche ; des bracelets, également blancs, aux poignets des membres postérieurs ; — le *Maki à fraise*, ainsi nommé à cause de ses favoris touffus ; — le *Maki à front blanc* ; — le *Maki à front noir* ; — le *Maki aux pieds blancs* (fig. 241) ; — le *Maki couronné*.

A ces différentes espèces il faut en ajouter d'autres, pour les-

Fig. 241. Maki aux pieds blancs.

quelles quelques auteurs ont créé des genres particuliers, sous les noms de *Lépilémure, Hapalémure, Chéirogale* et *Microcèbe*. Les Chéirogales sont les plus petits des Makis. L'un d'eux, le *Chéirogale nain*, ou *Microcèbe*, a été décrit par Buffon, sous le nom de *Rat de Madagascar*.

Genre Indri. — La tribu des *Indris* comprend trois espèces, très-voisines les unes des autres, qui sont devenues les types d'autant de sous-genres différents. Ce sont l'*Indri proprement dit*, le *Propithèque* et l'*Avahi*. On connaît peu les mœurs de ces animaux ; on sait seulement qu'ils habitent les forêts et vivent de fruits. Ce sont les plus grands des Quadrumanes de Madagascar, et ceux qui se rapprochent le plus des véritables singes. Ils ont les membres postérieurs plus longs que les antérieurs, ce qui leur rend la station verticale assez facile.

L'*Indri proprement dit* (fig. 242) a été découvert, ainsi que l'Aye-Aye,

Fig. 242. Indri.

par Sonnerat. Les habitants de Madagascar l'appellent l'*Homme des bois*

Fig. 243. Propithèque diadème.

à cause de sa ressemblance, quoique lointaine, avec notre espèce.

Lorsqu'il est debout, sa taille est d'un mètre environ; il ne possède qu'un rudiment de queue. D'un naturel fort doux, il se soumet aisément à la captivité, et l'on parvient même à le dresser pour la chasse.

Le *Propithèque* diffère de l'Indri par une taille un peu moindre, et par sa queue, presque aussi longue que le corps. Il a le pelage jaune, varié de brun. Un large collier entoure sa face, et se termine au-dessus des yeux par une sorte de couronne, qui lui a valu le nom de *Propithèque diadème* (fig. 243).

L'*Avahi à bourre* se distingue des précédents quadrumanes par la brièveté de sa face. Il a la queue longue comme le Propithèque, et diffère peu de celui-ci pour la taille. Son pelage est laineux, fauve en dessus, grisâtre en dessous.

Genre Tarsier. — Les Tarsiers sont ainsi nommés à cause de leurs

Fig. 244. Tarsier spectre.

longs tarses (os du pied). Par ce caractère et par leurs formes générales, il rappellent assez bien les gerboises. Ils ont la tête forte,

les oreilles grandes, les deuxième et troisième doigts des pieds de
derrière plus courts que les autres, et munis d'un ongle *subulé*,
c'est-à-dire long et aigu, comme chez tous les Lémuriens. On n'en
connaît qu'une seule espèce, le *Tarsier spectre* (fig. 244), qui habite,
outre les Célèbes, les îles de Bornéo et de Banka. Cet animal est de
la grosseur du rat; ses mouvements sont gracieux, mais lents. Il
se nourrit d'insectes. Il est orné d'une longue queue, en partie nue,
qui se termine par un pinceau soyeux. Sa robe est roussâtre, avec
des taches de gris et de brun.

Genre Galago. — La tribu des Galagos comprend les *vrais Galagos*
et les *Pérodictiques*.

Les *Galagos* ont beaucoup d'affinités avec les *Tarsiers*. Ils ont,

Fig. 245. Galago à queue touffue.

comme ces quadrumanes, la tête grosse, les oreilles très-develop-
pées et les tarses élevés, mais à un degré moindre. Leur queue est
longue et très-fournie. Ils sont à peu près de la grosseur des écureuils, dont ils ont les formes élégantes et la gentillesse. Ils habitent les grands bois du Sénégal, de la Guinée, de la Cafrerie, de

l'Abyssinie. Ils affectionnent surtout les bois de gommiers; aussi les Européens du Sénégal les appellent-ils *animaux à gomme.*

Les principales espèces de Galagos sont le *Galago du Sénégal,* le *Galago de Demidoff* et le *Galago à queue touffue* (fig. 245).

Le *Pérodictique* a été découvert en Guinée, au dix-septième siècle, par Bosmann, voyageur hollandais. Il diffère des vrais galagos par sa queue, beaucoup moins longue, et par ses oreilles également moins développées, et parce qu'il ne possède qu'un rudiment d'index aux extrémités antérieures, à tel point qu'il semble n'avoir que quatre doigts, dont l'un, le pouce, serait prodigieuse-

Fig. 246. Pérodictique.

ment écarté des trois autres. C'est un animal aux formes ramassées, aux allures paresseuses, et dont la taille n'atteint pas tout à fait celle du chat domestique (fig. 246).

Genre Lori. — Les Loris sont caractérisés par un corps grêle, des jambes médiocres, des oreilles courtes et velues, et surtout par l'absence complète de queue. Leurs yeux énormes, à pupilles étroites et transversales, dénotent des habitudes nocturnes. Dans quelque lieu qu'ils se trouvent, à terre ou sur les arbres, ils marchent avec une lenteur qui leur a fait donner le nom de *Singes paresseux.* Ils s'avancent avec une extrême circonspection, à peu près comme des gens qui se promèneraient dans un jardin parsemé de piéges à loups. Leur régime se compose d'œufs, d'insectes et de fruits. Leur taille est celle de l'écureuil ordinaire. On en voit quelquefois dans les ménageries d'Europe; ils sont inoffensifs et s'accoutument fort bien à la captivité. Leur intelligence est peu développée.

On ne connaît que deux espèces de Loris : le *Loris grêle,* habitant de l'île de Ceylan et de l'Inde méridionale, et le *Loris pares-seux* (fig. 247) qu'on trouve au Bengale, à Java, Sumatra et Bornéo

Fig. 247. Loris paresseux.

FAMILLE DES OUISTITIS. — Les divers quadrumanes que nous venons de passer en revue appartiennent tous, sans exception, à l'ancien continent; les Ouistitis vivent, au contraire, exclusivement dans le nouveau monde. Ils établissent le passage entre les Makis et les Singes ; plusieurs auteurs les font même rentrer dans cette dernière famille, quoiqu'ils s'en séparent par des caractères dont on ne peut méconnaître la valeur. Ils sont dépourvus de mains aux membres antérieurs, en ce sens que le pouce n'y est pas opposable aux autres doigts; de plus, leurs ongles sont de véritables griffes, analogues à celles des carnassiers, d'où le nom d'*Arctopithèques*, ou *Singes à mains d'ours*, que leur donna Étienne Geoffroy Saint-Hilaire. Ils ont la tête petite, arrondie, et leur cerveau ne présente point de circonvolutions. Leurs narines sont percées latéralement dans l'épaisseur du mufle, par conséquent bien séparées l'une de l'autre. Le museau est court, les oreilles assez grandes et velues. Les dents sont au nombre de trente-deux, et les molaires garnies de pointes assez semblables à celles qui distinguent les insectivores. La queue est longue, complétement garnie de poils, et la fourrure, abondante et onctueuse au toucher, est généralement nuancée d'une façon agréable.

Les Ouistitis sont très-répandus à la Guyane et au Brésil; ils habitent aussi; mais en plus petit nombre, le Mexique, la Colombie, le Pérou méridional et le Paraguay. Se tenant par petites troupes dans les forêts, ils se suspendent aux branches des arbres, à l'aide de leurs griffes, comme font les écureuils. Ils ont d'ailleurs d'autres points de ressemblance avec ces rongeurs: la taille, les allures pétulantes et la gentillesse. Leur nourriture se compose, en grande partie, d'insectes, auxquels ils adjoignent des fruits, des œufs, et même de petits oiseaux, dont ils mangent la cervelle. Ils poussent par intervalles un petit cri, d'où leur est venu leur nom.

Ces animaux se montrent peu réfractaires à l'esclavage, et supportent assez bien les rigueurs de notre climat. La ménagerie du Jardin des Plantes de Paris en a possédé souvent, et quelques couples s'y sont reproduits. On a pu constater ainsi que, contrairement à la plupart des quadrumanes, dont chaque portée ne dépasse pas un ou deux petits, les femelles des Ouistitis en ont jusqu'à trois à la fois. Il résulte des observations de Fr. Cuvier que la mère ne montre pas pour ses petits cette tendre sollicitude, si touchante chez tant d'autres animaux; il lui arrive même de les dévorer dès leur naissance. Le père paraît en avoir un plus grand souci.

Un naturaliste français, Audouin, a également soumis des Ouistitis captifs à des observations intéressantes, qui ont prouvé que leur intelligence est remarquable.

« Audouin, dit Isidore-Geoffroy Saint-Hilaire, s'est assuré par des expériences plusieurs fois répétées que ces singes savent très-bien reconnaître dans un tableau, non pas seulement leur image, mais même celle d'un autre animal. Ainsi l'aspect d'un chat et, ce qui semble plus remarquable encore, l'aspect d'une guêpe, leur cause une frayeur manifeste, tandis qu'à la vue d'un autre insecte, tel qu'une sauterelle ou un hanneton, ils se précipitent sur le tableau, comme pour saisir l'objet qui s'y trouve représenté.

« Il arriva un jour à l'un des deux individus de se lancer dans l'œil, en mangeant un grain de raisin, un peu de jus de ce fruit; depuis ce temps, il ne manqua plus, toutes les fois qu'il lui arriva de manger du raisin, de fermer les yeux.

« Audouin a remarqué aussi que les Ouistitis étaient très-curieux; qu'ils avaient la vue fort perçante; qu'ils tenaient beaucoup à leurs habitudes, quoiqu'ils fussent, sous plusieurs rapports, fort capricieux; qu'ils reconnaissaient parfaitement les personnes qui avaient soin d'eux; enfin que leurs cris étaient très-variés, suivant les passions qui les animaient. »

On connaît aujourd'hui environ trente espèces d'Ouistitis, qu'on a réparties entre deux genres fondés sur une distinction spé-

-cieuse : les *Ouistitis proprement dits* et les *Tamarins*. Nous énumé·
rerons les principales espèces d'Ouistitis, en faisant remarquer que
certaines d'entre elles, presque en tout semblables, ne sont probablement que de simples variétés que des études ultérieures ra-
mèneront à leur type commun.

Ce sont d'abord six espèces, pourvues de pinceaux de poils
blancs ou noirs aux deux côtés de la tête : l'*Ouistiti vulgaire*, ou
Ouistiti de Buffon, — l'*Ouistiti oreillard*, — l'*Ouistiti à camail*, —
l'*Ouistiti à col blanc*, — l'*Ouistiti à tête blanche*, — et l'*Ouistiti à pinceaux noirs* (fig. 248). Puis trois espèces, ayant la tête couverte de

Fig. 248. Ouistiti à pinceaux noirs

longs poils simulant une crinière : l'*Ouistiti Marikina*, — l'*Ouistiti
chrysomèle*, — et l'*Ouistiti Leoncito*.

L'*Ouistiti pinche* est reconnaissable à une étroite bande de poils
relevés sur le front, en manière d'aigrette. Les autres espèces ont
les poils de la tête complétement ras.

FAMILLE DES SINGES. — Nous abordons, avec les Singes, l'étude
des Quadrumanes supérieurs, ceux qui ont avec l'homme divers
rapports de conformation. Nous avons déjà mentionné, dans les
généralités sur cet ordre, les principaux caractères qui rapprochent les Singes de l'espèce humaine. Nous compléterons ces indi-

cations en disant que le système dentaire de ces animaux comporte 32 ou 36 dents, que leurs ongles sont plats, comme ceux de l'homme, et qu'ils ont deux mamelles pectorales.

Les dimensions et le rôle de la queue varient beaucoup, suivant les genres. Chez l'Orang et tous les Singes anthropomorphes, elle manque complétement; chez le Magot et quelques espèces de Macaques, ce n'est qu'un rudiment à peine visible, et elle est encore très-courte chez le Mandrille.

Les Guenons et tous les Singes américains, ont, au contraire, la queue longue et plus ou moins touffue. Mais, tandis que l'appendice caudal n'est, chez les Guenons, qu'une sorte de balancier, destiné à maintenir leur corps en équilibre, lorsqu'elles sautent d'un arbre à l'autre, cet organe devient parfois, chez les Singes d'Amérique, un véritable instrument de préhension, grâce à la propriété de cet organe, d'étreindre avec force les objets sur lesquels l'animal le projette.

Les Singes possèdent à un haut degré le don de l'imitation; leur nom seul l'indique, puisque leur nom latin *simius* vient de *simulare*, imiter. Ils répètent, souvent avec la plus grande fidélité, les attitudes et les actions humaines. Leur conformation, voisine de la nôtre, leur rend très-faciles la plupart de nos mouvements, et ce qu'on prend pour un effet de l'intelligence, n'est, dans certains cas, qu'une conséquence de leur organisation.

Les femelles des Singes ne font qu'un petit parportée, rarement deux. Pendant toute la durée de l'allaitement, elles témoignent une vive tendresse à leur progéniture; mais, après le sevrage, et lorsqu'ils sont capables de pourvoir eux-mêmes à leurs besoins, les jeunes Singes ne doivent plus compter sur le secours maternel; ils se séparent de leurs parents, et vont de leur côté.

Les sens des Singes sont très-développés : le toucher est parfait, et l'ouïe, ainsi que la vue, sont bonnes. L'odorat et le goût viennent en dernière ligne, quoiqu'ils acquièrent parfois une très-grande finesse.

La plus grande partie de l'existence de ces quadrumanes, à l'état sauvage, se passe sur les arbres; c'est là seulement que peuvent se déployer, dans leur entier épanouissement, les étonnantes facultés dont la nature les a doués. Ils se nourrissent de fruits, et, à l'occasion, d'œufs et d'insectes.

Leurs mouvements sont d'une inconcevable vivacité, et leur activité se porte, dans la même minute, sur vingt objets différents.

Nous n'apprendrons rien, à cet égard, aux personnes qui les ont observés dans leur grande cage du Jardin des Plantes de Paris, si pompeusement et si singulièrement décorée du nom de *Palais des singes* : un palais de fils de fer !

Quelques espèces de Singes varient considérablement avec l'âge, soit dans leurs formes (principalement dans celles du crâne et de la face), soit dans leurs couleurs. C'est ainsi que l'*Orang roux* et le *Pongo*, que l'on avait considérés pendant longtemps comme deux espèces distinctes, ne sont en réalité qu'une seule et même espèce, vue dans la jeunesse et dans l'âge mûr. Cette diversité d'apparences, chez un même individu, selon les phases successives de son existence, a dû occasionner bien des erreurs dans la nomenclature scientifique de ces animaux.

Cuvier et les naturalistes de son temps croyaient que le Singe n'avait pas existé dans les temps primitifs de notre globe. Ce fut seulement en 1837 que des débris fossiles de cet animal furent trouvés dans les couches profondes du sol. La découverte faite par M. Lartet dans le terrain de Sansan, près d'Auch (Gers), de Singes fossiles appartenant à une espèce voisine du Gibbon mit à néant ces conjectures, et prouva que les Singes existaient déjà à une époque géologique fort ancienne.

La famille des Singes se partage en deux grandes divisions, basées sur des caractères bien définis : les Singes de l'ancien continent, et ceux du nouveau continent. C'est à Buffon que revient l'honneur de cette distinction, qui a été de jour en jour mieux justifiée par les progrès de la zoologie. Aucune des espèces américaines n'a de représentants dans l'ancien monde, et *vice versa* ; c'est là un fait incontestable, et qu'il importe de mettre en lumière pour dégager de toute incertitude l'histoire des Singes.

Nous examinerons d'abord les Singes du nouveau monde, dont la place vient naturellement à la suite des Ouistitis.

SINGES DU NOUVEAU MONDE. — Les Singes américains ont les narines ouvertes latéralement, et séparées par un large intervalle, comme les Ouistitis. Leurs dents sont au nombre de 32 ou 36, suivant les genres, mais elles comprennent toujours trois paires de molaires à chaque mâchoire ; le nombre des dents de lait est constamment de 24. Nous avons dit plus haut que ces mammifères ont tous la queue plus ou moins longue. Ajoutons, pour achever de les dépeindre, que leurs formes sont sveltes et élégantes, qu'ils se montrent dans leur jeunesse pleins de douceur et de gentillesse, et que l'âge ne modifie pas ces qualités.

On divise les Singes américains en deux sections, suivant qu'ils ont la queue *prenante* ou *non prenante*.

TRIBU DES SINGES A QUEUE PRENANTE. — La tribu des Singes à queue prenante renferme les genres *Hurleur, Lagotriche, Ériode, Alèle* et *Sapajou.*

Genre Hurleur. — Les Hurleurs, appelés aussi *Stentors* et *Alouates* (fig. 249), doivent leur nom aux cris rauques et formidables qu'ils font entendre à divers moments de la journée. Hauts de deux pieds à peine, ces Singes ont la voix plus puissante qu'aucun animal connu.

Fig. 249. Singe hurleur.

Lorsque, réunis en troupes, ils font retentir ensemble les voûtes sonores des grandes forêts américaines, ils produisent un vacarme qui porte la terreur dans l'âme des plus braves. Le voyageur qui traverse pour la première fois ces forêts, s'attend, à chaque instant, à voir apparaître une bande de démons hurlant et dansant une sarabande infernale. Mais bientôt tout bruit cesse, et le calme renaît dans la nature, tout à l'heure si troublée.

C'est à l'aurore et au coucher du soleil, quelquefois aussi à l'approche des orages, que les Singes hurleurs lancent aux échos leurs notes discordantes. Le voyageur Azara compare leur voix au craquement d'une grande quantité de charrettes mal graissées; d'autres l'ont assimilée au roulement du tambour. Quoi qu'il en soit, il est certain qu'elle a quelque chose d'effrayant.

On a voulu connaître la cause de cet étrange phénomène physiologique, et voici ce qu'on a trouvé. L'os hyoïde (c'est-à-dire l'anneau osseux qui supporte le larynx) chez le *Singe hurleur*, est d'une grandeur démesurée; il est creux, et constitue une sorte de tambour à parois minces et élastiques, qui accroît considérablement l'intensité des sons. Cet os occupe un vide énorme, ménagé entre les branches latérales de la mâchoire inférieure, et forme au-dessous de cette mâchoire une saillie volumineuse, dissimulée sous une barbe épaisse. C'est grâce à ces dispositions, que la voix du Singe hurleur domine celle de tous les autres animaux.

Chez les Singes hurleurs, ou Alouates, la queue est très-longue et éminemment prenante. Elle est dénudée en dessous, dans sa partie terminale, et doit à cette circonstance une grande sensibilité. En réalité, c'est une cinquième main, dont l'animal se sert avec une adresse surprenante, soit pour se suspendre aux branches des arbres, soit pour cueillir des fruits et les porter à sa bouche, par l'intermédiaire de ses mains véritables, ou même directement, s'il faut en croire les récits de certains voyageurs.

La force de l'étreinte de cette queue se montre suffisamment dans le trait suivant. Souvent le Singe hurleur s'élance d'une grande hauteur, s'arrête tout à coup au milieu de sa chute, en accrochant sa queue à quelque rameau isolé; il se balance quelques secondes dans cette position, et prenant un nouvel élan, il se porte sur un arbre voisin. Quelquefois un de ces Singes, frappé à mort par le plomb du chasseur, reste suspendu par la queue après sa mort, et échappe ainsi à la convoitise de celui qui recherchait sa chair ou sa fourrure.

Les Hurleurs sont tristes et farouches. Réduits en esclavage, ils perdent leur voix, dépérissent et meurent. A l'état sauvage, ils se réunissent par petites bandes, sous la conduite d'un mâle expérimenté, et s'en remettent à lui du soin de la sûreté générale. Quoique craintifs, ils se laissent facilement approcher; mais si l'on laisse percer des intentions hostiles, ils s'enfuient rapidement.

Quelquefois la peur les domine à tel point que leurs déjections s'échappent. Rien de plus simple que ce résultat physique d'une influence morale. Mais pourquoi raconter que ces Singes agissent ainsi avec intention? Pourquoi surtout ajouter qu'ils reçoivent leurs ordures dans leurs mains, pour les jeter à la face de leurs ennemis?

Certains auteurs prétendent que les femelles des Alouates sont dénuées de tous sentiments maternels, et qu'elles abandonnent leurs petits pour s'enfuir plus vite, lorsqu'elles sont menacées. Cependant tous les voyageurs ne pensent pas ainsi. Spix fut témoin d'un fait touchant, qui donne à cette opinion un démenti formel. Il avait blessé à mort une femelle, qui portait son petit sur le dos. La pauvre mère tombait de branche en branche, et son petit allait infailliblement périr avec elle, lorsque, rassemblant ses forces et puisant dans sa tendresse un reste d'énergie, elle le lança, d'un bras défaillant, sur une branche élevée, et réussit de cette manière à l'arracher au sort funeste dont elle était elle-même victime.

On connaît quatre ou cinq espèces de Singes hurleurs, toutes originaires de la Colombie, de la Guyane, du Brésil et du Paraguay. On les rencontre principalement sur les bords des grands fleuves, tels que l'Orénoque, la Magdeleine, etc.

Genre Lagotriche. — Les *Lagotriches* (Singes à queue de lièvre) sont plus petits et plus frêles que les Singes hurleurs; ils ont aussi la voix moins forte. Vivant par troupes, dans les forêts de la Colombie, du Pérou et du Brésil, ils sont très-doux, très-intelligents et s'apprivoisent facilement; on dit même qu'ils sont susceptibles d'affection pour les personnes qui les soignent. Ils ont le pelage moelleux et se tiennent assez bien sur leurs pieds de derrière.

Genre Ériode. — Les *Ériodes* se distinguent des autres Singes américains par leurs narines, qui sont moins écartées que chez la plupart de ces derniers, par l'absence ou l'état rudimentaire du pouce aux extrémités antérieures, et par leurs ongles, qui sont comprimés et tranchants comme des griffes. Leurs habitudes sont peu connues. On sait seulement qu'ils se réunissent par petites bandes, et qu'ils font entendre leur voix *claquante* pendant une grande partie de la journée. Il en existe trois espèces qui habitent le Brésil.

Genre Atèle. — Chez les *Atèles*, comme chez les *Ériodes*, le pouce antérieur n'existe pas, ou, ce qui est plus rare, se présente avec l'apparence d'un simple tubercule sans ongle. C'est même ce caractère que consacre leur nom, *Atèle* (du grec ατελής) voulant dire imparfait ou incomplet. Mais leurs narines sont tout à fait latérales et leurs ongles demi-cylindriques, comme chez presque tous les Singes. De plus, leurs poils sont longs et soyeux, tandis que ceux des Ériodes sont courts et floconneux.

Les Atèles (fig. 250) sont reconnaissables à l'excessive longueur et à la gracilité de leurs membres, qui, jointes à leur démarche lente et mesurée, leur ont valu la dénomination de *Singes Araignées*. Comme les Singes des trois genres précédents, ils ont la queue très-déve-loppée, calleuse à la pointe, et ils s'en servent peut-être plus ha-bilement encore. C'est ainsi qu'ils saisissent et ramènent des objets situés derrière eux, sans faire le moindre mouvement et sans que les yeux coopèrent en aucune manière à cette action. Is. Geof-

Fig. 250. Atèles.

froy Saint-Hilaire déclare pourtant n'avoir jamais vu ces animaux se servir de leur queue pour porter les aliments à leur bouche, comme le prétendent quelques voyageurs.

Dampierre et Dacosta rapportent que, pour franchir une rivière ou pour passer d'un arbre à un autre très-éloigné, les Atèles s'ac-crochent les uns aux autres par la queue, et forment ainsi une longue chaîne, à laquelle ils impriment un mouvement d'oscillation vers le but qu'ils convoitent, jusqu'à ce que le chef de file soit en position d'y atteindre. Celui-ci, une fois fixé, attire à lui tous les autres et le tour est fait. Véritable tour, en effet, dont les difficultés portent à mettre en doute la possibilité, même pour des singes !

Les Atèles vivent par troupes dans les forêts, et se nourrissent d'insectes qu'ils poursuivent sur les arbres. Ils descendent pourtant quelquefois à terre, et alors ils ajoutent à leur alimentation de petits poissons et des mollusques qu'ils trouvent dans la vase et sur les bords des fleuves. D'aucuns assurent même qu'ils s'avanturent jusque sur le rivage des mers, lorsqu'ils en sont peu éloignés, pour se livrer à la pêche des huîtres et autres bivalves, qu'ils savent parfaitement extraire de leur coquille.

Ils sont d'un naturel doux et craintif, mais s'acclimatent difficilement en Europe. Lorsqu'ils ne périssent pas durant le trajet, ils meurent peu après leur arrivée, le plus souvent à cause du froid. On a pu néanmoins en observer quelques-uns à Paris. Leur voix est une sorte de sifflement flûté, analogue à celui des oiseaux.

On connaît environ douze espèces d'Atèles qui habitent la Guyane, le Brésil, le Pérou et la Colombie. Ils sont très-répandus dans les forêts qui bordent le fleuve des Amazones, le Santiago, l'Orénoque, la Magdeleine, etc.

Genre Sapajou. — Les *Sapajous* marquent la limite des Singes à queue prenante ; ils ne possèdent plus qu'à un faible degré la caractéristique de cette tribu. Chez eux, en effet, la queue est dépourvue de véritable callosité et n'est prenante qu'à sa pointe. Cependant cet organe conserve un grand développement, et contribue à l'assurance, comme à la variété des mouvements de l'animal.

Les *Sapajous* sont moins grands et moins élancés, mais plus robustes que les atèles. Ils vivent par bandes dans les forêts de la Colombie, du Pérou, de la Guyane, du Brésil, du Paraguay, se tenant d'ordinaire sur les branches les plus élevées des arbres. Ils se nourrissent de fruits, d'insectes, de vers, de mollusques, d'œufs, et même de petits oiseaux lorsqu'ils ont la bonne fortune d'en attraper. Ils trouvent des ennemis redoutables dans plusieurs espèces de carnassiers et dans les serpents. Ces derniers leur inspirent particulièrement une peur horrible.

Les Sapajous sont vifs, remuants, d'une agilité et d'une pétulance sans égales, mobiles et capricieux à l'excès. Ils sont, en même temps, très-intelligents, très-doux, très-familiers, et disposés à l'affection envers les personnes qui leur témoignent de l'intérêt. Ils montrent également de la docilité, mais seulement par la crainte des châtiments. Aussi sont-ils recherchés dans tous les pays civilisés : entre les mains des bateleurs et des musiciens ambulants ils deviennent des objets d'amusement pour la multitude. On les dresse à une foule d'exercices, sérieux ou burlesques, qu'ils exécutent avec un sang-froid imperturbable et une gravité comique.

Dans les circonstances habituelles, la voix des Sapajous est douce et assez semblable à celle des atèles ; mais sous l'influence de sentiments impétueux, la colère ou le plaisir, ils poussent

Fig. 251. Sapajou brun.

des cris insupportables. Lorsqu'on les tourmente, ils font entendre une sorte de gémissement plaintif, qui leur a valu le nom de *Singes pleureurs*. On les appelle aussi *Singes musqués*, à cause de l'odeur de musc qu'ils répandent. Quant à la dénomination de *Sajou*, qui est quelquefois employée, c'est une simple abréviation de Sapajou.

Il est très-difficile d'évaluer le nombre des espèces de Sapajous : il en existe une infinité de variétés, et il est très-rare de rencontrer deux individus absolument semblables. Les naturalistes sont donc fort divisés sur ce point, les uns prenant pour des espèces distinctes ce que les autres ne veulent admettre que comme variétés. Is. Geoffroy-Saint-Hilaire a décrit quatorze espèces de Sapajous, réparties dans des groupes spéciaux, suivant qu'elles ont les poils de la tête couchés, disposés en brosse ou relevés, soit en aigrette, soit en toupet circulaire. Les plus communes sont le *Sapajou brun* (fig. 251) et le *Sai* ou *Capucin*. On trouve au Paraguay une variété albine de cette dernière espèce, animal nocturne qui pousse des cris lugubres pendant les nuits étoilées.

TRIBU DE SINGES A QUEUE NON PRENANTE. — A la catégorie des *Singes à queue non prenante*, appartiennent les genres *Callitriche*, *Saïmiri*, *Nocthore* et *Saki*.

Genre *Callitriche*. — Les *Callitriches*, ou *Sagouins*, ont à peu près la

Fig. 252. Callitriche à collier.

taille des Sapajous; leur pelage est abondant, leur queue longue et très-velue. Ce sont des animaux nocturnes ou crépusculaires, qui vivent sur les arbres et dans les broussailles, et se nourrissent principalement de fruits et d'insectes. Ils sont pleins de vivacité, de gentillesse et se plient aisément à la captivité; mais leur intelligence est médiocre. Ils vivent tous au Brésil et au Pérou. Deux jolies espèces, le *Callitriche à fraise* et le *Callitriche à collier*, sont remarquables par une épaisse barbe blanche qui tranche sur le fond brunâtre de leur robe.

Genre *Saïmiri*. — Les *Saïmiris*, ou *Singes-Écureuils*, sont de petits êtres aux allures rapides, à la mine éveillée, assez semblables, par ces caractères et par la taille, aux écureuils, dont ils ont reçu le

nom. Ils ont le cerveau très-développé et l'intelligence remarquable. Nocturnes comme les précédents, ils vivent à peu près de
la même façon; ils aiment à se renfermer dans les taillis et tous
les endroits fourrés; ils habitent même des trous de rochers. Ils
sont carnassiers, car ils pourchassent non-seulement les petits
oiseaux, mais encore certaines espèces de mammifères. La Guyane.
et le Brésil sont leur patrie. Buffon déclare avec raison que ce
sont les plus jolis, les plus mignons de tous les Singes. Aussi
sont-ils très-recherchés; mais comme ils sont fort rares, on en
voit peu en Europe. Isidore Geoffroy Saint-Hilaire parle en ces
termes du Saïmiri :

« Sa physionomie est celle d'un enfant; c'est la même expression d'in-
nocence, quelquefois le même sourire malin, et constamment la même
rapidité dans le passage de la joie à la tristesse : il ressent aussi vivement
le chagrin, et le témoigne de même en pleurant. Ses yeux se mouillent de
larmes, lorsqu'il est inquiet ou effrayé. Il est recherché par les habitants
pour sa beauté, ses manières aimables et la douceur de ses mœurs. Il
étonne par son agitation continuelle; cependant ses mouvements sont pleins
de grâce. On le trouve occupé sans cesse à jouer, à sauter et à prendre des
insectes, surtout des araignées, qu'il préfère à tous les aliments végétaux. »

D'un autre côté, de Humboldt nous apprend que le Saïmiri écoute
avec une grande attention les personnes qui l'interpellent, et qu'il
approche même ses mains de leurs lèvres, comme pour essayer
d'y surprendre les paroles qui s'en échappent.

Genre Nocthore. — Les noms de Nocthore et de Nyctipithèque, donnés par Fr. Cuvier et par Spix aux animaux de ce genre, rappellent leurs habitudes essentiellement nocturnes ou crépusculaires.
Ces petits Singes dorment, en effet, tout le jour, soit dans le creux
des arbres, soit au milieu des branches les plus touffues; ce n'est
qu'au coucher du soleil qu'ils se mettent en mouvement. Leurs
yeux, très-volumineux, sont phosphorescents, c'est-à-dire lumi-
neux dans l'obscurité. De Humboldt dit que ces Singes sont mono-
games et vivent constamment par couples; mais Spix assure qu'ils
vont par bandes. Ces deux opinions peuvent se concilier : la manière d'être varie peut-être, sous ce rapport, chez les différentes
espèces.

Les Nocthores se nourrissent d'insectes et de petits oiseaux.
Leur voix est forte, et rappelle, suivant de Humboldt, celle du Jaguar. L'espèce la plus connue, le Douroucouli, tire son nom du cri
qu'elle fait entendre lorsqu'elle chasse, la nuit, dans les bois. Les

Nocthotes habitent les bords des fleuves du Pérou, de la Bolivie, du Brésil et du Paraguay.

Genre Saki. — Les Sakis ont beaucoup de ressemblance avec les Sapajous; mais ils s'en distinguent par leur queue non prenante et couverte de poils longs très-touffus; c'est ce qui les a fait appeler *Singes à queue de renard.* Ils habitent les broussailles, solitairement ou par petites troupes, et sont plutôt crépusculaires que nocturnes. Ils ne sortent de leur retraite que le matin et le soir; ils dorment le reste du temps. Ils se nourrissent de fruits, d'insectes et sont très-friands de miel; aussi recherchent-ils avec ardeur les ruches d'abeilles sauvages. Les Sapajous, qui connaissent leur penchant, les suivent à distance, dans le but de s'emparer de

Fig. 253. Saki satanique.

leur butin. En effet, dès que les Sakis, sans défiance, s'apprêtent à dévorer le miel qu'ils ont découvert, les Sapajous accourent, et, profitant de leur supériorité physique, les accablent de coups et les mettent en fuite. Après quoi, ils savourent le miel qu'ils se sont approprié à si peu de frais. Chez les animaux, comme chez les hommes, il en est toujours qui tirent les marrons du feu pour les autres.

En général, les Sakis sont doux, timides et craintifs; c'est pour cela qu'ils s'apprivoisent difficilement, bien qu'ils ne manquent pas d'intelligence. Ils montrent une grande sollicitude pour leurs petits, et s'occupent très-soigneusement, le mâle et la femelle, de leur éducation. Mais après un certain temps ils les chassent, et les contraignent à subsister par eux-mêmes.

On distingue deux groupes bien caractérisés parmi les Sakis : le premier renferme les espèces dans lesquelles la queue est à peu près aussi longue que le corps, et constitue la division des *vrais Sakis;* le second se compose des espèces à queue très-courte, et que l'on désigne, pour cette raison, sous le nom de *Brachyures* (Singes à courte queue : βραχύς, *court;* οὐρά, *queue*).

Parmi les vrais Sakis, quelques espèces sont dotées d'une barbe

Fig. 254. Brachyure.

très-abondante, et d'une épaisse chevelure, qui leur retombe sur le front. Ces ornements ne contribuent pas peu à donner à leur physionomie un aspect rébarbatif. Tels sont le *Saki satanique* (fig. 253), le *Saki velu*, et le *Saki capucin*. Tous ces animaux sont indigènes du Brésil, de la Guyane et de la Colombie.

De Humboldt rapporte que ce dernier Singe prend les plus minutieuses précautions pour ne point mouiller sa barbe. Lorsqu'il a soif, il se penche au bord d'un ruisseau, puise de l'eau dans le creux de sa main, la porte à sa bouche, et répète ces mouvements autant de fois qu'il est nécessaire pour se désaltérer, mais sans jamais mouiller ni froisser sa respectable barbe. Beaucoup d'hommes sont Sakis sous ce rapport.

Les *Brachyures* (fig. 254) sont remarquables par la nudité de leur tête et la saillie de leur front. Ce qu'il y a de curieux chez eux, c'est que leur queue, quoique très-courte, est extrêmement touffue; de sorte qu'elle a l'apparence d'une boule.

Les Brachyures marchent assez bien sur leurs pattes de derrière. Les Indiens leur donnent la chasse pour leur chair, qu'ils trouvent délicate. On les rencontre au Brésil et au Pérou, sur les bords du haut Amazone et de l'Orénoque.

SINGES DE L'ANCIEN MONDE. — Ces Singes ont les narines terminales et séparées par une cloison très-mince. Ils sont, en outre, caractérisés, sauf de très-rares exceptions, par des *callosités* et des *abajoues*.

Les *callosités* sont ces plaques saillantes, nues et durcies, qui existent à la partie postérieure de leurs corps, et sur lesquelles ils reposent lorsqu'ils sont assis. Les *abajoues* sont des poches plus ou moins grandes, creusées des deux côtés de la bouche, dans l'épaisseur des joues, et qui constituent des espèces de garde-manger provisoire.

L'inspection des mâchoires fournit également un caractère très-important : tous les Singes de l'ancien monde ont la formule dentaire de l'espèce humaine, savoir : huit incisives, quatre canines et vingt molaires, réparties également entre les deux mâchoires ; de plus, ils ont, dans le jeune âge, vingt dents de lait, comme l'enfant. Leur queue est longue parfois, mais le plus souvent elle est courte ou nulle, et jamais prenante. Leurs ongles affectent la forme en gouttière, et diffèrent très-peu des nôtres. En un mot, leur organisation physique, leurs allures, leur intelligence, en font les créatures les plus voisines de l'homme, et leur attribuent le premier rang dans la hiérarchie animale.

Les Singes de l'ancien monde comprennent les cinq tribus suivantes : les *Cynocéphales*, les *Macaques*, les *Guenons*, les *Semnopithèques* et les *Anthropomorphes*.

TRIBU DES CYNOCÉPHALES. — Les *Cynocéphales* (Singes à tête de chien : χύων, χυνός, *chien*; χεφαλή, *tête*) sont ainsi nommés à cause de la forme allongée de leur museau. Ce sont des animaux de grande taille, aux formes trapues, aux muscles vigoureux. Ces divers avantages, joints à leur naturel brutal et féroce, en font des animaux assez redoutables, surtout dans l'âge adulte. Ils ont l'arcade sourcilière très-développée, les abajoues profondes et les membres à peu près d'égale longueur. Leurs mains sont bien constituées, et pourvues toutes quatre d'un pouce opposable. En général leur pelage est long et touffu, principalement sur les parties supérieures du corps. Ce pelage présente, autour des callosités, de grandes parties nues, qui sont souvent, ainsi que le visage, teintes des plus vives couleurs. Les sens sont d'une grande perfection; l'odorat, en particulier, est très-délicat.

Nous avons déjà eu l'occasion de faire remarquer que le crâne des Singes de l'ancien monde et par suite leurs facultés morales sont susceptibles de se modifier, avec l'âge, d'une manière considérable. Les Cynocéphales donnent de ce fait un frappant exemple. A mesure qu'ils approchent du terme de leur existence, leur face se développe, sans que ce changement entraîne une variation correspondante dans la boîte crânienne; leurs qualités primitives, c'est-à-dire une douceur et une intelligence relatives, deviennent, dans la vieillesse, de la sauvagerie et de l'abrutissement. Ils portent alors dans tous leurs désirs une violence et une impétuosité incroyables, manifestent leurs appétits par les gestes ou les actes les plus révoltants, et se jettent sur quiconque prétend gêner l'assouvissement de leurs passions. A cette période de leur vie, ils sont véritablement dangereux; car leurs dents canines supérieures, transformées en crocs longs et aigus, produisent des blessures excessivement graves. La crainte qu'ils inspirent dans les contrées qu'ils habitent est telle, qu'une de leurs espèces a reçu des Anglais le nom significatif de *Man-Tiger* (*homme-tigre*).

Les Singes Cynocéphales habitent presque exclusivement l'Afrique; une seule espèce se trouve en Asie. Ils se tiennent, soit dans les forêts, soit sur les montagnes peu élevées, dans les endroits rocailleux, et se nourrissent de fruits et d'insectes. En captivité, ils sont à peu près omnivores.

Les Cynocéphales se trouvent quelquefois réunis par bandes innombrables au Sénégal. M. Mage, dans la relation de son *Voyage dans la Sénégambie*, publié en 1868, rapporte ce qui suit :

« Nous avions remarqué que les montagnes de la rive gauche se rapprochaient du fleuve (le Sénégal) au point de venir s'y baigner en un endroit situé à moitié route. La montagne, étagée en gradins de couleur rouge et noire, découpée par les massifs d'arbres qui sortaient de toutes les crevasses, était littéralement couverte de Singes à tous les étages; sur toutes les fentes horizontales, ils étaient établis les uns contre les autres; les arbres pliaient sous leur poids, et, à notre passage, ils nous saluèrent par des gambades incroyables et des aboiements forcenés. En affirmant que ce quartier général ne renfermait pas moins de six mille Cynocéphales, je ne crois pas exagérer [1]. »

Fig. 255. Une montagne de Singes.

On partage les Cynocéphales en deux genres, fondés sur les dimensions de la queue; ce sont les *Mandrilles* et les *Cynocéphales proprement dits*.

Genre Mandrille. — Les Mandrilles sont caractérisés : en premier lieu, par une queue très-courte, ensuite par des rides profondes situées de chaque côté du nez et plus ou moins vivement colorées. On en connaît deux espèces, propres à l'Afrique occidentale : le *Mandrille Choras*, et le *Mandrille Leucophe*, ou *Drille*.

1. Le *Tour du Monde*, 1868, 1er semestre, page 20.

Le *Mandrille Choras* (fig. 256) est un des cynocéphales dont les couleurs soient le plus vives. Il a la face striée de bandes rouges, bleues et blanches et très-brillantes. La partie supérieure des cuisses est d'un rouge vif, mélangé de bleu et du plus bel effet. Ce qu'il y a de remarquable, c'est que ces diverses colorations n'ont aucune fixité et qu'elles disparaissent après ou même pendant la maladie. Elles semblent résulter d'une injection sanguine

Fig. 256. Mandrille Choras.

particulière, qui acquiert son maximum d'énergie lorsque l'animal est dominé par l'impétuosité de ses sentiments.

Le *Mandrille Choras*, devenu vieux, est un animal vraiment féroce. Aussi n'est-il pas prudent de le laisser en liberté lorsqu'on l'arrache à sa vie sauvage. Il est très-redouté des négresses ! ! ! Au reste, l'esclavage n'adoucit en rien la violence de son caractère. Dans l'ouvrage intitulé : *La Ménagerie du Muséum*, qui a été publié par Cuvier, concurremment avec Lacépède et Étienne Geoffroy

Saint-Hilaire, le premier de ces auteurs donne des détails fort intéressants sur la manière d'être du Mandrille Choras. Il dit que la vue de certaines femmes, principalement des plus jeunes, avait le don de le faire entrer dans de véritables accès de frénésie. « Il les distinguait dans la foule, dit-il, il les appelait de la voix et du geste, et l'on ne pouvait douter que s'il eût été libre, il ne se fût porté à des violences. »

Parmi ces animaux, il en est qui conservent assez longtemps leur docilité première. Témoin celui qu'un M. Cross montrait à Londres, et qui s'était acquis, par son intelligence, une grande réputation. Ce Singe, nommé *Happy Jerry*, savait s'asseoir sur une chaise, buvait du porter dans un gobelet d'étain, et à l'occasion, fumait la pipe avec toute la gravité requise.

Le *Drille* ressemble beaucoup au précédent; il ne s'en distingue guère que par sa face complétement noirâtre et la coloration un peu différente de son pelage. Il habite également la Guinée.

Genre Cynocéphale proprement dit. — Les vrais Cynocéphales ont la queue un peu longue, pendante, parfois terminée en pinceau. Ils sont moins robustes que les Mandrilles et se modifient moins profondément avec les années. Les principales espèces sont l'*Hamadryas*, le *Papion* et le *Chaorna*.

L'*Hamadryas* (fig. 257), ou *Tartarin*, était connu dès anciens Égyptiens, qui l'ont souvent représenté sur leurs monuments. Il symbolisait le dieu *Toth*, inventeur de l'alphabet, et il était, à ce titre, tenu en grande vénération. De nombreuses momies de cet animal ont été recueillies dans les nécropoles d'Égypte.

Les Hamadryas font moins noble figure dans la société moderne. Les Orientaux les dressent à des exercices variés, et les produisent en public. Ce Singe a la face couleur de chair, et porte sur le dos, les flancs et les parties latérales de la tête, une espèce de camail olivâtre, qui le caractérise très-nettement. Il habite l'Abyssinie, le Sennaar et l'Arabie.

Le *Cynocéphale Chaorna* est exclusif à l'Afrique australe : on le rencontre particulièrement sur la montagne de la Table, aux environs de la ville du Cap. Des troupes de vingt à trente individus parcourent les collines et entrent souvent dans les champs cultivés, où ils commettent les plus grands ravages, surtout à l'époque de la moisson. Kolbe raconte que le Chaorna a quelquefois l'audace d'enlever au voyageur isolé dans la campagne, les provisions que celui-ci vient d'étaler pour son repas, et qu'après s'être éloigné à quelque distance, il a l'impudence de narguer, par ses grimaces, le malheureux qu'il vient de dépouiller.

Le Chaorna est très-redoutable; mais, comme il est en même temps fort intelligent, on peut, en le prenant jeune, lui donner quelque éducation, et en retirer des services. C'est ainsi que les habitants du Cap l'emploient à la garde de leurs demeures, tâche dont il s'acquitte avec la plus grande vigilance. Il l'habituent à *rapporter*, de la même manière que les chiens dressés, le chargent

Fig. 257. Cynocéphale Hamadryas.

d'entretenir le feu d'une forge, ou de conduire une paire de bœufs attelés à un chariot. Cet animal a l'odorat d'une extrême subtilité et refuse avec persistance les aliments que son flair lui démontre suspects; aussi ne peut-on s'en débarrasser par le poison.

Le *Papion* (fig. 258) est le mieux connu des Cynocéphales : c'est celui qu'on voit le plus souvent dans les ménageries européennes. Il est très-intelligent et plus doux que les autres espèces; aussi se prête-t-il assez facilement à la domesticité et à l'éducation. Il est très-gourmand : ce qui permet de le dominer par l'appât des friandises. Il témoigne de l'affection à sa progéniture, et entretient les meilleures relations avec ses compagnons de captivité. Il reste rarement en place; le besoin d'exercice se fait sentir impérieusement chez lui, et on ne parviendrait à l'en priver qu'aux

Fig. 258. Papion.

dépens de sa santé. Le Papion vit par bandes assez nombreuses dans les forêts du Sénégal et sur la côte de Sierra-Leone.

Les autres espèces de Cynocéphales sont le *Babouin*, le *Cynocéphale olivâtre*, le *Cynocéphale Anubis* et le *Cynocéphale Gélada*, désigné par Is. Geoffroy sous le nom de *Théropithèque*. Il n'y a rien à dire de ces espèces que nous n'ayons déjà fait connaître à propos des précédentes.

Tribu des Macaques. — Par leurs formes générales et leurs habitudes, les Macaques sont intermédiaires aux Cynocéphales et aux
Guenons. Ils ont le corps moins trapu et le museau plus court que
les premiers, sans cesser pourtant de présenter une apparence
robuste. Leurs lèvres sont minces, leurs abajoues développées,
leurs callosités très-prononcées. Leur queue est nulle, courte ou
longue, suivant les espèces. Ils ont les mêmes instincts que les
Cynocéphales, mais avec moins de violence, et ne deviennent pas
aussi méchants avec l'âge.

En général, les femelles sont d'un naturel plus doux que les
mâles, et se prêtent mieux à la domesticité. Il en est de même, du
reste, pour presque tous les Singes de l'ancien continent. Leur
intelligence est assez grande, et on leur apprend facilement à
exécuter divers tours d'adresse. On a souvent amené des Macaques
en Europe, et ils s'y sont reproduits.

Les principaux genres de Macaques sont les *Cynopithèques*, les
Magots, les *Macaques proprement dits* et les *Mangabeys*.

Genre Cynopithèque. — Ce genre a été créé pour une espèce de
Singes des îles Célèbes, qui, très-voisine des Cynocéphales à plusieurs points de vue, s'en distingue néanmoins par une face moins
allongée, des canines beaucoup moins longues, et par l'absence
complète de queue.

Cette espèce a le pelage et les parties nues totalement noirs;
d'où le nom de *Cynopithèque nègre* qu'on lui a donné. Ce Singe est
actif, intelligent et se familiarise promptement. Le Jardin des
Plantes de Paris et le Jardin zoologique de Londres en ont possédé
plusieurs spécimens vivants.

Genre Magot. — Une seule espèce, le *Magot* (fig. 259), compose
ce genre. Le caractère distinctif fondamental du genre Magot consiste dans l'absence de queue.

Le Magot est connu de très-longue date. Les anciens le nom-
maient *Pithèque* (πίθηκος). Strabon et Aristote en ont parlé. C'est
d'après son squelette que Galien, célèbre médecin de Pergame, qui
florissait à Rome l'an 170 après Jésus-Christ, sous l'empereur
Marc-Aurèle, composa son anatomie de l'homme. A cette époque,
en effet, et jusqu'au quatorzième siècle de notre ère, la dissection
des cadavres humains était sévèrement interdite. Galien crut pouvoir se fonder sur l'extrême analogie apparente du squelette de
l'homme et du Singe pour composer l'anatomie humaine. Ce
qu'il y a d'étrange, c'est que cette anatomie de l'homme, prise sur

le Singe, suffit pendant fort longtemps aux besoins de la chirurgie
et de la médecine. Lorsque au seizième siècle l'illustre anatomiste André Vésale démontra que Galien avait décrit les organes
du Singe, pour ceux de l'homme, il eut une peine infinie à faire
accepter cette vérité. Ce qui prouve deux choses : d'abord que la
structure du Singe s'éloigne bien peu, quoi qu'on en dise, de celle

Fig. 259. Magot.

de l'homme, ensuite qu'il n'est pas de vérité si claire et si simple
qui ne trouve ses contradicteurs et ses aveugles.

Les Magots habitent certaines régions du nord de l'Afrique,
principalement l'Algérie et le Maroc. Ils vivent en bandes nombreuses, sur les montagnes boisées qui entrecoupent ces contrées.
Les Arabes ont beaucoup à souffrir de leurs déprédations. Ces quadrumanes font de fréquentes incursions dans les jardins des malheureux indigènes, et mettent au pillage les orangers, les figuiers,

les plates-bandes de melons, de pastèques, les buissons de toma-
tes, etc. Ils procèdent d'ailleurs à ces dégradations avec beaucoup
d'intelligence et de précaution. Ils s'échelonnent depuis le mur de
l'enclos jusqu'à un endroit sûr, et se passent de main en main
les provisions, que quelques-uns d'entre eux sont chargés de récolter. Deux ou trois vedettes, placées sur un lieu élevé, surveillent les alentours. Au moindre danger, elles poussent un cri d'a-
larme, et la bande tout entière détale lestement.

On trouve des Magots en Europe, sur le rocher de Gibraltar,
mais leur nombre est très-restreint. On croit généralement qu'ils
proviennent d'individus importés d'Afrique et échappés à l'esclavage. Quelques auteurs prétendent, au contraire, qu'ils appartiennent naturellement à la faune espagnole; ce qui s'expli-
querait par la supposition que le détroit de Gibraltar n'a pas
toujours existé, et que les continents européen et africain ont
été autrefois réunis par un isthme en cet endroit; mais cette
dernière hypothèse, qui fait le Magot propre à la faune ibérique,
est peu probable. Les Magots que l'on trouve aujourd'hui à Gibraltar ont dû venir dans l'origine de la côte africaine qui en
est si voisine.

A quelque époque qu'on le prenne, le Magot a la face ridée et
vieillotte. Pendant sa jeunesse il est doux, soumis et se plaît dans
la société de l'homme et des autres animaux. Une de ses occupations favorites, et qui se retrouve plus ou moins chez tous les
Singes, consiste à chercher dans les cheveux de son maître, ou les
poils de ses camarades, singes, chats ou chiens, les insectes qui y
vivent, pour les avaler aussitôt la capture faite.

Genre Macaque proprement dit. — Certains détails anatomiques,
empruntés à la dentition et à la forme de l'orbite, séparent les
Macaques des Magots; mais ce qui caractérise nettement les Macaques, c'est la présence constante de la queue, qui est d'ailleurs de dimensions variables selon les espèces. Lorsqu'elle
est longue, cette queue est toujours pendante; elle ne jouit pas
de la propriété de se relever, comme cela a lieu dans d'autres
genres.

Les Macaques se partagent en espèces à queue longue ou médiocre, et espèces à queue très-courte. Parmi les premières, les
plus remarquables sont le *Macaque de Buffon* (fig. 260), le *Macaque
des Philippines*, le *Macaque Bonnet-Chinois*, le *Macaque Ouanderou*,
le *Macaque Rhésus*; parmi les secondes, le *Maimon* ou *Macaque à*

queue de cochon, le *Macaque ursin* et le *Macaque à face rouge*. Tous ces singes habitent le continent de l'Inde ou les iles de la Malai-

Fig. 260. Macaque de Buffon.

sie; le dernier seul est particulier au Japon, où il est l'unique représentant de l'ordre des Quadrumanes.

Genre Mangabey. — Les Mangabeys forment la transition entre les Macaques et les Guenons. Ils ont à peu près la même taille et les mêmes allures que les Guenons; mais ils sont moins légers. Leur queue est longue, et ils la tiennent ordinairement relevée au-dessus du dos. Leurs mœurs diffèrent peu de celles de la plupart des Macaques, et l'on ne trouve pas de nuances beaucoup plus sensibles dans leur caractère. On peut dire pourtant qu'ils sont, en général, plus doux et plus familiers que les précédents : c'est du moins ce qui semble résulter des observations de Fr. Cuvier sur quelques-uns de ces animaux amenés au Jardin des Plantes de Paris.

Les Mangabeys habitent l'intérieur de l'Afrique. On n'en connaît jusqu'à présent que trois espèces.

Fig. 261. Macaques.

Tribu des Guenons. — Les Guenons sont des Singes aux formes grêles, au crâne déprimé et sans front, du moins dans l'àge adulte, aux abajoues amples, aux callosités prononcées, aux canines longues et tranchantes, aux extrémités bien constituées et propres à la préhension, à la queue longue et relevée comme celle des Mangabeys, au pelage fourni et plus ou moins tiqueté. Les naturalistes les désignent ordinairement sous le nom de *Cercopithèques*, qui veut dire *Singes à queue* (κέρκος, queue, πίθηκος, singe). Le genre Guenon comprend environ trente espèces.

Ces animaux vivent par troupes dans les forêts; ils sont constamment en mouvement d'un arbre à l'autre, et exécutent, avec une facilité extraordinaire, les plus audacieuses cabrioles. Il existe dans chaque troupe une sentinelle chargée de veiller à la sécurité générale. A l'apparition d'un ennemi, cette vedette pousse un cri particulier, et toute la bande, se réunissant sur une cime élevée, se met en devoir d'accabler l'intrus. Les fruits et les branchages pleuvent sur l'imprudent, qui, désarmé et impuissant contre cette horde aérienne, est bientôt contraint d'abandonner le terrain. Les nègres trouvent peu de leur goût ce genre d'escarmouches. Aussi se hasardent-ils très rarement dans les parties des forêts où les Guenons ont établi leur domicile. Les plus grands quadrupèdes, sans en excepter l'Éléphant, ne sont pas à l'abri de ce genre d'attaques; ils trouvent bon de se soustraire, par la fuite, aux conséquences désagréables, sinon dangereuses, d'un pareil conflit.

Fig. 262. Guenon ascagne.

Il n'y a que deux êtres capables d'affronter cette lutte : c'est l'homme, avec son arc ou sa carabine, et le serpent, qui se coule dans l'ombre jusqu'aux plus hautes branches des arbres, et parvient à atteindre et à saisir ces sylphes des forêts.

Le régime des Cercopithèques est très-varié : ils se nourrissent surtout de racines, de feuilles et de fruits. Ils mangent aussi des œufs d'oiseaux, des insectes, parfois même des mollusques, et se montrent avides de miel. Ils dévastent les vergers et les plantations, et semblent poussés à ces actes de brigandage autant par l'instinct du vol et du pillage que par le besoin de la faim ; car ils détruisent ou endommagent tout ce qu'ils ne peuvent emporter. Ils procèdent à la dévastation des vergers de la même manière que les Magots, c'est-à-dire en chargeant quelqu'un d'entre eux de faire la récolte, et se faisant passer de main en main, avec prestesse, le produit du butin (voir la figure du frontispice). Je vous laisse à penser la surprise du planteur qui se trouve face à face avec cette tribu pillarde.

Les Guenons supportent parfaitement le climat de l'Europe; elles se sont même assez souvent reproduites dans nos ménageries. Aussi a-t-on pu les étudier avec soin et recueillir sur leur compte nombre d'observations intéressantes.

On a ainsi constaté que ces Singes forment deux groupes bien distincts par les caractères organiques et les dispositions naturelles des espèces réparties dans chacun d'eux. Ceux du premier groupe se rapprochent des Macaques, par leur museau un peu long, par leurs formes légèrement trapues, par leur queue relativement courte et par leur humeur agressive dans l'âge adulte. Le seul moyen de les dompter, lorsqu'ils sont parvenus à cette période de leur existence, consiste, suivant Isidore Geoffroy Saint-Hilaire, à pratiquer la section de ces énormes dents canines dont les blessures sont si dangereuses : l'animal a dès lors conscience de sa faiblesse, et il se tient tranquille. Au second groupe appartiennent des Cercopithèques, aux formes plus grêles, au museau plus court, à la queue plus longue et au naturel moins farouche. Ils sont plus recherchés que les précédents pour en faire des personnages savants.

Malgré ces différences physiques et morales, tous les Singes appartenant au genre Guenon sont conçus sur le même plan, et présentent un fonds d'organisation unique. On peut signaler comme traits distinctifs de leur caractère, quelle que soit l'espèce que l'on considère, une vivacité, une mobilité extrêmes, dans les allures comme dans les impressions.

« Les Guenons, dit Is. Geoffroy Saint-Hilaire, ont une aptitude singulière à passer en quelques instants et pour les motifs les plus légers, de la gaieté, qui est d'ailleurs leur état le plus habituel, à la tristesse, de la tristesse à la joie, de la joie à la colère. On les voit désirer ardemment un objet, témoigner la joie la plus vive si elles parviennent à l'avoir, et presque aussitôt le rejeter avec indifférence, le briser avec colère. On les voit se complaire dans la société d'un autre individu, lui donner à leur manière des marques de tendresse et tout d'un coup s'irriter contre lui, le poursuivre en jetant des cris rauques, et le mordre comme un ennemi; puis la paix se fait, et les caresses recommencent, jusqu'à ce qu'un nouveau caprice amène une nouvelle crise. »

Les femelles des Guenons portent beaucoup d'affection à leur petit. Pendant les premières semaines de son existence, elles le tiennent pressé contre leurs mamelles, en le soutenant avec leurs mains antérieures, à l'instar de beaucoup d'autres Singes. Plus tard, au contraire, le petit se cramponne lui-même à sa mère, qui va, vient, grimpe et saute, avec la même agilité que si ce fardeau n'avait ni poids ni volume. Le mâle, non-seulement ne partage pas avec sa femelle les soins de l'éducation, mais il les maltraite souvent, elle et son petit. Aussi est-on parfois obligé, dans les ménageries, de le loger à part, afin d'empêcher ses violences.

Le pelage de ces Singes est presque toujours agréablement cha-

Fig. 263. Guenon blanc-nez.

Fig. 264. Guenon mone.

marré ; les couleurs en sont vives, les nuances bien assorties. C'est à ces heureuses dispositions que certaines peaux de Guenons doivent leur valeur.

Parmi les espèces à formes sveltes et à naturel pacifique, nous citerons le *Talapouin*, le *Hocheur*, le *Blanc-Nez* (fig. 263), le *Cercopithèque aux lèvres blanches*, la *Mone* (fig. 264). Dans la seconde section, le *Malbrouck*, le *Grivet*, le *Callitriche*, le *Patas*, le *Nisnas*.

Le Talapouin et la Mone sont les plus doux et les plus intelligents ; les plus intraitables sont le Grivet, le Malbrouck et le Patas. Le Grivet et le Nisnas ont été connus des anciens Égyptiens:

on en a la preuve par les figures gravées sur les tombeaux et les obélisques de ces anciens peuples.

TRIBU DES SEMNOPITHÈQUES. — Les *Semnopithèques* (*Singes graves*, σεμνός, grave, πίθηκος, singe) sont caractérisés par un museau très-court, un corps grêle et élancé, une queue musculeuse et dépassant en longueur celle de tous les autres Singes de l'ancien monde, des pouces extrêmement courts, ou nuls, aux membres antérieurs, des callosités peu accentuées, et par l'absence à peu près complète d'abajoues. Leur pelage est ordinairement long et bien fourni.

Ils ne diffèrent pas essentiellement des Guenons par l'ensemble de leurs habitudes ; mais ils ont moins de pétulance dans les mouvements et plus de douceur dans le caractère. Ils s'apprivoisent, comme elles, très-facilement dans leur jeunesse ; mais ils deviennent bien plus rarement méchants avec l'âge. On remarque plutôt en eux un certain fonds de mélancolie ; cet état va s'accroissant sans cesse avec les années, pour aboutir à une résignation triste, à une sorte d'affaissement moral, qui ne s'éteint qu'avec la mort. Ils sont du reste assez bien doués au point de vue de l'intelligence.

La tribu des Semnopithèques comprend les trois genres *Nasique*, *Semnopithèque proprement dit* et *Colobe*.

Genre Nasique. — Les *Nasiques* (fig. 265) sont ainsi nommés à cause de leur nez, qui dépasse en longueur celui des hommes les mieux partagés sous ce rapport. C'est là une particularité qui les distingue nettement de tous les Singes connus. On les reconnaît aussi à leurs poils, plus développés sous le menton et autour du cou que sur le reste du corps. Ce sont les plus grands des Semnopithèques : ils mesurent près d'un mètre et demi, lorsqu'ils sont debout. Ce sont aussi les plus farouches et les moins éducables. Ils habitent l'île de Bornéo, et parcourent en troupes nombreuses les bois situés dans le voisinage des cours d'eau. On les voit rarement à terre : ils passent presque toute leur vie sur les arbres. On n'en connaît jusqu'à présent qu'une seule espèce.

Les naturels de Bornéo prétendent que le Nasique est un homme qui s'est retiré dans les forêts pour ne pas payer d'impôts, et ils ont la plus grande considération pour un être qui a trouvé un si bon moyen de se soustraire aux charges de la société.

Genre Semnopithèque proprement dit. — Les caractères des vrais *Semnopithèques* sont ceux que nous avons indiqués pour délimiter la tribu tout entière. Nous ajouterons qu'en général ils ont les

poils de la tête redressés en huppe, ou ramenés sur le front en
forme de capuchon. Leurs mœurs ne présentent aucune singularité remarquable. Il nous suffira donc d'énumérer les principales

Fig. 265. Nasique.

espèces, en désignant les contrées où elles vivent respectivement.
Disons tout de suite qu'elles sont confinées, sans exception, dans
l'Asie méridionale et les îles de la Malaisie.

Nommons d'abord le *Douc*, natif de la Cochinchine. Cette espèce,
la plus belle par les couleurs éclatantes de sa robe, tient le premier rang parmi les Semnopithèques. Elle a le dos, les flancs, le
dessus de la tête et les bras gris pointillé de noir ; les cuisses et
les doigts noirs ; les jambes et les tarses d'un roux vif ; l'avant-
bras, le bas des jambes, les fesses et la queue d'un blanc pur ; la
gorge blanche, entourée d'un cercle de poil roux vif.

Viennent ensuite l'*Entelle* ou *Singe sacré des Hindous*, qui jouit du privilége de ravager les jardins de ses adorateurs, sans qu'il en résulte pour lui le moindre dommage ; — le *Semnopithèque à ca-*

Fig. 266. Semnipothèque doré, mitré et huppé.

puchon, — le *Semnopithèque huppé,* — le *Semnopithèque nègre,* — le *Semnopithèque doré,* — le *Semnopithèque mitré,* — le *Semnopithèque rouge,* etc.

Genre Colobe. — Les *Colobes* ont la plus grande analogie avec les vrais Semnopithèques; mais tandis que ceux-ci ont un pouce court, il est vrai, mais très-réel néanmoins, les Colobes en sont complétement dépourvus; de là leur nom, qui signifie en grec *mutilé* (χολοβός). Ils vivent et se nourrissent de la même façon que les précédents. Ce sont les représentants des Semnopithèques en Afrique : ils habitent, en effet, l'Abyssinie et l'Afrique occidentale. On en connaît quatre ou cinq espèces, dont la plus remarquable est le *Colobe guéréza* d'Abyssinie.

TRIBU DES SINGES ANTHROPOMORPHES. — Les singes Anthropomorphes sont ceux qui se rapprochent le plus de l'espèce humaine; c'est ce qu'indique leur nom (ἄνθρωπος, homme, μορφή,
forme). *Anthropomorphe* signifie donc : qui a la forme de l'homme.

Ces Singes sont privés de queue. Leur sternum est large et aplati,
leurs membres antérieurs sont beaucoup plus longs que les postérieurs. Ils marchent en s'appuyant sur les membres postérieurs,
comme sur des béquilles. Leur corps est donc incliné et non vertical pendant la locomotion. Ce n'est que dans l'état d'immobilité
qu'ils parviennent à se redresser à la manière de l'homme. Au
point de vue de la dentition, ils sont caractérisés par les petits tubercules émoussés qui couronnent leurs molaires.

La tribu des Singes anthropomorphes comprend quatre genres :
les *Gibbons*, les *Orangs*, les *Gorilles* et les *Chimpanzés*.

Genre Gibbon. — Les Gibbons sont les seuls parmi les Singes anthropomorphes qui possèdent des callosités fessières. On les reconnaît à leurs membres grêles, à leurs doigts très-longs, surtout
les antérieurs, et à leur pelage épais. Quelques espèces présentent
cette particularité curieuse, d'avoir le second et le troisième doigt
après l'orteil soudés l'un à l'autre par une membrane étroite,
dans toute la longueur de la première phalange; l'une de ces phalanges a reçu, pour cette raison, le nom de *syndactyle*.

Ces singes sont les moins intelligents du groupe que nous examinons : la structure et le volume de leur cerveau, aussi bien que
leurs actes dans la captivité, mettent cette vérité hors de doute.
Mais il ne serait pas juste de dire, avec certains naturalistes,
qu'ils sont dénués de toute faculté intellectuelle. Les faits dé-
mentiraient péremptoirement cette assertion.

Les Gibbons sont, en général, d'un naturel doux et timide.
Comme d'ailleurs leur taille ne dépasse guère un mètre dans les
plus grandes espèces, et que leurs moyens de défense sont fort
restreints, ils ne résistent guère lorsqu'on les inquiète; ils s'enfuient, soit en courant sur le sol, soit en grimpant sur un arbre.
Pour passer d'un arbre à l'autre, voici comment ils procèdent.
Après s'être hissés à une certaine hauteur, ils saisissent l'extrémité
d'une branche flexible, s'y balancent trois ou quatre fois, pour
prendre leur élan, et, par un énergique mouvement musculaire,
s'élancent vers une autre branche, quelquefois distante de la première de 12 à 13 mètres.

Les Gibbons vivent par troupes nombreuses, ou par familles

dans les grandes forêts de la Cochinchine, du royaume de Siam et des îles de la Sonde, Java, Sumatra et Bornéo. Leur régime est omnivore; mais ils mangent de préférence des fruits et des racines, auxquels ils ajoutent parfois des œufs, des insectes et autres petits animaux. Ils s'apprivoisent très-facilement, et, contrairement à la plupart des Singes de l'ancien monde, ne manifestent aucun changement d'humeur, aucune disposition malveillante, lorsqu'ils atteignent l'âge adulte. Les principales espèces du genre sont le *Gibbon agile*, le *Gibbon Siamang*, et le *Gibbon Hooloch.*

Le docteur Franklin dit, à propos du *Gibbon agile* :

« Il y a quelques années, une femelle de cette espèce de Singes fut montrée à Londres. On a noté les sons qu'elle faisait entendre en se livrant à ses exercices d'agilité, et les naturalistes y ont trouvé quelque musique. Cet individu était timide et gentil. Il préférait la société des femmes à celle des hommes. On a cru que cette circonstance tenait à de mauvais traitements qu'il avait éprouvés de la part du sexe fort. Il était intelligent et observateur : ses yeux perçants semblaient être toujours sur le qui-vive, couraient çà et là, sondaient chaque personne et ne perdaient rien de ce qui se passait. Quand une personne avait gagné sa confiance, il consentait après plusieurs invitations à descendre de son arbre et à lui donner une poignée de main [1]. »

Le *Gibbon Siamang*, ou *Syndactyle*, a été fort bien étudié, dans le pays même qu'il habite, par le naturaliste Duveaucel. Il a le pelage et la face entièrement noirs. Il est bien reconnaissable à une poche énorme, qui communique avec le larynx, et qu'il peut renfler à son gré, en y introduisant une certaine quantité d'air. Cette poche est située sur le devant de la gorge, où elle se présente sous les apparences d'un développement goitreux. Selon Duveaucel, les Gibbons Siamangs se réunissent en troupes nombreuses, sous la conduite d'un chef expérimenté, et ils saluent le soleil, à son lever et à son coucher, par des cris qui s'entendent à plusieurs milles à la ronde. Ils ne sont pas très-lestes, mais ils ont l'ouïe d'une finesse extrême; dès qu'ils entendent un bruit insolite, à quelque distance, ils décampent sans retard. Mais s'ils sont à terre et qu'ils n'aient pas le temps de gagner les arbres, ils parviennent rarement à s'échapper. Quand l'un d'eux est blessé, il est abandonné sans pitié par ses compagnons, qui seraient d'ailleurs impuissants à le défendre. Quand c'est un jeune qui a été ainsi blessé, la mère s'arrête soudain, et se précipite sur l'en-

1. *La Vie des Animaux* (Mammifères).

nemi en poussant des hurlements affreux ; mais toute sa vengeance se réduit à ces démonstrations de douleur.

Un naturaliste anglais, George Bennett, a eu en sa possession un Siamang qui lui fut donné dans l'île de Singapore, et il a publié sur ce quadrumane, qu'il avait baptisé du nom de *Ungka*, des détails remplis d'intérêt. Malheureusement cet animal, après avoir

Fig. 267. Gibbon Hooloch.

accompli sans aucun malaise presque toute la traversée d'Asie en Europe, succomba à une attaque de dyssenterie, provoquée par le froid de nos climats. Il eût donné lieu sans cela à nombre d'observations curieuses.

M. Bennett raconte ainsi les faits et gestes de *Ungka*, quand il se trouvait encore chez son maître :

« En entrant un matin dans la cour où le Singe était attaché, je fus triste, dit M. Bennett, de le voir occupé à repousser son ceinturon de cuir et sa corde; en même temps, il faisait entendre un cri plaintif et aigu. Détaché, il se dirigea vers quelques Malais qui se trouvaient là. Après avoir tourmenté les jambes de plusieurs d'entre eux, il s'approcha d'un Malais qui était couché, sauta sur lui, l'embrassa étroitement avec une expression de reconnaissance. Je compris que cet homme, dans les bras duquel ce Singe se retrouvait avec tant de plaisir, était le premier maître de l'animal.

« .... Lorsque le garçon de service annonçait que le dîner était servi, *Ungka* ne manquait jamais d'entrer dans la cabine, prenait sa place devant la table et recevait avec reconnaissance les bons morceaux. Si, par hasard, on riait de lui pendant le dîner, il témoignait son indignation d'être pris pour un sujet de plaisanterie. Notre convive faisait alors entendre ce sourd aboiement qui était le bruit particulier de sa colère. En même temps, gonflant d'air ses bajoues, il regardait les rieurs avec un air extrêmement sérieux, jusqu'à ce qu'ils eussent cessé de s'égayer à ses dépens. Il reprenait alors tranquillement son repas. »

M. Bennett ajoute que *Ungka* préférait à la viande les végétaux, tels que le riz et les légumes. Il buvait du thé, du café et du chocolat, mais jamais de vin ni de liqueurs spiritueuses.

Le *Gibbon Hooloch* (fig. 267) a donné les mêmes preuves d'intelligence et d'affection. Les témoignages de diverses personnes en font foi. Cette espèce se distingue très-facilement de ses congénères par la bande sourcilière blanche qui tranche sur son pelage noir.

Genre Orang. — Les Orangs (fig. 268) ont beaucoup d'analogie avec les Gibbons; mais ils sont plus robustes et plus intelligents; de plus ils manquent de callosités fessières. Leurs formes sont trapues, leur corps est recouvert de poils roussâtres, et leur face, en partie nue, est encadrée de favoris, qui se prolongent sous le menton, en une barbe rousse. Ils portent, comme les Gibbons, au-dessus du sternum, une poche qui communique avec le larynx, et qui est susceptible de se gonfler par un afflux d'air. Cette poche semble avoir pour fonction, chez eux, comme chez les Singes précédents, de renforcer leur voix, dans des circonstances particulières.

Ces animaux sont assez rares et confinés dans une région restreinte. Ils habitent les épaisses forêts qui recouvrent les terrains bas et humides des îles de Bornéo et de Sumatra; d'où le nom d'*Orangs-Outangs*, ou *Hommes des bois*, que leur ont donné les naturels de ces contrées. Ce n'est qu'accidentellement qu'ils apparaissent dans les lieux élevés ou découverts, et dans le voisinage des habitations. Aussi connaît-on fort peu de choses de leurs mœurs à l'état sauvage. On sait seulement qu'ils grimpent avec une ex-

trême agilité sur les arbres, qu'ils passent de l'un à l'autre, avec
une étonnante promptitude, et qu'ils se nourrissent principalement
de fruits. On a pu se convaincre, en outre, par les luttes qu'on a
eu à soutenir contre quelques individus égarés, qu'ils sont doués

Fig. 268. Orang-Outang.

d'une force prodigieuse, au point de tordre une pique ou un fusil
comme une plume; et que leur puissance vitale est assez grande
pour qu'il y ait danger à s'en approcher, lors même qu'après avoir
perdu leur sang par d'horribles blessures, ils semblent être arrivés au dernier degré d'épuisement.

De là résulte l'impossibilité à peu près complète de s'emparer
d'un Orang adulte vivant. Mais on est plus heureux avec les jeunes.
On a eu plusieurs fois l'occasion d'en capturer, après avoir tué la
mère. Ces individus sont devenus une mine d'observations intéressantes pour les naturalistes, qui ont été surpris de rencontrer
tant de douceur, d'intelligence et d'affection chez des animaux
arrachés à la vie des bois et transportés, sans aucune transition,
dans la société des hommes. Nous rapporterons quelques-uns des
faits et gestes les plus remarquables de ces quadrumanes.

Nous emprunterons d'abord quelques traits curieux au récit du
docteur Abel Clark, touchant un jeune Orang qu'il ramena de Java
en Angleterre.

A Java, ce Singe demeurait sous un tamarin, près de l'habitation
du docteur. Il s'y était fait un lit, composé de petites branches entrelacées et recouvertes de feuilles. Il y passait la plus grande
partie de son temps, guettant les personnes qui portaient des fruits,
et descendant auprès d'elles, pour en obtenir sa part. Au soleil
couchant, il s'établissait définitivement pour la nuit, et se levait à
l'aube, pour aller visiter ses amis, qui lui donnaient toujours quelque nourriture.

Quand on l'eut amené à bord du vaisseau, on l'attacha par
une chaîne de fer, à un poteau; mais il se délia, et se sauva avec
la chaîne, qu'il jeta sur son épaule, trouvant embarrassant de la
traîner derrière lui. Comme il se délivra ainsi plusieurs fois, on se
décida à le laisser errer librement sur le pont du navire. Il devint
très-familier avec tous les matelots; il jouait avec eux, et savait
échapper à leurs poursuites, en s'élançant dans les agrès, où il
était réellement inaccessible.

« A bord, dit le docteur Abel Clark, il dormait ordinairement à la tête du
mât, après s'être enveloppé lui-même dans une voile. En faisant son lit, il
prenait le plus grand soin de repousser tout ce qui pouvait contrarier la
surface lisse de la couche sur laquelle il prétendait s'étendre. Après avoir
satisfait ses goûts sur le chapitre des arrangements domestiques, il se couchait sur le dos, en ramenant sa queue à la surface du corps. Souvent, pour
le tourmenter, je le prévenais, en m'emparant de son lit. En pareil cas, il
se mettait à tirer la voile de dessous moi ou à me pousser hors de sa
couche, et il ne se donnait point de repos qu'il n'eût réussi dans son entreprise. Si le lit était assez large pour deux, il se couchait tranquillement
à mon côté. Quand toutes les voiles étaient mises au vent, il rôdait çà et
là à la recherche de quelque autre couchette. Il volait alors, soit les vestes
des marins et les chemises qui étaient en train de sécher, soit quelque
hamac dépouillé de ses couvertures.

« …. Il mangeait volontiers toutes sortes de viandes, surtout la viande crue. Il aimait beaucoup le pain, mais il préférait toujours les fruits quand il pouvait en obtenir. Son breuvage ordinaire à Java était de l'eau. A bord, ce breuvage était aussi varié que sa nourriture. Il aimait par-dessus tout le café et le thé; mais il prenait volontiers du vin. Il montra même un jour son attachement pour les liqueurs fortes, en volant la bouteille d'eau-de-vie qui appartenait au capitaine. Depuis son arrivée à Londres, il préférait la bière et le lait à toute autre boisson; mais il buvait néanmoins du vin et d'autres liqueurs.

« …. Un des matelots était son ami favori. Ce brave marin partageait avec lui ses vivres. Je dois pourtant dire que le Singe volait de temps en temps le grog et le biscuit de son bienfaiteur. Il avait appris de lui à manger avec une cuiller. On pouvait voir l'Orang-Outang plus d'une fois à la porte de la cabine de son protecteur, dégustant son café, nullement embarrassé par la présence de ceux qui l'observaient, et affectant un air grotesquement sérieux qui semblait une charge de la nature humaine.

« Ce Singe était fort gourmand; il poursuivait quelquefois une personne tout le long du vaisseau, pour obtenir une friandise, et si l'on refusait de satisfaire son désir, il manifestait une violente colère.

« Quelquefois, raconte encore le docteur Abel Clark, je liais une orange au bout d'une corde et je la descendais sur le pont, du haut de la tête du mât. A chaque fois qu'il essayait de la saisir, je l'attirais lestement à moi. Après avoir été plusieurs fois trompé dans ses tentatives, il changeait de système. Paraissant désormais se soucier fort peu de l'orange, il s'écartait à quelque distance et montait avec une indifférence bien jouée dans les agrès. Puis, au moyen d'une gambade soudaine, il saisissait la corde qui tenait le fruit. S'il arrivait qu'il fût déçu, cette fois encore, dans ses desseins, par la rapidité de mon geste, il entrait dans un véritable désespoir, abandonnait la partie, et courait dans les agrès, en poussant des cris perçants. »

Une gravité mêlée de douceur et voisine de la mélancolie, telle était l'expression dominante de la physionomie de cet Orang. Il pratiquait le pardon des injures, et se contentait le plus souvent d'éviter ceux qu'il savait disposés à lui nuire. Mais il s'attachait avec force aux personnes qui lui témoignaient de l'affection. Il aimait à s'asseoir à côté d'elles, à se serrer aussi près que possible contre leur poitrine, à prendre leurs mains entre ses lèvres. Il se réfugiait près d'elles quand il avait besoin d'être défendu.

Le docteur Abel Clark termine ainsi sa narration :

« Depuis son arrivée dans la Grande-Bretagne, il acquit, à ma connaissance, deux manières d'agir qu'il n'avait pratiquées jamais à bord du vaisseau, où son éducation, je dois le dire, avait été fort négligée. Une de ces deux choses fut de marcher droit, ou, du moins, sur ses pieds de derrière, sans s'appuyer sur les mains; la seconde fut de baiser son gardien. Quelques écrivains avancent que l'Orang-Outang donne de véritables baisers, et ils supposent que c'est un acte naturel de l'animal. Je crois qu'ils se trompent : c'est de sa part un acte appris. Encore ne donne-t-il pas tout à fait, même dans ce cas-là, un baiser à la manière de l'homme, je veux dire en avançant les lèvres. »

Un autre Orang, fut amené en France, en 1808, par M. Decaen, officier de marine, qui en fit hommage à l'impératrice Joséphine. Il vécut quelques mois à la Malmaison, et c'est là que Frédéric Cuvier put l'étudier.

Cet animal était fort sociable, et s'attachait vivement aux personnes qui le traitaient avec bienveillance. Il avait surtout une grande affection pour M. Decaen, et il lui en donna plusieurs fois des témoignages remarquables. Étant entré un jour chez son maître, pendant que celui-ci était au lit, il se jeta sur lui, l'étreignit avec force, et se mit à lui téter la peau de la poitrine, comme il faisait souvent du doigt des personnes qui lui plaisaient.

Dans la circonstance suivante, il fit preuve, dit Frédéric Cuvier, d'une intelligence très-développée. On l'avait renfermé dans une pièce voisine du salon où l'on se réunissait habituellement. Au bout de quelque temps la solitude l'impatienta, et il s'ingénia à ouvrir la porte pour pénétrer dans le salon. Mais le pène était trop haut pour qu'il pût l'atteindre. Il avisa alors une chaise, l'apporta près de la porte, grimpa dessus, et ayant tiré le pène, entra triomphalement dans la chambre où se trouvaient ses amis.

Les Orangs peuvent s'attacher, non-seulement aux hommes, mais encore à d'autres animaux. Celui-ci avait pris en affection deux petits chats, qu'il tenait ordinairement sous son bras, ou qu'il aimait à placer sur sa tête. Mais il arrivait souvent que les chats, craignant de tomber, s'accrochaient, avec leurs griffes, à la peau du Singe, qui souffrait avec beaucoup de patience la douleur qu'il en ressentait. Deux ou trois fois pourtant, il examina attentivement les pattes de ses petits compagnons, et chercha à leur arracher les ongles avec ses doigts; n'ayant pu y parvenir, il se résigna à souffrir, plutôt que d'abandonner la société de ces jeunes compagnons.

Pour manger, il prenait les aliments avec ses mains ou avec ses lèvres; il ne se servait pas fort habilement de nos ustensiles de table, mais il suppléait à sa maladresse par son intelligence. Lorsqu'il ne pouvait réussir à placer sur sa cuiller les aliments contenus dans son assiette, il présentait l'instrument à son voisin pour le faire remplir; il buvait avec aisance dans un verre, en le tenant entre ses deux mains. Un jour, après avoir posé son verre sur la table, il s'aperçut qu'il allait tomber par défaut d'équilibre; aussitôt il plaça sa main du côté où le verre penchait, pour le soutenir.

Nous pourrions multiplier les preuves d'intelligence et de sensibilité données par d'autres jeunes Orangs; nous pourrions parler de celui qui habita la Ménagerie du Jardin des Plantes, en 1836, et qui ne fut certes pas l'un des moins remarquables. Mais ce que nous avons rapporté suffira pour donner une idée de leurs aptitudes intellectuelles.

En raison de sa sauvagerie et de sa vigueur exceptionnelles, il est fort difficile, sinon impossible, avons-nous dit, de prendre vivant l'Orang adulte. D'ailleurs l'Orang est peut-être, de tous les Singes, celui qui justifie le mieux la loi précédemment établie de la transformation du caractère, chez la plupart de ces animaux; à mesure que les années s'accumulent sur leur tête. Autant nous l'avons vu doux et intelligent dans le premier âge, autant il devient féroce et brutal lorsqu'il atteint la période du développement complet de ses facultés physiques. Il se ressemble alors si peu à lui-même, qu'on serait tenté de le prendre pour un autre quadrumane. Nous avons déjà dit que sur la foi de plusieurs naturalistes, des plus illustres, on a cru pendant longtemps que l'Orang adulte était une espèce distincte du jeune, et qu'on lui avait donné le nom de *Pongo*. Cette erreur n'a été reconnue que de nos jours.

On ne possède pas jusqu'à présent de certitude complète relativement au nombre des espèces qui composent le genre Orang. Pour ne pas avancer d'hypothèses hasardées, nous dirons qu'une seule espèce peut être admise avec certitude dans l'état actuel de la science : c'est celle dont nous avons retracé l'histoire, c'est l'*Orang roux*.

Genre Gorille. — Il n'y a pas longtemps qu'on a des notions précises sur le Gorille. Jusqu'à ces dernières années, l'histoire de ce monstrueux habitant de l'Afrique équatoriale était restée entourée de mystères et de contradictions sans nombre; les spécimens qu'on en avait reçus en Europe et en Amérique avaient donné lieu à de grands débats. En 1864, un Français, M. Paul du Chaillu, fils d'un marchand européen établi au Gabon, a publié des renseignements pleins d'intérêt sur ces animaux extraordinaires.

Revenu en Afrique, M. du Chaillu a fait sur ce quadrumane féroce de nouvelles observations qu'il a consignées dans un autre ouvrage publié en 1867. C'est à ce voyageur que nous emprunterons les détails les plus intéressants sur le Gorille.

Avant d'aller plus loin, nous rapporterons en peu de mots l'historique de la découverte de ce singe monstrueux.

On trouve dans le *Périple*, ou *Voyage d'Hannon le Carthaginois*, un passage intéressant qui semble se rapporter à cette espèce de Singes. Voici la traduction qu'en a donnée M. Eudes Deslongchamps, d'après la version anglaise de l'évêque Maltby :

« Le troisième jour, ayant mis à la voile, et passant le courant de feu, nous parvînmes à la baie appelée *Corne du Sud*. Dans cette baie était une île semblable à la première, dans laquelle était un lac, et dans celui-ci, une autre île, remplie de sauvages, mais dont la plus grande partie étaient des femmes, ayant le corps couvert de poils, que nos interprètes appelaient *gorilles*. Les ayant poursuivis, nous ne pûmes prendre aucun homme; tous échappaient en grimpant au milieu des précipices et en se défendant avec des fragments de rochers; mais nous prîmes trois femmes (femelles), qui mordirent et égratignèrent ceux qui les amenaient et qui ne voulaient pas suivre. Cependant, les ayant tuées, nous les écorchâmes, et nous avons apporté leurs peaux à Carthage; car nous ne pûmes naviguer plus loin, vu que les provisions commençaient à nous manquer. »

Cette description ne peut s'appliquer qu'à de grands animaux semblables à l'homme par la taille et les formes, c'est-à-dire à des Gorilles, ou à des Chimpanzés peu avancés en âge.

Un voyageur célèbre, Andrew Battel, qui visita, vers la fin du seizième siècle, l'Afrique tropicale, mentionne deux espèces différentes de grands Singes, le *Pongo* et l'*Engeco*. Le premier était le *Gorille* ou l'Orang, le second était le *Nshiégo* de M. du Chaillu, c'est-à-dire un Chimpanzé.

Le premier renseignement authentique sur le Gorille a été donné par une lettre du docteur Savage, datée de Rivière-Gabon, le 24 avril 1847, et renfermant le croquis d'un crâne, destiné à être soumis au jugement du naturaliste anglais, Richard Owen. Ce crâne avait été confié à M. Savage par un missionnaire au Gabon, le révérend docteur Leigton Wilson, de New-York. Ce même missionnaire se procura plus tard un second crâne et une partie de squelette, qu'il présenta à la Société d'histoire naturelle de Boston.

MM. Savage, Jeffries, Wyman et Owen ont publié les premières dissertations scientifiques sur le nouveau Singe, et ils ont adopté, pour le désigner, le nom de Gorille employé par Hannon. Leurs travaux ont établi la distinction entre les espèces *Troglodytes gorilla* et *Troglodytes niger*, c'est-à-dire entre le Gorille et le Chimpanzé.

Depuis ce temps, les musées de Londres, de Boston, de Paris, du Havre, etc., se sont enrichis de squelettes et d'exemplaires entiers du Gorille. Enfin, dans ces dernières années, M. du Chaillu, comme nous le disions plus haut, dans plusieurs excursions au

Fig. 269. M. du Chaillu.

milieu des forêts de ces contrées, a observé ces animaux, et en a tué un grand nombre.

Les deux ouvrages dans lesquels M. du Chaillu a successivement consigné ses observations, ont paru d'abord en anglais, puis en français, le premier en 1865, le second en 1867 [1]. Nous y puiserons les détails qui vont suivre sur le grand quadrumane du Gabon.

---

1. *Voyages et aventures dans l'Afrique équatoriale*, in-8. Paris, 1865. *Afrique sauvage*, par Paul du Chaillu, in-8. Paris, 1867.

Le Gorille atteint une hauteur moyenne de 1^m,80. Sa puissance musculaire est prodigieuse : il égale en force le lion. Aussi est-il le roi des forêts qu'il habite, et peut-être en a-t-il lui-même chassé le lion. Les nègres ne l'attaquent jamais qu'avec des fusils; tuer un Gorille est un exploit qui fait à jamais la réputation d'un noir.

L'allure naturelle du Gorille n'est pas celle d'un bipède, mais celle d'un quadrupède. Cependant il garde plus facilement et plus longtemps qu'aucun autre Singe la position verticale. Quand il est debout, il a les genoux ployés en dehors et le dos courbé. S'il court à quatre pattes, la longueur de ses bras fait que sa tête est très-relevée au-dessus du corps. Le bras et la jambe du même côté se meuvent en même temps; aussi sa course ressemble-t-elle à une sorte de galop oblique. Quand ils sont poursuivis, les jeunes Gorilles ne se réfugient pas sur les arbres; ils courent à terre, et leurs jambes de derrière s'avancent entre leurs bras, qui sont un peu ployés en dehors.

Aucune description ne saurait rendre l'horreur qu'inspire l'aspect d'un Gorille de grande taille, et la férocité de son attaque, lorsqu'il se trouve en face d'un chasseur. Son naturel est une méchanceté implacable. Toutefois M. du Chaillu combat beaucoup de préjugés qui courent depuis longtemps sur le compte de ce redoutable quadrumane. Selon ce voyageur, le Gorille ne s'embusque pas, comme on l'a dit, sur les arbres de la route, pour accrocher les passants avec ses griffes de derrière; — il ne les enlève pas sur les plus hautes branches pour les étrangler; — il n'attaque pas l'éléphant, et ne l'assomme pas à coups de massue assénés sur sa trompe; — il ne se bâtit pas de cabane de branchage dans les forêts, pour se coucher sur le toit, comme on l'a rapporté;— il ne vit point par troupes et n'attaque pas les nègres réunis; — il n'emporte pas les femmes au fond des bois.

Le Gorille vit dans les parties les plus solitaires et les plus sombres des épaisses forêts de l'Afrique occidentale, soit dans les vallées profondes, soit sur les hauteurs escarpées, ou sur les plateaux parsemés de grosses roches, au sein desquelles il aime à s'établir. Il se tient toujours à proximité d'un cours d'eau. Animal essentiellement nomade, il reste rarement plusieurs jours de suite sur le même terrain. La raison de ce vagabondage réside dans la difficulté qu'il éprouve à se procurer sa nourriture préférée, c'est-à-dire les fruits, les graines, les noix, les feuilles d'ananas, les jeunes pousses, dont il suce la séve, et d'autres substances végétales.

Fig. 270. Gorille.

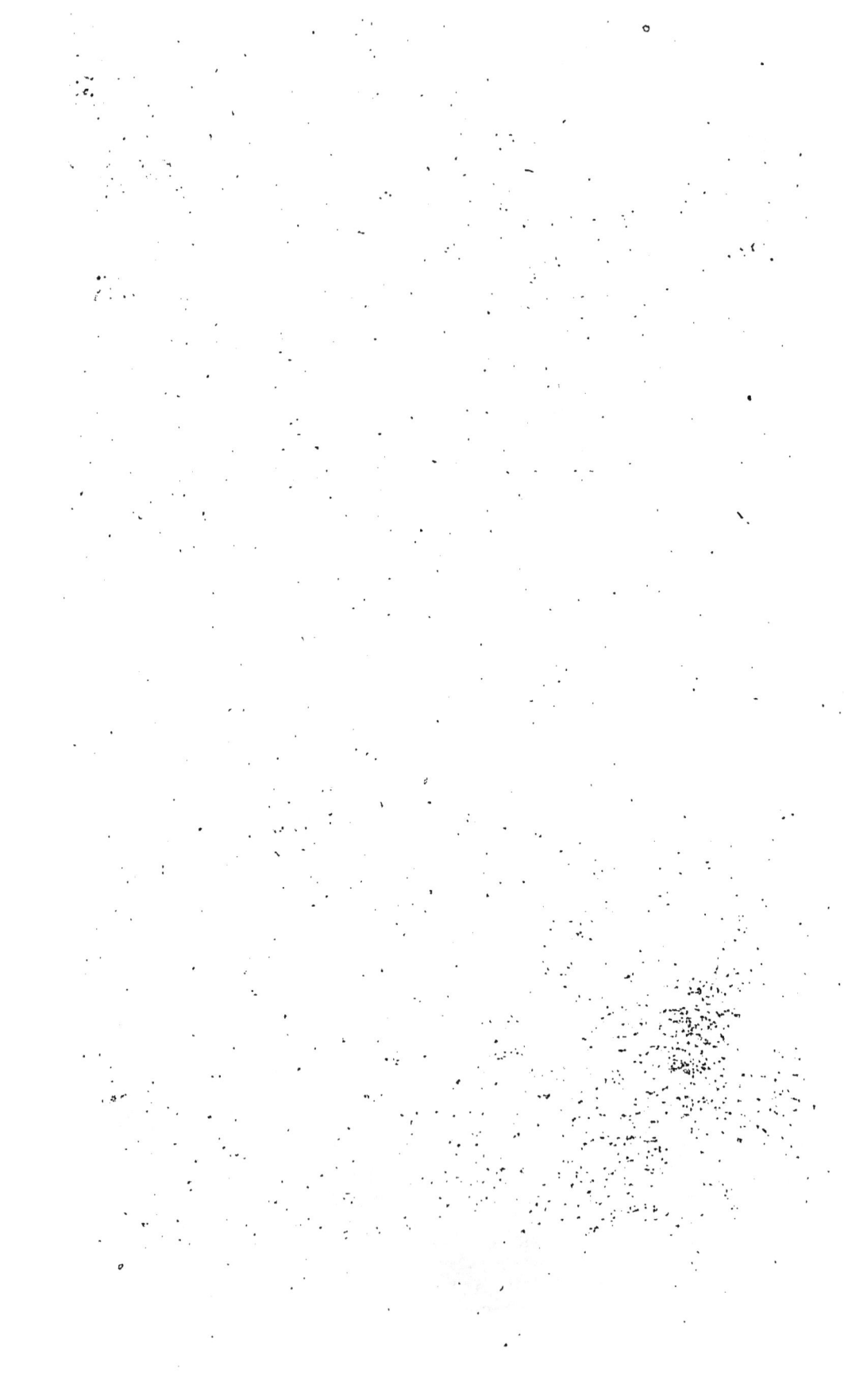

Malgré ses puissantes dents canines et sa force extraordinaire, le Gorille est, en effet, exclusivement frugivore. Comme il mange beaucoup, lorsqu'il a dévasté, pour sa consommation personnelle, un espace assez étendu, il se trouve forcé de se transporter ailleurs, pour répondre aux exigences de son estomac. C'est pour cela qu'il abandonne périodiquement certaines régions, devenues infertiles, par suite des changements de saison, pour en gagner d'autres plus favorisées : ce qui constitue de véritables migrations.

Non-seulement il ne se tient pas habituellement sur les arbres, comme on l'a dit, mais il n'y séjourne jamais. M. du Chaillu l'a toujours trouvé à terre ; s'il lui arrive de grimper sur un arbre, pour cueillir des baies ou des noix, il en redescend dès qu'il a pris sa nourriture. Ces énormes animaux seraient, en effet, incapables de sauter de branche en branche, comme les petits Singes.

Toute la nourriture du Gorille se trouve d'ailleurs à peu de hauteur du sol. Cet animal affectionne particulièrement la canne à sucre sauvage, et une espèce de noix, à coque très-dure, qu'il casse avec ses puissantes mâchoires, capables d'aplatir un canon de fusil. Les jeunes Gorilles dorment parfois sur les arbres, pour s'y tenir à l'abri de leurs ennemis ; mais les adultes dorment assis par terre, le dos appuyé contre le tronc d'un arbre, ce qui fait que leur poil est ordinairement usé sur le dos.

On trouve ensemble le plus souvent un mâle et une femelle, quelquefois un vieux mâle isolément. Ces individus solitaires sont plus méchants et plus dangereux que les autres, phénomène qui s'observe aussi chez l'éléphant. Les jeunes Gorilles marchent quelquefois jusqu'à huit ou dix ensemble, plus souvent quatre ou cinq, mais jamais en plus grand nombre. Ils ont l'ouïe très-fine, et à l'approche d'un chasseur se sauvent en jetant des cris. Il est donc assez difficile d'en rencontrer.

« Quand je surprenais un couple de Gorilles, dit M. du Chaillu, le mâle était d'ordinaire assis sur un rocher ou contre un arbre, dans un coin, le plus obscur de la jungle ; la femelle mangeait à côté de lui, et ce qu'il y a de singulier, c'est que c'était presque toujours elle qui donnait l'alarme en s'enfuyant avec des cris perçants. Alors le mâle, restant assis un moment et fronçant sa figure sauvage, se dressait ensuite avec lenteur sur ses pieds ; puis, jetant un regard plein d'un feu sinistre sur les envahisseurs de sa retraite, il commençait à se battre la poitrine, à redresser sa grosse tête ronde, et à pousser son rugissement formidable. Le hideux aspect de l'animal, à ce moment, est impossible à décrire. En le voyant, je pardonnais à mes braves chasseurs indigènes de s'être laissé envahir par des terreurs superstitieuses, et je cessais de m'étonner des étranges et merveilleux contes qui circulaient au sujet des Gorilles. »

On a affirmé à tort que le Gorille fait usage d'un bâton comme arme offensive; il ne se sert, contre l'assaut d'un ennemi, que de ses bras, de ses pieds et de ses dents, et c'est bien assez. D'un seul coup de son énorme pied, armé d'ongles courts et recourbés, il éventre un homme, lui brise la poitrine ou lui écrase la tête. Rien n'est plus dangereux que de manquer ce féroce animal; aussi les chasseurs expérimentés réservent-ils jusqu'au dernier moment leur coup de fusil. La détonation de l'arme à feu irrite cette terrible bête. Si le coup ne l'a pas atteint, le Gorille se précipite avec une incroyable violence sur son agresseur, qui n'a pas le temps de recharger son arme ou de faire un pas en arrière; les énormes bras du Singe furieux brisent à la fois le fusil et le chasseur (fig. 271).

Le Gorille, lorsqu'il se voit attaqué, commence par pousser un aboiement court, aigu et saccadé, comme celui d'un chien irrité, auquel succède un grondement sourd, ressemblant, à s'y méprendre, au roulement du tonnerre lointain. La sonorité de ce rugissement est si profonde, qu'il a l'air de sortir moins de la gorge que des spacieuses cavités de la poitrine et du ventre; ce rugissement est si étrange, si menaçant, qu'il fait pâlir les plus braves. Le cri de la femelle et du petit Gorille est perçant. Quelquefois la mère glousse, pour appeler son petit; enfin, les jeunes Gorilles en détresse poussent un cri rauque, qui ressemble à un gémissement.

Ce terrible Singe meurt aussi facilement que l'homme; une balle bien dirigée l'abat aussitôt; il tombe, la face en avant, en écartant ses longs bras, et en poussant un affreux cri de mort, qui résonne lugubrement comme le râle d'agonie d'un être humain.

Les femelles n'attaquent pas le chasseur; elles s'enfuient avec leur petit, qui s'accroche par les mains au cou de la mère, en lui passant ses jambes autour du corps. La tendresse de ces bêtes pour leur progéniture est si touchante, qu'un chasseur européen n'aurait pas toujours le cœur de les tuer. Les nègres ont moins de scrupules, et c'est ainsi que M. du Chaillu s'est vu deux ou trois fois en possession de petits Gorilles, que ses serviteurs avaient arrachés à leur mère. Il n'a pu toutefois les conserver longtemps.

Aucun traitement ne réussit à surmonter la férocité native et la méchanceté tenace de ces petits monstres. Ils se tenaient blottis

dans le coin le plus reculé de leur cage; dès qu'un homme s'avançait vers eux, ils s'élançaient pour le mordre ou l'égratigner. Cette
humeur farouche n'excluait pas une grande sournoiserie. Lorsque,
domptés par la faim, ils venaient prendre la nourriture que leur

Fig. 271. Chasseur pris par un Gorille.

maître leur tendait, ils le regardaient bien en face, pour occuper
son attention; pendant ce temps, ils avançaient un pied, et accrochaient la jambe du maître, pour le jeter par terre. Pour les approcher, il fallait user de précautions infinies.

La captivité finit par aigrir tellement le naturel sauvage du Gorille, qu'il refuse bientôt toute nourriture, et meurt, sans maladie apparente, d'une sorte de rage rentrée. Les Gorilles adultes sont tout à fait indomptables ; M. du Chaillu ne croit pas qu'on puisse jamais réussir à en prendre un sans le tuer, car le Chimpanzé adulte, qui est beaucoup moins féroce que le Gorille, n'a jamais pu être capturé vivant. Il y aurait toutefois une restriction à faire ; il s'agit du cas où l'animal serait assez dangereusement blessé pour se trouver dans l'impossibilité d'opposer une résistance sérieuse. M. du Chaillu a possédé, dans ces conditions, une femelle adulte ; mais il ne put la conserver ; elle mourut le lendemain de sa capture.

Le jeune Gorille est d'un noir de jais. Cette couleur noire de la peau persiste dans les sujets adultes ; elle se montre à nu sur la face, à la paume des mains et à la poitrine. Le poil d'un Gorille parvenu à toute sa croissance est gris de fer.

Chaque poil est rayé circulairement de bandes alternativement noires et grisâtres, qui produisent l'effet du gris. Sur les bras, le poil est plus foncé et plus long ; il dépasse quelquefois deux pouces. Les vieux Gorilles deviennent tout à fait gris. La tête est garnie d'une couronne de poils roux, courts, qui descendent jusqu'au cou. Le poil de la femelle est noir, avec une teinte rougeâtre ; il n'est pas rayé comme celui du mâle ; la femelle n'a pas non plus la couronne rousse avant qu'elle soit âgée. Les yeux du Gorille sont très-enfoncés sous une arcade sourcilière très-saillante qui donne à la face un air sinistre. Ses mâchoires sont énormes et garnies de grosses canines, qui sont un peu plus petites chez la femelle.

Le cou de cet animal est si court, que sa tête semble enfoncée entre ses épaules. Le front va en fuyant. Les oreilles, très-petites, sont presque sur une même ligne avec les yeux. Le nez est très-plat, mais un peu plus saillant que chez les autres Singes. La poitrine et les épaules sont extrêmement larges. L'abdomen est très-proéminent et arrondi. La grande longueur des bras et le peu de hauteur des jambes sont un des caractères qui distinguent le plus ce Singe de l'homme. Les jambes sont d'ailleurs sans mollet ; les mains sont ramassées et épaisses, à doigts gros et courts. Le dos de la main est velu ; les doigts ont des ongles noirs, épais et forts. Le pied est formé comme une main de géant ; il est plus long que la main proprement dite, ainsi que cela existe chez l'homme. Ce pied est très-apte à maintenir pendant quelque temps le corps dans une position verticale.

La patrie du Gorille c'est la contrée de l'Afrique occidentale qui s'étend à quelques degrés au sud de l'équateur, et qui est traversée par les rivières Danger et Gabon. Les indigènes lui donnent le nom de *ngina*.

Le Gorille a été le sujet de vives discussions parmi les anatomistes et les anthropologistes. Isidore Geoffroy Saint-Hilaire a fait du Gorille un genre à part, qu'il distingue du Chimpanzé, singe qui, selon lui, se rapprocherait davantage de l'homme que le Gorille. Telle est aussi l'opinion de M. Wymann.

M. Richard Owen, au contraire, a revendiqué pour le Gorille l'honneur d'être placé le plus près de l'espèce humaine, et M. du Chaillu partage cette opinion :

« Il faut l'avouer, dit ce voyageur, qu'à première vue, à en juger par le sujet suivant, et d'après son crâne (fig. 272), le Gorille offre dans tous ses traits quelque chose de plus bestial que le chimpanzé ou l'orang. Tous les caractères du Gorille, surtout du mâle, sont poussés à l'exagération : la tête est plus longue et plus étroite, le cerveau est en arrière, les crêtes crâniennes sont énormes, les mâchoires très-saillantes et d'une force prodigieuse; les canines très-grosses. La cavité du cerveau est marquée par un développement prodigieux des crêtes occipitales ; mais le reste du squelette du gorille se rapproche bien plus de l'homme que celui de tout autre Singe.

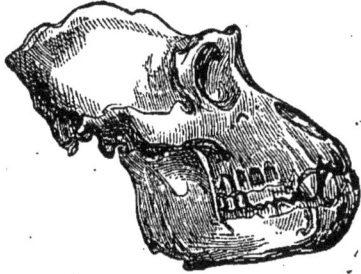

Fig. 272. Crâne de Gorille.

Après avoir bien étudié les caractères zoologiques que je viens de signaler, après avoir observé le genre de vie du Gorille et son mode de progression, je suis convaincu que le Gorille, par toutes ses allures, se rapproche plus de l'espèce humaine que tous ses congénères. »

Si l'on place le squelette d'un homme à côté de celui d'un Gorille, comme nous le faisons dans les deux figures 273 et 274 (à la page suivante), on reconnaîtra que le Gorille ressemble, en effet, au squelette d'un homme monstrueux.

Hâtons-nous de dire pourtant que l'opinion de M. Owen, qui rapproche de l'homme le féroce animal du Gabon, ne saurait être admise. Une étude attentive du crâne de ce quadrumane a conduit à le rejeter bien loin de l'homme au point de vue intellectuel, et à le ranger, au contraire, parmi les Singes les plus bas placés dans l'échelle organique.

Néanmoins la ressemblance extérieure du Gorille avec l'homme a quelque chose qui effraye. M. du Chaillu avoue qu'il n'a jamais tué un Gorille sans éprouver un véritable malaise. Il lui a toujours

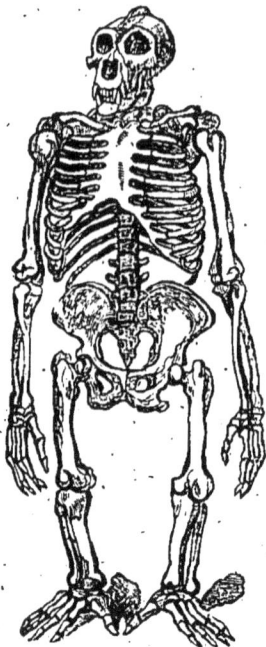

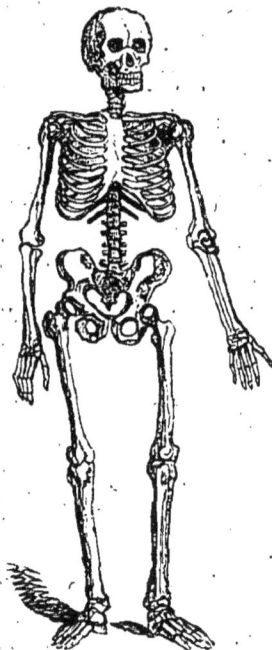

Fig. 273. Squelette de Gorille.   Fig. 274. Squelette d'homme.

été impossible de goûter de la chair de ces animaux, parce qu'il aurait vu dans ce fait une sorte de cannibalisme.

« Je n'ai jamais pu, dit M. du Chaillu, en face du Gorille abattu, garder cette indifférence et encore moins ressentir cette joie triomphante du chasseur après un heureux coup. Il me semblait toujours avoir tué une créature, monstrueuse à la vérité, mais gardant encore quelque chose d'humain. C'était une erreur; je le savais, et pourtant ce sentiment était plus fort que moi. »

Ces impressions morales ne peuvent rien toutefois contre les résultats des comparaisons et des études anatomiques qui placent le Gorille loin de notre espèce dans l'échelle des êtres.

Genre Chimpanzé. — De tous les Singes connus, le *Chimpanzé* (*Troglodytes niger*) est certainement celui qui, par ses allures, son organisation anatomique et la vivacité de son intelligence, se trouve le plus rapproché de l'espèce humaine. En premier lieu, ses bras sont moins longs que ceux des Singes anthropomorphes dont nous venons de parler; ils ne descendent guère que jusqu'aux genoux. Ses mains et ses pieds se rapprochent davantage des types de perfection réalisés chez l'homme : ce qui lui rend la station verticale plus facile qu'aux autres singes du même groupe. Toutefois la station verticale n'est pas sa position ordinaire, et ce n'est qu'avec l'appui d'un bâton qu'il peut se tenir quelque temps debout. Enfin, chez le Chimpanzé comme chez l'homme, on constate l'existence d'un mollet, peu développé sans doute, mais suffisamment caractérisé pour justifier le rang donné à ce Singe parmi les quadrumanes.

Fig. 275. Chimpanzé.

Le Chimpanzé habite les mêmes régions que le gorille : les épaisses forêts de l'Afrique intertropicale sont les lieux où on le rencontre exclusivement. Il est partout assez rare, excepté dans le Gabon et aux environs du cap Lopez. Au physique et surtout au moral, il diffère beaucoup du gorille. Sa taille est moins élevée : elle n'atteint guère plus de quatre pieds chez les sujets complétement développés. Sa force musculaire, quoique très-remarquable, est moins extraordinaire que celle du gorille, et il ne s'en sert que dans les cas de nécessité absolue. S'il se trouve en face du chasseur et qu'il entrevoie la possibilité d'échapper au péril par la fuite, il ne tentera pas un seul instant de résister, et détalera promptement; bien différent en cela du gorille, qui accepte fièrement le combat. Il est beaucoup moins farouche que celui-ci : pris jeune et élevé avec douceur, il devient familier, et donne des preuves d'une grande intelligence.

Comme les gorilles, les Chimpanzés vivent en petites troupes lorsqu'ils sont jeunes, ou isolés, et vont par couples dans l'âge adulte. Ils sont essentiellement grimpeurs, et passent presque tout leur temps sur les arbres, à la recherche des baies et des fruits, qui constituent leur nourriture.

Suivant M. du Chaillu, qui a observé ces animaux dans son voyage à travers l'Afrique équatoriale, il existe une espèce de Chimpanzé appelée par les indigènes, *nshiégo-mbouvé*, qui se construit un abri de feuillage au milieu des branches des arbres les plus élevés. Cet abri, composé de petites branches entrelacées et recouvertes de feuilles bien tassées, est tout à fait imperméable; fixé aux maîtresses branches de l'arbre par des lianes solidement assujetties, il a généralement de six à huit pieds de diamètre, et présente là la forme d'un dôme, disposition qui facilite l'écoulement de l'eau de pluie. C'est sous ce toit que l'animal se glisse chaque soir, pour passer la nuit. Le mâle et la femelle prennent part à l'œuvre d'édification, mais ils logent séparément sur des arbres voisins. S'il y a un jeune, il se place à côté de la mère. Ces retraites sont bâties pour un temps très-court; elles ne servent pas plus de huit ou dix jours, et en voici la raison. Lorsque le *nshiégo* a ravagé une certaine étendue de terrain autour de son habitation, il se transporte dans un autre canton, où il se prépare un nouveau logement.

Cette espèce se distingue du Chimpanzé ordinaire (*Troglodytes niger*) par l'absence de poils sur la tête; c'est pourquoi M. du Chaillu a proposé de lui donner le nom de *Chimpanzé chauve (Troglodytes calvus)*.

Dans l'une de ses excursions, M. du Chaillu tua une femelle de *nshiégo* qui portait son petit dans ses bras. Il s'empara du jeune et l'emporta dans sa résidence. En quelques jours, il l'apprivoisa si complétement qu'il put le laisser errer en liberté, sans crainte de le perdre. Il ne pouvait faire un pas sans être suivi du petit Chimpanzé; il ne pouvait s'asseoir sans que l'animal grimpât sur ses genoux et cachât sa tête dans sa poitrine. Le pauvre petit trouvait un plaisir extrême à être caressé et dorloté.

Tomy, c'était son nom, ne tarda pas à contracter un grand défaut : il devint voleur. Il guettait le moment où les habitants sortaient de leurs cabanes, et il leur dérobait leur poisson ou leurs bananes. Il ne faisait pas même exception en faveur de son maître, quoique sa malheureuse passion lui eût attiré plusieurs fois des corrections sévères.

Ayant remarqué que le moment le plus favorable pour ses larcins était le matin, il se glissait tout doucement dans la chambre de son maître, allait jusqu'à son lit, pour s'assurer qu'il avait les yeux fermés, et quand il était satisfait de l'examen, il s'empressait de dérober quelques bananes. Si, au contraire, le dormeur remuait dans son lit, le Singe disparaissait comme un éclair, et rentrait quelques secondes après, pour se livrer aux mêmes évolutions.

« Si je rouvrais les yeux, dit M. du Chaillu, pendant qu'il était en train de commettre son méfait, il prenait tout de suite un air honnête et venait me caresser; mais je discernais bien les regards furtifs qu'il lançait du côté des bananes.

« Ma cabane n'avait pas de porte, mais elle était fermée par une natte. Rien de plus comique que de voir Tomy soulevant tout doucement un coin de la natte pour regarder si j'étais endormi. Quelquefois je faisais semblant de dormir, puis je remuais juste au moment où il s'emparait des objets de sa convoitise. Alors il laissait tout tomber, et se sauvait dans le plus grand trouble.

« A l'approche de la saison sèche, la température s'étant refroidie, Tomy commença à désirer de la société pendant son sommeil, afin de se tenir plus chaudement. Les nègres ne voulaient pas de lui pour compagnon de lit, parce qu'il leur ressemblait trop ; je ne voulais pas non plus lui donner place près de moi; de sorte que le pauvre Tomy, repoussé partout, se trouvait très-malheureux. Mais je découvris bientôt qu'il guettait le moment où tout le monde était endormi pour se glisser furtivement près de quelqu'un de ses amis nègres; il dormait là sans bouger jusqu'au point du jour, puis il décampait d'ordinaire avant qu'on l'eût découvert. Plusieurs fois il fut pris sur le fait et battu; mais il recommençait toujours. »

Ce petit Chimpanzé était doué d'une grande intelligence ; il faisait concevoir les plus grandes espérances à son maître, qui comptait l'emmener en Amérique, lorsqu'il mourut sans cause apparente, probablement de tristesse et de langueur, comme meurent tous les Chimpanzés qu'on arrache aux forêts natales et à la tendresse maternelle.

Buffon a donné des détails fort intéressants sur un jeune Chimpanzé qui fut amené à Paris en 1740. Il nous apprend que cet animal présentait sa main pour reconduire les gens qui étaient venus le visiter ; qu'il se promenait gravement avec eux, comme pour leur tenir compagnie; qu'il s'asseyait à table, déployait sa serviette, s'en essuyait les lèvres, se servait de la cuiller et de la fourchette, pour porter les aliments à sa bouche; qu'il versait lui-même la boisson dans son verre, le choquait lorsqu'il y était invité, qu'il allait prendre une tasse et une soucoupe, l'apportait sur la table, y mettait du sucre, y versait du thé, le laissait refroidir pour le boire, et tout cela sans autre instigation que les signes ou la parole de son maître, et souvent de son propre mouvement.

Le docteur Franklin dit avoir vu, il y a quelques années, au Jardin zoologique d'Anvers, un Chimpanzé qui dînait quelquefois à la table du directeur, où il buvait les jours de fête un verre de vin de Champagne à la santé de la compagnie. Ce Singe affectionnait les enfants de la maison ; il partageait leurs jeux, et consentait à les traîner dans un petit chariot. L'été, il les accompagnait dans le jardin, montait dans un cerisier et cueillait des cerises à leur intention.

Un Chimpanzé, âgé de dix-huit mois environ, fut acquis en 1835, par la Société zoologique de Londres, et sut se concilier les sympathies de tous ceux qui l'approchèrent. Il était vif et enjoué, mais n'était pourtant pas aussi malicieux que la plupart des autres Singes. Il examinait toutes choses d'un air réfléchi qui prêtait beaucoup à rire. Il était au mieux avec ses gardiens, qui le traitaient en enfant gâté, et se prêtaient de bonne grâce à ses jeux et à ses gambades. Tous les jours ils lui lavaient la figure et les mains, opération qu'il supportait avec beaucoup de gravité.

Sa nourriture se composait de farineux, de fruits, de lait bouilli, sa boisson habituelle était le thé ; il refusa constamment les liqueurs fermentées. Ses favoris, parmi les gens qu'il connaissait, étaient la cuisinière et l'homme spécialement chargé d'avoir soin de lui. Il les reconnaissait à leur pas, et donnait à leur approche des signes de plaisir. Dès qu'il les apercevait, il poussait un cri sourd, pour exprimer sa satisfaction, il accourait auprès d'eux, grimpait sur leurs genoux ou leurs épaules et leur faisait mille agaceries.

Malheureusement ce Singe fut enlevé prématurément aux observations des naturalistes : il mourut au bout de quelques mois de captivité.

TABLE DES CHAPITRES.

FIN DE LA TABLE DES CHAPITRES.

INDEX ALPHABÉTIQUE

DES NOMS DE GENRES

OU D'ESPÈCES DE MAMMIFÈRES CITÉS DANS CE VOLUME.

FIN DE L'INDEX ALPHABÉTIQUE.

9950. — Imprimerie générale de Ch. Lahure, rue de Fleurus, 9, à Paris.

.

www.ingramcontent.com/pod-product-compliance
Lightning Source LLC
Chambersburg PA
CBHW031723210326
41599CB00018B/2488